Der Mensch in Zahlen

Konrad Kunsch / Steffen Kunsch

Der Mensch in Zahlen

Eine Datensammlung in Tabellen
mit über 20 000 Einzelwerten

3. Auflage

Zuschriften und Kritik an:
Elsevier GmbH, Spektrum Akademischer Verlag, Dr. Ulrich G. Moltmann, Slevogtstraße 3-5,
D-69126 Heidelberg

Professor Dr. Konrad Kunsch
Pädagogische Hochschule
Reuteallee 46, D-71634 Ludwigsburg
e-mail: kunsch@ph-ludwigsburg.de

Dr. med. Steffen Kunsch
Universitätsklinikum Gießen und Marburg, Standort Marburg
Klinik für Innere Medizin, SP Gastroenterologie
Baldingerstraße, D-35043 Marburg
e-mail: kunsch@med.uni-marburg.de

Wichtiger Hinweis für den Benutzer
Der Verlag und die Autoren haben alle Sorgfalt walten lassen, um vollständige und akkurate Informationen in diesem Buch zu publizieren. Der Verlag übernimmt weder Garantie noch die juristische Verantwortung oder irgendeine Haftung für die Nutzung dieser Informationen, für deren Wirtschaftlichkeit oder fehlerfreie Funktion für einen bestimmten Zweck. Der Verlag übernimmt keine Gewähr dafür, dass die beschriebenen Verfahren, Programme usw. frei von Schutzrechten Dritter sind. Der Verlag hat sich bemüht, sämtliche Rechteinhaber von Abbildungen zu ermitteln. Sollte dem Verlag gegenüber dennoch der Nachweis der Rechtsinhaberschaft geführt werden, wird das branchenübliche Honorar gezahlt.

Bibliografische Information der Deutschen Nationalbibliothek
Die Deutsche Nationalbibliothek verzeichnet diese Publikation in der Deutschen Nationalbibliografie; detaillierte bibliografische Daten sind im Internet über http://dnb.d-nb.de abrufbar.

Alle Rechte vorbehalten
3. Auflage 2007
© Elsevier GmbH, München
Spektrum Akademischer Verlag ist ein Imprint der Elsevier GmbH.

07 08 09 10 11   5 4 3 2 1

Das Werk einschließlich aller seiner Teile ist urheberrechtlich geschützt. Jede Verwertung außerhalb der engen Grenzen des Urheberrechtsgesetzes ist ohne Zustimmung des Verlages unzulässig und strafbar. Das gilt insbesondere für Vervielfältigungen, Übersetzungen, Mikroverfilmungen und die Einspeicherung und Verarbeitung in elektronischen Systemen.

Planung und Lektorat: Dr. Ulrich Moltmann
Redaktion: Stephanie Volk
Herstellung: Detlef Mädje
Umschlaggestaltung: SpieszDesign, Neu-Ulm
Titelbild: Leonardo da Vinci
Satz: Autoren
Druck und Bindung: Uniprint International BV

Printed in Hungary

ISBN-13: 978-3-8274-1731-2
ISBN-10: 3-8274-1731-7

Aktuelle Informationen finden Sie im Internet unter www.elsevier.de und www.elsevier.com

Vorwort zur 3. Auflage

Wir bedanken uns bei den Lesern der 2. Auflage des Buches „Der Mensch in Zahlen", das sehr positiv aufgenommen wurde und so großes Interesse fand, dass nun eine Neuauflage erforderlich wurde.

Der menschliche Körper besteht aus bis zu 100 Billionen Zellen, die Gesamtlänge aller Nervenfasern entspricht der Wegstrecke von der Erde zum Mond und wieder zurück und es werden 2,4 Millionen rote Blutzellen pro Sekunde gebildet. Der komplexe Aufbau des Körpers und seine fast unbegreiflichen Leistungen können durch Zahlen am besten veranschaulicht werden. Aus diesem Grund wurde die konzeptionelle Grundlage der ersten Auflage beibehalten und es werden Zahlenwerte zum menschlichen Körper, zur Gesundheit, zur Evolution und zur Bevölkerungsentwicklung in tabellarischer Form aufbereitet. Damit soll allen Interessierten, besonders in Schulen und Hochschulen, ein schneller Zugriff auf wichtige und interessante Daten in abgesicherter Buchform ermöglicht werden.

Durch die jetzt viel ausführlicheren Erläuterungen der Themengebiete sowie der Einzelwerte vor den Tabellen soll das Buch zum „Schmökern" einladen und nicht nur ein Nachschlagewerk sein. Das Kapitel 1 „Der Körper des Menschen" wurde komplett überarbeitet. Die Zahlenwerte wurden einer kritischen Überprüfung unterzogen. Die Kapitel 2 „Gesundheit", 3 „Evolution und Fortschritte" sowie 4 „Bevölkerungsentwicklung" wurden ebenfalls vollständig überarbeitet und aktualisiert. Bei statistischen Daten zu Krankheiten, Suchtverhalten oder zur Bevölkerungsentwicklung wurde in den erläuternden Texten das Augenmerk auf die Hauptaussagen der Zahlen und der daraus resultierenden Trends gerichtet. Der Index wurde erheblich erweitert um die zielgerichtete Suche nach Einzelwerten zu erleichtern.

Unser ganz besonderer Dank gilt Ingeborg Kunsch, die uns als Ehefrau und Mutter unermüdlich bei Fragen der Konzeption und bei der Korrektur zur Seite stand. Unser Dank gilt auch Frau Topaltzis von der PH-Ludwigsburg sowie Frau Volk, Herrn Dr. Iven und Herrn Dr. Moltmann vom Verlag Elsevier, Spektrum Akademischer Verlag, für die Unterstützung und die freundliche Zusammenarbeit.

Im Sommer 2006

Konrad Kunsch
Steffen Kunsch

Inhalt

1 Der Korper des Menschen

1.1	**Die Zelle**	3
1.1.1	Zahlen zum Staunen	3
1.1.2	Fortschritte bei der Erforschung der Zelle	4
1.1.3	Die Zelle und das Problem der Größe	6
1.1.4	Ausgewählte Angaben zur Zahl und Größe menschlicher Zellen	7
1.1.5	Lebensdauer verschiedener Zellenarten im menschlichen Körper	8
1.1.6	Die Zellmembran	9
1.1.7	Endoplasmatisches Retikulum und Ribosomen	10
1.1.8	Golgiapparat, Lysosomen und Peroxisomen	11
1.1.9	Zellkompartimente am Beispiel einer Leberzelle	12
1.1.10	Oberflächendifferenzierungen der Zelle	12
1.1.11	Das Cytoskelett der Zelle	13
1.1.12	Mitochondrien	14
1.1.13	Der Zellkern (Nucleus)	15
1.1.14	Chromatin, Histone und Nukleosomen	16
1.1.15	Desoxyribonukleinsäure DNA	17
1.1.16	Chemische Zusammensetzung der Zelle	17
1.1.17	Die Chromosomen des Menschen	18
1.1.18	Anzahl der Chromosomen in einer diploiden Zelle bei verschiedenen Arten	19
1.1.19	Der DNA-Gehalt einer menschlichen Zelle im Vergleich zu anderen Spezies	19
1.1.20	Die Dauer des Zellteilungszyklus am Beispiel einer Knochenzelle	20
1.1.21	Die Gesamtdauer der Meiose beim Menschen im Vergleich zu anderen Organismen	20
1.1.22	Nukleotide der menschlichen DNA	21
1.1.23	Die Gene des Menschen	22
1.1.24	Die Gendichte beim Menschen im Vergleich zu anderen Organismen	22
1.1.25	Das Genom des Menschen im Vergleich zum Schimpansen	23
1.1.26	Das Genom des Menschen im Vergleich zu anderen Spezies	24
1.1.27	Fortschritte in Genetik und Gentechnik	25
1.2	**Die Muskulatur und der Bewegungsapparat**	27
1.2.1	Zahlen zum Staunen	27
1.2.2	Die Muskeln des Menschen	28
1.2.3	Motorische Einheiten	28
1.2.4	Die Skelettmuskulatur	29
1.2.5	Energiequellen der Skelettmuskulatur	30
1.2.6	Energiequellen der Skelettmuskulatur in Abhängigkeit von ausgewählten sportlichen Belastungen	31
1.2.7	Die Durchblutung der Skelettmuskulatur	31
1.2.8	Die Herzmuskulatur	32

1.2.9	Die glatte Muskulatur	32
1.2.10	Die Reizung der Muskulatur und Auslösung einer Dauerkontraktion (Tetanus)	33
1.2.11	Die Knochen des Menschen	34
1.2.12	Der Aufbau der Knochen des Menschen	35
1.2.13	Zusammensetzung des Knochengewebes	36
1.2.14	Anzahl der Knochen	37
1.2.15	Verknöcherung und Fontanellenschluss	38
1.2.16	Bindegewebe und Knorpel	40
1.2.17	Die Gelenkmechanik der Extremitäten	41
1.2.18	Die Gelenkmechanik von Kopf-, Schulter- und Wirbelgelenken	42
1.2.19	Extreme Größen und extreme Gewichte	43
1.3	**Das Blut**	**44**
1.3.1	Zahlen zum Staunen	44
1.3.2	Zusammensetzung und Eigenschaften des Blutes	45
1.3.3	Die zellulären Bestandteile des Blutes	46
1.3.4	Die Blutkörperchensenkungsgeschwindigkeit (BSG)	46
1.3.5	Die roten Blutkörperchen (Erythrozyten)	47
1.3.6	Das Hämoglobin in den roten Blutkörperchen	48
1.3.7	Weiße Blutkörperchen (Leukozyten)	49
1.3.8	Blutplättchen (Thrombozyten) und Blutgerinnung	50
1.3.9	Ausgewählte Plasmafaktoren der Blutgerinnung	50
1.3.10	Das Blutplasma	51
1.3.11	Der Sauerstofftransport im Blut	52
1.3.12	Der Kohlenstoffdioxidtransport im Blut	52
1.3.13	Verteilung des Kohlenstoffdioxids im arteriellen und venösen Blut	53
1.3.14	Arterielle und venöse Blutgasanalyse	53
1.3.15	Serumproteine	54
1.3.16	Die verschiedenen Immunglobulin-Klassen	54
1.3.17	Häufigkeit der Blutgruppen bei verschiedenen Völkern	55
1.3.18	Prozentuale Verteilung der Rhesus-Faktoren bei ausgewählten Völkern	56
1.3.19	Zeittafel der Bluttransfusionen	56
1.3.20	Normalwerte des Blutes	57
1.4	**Das Herz**	**59**
1.4.1	Zahlen zum Staunen	59
1.4.2	Das Herz	60
1.4.3	Kammer- und Transportvolumen des Herzens	61
1.4.4	Arbeit und Leistung des Herzens sowie Druckverhältnisse im Herz	62
1.4.5	Herzzyklus, Erregung des Herzens und Herztöne	63
1.4.6	Die Herzschlagfrequenz	64
1.4.7	Durchblutung und Sauerstoffversorgung des Herzens in Ruhe und bei schwerer Arbeit	65
1.4.8	Erregungsleitung und Automatiezentren im Herz	66
1.5	**Kreislauf und Stoffaustausch**	**67**
1.5.1	Zahlen zum Staunen	67

1.5.2	Größenangaben zu den Blutgefäßen	68
1.5.3	Der Blutdruck in Abhängigkeit von Alter und Geschlecht	69
1.5.4	Die Verteilung des Blutvolumens im Gefäßsystem und die Verteilung des Herzminutenvolumens auf die Organe	70
1.5.5	Die Durchblutung verschiedener Organe	71
1.5.6	Der Sauerstoffverbrauch der Organe	71
1.5.7	Die Kapillaren	72
1.5.8	Stoffaustausch durch Filtration und Reabsorption in den Kapillaren	73
1.5.9	Porenweite der Kapillaren und Molekülradien	74
1.5.10	Veränderungen im Herzkreislaufsystem beim Übergang vom Liegen zum Stehen	74
1.5.11	Einfluss des hydrostatischen Drucks im Stehen auf venöse und arterielle Druckwerte in Organen und Extremitäten	75
1.5.12	Pulswellengeschwindigkeit im Blutgefäßsystem	75
1.5.13	Der fetale Blutkreislauf	76
1.6	**Atmung, Grundumsatz und Energiestoffwechsel**	**77**
1.6.1	Zahlen zum Staunen	77
1.6.2	Die Lunge und die Luftröhre des Menschen	78
1.6.3	Aufzweigungsschritte des Atemwegsystems	79
1.6.4	Atemfrequenz, Atemzugvolumen und Atemminutenvolumen in Abhängigkeit vom Alter und dem Geschlecht	79
1.6.5	Lungenvolumina und Ventilation	80
1.6.6	Unterschiede der Vitalkapazität nach Geschlecht, Alter, Körperlänge und bei Sportlern	81
1.6.7	Sauerstoffverbrauch und Gasaustausch	82
1.6.8	Zusammensetzung der Atemluft sowie Partialdrücke	83
1.6.9	Atemgase im Blut und im Gewebe	83
1.6.10	Partialdrücke der Atemgase im fetalen Blut	84
1.6.11	Atembedingungen beim Tauchen	84
1.6.12	Drücke und Lungenvolumen beim Tauchen	85
1.6.13	Atembedingungen in großer Höhe	85
1.6.14	Das Atemgift Kohlenmonoxid (CO)	86
1.6.15	Das Kohlenstoffdioxid (CO_2) als Atemgift	86
1.6.16	Grund-, Freizeit- und Arbeitsumsatz	87
1.6.17	Äußere Einflüsse auf den Energieumsatz	87
1.6.18	Anteile verschiedener Organe am Grundumsatz	88
1.6.19	Die Energievorräte im Körper	88
1.6. 20	Unterschiedliche Tätigkeiten und die dabei erbrachte Leistung	89
1.7	**Verdauung und Verdauungsorgane**	**90**
1.7.1	Zahlen zum Staunen	90
1.7.2	Kohlenhydrate und ihre Verdauung	91
1.7.3	Eiweiße und ihre Verdauung	91
1.7.4	Fette und ihre Verdauung	93
1.7.5	Flüssigkeitsbilanz und Verweildauer des Speisebreies im Magen-Darm-Kanal	94
1.7.6	Resorption im Magen-Darm-Kanal	94

1.7.7	Das Milchgebiss	95
1.7.8	Das Dauergebiss	95
1.7.9	Zusammensetzung eines Zahnes	96
1.7.10	Speichel, Speicheldrüsen und Speichelproduktion	97
1.7.11	Die Speiseröhre und der Schluckvorgang	98
1.7.12	Magen und Verweildauer der Nahrung im Magen	99
1.7.13	Der Magensaft	100
1.7.14	pH-Werte des Darminhalts im Magen-Darm-Kanal	100
1.7.15	Die Leber	101
1.7.16	Die Galle	102
1.7.17	Die Gallenblase	103
1.7.18	Die Bauchspeicheldrüse (Pankreas) und der Pankreassaft	103
1.7.19	Der Dünndarm	104
1.7.20	Oberflächenvergrößerung der Schleimhaut des Dünndarms	106
1.7.21	Dickdarm und Mastdarm	106
1.7.22	Die Kotmenge und Passagezeiten in Abhängigkeit von der Ernährung	108
1.7.23	Die Zusammensetzung des Kots	108
1.7.24	Die Darmgase	109
1.8	**Harnorgane, Harnbildung und Wasserhaushalt**	**111**
1.8.1	Zahlen zum Staunen	111
1.8.2	Entwicklung, Lage und Bau der Nieren	112
1.8.3	Das Nephron	113
1.8.4	Die Filtration in den Nierenkörperchen	114
1.8.5	Durchblutung, Sauerstoffverbrauch und Energiehaushalt der Nieren	115
1.8.6	Das harnableitende System	116
1.8.7	Der Harn und das Harnsediment	117
1.8.8	Täglich ausgeschiedene Inhaltsstoffe des Harns	117
1.8.9	Filtrations-, Resorptions- und Ausscheidungswerte verschiedener Stoffe in der Niere	118
1.8.10	Die Beziehung zwischen Molekulargewicht, Molekülgröße und glomerulärer Filtrierbarkeit	118
1.8.11	Normalwerte der Harninhaltstoffe	119
1.8.12	Die Wasserbilanz bei Erwachsenen und Säuglingen	120
1.8.13	Der tägliche Wasserbedarf	120
1.8.14	Die Verteilung des Körperwassers	121
1.9	**Haut, Haare, Geschmacks- und Geruchssinn**	**122**
1.9.1	Zahlen zum Staunen	122
1.9.2	Anatomie, Physiologie und die Blutversorgung der Haut	123
1.9.3	Die Oberhaut	124
1.9.4	Der Tastsinn der Haut und die simultanen Raumschwellen	125
1.9.5	Die Temperaturempfindung der Haut	126
1.9.6	Die Schweißsekretion und Schweißdrüsen	126
1.9.7	Die Haare des Menschen	128

1.9.8	Anzahl der Haare an verschiedenen Körperstellen bei Menschen und zum Vergleich bei Affen	129
1.9.9	Wachstum und Verlust der Haare	130
1.9.10	Wachstum bei Fingernägel und bei Zehennägel	130
1.9.11	Der Wärmehaushalt des menschlichen Körpers	131
1.9.12	Wärmeabgabe, Wärmebildung und Temperaturen	132
1.9.13	Der Geschmackssinn der Zunge	133
1.9.14	Das Riechsystem	134
1.9.15	Wahrnehmungsschwelle für Geruchstoffe	135
1.10	**Auge und Ohr**	**136**
1.10.1	Zahlen zum Staunen	136
1.10.2	Das Auge und die äußere Augenhaut	137
1.10.3	Die mittlere Augenhaut, Glaskörper und Linse	138
1.10.4	Die innere Augenhaut (Netzhaut)	139
1.10.5	Die Sehsinneszellen in der Netzhaut	139
1.10.6	Das abbildende System des Auges	140
1.10.7	Das Kammerwasser	141
1.10.8	Angaben zur Funktion des Auges	142
1.10.9	Die Tränenflüssigkeit	143
1.10.10	Die Vererbung der Augenfarben	143
1.10.11	Äußeres Ohr und Mittelohr	144
1.10.12	Das Innenohr	145
1.10.13	Hörleistungen	146
1.10.14	Stimme und Sprache	147
1.10.15	Schallpegelkataloge und Gehörschutzempfehlungen	147
1.11	**Nervensystem und Gehirn**	**150**
1.11.1	Zahlen zum Staunen	150
1.11.2	Das periphere Nervensystem	151
1.11.3	Dendriten und Axone einer Nervenzelle	152
1.11.	Gehirn und Rückenmark des Menschen	153
1.11.5	Das Großhirn	154
1.11.6	Das Kleinhirn	155
1.11.7	Die Synapsen	155
1.11.8	Gehirngewichte bedeutender Menschen	156
1.11.9	Die Durchblutung und die Sauerstoffversorgung des Gehirns	157
1.11.10	Informationsfluss, Gedächtnis und Extremleistungen des Gedächtnisses	158
1.11.11	Die Gehirn-Rückenmarksflüssigkeit (Liquor)	159
1.11.12	Stoffwechselvorgänge im Gehirn	160
1.11.13	EEG bei unterschiedlichen Aktivitätszuständen des Gehirns	160
1.11.14	Tägliche durchschnittliche Schlafdauer in Abhängigkeit vom Alter	161
1.12	**Hormone**	**162**
1.12.1	Zahlen zum Staunen	162
1.12.2	Die Schilddrüse	163
1.12.3	Die Hormone der Schilddrüse	164
1.12.4	Die Epithelkörperchen der Schilddrüse und das Parathormon	165

1.12.5	Die Nebenniere und ihre Hormone	166
1.12.6	Häufigkeit klinischer Symptome bei einer Überproduktion von Aldosteron (primärer Hyperaldosteronismus, Morbus Conn)	167
1.12.7	Häufigkeit klinischer Symptome bei einer Minderfunktion der Nebennierenrinde	167
1.12.8	Die Hormone der Bauchspeicheldrüse	168
1.12.9	Die Zuckerkrankheit (Diabetes mellitus)	169
1.12.10	Kriterien zur Beurteilung der Stoffwechseleinstellung eines Patienten mit Zuckerkrankheit	170
1.12.11	Häufigkeit des Jugenddiabetes	170
1.12.12	Ausgewählte Hormone des Hypothalamus	171
1.12.13	Hypophysenadenome	171
1.12.14	Die Hypophyse	172
1.12.15	Die Hormone der Hypophyse	173
1.12.16	Häufigkeit der Symptome bei Überproduktion des Wachstumshormons (Akromegalie)	173
1.12.17	Häufigkeit der Symptome bei erhöhtem Kortisolspiegel (Cushing-Syndrom)	174
1.12.18	Die Zirbeldrüse und Melatonin	174
1.12.19	Normalwerte der Hormone im Blut	175
1.12.20	Normalwerte der Hormone und Hormonabbauprodukte im Urin	177
1.12.21	Zeittafel der Hormonforschung	177
1.13	**Geschlechtsorgane und Entwicklung**	**180**
1.13.1	Zahlen zum Staunen	180
1.13.2	Die Anatomie der Hoden	181
1.13.3	Samenzellen und ihre Entwicklung	182
1.13.4	Die Samenwege	183
1.13.5	Der Penis und die Geschlechtsdrüsen	184
1.13.6	Die Zusammensetzung der Samenflüssigkeit	185
1.13.7	Anzahl der Samenzellen im Ländervergleich und im Zeitraster	186
1.13.8	Der Eierstock (Ovar)	187
1.13.9	Der Eileiter und die Gebärmutter	188
1.13.10	Die Plazenta und die Zottenbäume	189
1.13.11	Der Menstruationszyklus	190
1.13.12	Die Befruchtung	191
1.13.13	Die Entwicklung des Embryos	192
1.13.14	Scheide, Kitzler und weibliche Harnröhre	194
1.13.15	Die Gewichtszunahme während der Schwangerschaft	194
1.13.16	Die Geburt	195
1.13.17	Mehrlingsgeburten und die Häufigkeit von Missbildungen	196
1.13.18	Die Häufigkeit monogener Erbleiden	196
1.13.19	Chromosomeninstabilitätssyndrome	198
1.13.20	Die Häufigkeit von Mutanten in Keimzellen bei monogenen Erbleiden	198
1.13.21	Polygene (multifaktorielle) Vererbung am Beispiel ausgewählter Erkrankungen	199
1.13.22	Die Erbbedingtheit von Körpermaßen	201

1.13.23	Das Down-Syndrom	201
1.13.24	Die Häufigkeit von Chromosomenanomalien	202
1.13.25	Ursachen des Schwachsinns (Oligophrenie)	202
1.13.26	Meilensteine der kindlichen Entwicklung	203
1.14	**Die Zusammensetzung des Körpers**	
1.14.1	Zahlen zum Staunen	205
1.14.2	Die Zusammensetzung des Körpers in Prozent der Körpermasse	206
1.14.3	Die Zusammensetzung des Körpers nach Alter und Geschlecht	206
1.14.4	Die Zusammensetzung des Körpers nach ausgewählten Elementen	207
1.14.5	Der Wassergehalt verschiedener Organe	207
1.14.6	Die Zusammensetzung verschiedener Organe des Körpers nach dem Anteil ausgewählter Stoffe	208
1.14.7	Spurenelemente in Organen und Geweben	208
1.14.8	Das Eisen – ein Spurenelement im Körper	209
1.14.9	Der Cholesteringehalt von Geweben	209
1.14.10	Die Zusammensetzung von Gehirn und Nerven nach ausgewählten anorganischen Bestandteilen	210
1.14.11	Zusammensetzung von Gehirn und Nerven nach ausgewählten organischen Bestandteilen	210
1.14.12	Frei austauschbarer Anteil wichtiger Eletrolyte	211
1.14.13	Verteilung wichtiger Ionen in der extrazellulären und der intrazellulären Flüssigkeit	211
1.14.14	Ionenkonzentration in den Flüssigkeitskompartimenten des Körpers	212
1.14.15	pH-Werte verschiedener Körperflüssigkeiten	212

2 Gesundheit

2.1	**Ernährung und Nahrungsmittel**	215
2.1.1	Essgewohnheiten im Überblick	215
2.1.2	Körpergröße, Körpergewicht und Körpermassenindex (BMI) nach Altersgruppen in Deutschland 2003	216
2.1.3	Körpergröße, Körpergewicht und Körpermassenindex (BMI) bei Männern und Frauen nach Altersgruppen in Deutschland 2003	217
2.1.4	Körpermassenindex (BMI) Grenzwerte bei Jungen und Mädchen in Deutschland im Alter von 12 bis 16 Jahren	218
2.1.5	Energiegewinnung bei unterschiedlichen Anteilen von Kohlenhydraten und Fetten in der Nahrung	218
2.1.6	Fettsucht und Krankheiten	219
2.1.7	Extremes Gewicht	219
2.1.8	Täglicher Energiebedarf des Menschen	220
2.1.9	Empfehlungen zur Deckung des täglichen Bedarfs an ausgewählten Nährstoffen	221
2.1.10	Empfehlungen zur Deckung des täglichen Wasserbedarfs	222
2.1.11	Empfehlungen zur Deckung des täglichen Bedarfs an ausgewählten Vitaminen	223
2.1.12	Vitamingehalt von Früchten, Fruchtsäften, Gemüse und Salaten	224
2.1.13	Inhaltsstoffe ausgewählter Nahrungsmittel: Protein-, Fett-, Kohlenhydrat-, Ballaststoff- und Energiegehalt	225

2.1.14	Inhaltsstoffe ausgewählter Nahrungsmittel: Wasser-, Mineralstoff-, Na-, K-, Ca- und Fe-Gehalt	226
2.1.15	Inhaltsstoffe ausgewählter Nahrungsmittel: Vitamingehalt	227
2.1.16	Die Menge ausgewählter Nahrungsmittel mit vergleichbarem Energiegehalt	228
2.1.17	Verbrauch von Nahrungsmitteln in Deutschland 1995–2004	231
2.1.18	Verbrauch von Gemüse und Zitrusfrüchten in Deutschland 1995–2004	232
2.1.19	Verbrauch von Getränken in Deutschland 1995–2004	233
2.1.20	Aufwendungen für Nahrungsmittel, Getränke und Tabakwaren je Haushalt und Monat in Deutschland 1993 und 1998 im Vergleich	234
2.2	**Kreislauferkrankungen und Sport**	**235**
2.2.1	Daten im Überblick	235
2.2.2	Ausgewählte Krankheiten des Kreislaufsystems, Sterbefälle je 100.000 Einwohner in Deutschland 2000–2005	236
2.2.3	Ausgewählte Krankheiten des Kreislaufsystems, Sterbefälle je 100.000 Einwohner im früheren Bundesgebiet von 1965-1997	237
2.2.4	Ausgewählte Krankheiten des Kreislaufsystems im internationalen Vergleich zu Deutschland	238
2.2.5	Das Risiko, durch einen erhöhten Blutdruck an Herzkranzkrankheiten zu erkranken: Häufigkeit der Blutdruckklassen in der Bevölkerung	239
2.2.6	Das Risiko, durch erhöhte Cholesterinwerte an Kreislauferkrankungen zu erkranken: Gesamtserumcholesterinspiegel und HDL-Cholesterin, Risikoklassen	240
2.2.7	Beurteilung ausgewählter Trendsportarten nach sportmedizinischen Gesichtspunkten	241
2.2.8	Gesamtbeurteilung ausgewählter Sportarten	242
2.2.9	Beurteilung ausgewählter Sportarten nach der Umweltverträglichkeit	243
2.2.10	Veränderung biochemischer Parameter im Blut vor und nach einem 800-m-Lauf	245
2.2.11	Sportliche Leistungen bei Frauen und Männern im Vergleich	245
2.2.12	Trainingsempfehlungen nach Altersstufen und Geschlecht	246
2.3	**Alkohol, Tabak, illegale Drogen und Medikamente**	**247**
2.3.1	Alkohol - Konsum und Folgen	247
2.3.2	Alkohol im Körper	248
2.3.3	Häufigkeit von Fehlbildungen bei Kindern, die durch mütterliche Alkoholkrankheit bedingt sind	249
2.3.4	Promillegrenzen in Europa	250
2.3.5	Gesamter Alkoholkonsum in reinem Alkohol pro Einwohner der Bevölkerung in Deutschland 1900–2004	250
2.3.6	Rangfolge der EU-Staaten und ausgewählter Länder hinsichtlich des Spirituosenkonsums (in reinem Alkohol) pro Kopf der Bevölkerung	251
2.3.7	Rangfolge der EU-Staaten und ausgewählter Länder hinsichtlich des Bierkonsums	252
2.3.8	Rangfolge der EU-Staaten und ausgewählter Länder hinsichtlich des Weinkonsums	253

2.3.9	Verbrauch alkoholischer Getränke pro Einwohner der Bevölkerung in Deutschland 1950–2004	254
2.3.10	Einnahmen aus alkoholbezogenen Steuern	254
2.3.11	Alkoholkonsum von Schülern nach Klassenstufe und Geschlecht	255
2.3.12	Alkohol im Straßenverkehr, Deutschland 2004	255
2.3.13	Unfälle unter Alkoholeinfluss mit Personenschäden in Deutschland 2004	256
2.3.14	Rauchen - Konsum und Kosten in Deutschland	257
2.3.15	Anteil der Raucher nach Alter und Geschlecht Mikrozensus in Deutschland 2003	258
2.3.16	Raucher Ausstiegsquote in Deutschland 2004	258
2.3.17	Rauchgewohnheiten nach Alter und Geschlecht, Mikrozensus Deutschland 2003	259
2.3.18	Tabakkonsum von Schülern	259
2.3.19	Ausgaben für Tabakwaren und Tabaksteuereinnahmen in Deutschland 1995–2004	260
2.3.20	Drogen - Konsum und Verkehrsunfälle	261
2.3.21	Rauschgiftdelikte und Rauschgiftsicherstellung in Deutschland 1995-2004	262
2.3.22	Rauschgiftdelikte in den Bundesländern 2004	262
2.3.23	Rauschgiftdelikte in den Großstädten ab 200.000 Einwohner und in den Landeshauptstädten 2003 und 2004	263
2.3.24	Rauschgifttote (Mortalität) 1999–2004	263
2.3.25	Erstauffällige Konsumenten harter Drogen in Deutschland 1995–2004 und nach Rauschgiftart 2004	264
2.3.26	Deutsche und nichtdeutsche Tatverdächtige nach dem Betäubungsmittelgesetz in Deutschland 2004	264
2.3.27	Trends der Prävalenz des Konsums illegaler Drogen bei 18- bis 24-Jährigen und bei 18- bis 39-Jährigen in Deutschland	265
2.3.28	Arzneimittel - Konsum und Suchtpotenzial	266
2.3.29	Die meistverkauften Arzneimittel in Deutschland 2004	267
2.3.30	Die umsatzstärksten Arzneimittel in Deutschland 2004	268
2.3.31	Veränderungen im Verbrauch der Benzodiazepin-Mengen der vergangenen 10 Jahre	269
2.4.	**Aids, Krebs und andere ausgewählte Krankheiten**	**270**
2.4.1	HIV/AIDS – Daten und Trends weltweit	270
2.4.2	Chronik der AIDS-Epidemie	271
2.4.3	HIV/AIDS – in den Regionen der Welt	272
2.4.4	HIV – in Europa 2000–2004	273
2.4.5	HIV/AIDS – Deutschland und Bundesländer 2005	275
2.4.6	HIV/AIDS in Deutschland – Eckdaten nach dem Infektionsrisiko 2005	278
2.4.7	HIV und AIDS in Deutschland – nach Altersgruppen und Geschlecht	279
2.4.8	Ausbruch des AIDS-Vollbildes nach dem ersten Auftreten von Antikörpern	279
2.4.9	Klinische Erstmanifestation von AIDS-Fällen am Beispiel der Jahre 1987–1999	280
2.4.10	Krebs – Daten und Trends in Deutschland	281

2.4.11	Krebs bei Kindern in Deutschland	282
2.4.12	Überlebenswahrscheinlichkeit für Krebsdiagnosen bei Kindern unter 15 Jahren in Deutschland	283
2.4.13	Geschätzte Zahl der Krebsneuerkrankungen in Deutschland 2002	283
2.4.14	Inzidenz und Mortalität bei ausgewählten Krebserkrankungen nach Alter und Geschlecht in Deutschland 2002	284
2.4.15	Ausgewählte Krankheiten - Erreger und Inkubationszeiten	286
2.4.16	Meldepflichtige Infektionserkrankungen in Deutschland 2003 und 2004	289
2.4.17	Entwicklung der Tuberkuloseerkrankungen in Deutschland seit 1991	291
2.4.18	Anzahl und Inzidenz der Tuberkuloseerkrankungen nach Bundesländern 2002–2004	291
2.4.19	Resistente Tuberkuloseerreger 2001–2004 und Auftreten nach dem Geburtsland der Erkrankten	292
2.4.20	Zeitlicher Verlauf von Anzahl und Inzidenz der Tuberkulose nach Geschlecht und Altersgruppe	292
2.4.21	Inkubationszeiten und Krankheitsbilder der durch Zecken übertragenen Frühsommer-Hirnhautentzündung (FSME) und der Lyme-Borreliose	293
2.4.22	Das Auftreten von Frühsommer-Hirnhautentzündung (FSME) in Süddeutschland sowie Empfehlungen zum Verhalten nach dem Zeckenbiss	294
2.5	**Todesursachen und Unfälle**	**295**
2.5.1	Sterbefälle nach ausgewählten Todesursachen in Deutschland 1990–2004	295
2.5.2	Sterbeziffern nach ausgewählten Todesursachen in Deutschland nach Alter und Geschlecht 2004	296
2.5.3	Äußere Einwirkungen als Todesursache in Deutschland nach Alter und Geschlecht 2004	299
2.5.4	Sterbefälle durch vorsätzliche Selbstbeschädigung in Deutschland 1990–2003	300
2.5.5	Sterbefälle nach ausgewählten Unfallkategorien, Alter und Geschlecht in Deutschland	301
2.5.6	Verunglückte im Straßenverkehr nach Verkehrsbeteiligung, Alter und Geschlecht 2005	302
2.5.7	Verunglückte im Straßenverkehr nach Straßenart 2004 und 2005	304

3 Evolution und Fortschritte

3.1	**Die Evolution des Menschen**	**307**
3.1.1	Unsere Vergangenheit – ein Überblick	307
3.1.2	Zeittafel zur Evolution des Menschen	308
3.1.3	Bedeutende Funde zur Evolution des Menschen	310
3.1.4	Zum Vergleich – Anatomische Daten der Menschenaffen	311
3.1.5	Anatomische Daten zu den Funden	312
3.1.6	Die Evolution des Menschen in einer 24-Stunden Projektion	313
3.1.7	Vergleich der Zahl der Aminosäuren zwischen dem Menschen und anderen Organismen am Beispiel des Cytochrom c	314

3.1.8	Entwicklung der Bevölkerungsdichte und der Größe der Bevölkerung von der Altsteinzeit bis zur Neuzeit	315
3.2	**Fortschritte in Medizin und Biologie**	**316**
3.2.1	Medizin und Biologie von den Anfängen bis ins 15. Jahrhundert	316
3.2.2	Medizin und Biologie im 16. und 17. Jahrhundert	317
3.2.3	Medizin und Biologie im 18. Jahrhundert	319
3.2.4	Medizin und Biologie im 19. Jahrhundert	320
3.2.5	Medizin und Biologie im 20. Jahrhundert	322

4 Bevölkerungsentwicklung

4.1	**Die Bevölkerungsentwicklung der Welt**	**331**
4.1.1	Demographische Entwicklungen und Trends im Zeitvergleich 1950-2050	331
4.1.2	Das Wachstum der Weltbevölkerung	332
4.1.3	Weltbevölkerungsuhr für 2005 im Vergleich der Industrieländer und der Entwicklungsländer	332
4.1.4	Verteilung der Weltbevölkerung in verschiedenen Regionen der Erde sowie Prognosen für 2025 und 2050	333
4.1.5	Die 10 bevölkerungsreichsten Länder 2005 und Prognosen für 2050	333
4.1.6	Länder der Erde mit Extremwerten der Fruchtbarkeitsrate	334
4.1.7	Länder der Erde mit Extremwerten der Lebenserwartung	334
4.1.8	Durchschnittliche Lebenserwartung der Bevölkerung in verschiedenen Regionen der Erde sowie im Vergleich von Industrieländern und von Entwicklungsländern	335
4.1.9	Mittlere Lebensdauer der Bevölkerung in verschiedenen Kulturperioden	335
4.1.10	Menschen 100 Jahre und älter	336
4.1.11	Sterbeuhr für 2005 im Vergleich der Industrieländer und der Entwicklungsländer	336
4.1.12	Bevölkerungsentwicklung bis 2050, Kindersterblichkeit und Lebenserwartung in den Regionen der Welt für das Jahr 2005	337
4.1.13	Bevölkerungsdichte, Bruttosozialprodukt, Armut, Energieverbrauch und Trinkwasserversorgung in den Regionen der Welt für das Jahr 2005	338
4.1.14	Schwangerschaften und Schwangerschaftsabbrüche weltweit	339
4.1.15	Geschätzte Schwangerschaftsabbrüche unter unsicheren Bedingungen in den Regionen der Welt	340
4.1.16	Angehörige ausgewählter Weltreligionen	341
4.2	**Die Bevölkerungsentwicklung in Deutschland**	**342**
4.2.1	Kennzahlen für Deutschland im Zeitvergleich	342
4.2.2	Bevölkerungsentwicklung und Bevölkerungsdichte in Deutschland vor 1945 und in der früheren Bundesrepublik	343
4.2.3	Bevölkerungsentwicklung und Bevölkerungsdichte in der ehemaligen DDR und in der Bundesrepublik Deutschland ab 1990	344
4.2.4	Entwicklung der Bevölkerung Deutschlands nach Altersgruppen bis 2050: Variante 1	345

4.2.5	Entwicklung der Bevölkerung Deutschlands nach Altersgruppen bis 2050: Variante 5	346
4.2.6	Entwicklung der Bevölkerung Deutschlands nach Altersgruppen bis 2050: Variante 9	347
4.2.7	Entwicklung der Lebenserwartung Neugeborener seit 1901 sowie Prognosen bis 2050 in Deutschland	348
4.2.8	Lebenserwartung in Jahren im Alter x von 1901–2003 sowie Prognosen für 60-Jährige bis 2050	349
4.2.9	Grundzahlen für Eheschließungen, Geborene und Gestorbene in Deutschland von 1950–2004	350
4.2.10	Bevölkerung nach Altersgruppen und Familienstand in Deutschland am 31.12.2003	351
4.2.11	Schwangerschaftsabbrüche in Deutschland	352
4.2.12	Lebendgeborene, Geburtenziffern, Totgeborene nach dem Alter der Mutter 2001 und 2003	353
4.2.13	Durchschnittliches Heiratsalter nach dem bisherigen Familienstand der Ehepartner 1985–2003	354
4.2.14	Frauen nach der Zahl der geborenen Kinder und nach dem Alter der Mütter bei der Geburt ihrer ehelich lebend geborenen Kinder in Deutschland	354
4.2.15	Durchschnittliche Ehedauer und Durchschnittsalter von Ehemännern und Ehefrauen	355
4.2.16	Gerichtliche Ehelösungen 1994–2003	355
4.2.17	Nichteheliche Lebensgemeinschaften ohne Kinder und mit Kindern 1996–2004	356
4.2.18	Allein erziehende Elternteile ohne Lebenspartner/in nach Familienstand und Geschlecht 1996 und 2004	357
4.2.19	Ausländische Bevölkerung aus Europa in Deutschland am 31.12.2004	358
4.2.20	Ausländische Bevölkerung aus dem außereuropäischen Ausland in Deutschland am 31.12.2004	359
4.2.21	Wanderungen zwischen Deutschland, dem europäischen und dem außereuropäischen Ausland 1985–2003	360
4.2.22	Eingebürgerte Personen 2004 nach ausgewählten früheren Staatsangehörigkeiten	361
4.2.23	Asylsuchende nach ausgewählten Staatsangehörigkeiten 1998–2004 und 2005	362
4.2.24	Spätaussiedler und Spätaussiedlerinnen nach Herkunftsgebiet und Altersgruppen 1995–2004	363
4.2.25	Bevölkerung, Erwerbspersonen und Erwerbstätige 1950–2004	364
4.2.26	Strukturdaten über Erwerbspersonen und Erwerbstätige März 2004	365
4.2.27	Bevölkerung nach der Beteiligung am Erwerbsleben und überwiegendem Lebensunterhalt	366
4.2.28	Erwerbstätige und Erwerbslose nach der ILO-Arbeitsmarkt-statistik 1991–2005	367
4.2.29	Arbeitslose nach ausgewählten Personengruppen 1991–2004	368
4.2.30	Kennzahlen zu Bildung und Wissenschaft im Zeitvergleich 1995–2004	369

Anhang

1	Basisgrößen und Basiseinheiten des Internationalen Einheitensystems (DIN 1301)	371
2	Namen, Symbole und Definitionen einiger abgeleiteter SI-Einheiten	372
3	Konventionelle Einheiten, die weiter benutzt werden dürfen	372
4	Empfehlungen zur Einführung abgeleiteter Einheiten des Internationalen Einheitensystems (SI) in der Medizin	373
5	Ausgewählte alte oder weniger gebräuchliche Maßeinheiten	373
6	Symbole des Internationalen Einheitensystems einschließlich älterer Einheiten	375
7	Vorsilben für dezimale Vielfache und Teile von Einheiten	375
8	Die griechischen Grundzahlen	376
9	Das griechische Alphabet	377
10	Umrechnungsfaktoren für Leistung, Wärmestrom und Energieumsatz	377
11	Umrechnungsfaktoren für Energie, Arbeit und Wärmemenge	378
12	Umrechnungsfaktoren für Druck und Atmung	378
13	Umrechnung metrischer und anglo-amerikanischer Einheiten	379
14	Umrechnung von dezimalen Vielfachen und Teilen der SI-Einheit Quadratmeter, Volumen und Liter	380

Literatur 381

Index 385

1 Der Körper des Menschen

1.1 Die Zelle

Alle Organismen, vom Einzeller bis zum höchstorganisierten Säugetier, bestehen aus Zellen (lateinisch cellula = kleine Kammer, Zelle). Die Zelle ist die strukturelle und funktionelle Einheit aller Lebewesen und damit der kleinste Baustein des Lebens.

Während Einzeller aus einer einzigen Zelle bestehen, die alle Aufgaben für den ganzen Organismus erledigt, wird der Körper eines Menschen aus 10 bis 100 Billionen Zellen aufgebaut, die in rund 220 verschiedene Zell- und Gewebetypen eingeteilt werden. Diese biologische Evolution vom Einzeller zum hochkomplexen Mehrzeller hat vor etwa 3,8 Milliarden Jahren begonnen und der Mensch musste 200 Jahre intensiv forschen, um zu erkennen, dass er selbst aus Zellen aufgebaut ist.

Tabelle 1.1.1 Zahlen zum Staunen

Literatur siehe nachfolgende Tabellen

Ausgewählte Angaben zu Zellen aus den nachfolgenden Tabellen	
Gesamtzahl der Zellen eines Durchschnittsmenschen:	
Anzahl der menschlichen Zellen	ca. 10–100 Billionen
Anzahl der Bakterienzellen im Darm eines Menschen	ca. 100 Billionen
Anzahl der Bakterienzellen auf der Haut eines Menschen	ca. 10 Billionen
Aufbau und Abbau von menschlichen Zellen	ca. 10–50 Mio./s
Neubildung von Roten Blutkörperchen	ca. 2 Mio./s
Gesamtzahl aller Nervenzellen	ca. 30 Milliarden
Täglicher, normaler Verlust von Nervenzellen	50.000–100.000
Anzahl der Mitochondrien in einer Nervenzelle	bis zu 10.000
Die kleinsten Zellen sind Spermien	3–5 µm
Eine Leberzelle hat eine durchschnittliche Größe	30–50 µm
Die größten Zellen sind Eizellen	100–120 µm
Zeitdauer, nach der alle Membranen des Körpers durch Neubildung vollständig ersetzt sind	ca. 20 Tage
Zeitdauer, in der ein Lipidmolekül in einer Membran eines Roten Blutkörperchens die Zelle umrunden kann	4 Sekunden
Länge des gesamten DNA-Fadens aller Chromosomen einer diploiden menschlichen Zelle	1,8 m
Geschätzte Länge der gesamten DNA eines Menschen	ca. $200 \cdot 10^{11}$ m
zum Vergleich: Abstand Erde–Sonne	$1,5 \cdot 10^{11}$ m
Gesamtzahl der Nukleotidpaare im haploiden Chromosomensatz einer menschlichen Zelle	$3,069 \cdot 10^9$
Durchschnittliche Anzahl der Ribosomen in einer Zelle	100.000–70 Millionen
Gesamtfläche des Endoplasmatischen Retikulums aller Leberzellen	7.875 m^2

Der Körper des Menschen

Tabelle 1.1.2 Fortschritte bei der Erforschung der Zelle

Für Aristoteles (384–322 v.Chr.) bestand der menschliche Körper aus Gliedern, Sinnesorganen, Flüssigkeiten und unteilbaren Geweben – ihm war der Mikrokosmos einer Zelle verschlossen. Erst durch die Verwendung des Mikroskops konnten die Naturforscher nachweisen, dass die Gewebe bei Pflanzen, bei Tieren und beim Menschen aus Zellen aufgebaut sind. (siehe Tabelle 1.1.27 und 3.2. Fortschritte in Medizin und Biologie).

Neue chemische und physikalische Verfahren, besonders aber die Einführung der Elektronenmikroskopie Anfang der 50er-Jahre, haben die Lücke zwischen dem Lichtmikroskop und dem atomaren Bereich der Röntgenmikroanalyse geschlossen.

Sajonski, Smollich 1990; Ude, Koch 2002; Junqueira, Carneiro, Gratzl 2004

Wegweisende Entdeckungen	Name, Erläuterungen	Zeit
Konstruktion des ersten zweilinsigen Mikroskops	*Hans Janssen*, (Brillenschleifer) Mikroskop aus 3 verschiebbaren Röhren, Vergrößerung 3–9 fach	1595
Benützung eines Fernrohres als Mikroskop	*Galileo Galilei* (1564–1642), italienischer Mathematiker, Physiker und Astronom	1610
Entdeckung der Pflanzenzelle in einem mikroskopischen Präparat der Korkeiche	*Robert Hooke* (1635–1703), englischer Physiker u. Mathematiker	1665
Entdeckung der rote Blutkörperchen, der Einzeller und der Bakterien	*Antony van Leeuwenhoek* (1632–1723), holländischer Kaufmann, Mikroskop mit 300-facher Vergrößerung	1682
Entdeckung des Zellkerns	*Robert Brown* (1773–1858), schottischer Botaniker	1831
Formulierung der Zelltheorie für Pflanzen	*Matthias Jakob Schleiden* (1804–1881), deutscher Botaniker	1838
Formulierung der Zelltheorie für Tiere	*Theodor Schwann* (1810–1882), deutscher Physiologe	1839
Formulierung der Theorie der Zellbildung, Unterscheidung zwischen Teilungs- und Dauergewebe	*Carl Wilhelm von Nägeli* (1817–1891), Botaniker in Zürich	1850
„Omnis cellula e cellula" Jede Zelle kann nur aus einer anderen Zelle entstehen.	*Rudolf Virchow* (1821–1902), deutscher Pathologe	1855
Entdeckung der Gesetzmäßigkeiten der Vererbung	*Gregor Mendel* (1822–1884), Augustinermönch und Naturforscher aus Schlesien (heute Tschechien)	1865
Entdeckung der Zellteilung (Mitose) bei höheren Pflanzen	*Wilhelm Hofmeister* (1824–1877)	1867
Entdeckung der Nukleinsäuren in Eiterzellen	*Johann F. Miescher* (1844–1895), Mediziner und Physiologe in Basel	1869

Fortsetzung nächste Seite

Fortsetzung Tabelle 1.1.2 Fortschritte bei der Erforschung der Zelle

Wegweisende Entdeckungen	Name, Erläuterungen	Zeit
Entdeckung von Kernteilung und Kernverschmelzung bei Pflanzen	*Eduard Strasburger* (1844–1912), deutscher Botaniker	1875
Entdeckung der Befruchtung als Verschmelzung zweier Zellen	*Oscar Hertwig* (1849–1922), deutscher Biologe	1875
Entdeckung der Centriolen bei der Zellteilung	*Theodor von Boveri* (1862–1915), deutscher Zoologe	1878
Beschreibung der Mitose (Zellteilung) und des Chromatins	*Walther Flemming* (1843–1905), deut. Biologe, Begründer der Cytogenetik	1879
Entdeckung des Golgiapparats in menschlichen Nervenzellen	*Camillo Golgi* (1844–1926), italienischer Pathologe)	1898
Entdeckung der Mitochondrien in den Zellen (Auflösungsgrenze eines Lichtmikroskops)	*Carl Benda* (1857–1932), deutscher Pathologe	1899
Gene (Erbanlagen) liegen auf den Chromosomen einer Taufliege	*Thomas Hunt Morgan* (1866–1945), amerikanischer Zoologe und Genetiker	1910
Entwicklung des Elektronenmikroskops (EM), das gegenüber dem Lichtmikroskop mit viel kurz-welligeren Elektronenstrahlen betrieben wird	*Ernst Ruska*,(1906–1988), deutscher Ingenieur, *Hans Knoll* und *Bodo von Borries* in Berlin. Die Auflösung moderner EM liegt heute bei 0,2 nm (Nanometer = 1/Millionstel mm).	1930 bis 1933
Die genetische Information ist in den Nukleinsäuren gespeichert.	*Oswald Avery* (1877–1955), amerikanischer Arzt und Physiologe	1944
Die 4 Basen der DNA liegen in einem bestimmten Verhältnis zueinander vor.	*Erwin Chargaff* (1905–2002), österreichisch-amerikanischer Biochemiker	1950
Aufklärung der Struktur der DNA-Doppelhelix	*Harry Compton* Crick (1916–2004), *James Dewey Watson* (*1928)	1953
Erklärung der Muskelkontraktion durch die Filament-Gleittheorie	*Sir A.F. Huxley*, britischer Physiologe	1969
Jede der 20 Aminosäuren wird durch drei Basen der DNA definiert.	*Marshall Warren Nirenberg* (*1927), amerikanischer Biochemiker, zusammen mit *Heinrich Matthaei*	1961
Erste Sequenzierung einer zellulären Transfer-RNA	*Robert William Holley* (1922–1993), US-amerikanischer Biochemiker	1964
Erfolgreiches Klonen des erwachsenen Schafes „Dolly" (starb 2003 an frühzeitigen Alterserscheinungen)	*Ian Wilmut* (*1944), britischer Embryologe	1997
Entschlüsselung des menschliche Genoms zu 99,9 %	Ergebnisse aus USA, Japan, China, Großbritannien, Frankreich und Deutschland im Internet	2003

Tabelle 1.1.3 Die Zelle und das Problem der Größe

Um Zellen zu erkennen, hilft das Heranführen des Gegenstands an das Auge oder die Verwendung einer Lupe in der Regel nicht. *Robert Hooke* musste ein Lichtmikroskop benutzen, um die Zellen zu entdecken. Beim Versuch tief in den Mikrokosmos einer Zelle einzudringen, kommt auch das Lichtmikroskop schnell an seine Grenzen. Nur hochauflösende Hilfstechniken erschließen uns den Bereich der Zellstrukturen bis hin zu den Atomen.

Arbeitsbereich Lichtmikroskop: 1 µm (Mikrometer) = 10^{-3} mm (1/ Tausendstel mm).
Arbeitsbereich Elektronenmikroskop: 1 nm (Nanometer) = 10^{-9} m = 10^{-6} mm (1/ Millionstel mm).
Weniger verbreitet: 1 pm (Pikometer) = 10^{-12} m = 10^{-9} mm.

Leonhardt 1990; Junqueira, Carneiro, Gratzl 2004

Strukturen im Mikrokosmos des Menschen	Größe der Strukturen	
Das menschliche Auge ohne Hilfsmittel		
Grenze des Auflösungsvermögen des Auges im Abstand von 20 cm	0,1 mm (100 µm)	10^{-4} m
Menschliche Eizelle	0,12 mm	$1,2 \cdot 10^{-4}$ m
Das Lichtmikroskop		
Grenze des Auflösungsvermögens des Lichtmikroskops	0,2 µm (200 nm)	$2 \cdot 10^{-7}$ m
Pyramidenzellen des Gehirns	bis 100 µm	$1,2 \cdot 10^{-4}$ m
Leberzelle des Menschen	30–50 µm	$3-5 \cdot 10^{-5}$ m
Rote Blutkörperchen des Menschen	7 µm	$7 \cdot 10^{-6}$ m
Zellkern einer Nierenzellen	6,2 µm	$6,2 \cdot 10^{-6}$ m
Kopf eines Spermiums	3–5 µm	$3-5 \cdot 10^{-6}$ m
Zellkern einer Spinalganglionzelle	1,2 µm	$1,2 \cdot 10^{-6}$ m
Durchschnittsgröße eines menschlichen Chromosoms in der Metaphase	4,5 µm	$4,5 \cdot 10^{-6}$ m
Durchschnittliche Länge der Mitochondrien	2 µm	$2 \cdot 10^{-6}$ m
Durchschnittliche Länge eines Mikrovilli	1–2 µm	$1-2 \cdot 10^{-6}$ m
Zum Vergleich: Bakterien	0,3–2 µm	$3-20 \cdot 10^{-7}$ m
Das Elektronenmikroskop		
Grenze des Auflösungsvermögens des Elektronenmikroskops	0,1–0,3 nm	$1-3 \cdot 10^{-10}$ m
Durchschnittliche Dicke der Mikrovilli	ca. 100 nm	$1 \cdot 10^{-7}$ m
Durchmesser der Ribosomen	15–25 nm	$1,5-2,5 \cdot 10^{-8}$ m
Dicke der äußeren Zellmembran	8,0 nm	$8 \cdot 10^{-9}$ m
Dicke der Glykokalyx-Filamente	2,5–5,0 nm	$2,5-5 \cdot 10^{-9}$ m
Durchmesser der DNA-Doppelhelix	2 nm	$2 \cdot 10^{-9}$ m
Länge von Aminosäuren	0,8–1,1 nm	$8-11 \cdot 10^{-10}$ m
Zum Vergleich:		
Pockenviren (größte humanpathogene Viren)	200–400 nm	$2-4 \cdot 10^{-7}$ m
Picorna-Viren (kleinste humanpathogene Viren)	30 nm	$3 \cdot 10^{-8}$ m
Die Röntgenmikroanalyse		
Atome	0,1–0,5 nm	$1-5 \cdot 10^{-10}$ m

Tabelle 1.1.4 Ausgewählte Angaben zur Zahl und Größe menschlicher Zellen

Der menschliche Körper besteht aus Billionen von Zellen. Insgesamt werden ca. 200 verschiedene Zellarten unterschieden. Zellen mit hoher Regenerationsfähigkeit sind Blutzellen, Zellen der Haut und der Schleimhäute. Die Angabe der Gesamtzellzahlen sind Hochrechnungen, die die unvorstellbaren Dimensionen veranschaulichen sollen. Erstaunlicherweise übersteigt die Anzahl der Bakterien im Körper die Anzahl der menschlichen Zellen.

Junqueira, Carneiro, Gratzl 2004; Pschyrembel 2004

Zellzahlen eines Menschen	
Geschätzte Gesamtzahl der Zellen eines Erwachsenen	ca. 10–100 Billionen ($10^{13} - 10^{14}$)
Geschätzte Anzahl aller Bakterien im Darm	ca. 100 Billionen (10^{14})
Geschätzte Anzahl aller Bakterien auf der Haut	ca. 10 Billionen (10^{13})
Geschätzte Anzahl aller Leberzellen eines Erwachsenen	ca. 200 Milliarden ($2 \cdot 10^{11}$)
Geschätzte Gesamtzahl aller Nervenzellen	ca. 30 Milliarden ($3 \cdot 10^{10}$)
Normaler täglicher Verlust von Nervenzellen	50.000–100.000
Anzahl der verschiedenen Zellarten des Menschen	ca. 200
Zellumsatz pro Sekunde im menschlichen Körper	ca. 10–50 Mio./s
Neubildung von Erythrozyten pro Sek. beim Mensch	ca. 2 Mio./s

Zellen im Blut eines Menschen	
Anzahl der roten Blutkörperchen (Erythrozyten) in der Gesamtblutmenge von 5 l	ca. 25 Billionen ($25 \cdot 10^{12}$)
Anzahl der weißen Blutkörperchen (Leukozyten) in der Gesamtblutmenge von 5 l	ca. 25–100 Milliarden ($25-100 \cdot 10^{9}$)
Anzahl der Blutplättchen (Thrombozyten) in der Gesamtblutmenge von 5 l	ca. 1–1,5 Billionen ($1-1,5 \cdot 10^{12}$)

Extremwerte für die Größe von Zellen	
Die kleinsten Zellen des Menschen	
Blutplättchen (Thrombozyten)	1–4 µm
Spermium (Kopf des Spermiums)	3–5 µm
Gliazellen aus dem Großhirn (Oligodendrozyten)	6–8 µm
Rote Blutkörperchen (Erythrozyten)	7,7 µm
Die größten Zellen des Menschen	
Eizellen (Oozyten)	100–120 µm
Pyramidenzellen aus der Großhirnrinde	bis 100 µm
Durchschnittliche Zellgröße einer Leberzelle	30–50 µm

Tabelle 1.1.5 Lebensdauer verschiedener Zellarten im menschlichen Körper

Die Zelle eines Einzellers, die sich durch Zweiteilung vermehrt, wird dadurch potentiell unsterblich. Bei vielzelligen Organismen sind die Zellen durch arbeitsteilige Differenzierung spezialisiert und haben häufig die Fähigkeit zur Teilung verloren. Sie haben je nach Zelltyp eine sehr unterschiedliche Lebensdauer.

Finch 1990; Kaboth, Begemann 1977; Klima 1967; Leonhardt 1985

Zellen in Geweben und Organen	Durchschnittliche Lebensdauer
Deckepithelien	
After	4,3 Tage
Bauchhaut	19,4 Tage
Dickdarm	10,0 Tage
Dünndarm	1,4 Tage
Enddarm	6,2 Tage
Fußsohlenepidermis	19,1 Tage
Harnblase	66,5 Tage
Hautepidermis	19,2 Tage
Lippen	14,7 Tage
Luftröhre	47,6 Tage
Lunge (Alveolen)	8,1 Tage
Mageneingang (Cardia)	9,1 Tage
Magenausgang (Pylorus)	1,8–1,9 Tage
Ohr	34,5 Tage
Drüsenepithelien	
Leber	222 Tage
Nieren	286 Tage
Schilddrüse	287 Tage
Binde- und Stützgewebe	
Knochenzellen	25–30 Jahre
Blutzellen	
Blutplättchen (Thrombozyten)	10 Tage
Rote Blutkörperchen (Erythrozyten)	120 Tage
Weiße Blutkörperchen	
Neutrophile Granulozyten	4–5 Tage
Eosinophile Granulozyten	10 Tage
Lymphozyten (langlebig)	mehrere 100 Tage
Monozyten	wenige Monate
Nicht vermehrungsfähige Zellen	
Eizellen (Oozyten)	keine Erneuerung
Haarfollikel	keine Erneuerung
Nervenzellen	keine Erneuerung
Schweißdrüsenzellen	keine Erneuerung

Tabelle 1.1.6 Die Zellmembran

Die Zellmembran umschließt die Zelle. Sie besteht nach dem Flüssig-Mosaik-Modell aus einer Doppelschicht von Phospholipiden, in die ein Mosaik von Membranproteinen eingelagert ist. Diese sind nicht starr fixiert, sondern dynamisch in Bewegung. Sie werden hauptsächlich durch hydrophobe Wechselwirkungen zusammengehalten, die vielfältige seitliche Bewegungen erlauben. Membranen sind durch intensiven gleichzeitigen Ab- und Aufbau gekennzeichnet. Der Kohlenhydratanteil (Glykokalix) der Zellmembran verleiht der Zelle ihre Spezifität. Sonderbildungen sind fingerförmige Ausstülpungen (Mikrovilli), die die Oberfläche der Membran vergrößern und einen "Bürstensaum" der Zelle bilden.

Leonhardt 1990; Mörike, Betz, Mergenthaler 2001; Campbell 2003

Angaben zur Struktur und Funktion der Zellmembran beim Menschen	
Zeitdauer, nach der alle Membranen des Körpers durch Neubildung vollständig ersetzt sind	20 Tage
Zeitdauer, in der ein Lipidmolekül einer Erythrozytenzellmembran die gesamte Zelle einmal umrunden kann	4 Sekunden
Gesamtdicke der Zellmembran bei Körpertemperatur	8,0 nm
Dicke der äußeren Lamelle	2,5 nm
Dicke der Mittelschicht	3,0 nm
Dicke der inneren Lamelle	2,5 nm
Gesamtdicke der Zellmembran bei niederer Temperatur	6,0 nm
Gesamtdicke der Zellmembran bei hoher Temperatur	9,0 nm
Geschätzte Fläche aller Zellmembranen der Leberzellen eines erwachsenen Menschen	355 m^2
Prozentualer Anteil der Zellmembran an allen Membranen einer Leberzellen	2,5 %
Durchschnittlicher Kohlenhydratanteil der Zellmembran	<10 %
in einer Leberzelle	2 %
in einem weißen Blutkörperchen (Granulozyt)	15 %
Durchschnittlicher Fettanteil der Zellmembran	ca. 50 %
Verhältnis Lipid zu Protein (abhängig vom Zelltyp und der Stoffwechselaktivität)	1:4 – 4:1
Verhältnis Lipid zu Protein in unterschiedlichen Membranen	
in der Myelinscheide (umhüllt Nervenfasern)	1:0,23
in der Erythrozytenmembran	1:1,1
in der Membran einer Tumorzelle	1:1,5
in der inneren Mitochondrienmembran	1:3,2
Dicke der Membranporen nach der Lipid-Filter-Theorie	0,4 nm
Durchschnittliche Anzahl von Hormonrezeptoren in der Zellmembran einer menschlichen Zelle	ca. 10.000
Dicke der Glykokalyx-Filamente	2,5–5,0 nm
Anzahl der Mikrovilli auf einer Dünndarmzelle	ca. 3.000
Länge der Mikrovilli	100–800 nm
Dicke der Mikrovilli	50–100 nm

Tabelle 1.1.7 Endoplasmatisches Retikulum und Ribosomen

Das endoplasmatische Retikulum (ER „endoplasmatisch" bedeutet im Cytoplasma und „Retikulum" ist das lateinische Wort für Netz) ähnelt in Struktur und Zusammensetzung der Plasmamembran, steht in Verbindung zur Kernmembran und macht in menschlichen Zellen etwa die Hälfte aller Membranen in der Zelle aus. Durch das ER kommt es zu einer extremen Oberflächenvergrößerung in der Zelle und zur Bildung von abgeschlossenen Reaktionsräumen (Kompartimentierung).

Zum endoplasmatischen Retikulum (ER) gehören zwei Bereiche. Das raue ER ist mit Ribosomen besetzt, die wichtige Aufgaben bei der Eiweißsynthese (Proteinbiosynthese) haben. Hier werden entsprechend der Kodierung der Messenger-RNA aus Aminosäuren Eiweiße zusammengesetzt. Ribosomen kommen auch frei im Zytoplasma vor und sind dort ebenfalls die Orte der Eiweißsynthese.

Das glatte ER ist frei von Ribosomen. Hier werden körpereigene Stoffe wie das Glykogen synthetisiert, Kalzium gespeichert und Stoffwechselprodukte modifiziert. Enzyme im glatten ER sind für die Entgiftung der Zelle, z.B. auch für den Abbau von Medikamenten, zuständig.

Leonhardt 1990; Sajonski, Smollich 1990; Mörike, Betz, Mergenthaler 2001; Campbell 2003; Junqueira, Carneiro, Gratzl 2004

Endoplasmatisches Retikulum (ER) in Zellen des Menschen	
Membrandicke des endoplasmatischen Retikulums	7–8 nm
Breite des Raumes zwischen den Membranen	40–70 nm
Calciumkonzentration im Cytoplasma einer Zelle	10^{-7} Mol
Calciumkonzentration im ER	10^{-3} Mol
Gesamtfläche des ER aller Leberzellen	7.875 m^2
Prozentualer Anteil des ER an den Membranen einer Leberzelle	55 %
Gesamtfläche der Membranen von 1 ml Lungengewebe	10 m^2
Anteil des ER an dieser Fläche	6,7 m^2 (67 %)

Ribosomen in Zellen des Menschen	
Durchmesser eines Ribosoms	15–25 nm
Anzahl der Untereinheiten eines Ribosoms	2
Molekulargewicht eines Ribosoms	$4,2 \cdot 10^6$
Anzahl der Ribosomen pro Zelle	
durchschnittlich	$10^5 - 10^7$
Leberzelle	$4 \cdot 10^6$
Retikulozyt	$3 \cdot 10^4$
zum Vergleich: Anzahl der Ribosomen in einer Bakterienzelle	10^4
Zeit, nach der ein Ribosom durch Neubildung ersetzt wird	ca. 6 Stunden
Neubildung der Ribosomen pro Zelle	
Leberzelle	180 pro Sekunde
unreifes rotes Blutkörperchen	1,4 pro Sekunde
Anteil der RNA an der Gesamtmasse eines Ribosoms	40 %
Anteil der Proteine an der Gesamtmasse eines Ribosoms	60 %

Tabelle 1.1.8 Golgiapparat, Lysosomen und Peroxisomen

Der Golgiapparat besteht aus abgeflachten Membranstapeln mit Hohlräumen, den so genannten Dictyosomen. Hier werden Stoffwechselprodukte gefertigt, gelagert, sortiert und weiter transportiert. So gelangen die im rauen endoplasmatischen Retikulum gebildeten Eiweiße in Transportvesikeln zum Golgiapparat, wo komplexe Proteinverbindungen (z.B. Glykoproteine) aufgebaut werden. Golgivesikel transportieren diese anschließend zu verschiedenen Zielorten.

Die Lysosomen stellen das Verdauungssystem der Zelle dar. Es handelt sich um von einer Membran umschlossene Zellorganellen. Sie entstehen aus Abschnürungen des Golgiapparates. Ihre Hauptfunktion besteht darin, aufgenommene Fremdstoffe mittels der in ihnen enthaltenen Enzyme zu verdauen.

Peroxisomen sind evolutionär sehr alte Zellorganellen. Es handelt sich um kleine, membranumhüllte Vesikel, die sich im Cytoplasma einer Zelle befinden. Die Hauptaufgabe besteht in der Entgiftung von Produkten des Intermediärstoffwechsels. Im Unterschied zu den Lysosomen sind Peroxisomen keine Abkömmlinge des Golgiapparates, sondern wie Mitochondrien "selbstreplizierend".

Kleinig, Sitte 1992; Sajonski, Smollich 1990; Campbell 2003; Junqueira, Carneiro, Gratzl 2004

Golgiapparat (Aufbau aus Diktyosomen)	
Anzahl der Membransäckchen (Diktyosomen) pro Golgi-Feld	5–10
Anzahl der Golgi-Felder einer Drüsenzelle	100–200
Anzahl der Golgi-Felder in einer Leberzelle	250
Größe des Golgiapparates	0,3–1,5 µm
Volumenanteil des Golgiapparates in einer Leberzelle	2 %
Zeit, nach der ein Golgiapparat durch Neubildung vollständig ersetzt wird	20 min
Durchmesser der Transportvesikel zwischen endoplasmatischem Retikulum und Golgiapparat	ca. 50 nm

Lysosomen	
Durchmesser der Lysosomen	0,2–0,5 µm
Prozentualer Anteil der Lysosomen an den Membranen einer Leberzelle	0,3 %
Gesamtfläche der Lysosomen aller Leberzellen eines erwachsenen Menschen	ca. 50 m^2
pH-Wert im Innern der Lysosomen	5
zum Vergleich: pH-Wert im Zytoplasma	7
Anzahl der verschiedenen Enzyme in einem Lysosom	>40

Peroxisomen (Mikrobodies)	
Durchmesser eines Peroxisoms	0,3–0,5 µm
Anzahl der Enzyme eines Peroxisoms	ca. 60
Anzahl der Peroxisomen in einer Leberzelle	ca. 1.000

Tabelle 1.1.9 Zellkompartimente am Beispiel einer Leberzelle

Gestalt und Größe der Zellkompartimente sind in den verschiedenen Zellen des menschlichen Körpers sehr unterschiedlich. Sie können sich auch in ein und derselben Zelle mit dem Aktivitätsgrad der Zelle ändern. Durch die Kompartimentierung können unterschiedliche Stoffwechselprozesse in der Zelle räumlich getrennt gleichzeitig ablaufen.

Kleinig, Sitte 1992

Kompartiment	Volumen in μm^3	Volumen in %	Membranfläche in μm^2	Membranfläche in %
Zellkern	300	5,9	220	2,0
Endoplasmatisches Retikulum	950	18,8	78.750	55,0
Mitochondrien	1.070	21,1		
Hüllmembran	–	–	7.450	5,2
Innere Membran	–	–	52.200	36,4
Peroxisomen	70	1,4	570	0,4
Lysosomen	40	0,8	500	0,3
Plasmamembran	–	–	3.550	2,5
Cytoplasma	2.630	52,0	–	–
Summe	5.060	100,0	143.240	100,0

Tabelle 1.1.10 Oberflächendifferenzierungen der Zelle

Zellen besitzen Ausstülpungen der Zellmembran mit unterschiedlichen Funktionen.
Kinozilien (Flimmerhärchen) führen rhythmische Bewegungen durch. Im Bereich der Atemwege sind sie für die Selbstreinigung der Bronchien verantwortlich und transportieren Schleim und Fremdpartikel kontinuierlich in Richtung Mund, wo sie abgehustet werden. Stereozilien haben nicht die Fähigkeit zur Eigenbewegung. Stereozilien kommen an den Sinneszellen (Haarzellen) der Schnecke des Innenohrs sowie den Epithelien der inneren Geschlechtsorgane vor. Mikrovilli dienen der Oberflächenvergrößerung vieler Zellen.

Pschyrembel 2004; Schmidt, Lang, Thews 2005

Oberflächendifferenzierungen bei menschlichen Zellen	
Kinozilien	
Anzahl der aufbauenden Mikrotubuli	$9 \cdot 2 + 2$
Dicke einer Kinozilie	0,25 µm
Länge einer Kinozilie	7–10 µm
Schlagfrequenz einer Kinozilie in der Luftröhre	20 /s
Stereozilien	
Länge einer Stereozilie	100–200 µm
Mikrovilli	
Länge	1–2 µm
Dicke	0,1 µm
Faktor der Zelloberflächenvergrößerung	20

Tabelle 1.1.11 Das Cytoskelett der Zelle

Das Cytoplasma einer Zelle wird von einem Netzwerk aus unterschiedlichen fadenförmigen Strukturen durchzogen. Es gibt der Zelle mechanische Stabilität und ihre äußere Form. Es ist sehr dynamisch und kann sich durch ständige Auf- und Abbauprozesse den Erfordernissen der Zelle anpassen. An das Cytoskelett können Zellorganellen und große Enzymmoleküle angeheftet und transportiert werden.

Das Cytoskelett der menschlichen Zelle besteht aus Mikrotubuli, Mikrofilamenten (Aktinfilamenten) und intermediären Filamenten. Sie ermöglichen die aktive Bewegungen einer gesamten Zelle sowie Transportvorgänge im Inneren einer Zelle.

Leonhardt 1990; Mörike, Betz, Mergenthaler 2001; Junqueira, Carneiro, Gratzl 2004

Mikrotubuli	
Durchmesser der Mikrotubuli	
insgesamt	24 nm
Lichte Weite des Innenlumens	14 nm
Wanddicke	5 nm
Molekülmasse der Grundbausteine (dimere Tubuline)	100.000–120.000
Anzahl der Tubulinfilamente pro Mikrotubulus	13
Länge eines Mikrotubulus	
im Axon einer Nervenzelle	25 µm
Maximale Verlängerung der Mikrotubuli (in Zellkultur)	7,2 µm/min
Maximale Verkürzung der Mikrotubuli (in Zellkultur)	17,3 µm/min

Mikrofilamente (Aktinfilamente)	
Durchmesser eines Aktinfilaments (Mikrofilament)	5–7 nm
Länge eines Aktinfilaments im Skelettmuskel	bis 1 µm
Anzahl der Einzelfäden pro Aktinfilament	2
Durchschnittlicher Anteil des Aktins am Gesamtprotein der Zelle	10 %
Anzahl der Aminosäuren eines Aktinmoleküls	375

Intermediärfilamente	
Keratin (Vorkommen in Epithelzellen)	
Molekulargewicht	40.000–68.000
Vimentin (in viele Zellen mesenchymalen Ursprungs)	
Molekulargewicht	57.000
Desmin (in Muskelzellen)	
Molekulargewicht	53.000
Saures Gliafaserprotein (in Astrozyten)	
Molekulargewicht	45.000
Neurofilamente (in Nervenzellen)	
Molekulargewicht	68.000
Nukleäres Laminin (in Zellkernen)	
Molekulargewicht	65.000–75.000

Tabelle 1.1.12 Mitochondrien

Mitochondrien sind membranumschlossene Zellorganellen im Cytoplasma der Zelle. Sie dienen den Zellen zur Energiegewinnung (Kraftwerke der Zellen). Energie, die aus dem Abbau energiereicher organischer Substrate stammt, wird hier in Form von Adenosintriphosphat (ATP) gespeichert. Die Zahl der Mitochondrien in einer Zelle steigt mit dem Energiebedarf.

Nach der Endosymbiontentheorie sind zu Beginn der biologischen Evolution Mitochondrien aus einer Endosymbiose von aeroben Bakterien mit anderen Prokaryoten entstanden. Die Mitochondrien besitzen ein eigenes Genom, das etwa 1% der genetischen Information des Menschen ausmacht. Nach neueren Erkenntnissen werden Mitochondrien nicht nur von der Mutter vererbt. Bei der Befruchtung werden auch einige männliche Mitochondrien importiert.

Flindt 1995; Mörike, Betz, Mergenthaler 2001; Junqueira, Carneiro, Gratzl 2004

Angaben zur Anzahl, Größe und Funktion von Mitochondrien beim Menschen	
Anzahl der Mitochondrien	
in Eizellen	200.000–300.000
in Nervenzellen	bis zu 10.000
in Leberzellen	500–2.500
in Spermien	100
in Thrombozyten	2–6
in Erythrozyten	0
Durchmesser (durchschnittlich)	0,5 µm
Länge der Mitochondrien durchschnittlich,	2 µm
Variationsbreite	1–10 µm
Lebensdauer der Mitochondrien	
in Leber und Nierenzellen	5–12 Tage
in Herzmuskelzellen	10–31 Tage
Prozentualer Anteil der Mitochondrien an der gesamten Zelle	
Zapfen (Sinneszelle des Auges)	80 %
äußere Augenmuskelzelle	60 %
Herzmuskelzelle	40 %
Dünndarmzelle	13 %
Leberzelle	20 %
Proteinanteil eines Mitochondriums	70 %
Größe der Ribosomen in den Mitochondrien	12 nm
Durchmesser der Matrixgranula in Mitochondrien (Granula mitochondrialia)	30–50 nm
Gewicht der für alle zellulären Prozesse eines Menschen täglich benötigten Menge an ATP	70 kg
Anzahl der Enzyme in einem Mitochondrium	>100
Anzahl der Basenpaare der menschlichen mitochondrialen DNA	16.569
Anteil der mitochondrialen DNA an der Gesamt-DNA einer menschlichen Zelle	1 %
Anzahl der Gene, die für die Entstehung und Funktion von Mitochondrien notwendig sind	3.000
Anzahl der Gene, die durch mitochondriale DNA kodiert werden	37

Tabelle 1.1.13   Der Zellkern (Nucleus)

Der meist rundliche Zellkern liegt im Cytoplasma einer Zelle und ist von diesem durch eine Doppelmembran (Kernmembran mit Kernporen) abgegrenzt. In dieser Form sind Zellkerne für alle Organismen außer den prokaryotischen Bakterien typisch.

Der Zellkern hat einen durchschnittlichen Durchmesser von 5 μm und kann im Lichtmikroskop leicht erkannt werden. Er enthält den größten Teil des genetischen Materials der Zelle (Mitochondrien haben eine eigene DNA). Das Erbgut der Zelle liegt in Form von Genen auf der Desoxyribonukleinsäure (DNA, DNS = deutsche Schreibweise) vor. Diese ist im Innern des Zellkerns als Chromatin (Steuerzentrum der Zelle) organisiert.

Auffällige Strukturen im Zellkern sind die Kernkörperchen (Nucleoli). Diese bauen aus der ribosomalen RNA und bereitgestellten Proteinen die Untereinheiten der Ribosomen auf, die dann durch die Kernporen in das Cytoplasma der Zelle exportiert werden.

Weitere Informationen zum Zellkern siehe Tabellen 1.1.15 – 1.1.27.

Flindt 1995; Leonhardt 1990; Mörike, Betz, Mergenthaler 1991; Kleinig, Sitte 1992; Campbell 2003; Junqueira, Carneiro, Gratzl 2004

Angaben zur Anzahl, Größe und Struktur des Zellkerns (Nucleus) beim Menschen	
Anzahl der Zellkerne pro Zelle	
Durchschnitt	1
Skelettmuskelzelle	> 1.000
Osteoklast (im Knochengewebe)	5–20
Bei 20 % der Leberzellen	2
Bei 80 % der Leberzellen	1
Oberflächenepithel der ableitenden Harnwege	2
Erythrozyt und Thrombozyt	0
Größe und Volumen des Zellkerns (sehr variabel)	
Durchschnittliches Zellkernvolumen	20–500 μm^3
Durchschnittlicher Anteil des Zellkerns	
am Gesamtvolumen der Zelle	5–20 %
extremer Anteil bei einem Lymphozyt	60 %
Größe des Zellkerns in einer Nierenzelle	6 μm
Größe des Zellkerns in einer Spinalganglienzelle	1,2 μm
Größe des Zellkerns in einer Alveolenzelle der Lunge	5 μm
Durchschnittliche Größe eines Kernkörperchens (Nucleolus)	1–2 μm
Kernhülle (Nukleolemma)	
Anzahl der Membranen der Kernhülle	2
Dicke einer Membran	7–8 nm
Abstand zwischen den beiden Membranen	bis zu 20–70 nm
Kernporen	
Durchmesser	50–70 nm
Anteil der Kernporen an der Kernoberfläche	bis 20 %
Anzahl der Poren pro Kern	3.000–4.000
Relative Molekülmasse von Molekülen, die gerade noch die Kernporen passieren können	60.000
Dicke des Diaphragmas, das die Poren durchzieht	5 nm

Tabelle 1.1.14 Chromatin, Histone und Nukleosomen

Im Inneren des Zellkerns liegt das Chromatin (griech. chroma = Farbe). Dieser Name wurde gewählt, weil das Chromatin sich mit basischen Kernfarbstoffen leicht anfärben lässt. Im Lichtmikroskop erscheint es dann als sichtbares Fadengerüst. Es besteht aus langen DNA-Molekülen, die zum Teil um Proteine, die Histone, geschlungen sind. Eine solche Verbindung aus DNA und Histonen bezeichnet man als Nukleosom. Während der Mitose und Meiose wandeln sich die fädigen Chromatinstränge in sehr viel kompaktere Strukturen, die Chromosomen, um (siehe Tabelle 1.1.20 – 21).

Histone sind basische Proteine, die mit der DNA interagieren und ihre Aufspiralisierung (Komprimierung) ermöglichen.

In den Nukleosomen ist die DNA an die Histone gebunden. Sie sind kettenförmig aneinandergereiht und können mit Hilfe der Nichthiston-Proteine dichter gepackt vorliegen (Heterochromatin). Dadurch wird das Abschreiben der Information (Transkription) verhindert und es zeigt sich keine Genaktivität. Sind die Nukleosomen locker gepackt (Euchromatin), ist hohe Genaktivität zu beobachten.

Löffler, Petrides 1997; Kleinig, Sitte 1992; Campbell 2003

DNA- und Protein-Gehalt des Chromatins	
DNA-Gehalt des Chromatins	20 %
Protein-Gehalt des Chromatins	80 %

Histone, Nukleosomenkerne und Nukleotide	
Anzahl der Histone	
Anzahl der verschiedenen Histontypen einer menschlichen Zelle	5
Anzahl der Histone eines Nukleosomenkerns	2
Breite eines Nukleosomenkerns	11 nm
Höhe eines Nukleosomenkerns	5 nm
Anzahl der Nukleotide eines unkomprimierten DNA-Stranges	3 Mio./mm
Anzahl der Nukleotide eines komprimierten DNA-Stranges ohne das Histon H1	20 Mio./mm
Anzahl der Nukleotide eines komprimierten DNA-Stranges mit dem Histon H1	120 Mio./mm

Angaben zu Nukleosomen	
Anzahl der Windungen des DNA-Stranges um ein Nukleosom	1,8
Anzahl der Basenpaare des DNA-Stranges um ein Nukleosom	140–150
Anzahl der Basenpaare des DNA-Stranges zwischen zwei Nukleosomen (Linker)	50–60
Dicke der Faser, zu der sich die Nukleosomenkette beim Lebenden zusammenlagert	30 nm

Tabelle 1.1.15 Desoxyribonukleinsäure DNA

Die Desoxyribonukleinsäure (DNA, DNS = deutsche Schreibweise) dient als Träger der Erbinformation. Die Struktur der DNA wurde 1953 von Watson und Crick aufgeklärt. Aufgebaut ist die DNA aus Desoxyribonukleotiden, die aus zwei gegenläufigen DNA-Einzelsträngen bestehen (Doppelhelixstruktur). Die Basenpaare in der DNA werden von den jeweils komplementären Basen Adenin und Thymin sowie Guanin und Cytosin gebildet. Histone sind basische Proteine, die mit der DNA interagieren und ihre Aufspiralisierung (Komprimierung) ermöglichen.

Löffler, Petrides 1997; Kleinig, Sitte 1992; Campbell 2003

Desoxyribonukleinsäure (DNA) in der menschlichen Zelle	
Durchmesser der DNA-Doppelhelix (spiralförmig)	2 nm
Ganghöhe der DNA-Doppelhelix	3,4 nm
Anzahl der Basen pro Ganghöhe (entspricht einer Schraubenwindung des DNA-Stranges)	10
Abstand der Basenpaare (Sprossen) in der Strickleiter des DNA-Doppelstrang	0,34 nm
Gewicht der DNA einer menschlichen diploiden Zelle	ca. $5{,}8 \cdot 10^{-12}$ g
Länge des gesamten DNA-Fadens aller Chromosomen einer diploiden menschlichen Zelle	1,8 m
Geschätzte Länge der gesamten DNA eines Menschen	ca. $200 \cdot 10^{11}$ m
zum Vergleich: Abstand Erde–Sonne	$1{,}5 \cdot 10^{11}$ m
Durchschnittlicher Durchmesser eines Zellkerns (beinhaltet die gesamte DNA einer Zelle)	5 µm
Länge des gesamten DNA-Fadens einer menschlichen Zelle im Verhältnis zum Zellkerndurchmesser	ca. 400.000 : 1
Volumen des DNA-Fadens im Zellkern einer menschlichen Zelle	ca. 40 µm^3

Tabelle 1.1.16 Chemische Zusammensetzung der Zelle

In der Tabelle sind Durchschnittswerte angegeben, da die Zusammensetzung der Zellen je nach Zellart variiert.

Sajonski, Smollich 1990

Bestandteil der Zelle	Anteil am Gesamtgewicht
Wasser	70 %
Proteine	15–20 %
Fette	2–3 %
Kohlenhydrate	1 %
Mineralsalze	1 %
Nukleinsäuren	10 %

Tabelle 1.1.17 Die Chromosomen des Menschen

Ein Chromosom ist ein langer, kontinuierlicher DNA-Doppelstrang, der um eine Vielzahl von Histonen (Kernproteinen) herumgewickelt ist und der zu unterschiedlich kompakten Formen spiralisiert werden kann (vergleiche Tabelle 1.1.15).

Bei der Zellteilung (Mitose) werden die Chromatinfäden verdoppelt, verkürzen sich dann zu Chromsomen (Transportform) und werden dann auf zwei gleichwertige Tochterkerne verteilt.

Während der Teilungsruhe, im so genannten Interphasenkern, sind die Chromosomen nicht sichtbar. Dies ändert sich in den verschiedenen Phasen der Zellkernteilung (Mitose), in der die Chromosomen als hakenförmige Gebilde anfärbbar und im Lichtmikroskop erkennbar sind.

Der diploide Chromosomensatz (46) des Menschen enthält 22 autosomale Chromosomenpaare und die Geschlechtschromosomen XX (Frau) bzw. XY (Mann). Bei der Bildung von Gameten (Eizellen und Spermien) wird in der Meiose der diploide Chromosomensatz auf einen haploiden reduziert. In einem haploiden Chromosomensatz ist jedes Chromosom nur einmal vorhanden. Beim Menschen sind das 23 Chromosomen.

Die Sequenzierung des menschlichen Genoms 2003 erbrachte die vollständige Nukleotidsequenz der menschlichen Erbinformation. Der Begriff „Entschlüsselung" ist jedoch irreführend, da die biologischen Effekte noch weitgehend unbekannt sind. 2004 waren bereits 19.923 der geschätzten 23.000 Gene des Menschen bekannt.

Deutsches Humangenom Projekt (DHGP); www.dhgp.de/deutsch/index.html

Chromosom	Anzahl der Basenpaare	Identifizierte Gene (Stand 2004)	Davon Gene die Krankheiten verursachen
Chromosom 1	246.047.941	1.985	157
Chromosom 2	243.415.958	1.264	103
Chromosom 3	199.289.050	1.033	93
Chromosom 4	191.721.959	750	67
Chromosom 5	181.014.922	864	82
Chromosom 6	170.911.576	1.024	90
Chromosom 7	158.545.518	926	79
Chromosom 8	146.308.819	710	53
Chromosom 9	136.372.045	753	66
Chromosom 10	135.037.215	746	66
Chromosom 11	134.482.954	1.291	132
Chromosom 12	132.018.379	1.008	92
Chromosom 13	113.027.980	326	33
Chromosom 14	105.261.216	647	54
Chromosom 15	100.256.656	581	49
Chromosom 16	90.036.329	854	68
Chromosom 17	81.740.266	1.120	98
Chromosom 18	76.115.139	265	30
Chromosom 19	63.806.651	1.297	70
Chromosom 20	63.691.868	613	36
Chromosom 21	46.976.097	244	23
Chromosom 22	49.376.972	463	36
X-Chromosom	153.692.391	749	208
Y- Chromosom	50.286.555	84	3

Tabelle 1.1.18 Anzahl der Chromosomen in einer diploiden Zelle bei verschiedenen Arten

Die Tabelle ist nach der Anzahl der Chromosomen geordnet.

Knußmann 1996; Mörike, Betz, Mergenthaler 2001

Spezies	Chromosomen	Spezies	Chromosomen
Natterzunge (Farn)	1.260	Schwein	38
Streifenfarn	144	Apfelbaum	34
Adlerfarn	104	Regenwurm	32
Karpfen	104	Birke	28
Hund	78	Löwenzahn	24
Haushuhn	78	Seidenspinner	20
Pferd	66	Runkelrübe	18
Weinbergschnecke	54	Meerschweinchen	16
Schaf	54	Taube	16
Menschenaffen	48	Himbeere	14
Kartoffel	48	Roggen	14
Mensch	46	Ruhramöbe	12
Ratte	42	Taufliege	8
Saatweizen	42	Pferdespulwurm	4
Maus	40		

Tabelle 1.1.19 Der DNA-Gehalt einer menschlichen Zelle im Vergleich zu anderen Spezies

Die Tabelle ist nach der Länge der DNA-Fäden geordnet. Dabei wird der Chromosomensatz einer haploiden Zelle zugrunde gelegt. Ein Basenpaar entspricht einer relativen Atommasse von 660.

Hirsch-Kaufmann 2004

Spezies	DNA-Länge in m	Anzahl der Basenpaare	Relative Masse	Haploider Chromosomen Satz
Lilie	100,00	$3,00 \cdot 10^{11}$	$2,0 \cdot 10^{14}$	11
Mais	2,20	$6,60 \cdot 10^{9}$	$4,4 \cdot 10^{12}$	10
Mensch	0,93	$2,75 \cdot 10^{9}$	$1,9 \cdot 10^{12}$	23
Kuh	0,83	$2,45 \cdot 10^{9}$	$1,6 \cdot 10^{12}$	30
Drosophila	0,06	$1,75 \cdot 10^{8}$	$1,2 \cdot 10^{11}$	4
Hefe	$6,0 \cdot 10^{-3}$	$1,75 \cdot 10^{7}$	$1,2 \cdot 10^{10}$	18
T4-Phage	$6,0 \cdot 10^{-5}$	$1,75 \cdot 10^{5}$	$1,2 \cdot 10^{8}$	1
λ-Phage	$1,6 \cdot 10^{-5}$	$4,65 \cdot 10^{4}$	$3,3 \cdot 10^{7}$	1
SV40-Virus	$1,7 \cdot 10^{-6}$	$5,22 \cdot 10^{3}$	$3,5 \cdot 10^{6}$	1

Tabelle 1.1.20 Die Dauer des Zellteilungszyklus am Beispiel einer Knochenzelle

Zellen, die eine Zellteilung (Mitose) durchführen, durchlaufen einen Zellteilungszyklus, der aus einer Interphase und den anschließenden Mitose-Stadien besteht. Die Interphase beginnt mit der G1-Phase (gap = Lücke). Hier steht die Proteinsynthese im Vordergrund. In der S-Phase (Synthese) verdoppelt die Zelle ihre DNA im Zellkern. In der G2-Phase bereitet sich die Zelle auf die eigentliche Mitose vor, z.B. durch die Ausbildung des Spindelfaserapparates.

Während der Mitose wird das in der S-Phase verdoppelte genetische Material gleichmäßig auf die beiden Tochterzellen aufgeteilt.

Junqueira, Carneiro, Gratzl 2004; Campbell 2003

Zellteilungszyklus	ca. 37 Stunden
Interphase	ca. 34–35 Stunden
G1-Phase	25 Stunden
S-Phase	8 Stunden
G2-Phase	1–2 Stunden
Mitose	ca. 2–3 Stunden
Prophase	1 Stunde
Metaphase	< 1 Stunde
Anaphase	<30 Minuten
Telophase	einige Minuten

Tabelle 1.1.21 Die Gesamtdauer der Meiose beim Menschen im Vergleich zu anderen Organismen

Die lange Dauer der Entwicklung der weiblichen Eizelle verursacht ein erhöhtes Risiko bei einer Schwangerschaft in fortgeschrittenem Alter der Frau. Schädigende Einflüsse summieren sich und können zu Veränderungen des Genmaterials und damit zu Fehlbildungen der Frucht führen.

Kleinig, Sitte 1992

Spezies	Meiosedauer in Tagen
Mensch (Spermiogenese)	40–60
Mensch (Oogenese)	4.700–18.500
Weizen (Pollenentwicklung)	1
Roggen (Pollenentwicklung)	>2
Weiße Lilie (Pollenentwicklung)	7–14
Wanderheuschrecke (Spermiogenese)	5–7
Kaninchen (Oogenese)	15

Tabelle 1.1.22 Nukleotide der menschlichen DNA

Nukleotide sind die Bausteine der Nukleinsäuren. Dazu gehört die DNA = desoxyribonucleid acid (DNS = Desoxyribonukleinsäure in deutscher Schreibweise) und RNA = ribonucleid acid (RNS = Ribonukleinsäure).

Chemisch besteht ein Nukleotid aus einer Phosphorsäure, einer Pentose (DNA: Desoxyribose, RNA: Ribose) und einer von insgesamt 5 Nukleobasen (Adenin, Guanin, Cytosin, Thymin oder Uracil). Die DNA besteht aus vier Basen (A, G, C, T). In der RNA ist die Nukleobase Thymin (T) gegen Uracil (U) ausgetauscht.

Die genetische Information (genetischer Code) wird durch die Reihenfolge der Nukleotide kodiert. Drei miteinander verbundene Nukleotide bilden die kleinste Informationseinheit des genetischen Codes. Man nennt diese Informationseinheit ein Codon. Sie kodiert für genau eine Aminosäure. Rechnerisch könnte die menschliche DNA somit für 64 Aminosäuren kodieren. Jedoch kommen im menschlichen Körper lediglich 20 Aminosäuren vor.

Löffler, Petrides 1997; Kleinig, Sitte 1992; Campbell 2003; Junqueira, Carneiro, Gratzl 2004

Angaben zur Struktur und Funktion von Nukleotiden in der menschlichen DNA	
Atomgewicht eines Nukleotidpaares	$1 \cdot 10^{-21}$ g
Gesamtzahl der Nukleotidpaare im haploiden Chromosomensatz einer menschlichen Zelle	$3{,}069 \cdot 10^9$
Zahl der Nukleotidpaare in einer ringförmigen Doppelhelix der mitochondrialen Nukleinsäure (mtDNA)	16.569
Anteile der Nukleotide an der menschlichen DNA	
Thymin (T)	31 %
Adenin (A)	31 %
Cytosin (C)	19 %
Guanin (G)	19 %
Anzahl der Nukleotide (Basen), die für eine Aminosäure kodieren	3
Anzahl der verschiedenen Basen der DNA (Adenin, Guanin, Cytosin, Thymin)	4
Anzahl der Kodierungsmöglichkeiten für eine Aminosäure	4^3
Zahl der Kodierungsmöglichkeiten für ein Basentriplett	64
Anzahl der Aminosäuren im menschlichen Körper	20
Unterschiedliche Sequenzen (Basenfolgen) der DNA beim Menschen:	
Anteil einmaliger Sequenzen	70 %
Anteil repetitiver (sich wiederholender) Sequenzen	30 %
davon hochrepetitiv	30 %
davon einfachrepetitiv	70 %

Tabelle 1.1.23 Die Gene des Menschen

Ein Gen nimmt einen bestimmten Abschnitt auf der menschlichen DNA ein und enthält die Grundinformationen zur Herstellung eines Proteins. Dieses Protein prägt durch seine Funktion ein Merkmal. Bei Menschen werden die kodierenden Abschnitte (Exons) durch nicht kodierende Abschnitte (Introns) unterbrochen. Die kodierenden Abschnitte werden in RNA transkribiert (umgeschrieben). Im Rahmen der Proteinbiosynthese entsteht das Protein an den Ribosomen im Cytoplasma der Zellen. Benachbarte DNA-Segmente (Promotoren oder Silencer) regulieren die Aktivität des Genes.

Pseudogene kodieren nicht für funktionierende Proteine. Über die Entstehung von Pseudogenen existieren mehrere Hypothesen; möglicherweise wurden einzelne Gene durch Mutationen so verändert, dass sie nicht in funktionsfähige Genprodukte transkribiert werden können.

Humanen Genomprojekt 2005; GEOkompakt Nr.7, 2006; www.dhgp.de/deutsch/index.html

Angaben zu den Genen des Menschen	
Genetische Übereinstimmung zweier beliebiger menschlicher Individuen	99,9 %
Größte Anzahl proteinkodierender Gene, die theoretisch auf die DNA eines Menschen passen	> 1 Million
Geschätzte Gesamtzahl der proteinkodierenden Gene im haploiden Chromosomensatz eines Menschen:	
1990 vor Beginn der Sequenzierung des Genoms	140.000
2006 nach dem Ende der Sequenzierung (2003)	23.000
Geschätzte Gesamtzahl der daraus kodierten Proteine	500.000
Anzahl der 2004 bekannten proteinkodierenden Gene	19.923
Anzahl der 2004 bekannten Gene, die Krankheiten verursachen	1.788
Anteil viraler Fremd-DNA im menschlichen Genom	9 % des Genoms
Anzahl der Pseudogene im menschlichen Genom	ca. 20.000
Anteil der proteinkodierenden Gene an der Gesamt-DNA eines Menschen	ca. 3 %

Tabelle 1.1.24 Die Gendichte beim Menschen im Vergleich zu anderen Organismen

Als Gendichte bezeichnet man die Anzahl der Gene pro Million Basenpaare des Genoms. Eine hohe Gendichte bedeutet folglich einen hohen Anteil proteinkodierender DNA im Gesamtgenom der Spezies. Man geht jedoch davon aus, dass auch die nicht kodierende DNA regulatorische Aufgaben erfüllen kann. Es wird die Möglichkeit diskutiert, dass die Komplexität eines Organismus in Zusammenhang mit der Menge an DNA steht, die zwar keine Proteine kodiert, aber dennoch transkribiert, also in RNA übertragen wird.

Fortsetzung nächste Seite

Fortsetzung Tabelle 1.1.24 Die Gendichte beim Menschen im Vergleich zu anderen Organismen

Gendichte = Anzahl der Gene pro Millionen Basenpaare
Deutsches Humangenom Projekt (DHGP) 2005; GEOkompakt Nr.7 2006; www.dhgp.de

Lebewesen	Genomgröße in Basenpaaren	Anzahl der Gene	Gendichte
Darmbakterium (*Escherichia coli*)	$4{,}6 \cdot 10^6$	4.500	900
Bäckerhefe (*Saccharomyces cerevisiae*)	$1{,}2 \cdot 10^7$	6.034	483
Ackerschmalwand (*Arabidopsis thaliana*)	$1 \cdot 10^8$	25.500	221
Fadenwurm (*Caenorhabditis elegans*)	$9{,}7 \cdot 10^7$	19.000	200
Taufliege (*Drosophila melanogaster*)	$1{,}8 \cdot 10^8$	13.061	117
Maus	$2{,}5 \cdot 10^9$	30.000	12
Mensch	$3 \cdot 10^9$	23.000	10

Tabelle 1.1.25 Das Genom des Menschen im Vergleich zum Schimpansen

Die erste Version des sequenzierten Schimpansengenoms wurde 2003 vorgelegt. Die folgenden Analysen bestätigten 2005, was frühere genetische Studien schon erahnen ließen. Die Unterschiede zwischen dem Menschen und dem Schimpansen sind minimal und die Trennung der beiden Entwicklungslinien ist nicht, wie bislang angenommen, vor mindestens 20 Millionen Jahren erfolgt, sondern erst vor wenigen Millionen Jahren.

Nature 428: 493-521 (2004), Science 309: 1242-1245 (2005) Nature 436: 793-800 (2005);
Deutsches Humangenom Projekt (DHGP) 2005; www.dhgp.de/deutsch/index.html

Vergleichende Angaben zum Genom des Menschen und des Schimpansen	
Anzahl der Chromosomen beim Menschen	46
Anzahl der Chromosomen beim Schimpansen	48
Gemeinsame Vorfahren von Mensch und Schimpanse	vor ca. 6 Mio. Jahren
Unterschiede im Genoms von Schimpanse und Mensch	1,2 %
Übereinstimmungen im Genom von Schimpanse und Mensch	98,8 %
Anzahl der Stellen des Genoms mit Unterschieden	35 Millionen
Geschätzte Anzahl proteinkodierender Gene (Stand 2005) beim Menschen beim Schimpansen	ca. 23.000 ca. 25.000
Anteil der exakt identischen Proteine beim Menschen und beim Schimpansen	29 %
Anteil der Proteine mit wesentlichen Unterschieden	20 %
Unterschiedliche Aktivität der Gene von Schimpanse und Mensch	durchschnittlich 8 %

Tabelle 1.1.26 Das Genom des Menschen im Vergleich zu anderen Spezies

Nicht nur die Sequenzierung des Genoms von Mensch und Schimpanse stehen im Fokus des wissenschaftlichen Interesses. Mittlerweile wurden die Genome vieler Lebewesen veröffentlicht. Von besonderer Wichtigkeit sind die Studien an Maus und Ratte, da sie in der tierexperimentellen Forschung menschlicher Krankheiten eingesetzt werden.

Nature 428: 493-521 (2004); Science 309: 1242-1245 (2005); Nature 436: 793-800 (2005)

Genom und Chromosomen des Menschen	
Geschätzte Entstehung des Y-Chromosoms während der Evolution	vor ca. 300 Millionen Jahren
Geschätzte Zeit bis das Y-Chromosom auf Grund von kumulierten Mutationen aus dem Genom verschwunden sein wird	in ca. 10 Millionen Jahren
Durchschnittslänge eines Chromosoms im Zustand maximaler Spiralisierung (Metaphase der Mitose)	4,5 µm

Vergleichende Angaben zum Genom der Maus	
Evolutionäre Distanz zwischen Mensch und Maus	60–100 Millionen Jahre
Veröffentlichung der Genomsequenz der Maus	2002
Anzahl der Basenpaare einer diploiden Mauszelle	2,6 Milliarden
Geschätzte Anzahl der Mausgene	ca. 30.000
Anzahl der im Jahr 2005 bekannten Mausgene	ca. 5.000
Geschätzte genetische Übereinstimmung von Maus und Mensch	98 %

Vergleichende Angaben zum Genom der Ratte	
Veröffentlichung der Genomsequenz der Laborratte (*Rattus norvegicus*)	2004
Anzahl der Basenpaare einer diploiden Rattenzelle	2,75 Milliarden
Geschätzte Anzahl der Gene einer Ratte	ca. 30.000
Übereinstimmung der Gene bei Mensch und Ratte	90 %

Vergleichende Angaben zum Genom der Bakterien und der Reispflanze	
Veröffentlichung der Genomsequenz des kleinsten Bakteriums (SAR 11)	2005
Anzahl der Basenpaare von SAR 11	1,3 Millionen
Veröffentlichung der Genomsequenz der Reispflanze *(Oryza sativa)*	2002
Anzahl der Bassenpaare	389 Millionen
Anzahl der bekannten Gene	37.544
Anzahl der Chromosomen	12

Tabelle 1.1.27 Fortschritte in Genetik und Gentechnik

Ergänzend zu den Tabellen 1.1.2 Fortschritte bei der Erforschung der Zelle und 3.2 Fortschritte in Biologie und Medizin werden in dieser Tabelle wegweisende Entdeckungen zur Genetik und Gentechnik chronologisch zusammengefasst.

Sajonski, Smollich 1990; Campbell 2003; Junqueira, Carneiro, Gratzl 2004; Encarta Enzyklopädie 2006;

Wegweisende Entdeckungen	Jahr
Der österreichische Augustinermönch *J.G. Mendel* entdeckte durch systematische Kreuzungsversuche bei Bohnen und Erbsen die grundlegenden Gesetze der Vererbung (Mendelsche Regeln).	1865
Der Schweizer *Friedrich Miescher* beschrieb erstmalig die Nukleinsäure in Eileiterzellen.	1869
Der deutsche Biologe *Walther Flemming* beschrieb das Chromatin.	1880
Der amerikanische Zoologe *Thomas Hunt Morgan* erkannte, dass die Chromosomen die Träger der Gene, also der Erbinformation, sind.	1910
Frederick Griffith, britischer Mediziner und Bakteriologe, lieferte den ersten experimentellen Hinweis darauf, dass das Erbmaterial nicht aus Proteinen aufgebaut sein kann.	1928
Der amerikanische Physiologe *Oswald Avery* wies nach, dass die genetische Information in den Nukleinsäuren gespeichert ist.	1944
Erwin Chargaff, Biochemiker in Amerika, fand heraus, dass vier Basen in der DNA in einem bestimmten Verhältnis zueinander vorliegen.	1950
Rosalind Franklin zeigte über Röntgenstrukturanalysen, dass die DNA wie eine Spirale (Helix) aufgebaut ist.	
James Watson und *Francis Crick* beschrieben die DNA-Doppelhelixstruktur.	1953
Albert Levan und *Joe Hin Tjio* wiesen nach, dass der Mensch 46 Chromosomen hat.	1956
Marshall Warren Nirenberg, Heinrich Matthaei zeigten, dass jede der 20 Aminosäuren durch drei Basen in der DNA definiert wird.	1961
Ingram und *Stretton* führten die Sichelzellenanämie auf eine einzelne Mutation im Hämoglobin zurück.	1965
Der Franzose *Jacques Monod* klärte die Genexpression durch grundlegende Versuche an Bakterien auf.	1965
Der amerikanische Biochemiker *R.W. Holley* sequenzierte die erste Transfer-RNA.	1966
Isolierung des ersten Gens (Harvard Medical School, USA).	1969
Herbert Boyer, Stanley Cohen, Paul Berg entwickelten Klonierungstechniken und stellten das erste gentechnisch veränderte Bakterium her (DNA aus einem afrikanischen *Krallenfrosch* im Darmbakterium *Escherichia coli*).	1972
Sanger, Maxam und *Gilbert* führten die DNA-Sequenzierung („Entschlüsselung des Erbguts") ein.	1975

Fortsetzung nächste Seite

Fortsetzung Tabelle 1.1.27 Fortschritte in Genetik und Gentechnik

Wegweisende Entdeckungen	Jahr
Philip A. Sharp unterschieden aktive Gene (Exons) und inaktive Gene (Introns) auf der DNA.	1977
Das erste Virus wurde vollständig sequenziert (~ 5.200 Basenpaare).	1978
Das erste gentechnisch hergestellte Medikament (Insulin) kam in Amerika auf den Markt.	1982
Das erste Krankheitsgen (Veitstanz, Chorea Huntington) wurde entdeckt.	1983
Alec Jeffreys entwickelte den „genetischen Fingerabdruck", mit dem Sequenzvariationen bei Organismen verglichen werden können.	1984
Kary Mullis entwickelte die Polymerase-Kettenreaktion (PCR).	1986
Die automatische DNA-Sequenzierung wurde eingeführt.	1987
Gründung der Human Genome Organisation (HUGO).	1988
Das Humangenomprojekt startete zur vollständigen Sequenzierung des menschlichen Genoms.	1990
Erster Gentherapieversuch bei ADA (Erkrankung des Immunsystems) misslang.	1990
Die Flavr-Savr (Antimatsch) Tomate wurde als erstes gentechnisch verändertes Nahrungsmittel in den USA zugelassen.	1994
Etwa 10 Millionen Basen des menschlichen Genoms wurden sequenziert.	1994
Das Genom des Bakteriums *Haemophilus influenzae* wurde von *Craig Venter* in den USA vollständig sequenziert („entschlüsselt").	1995
Jan Wilmut klonte erstmals ein Tier (Schaf Dolly).	1996
Das Genom der ersten Eukaryonten (Bierhefe) wurde in einem internationalen Projekt vollständig sequenziert.	1996
Ca. 50 Millionen Basen des menschlichen Genoms wurden sequenziert.	1996
Die erste Maus wurde geklont.	1998
Das erste Rind wurde geklont.	1998
Das Genom des ersten Mehrzellers, des Fadenwurms *Caenorhabditis elegans*, wurde vollständig sequenziert.	1998
Das menschliche Chromosom 22 wurde sequenziert.	1999
Das Genom der Fruchtfliege *(Drosophila melanogaster)* wurde komplett sequenziert.	2000
Ca. 300 Millionen Basen des menschlichen Genoms wurden sequenziert.	2000
Der erste menschliche Embryo wurde in den USA zum Zwecke der Stammzellgewinnung geklont.	2001
Das Genom des Menschen wurde nahezu vollständig sequenziert. Es besteht aus ca. 3,2 Milliarden Basen.	2003
In Südkorea wurde der erste Hund geklont.	2005

1.2 Die Muskulatur und der Bewegungsapparat

Zellen mit einheitlicher Struktur und Funktion bilden Gewebe. Wie bei den Tieren kann man die Gewebe beim Menschen in vier Gruppen einteilen: Epithelgewebe, Binde- und Stützgewebe, Muskelgewebe und Nervengewebe.

Tabelle 1.2.1 Zahlen zum Staunen

Literatur siehe nachfolgende Tabellen

Ausgewählte Angaben zum Bewegungsapparat aus den nachfolgenden Tabellen	
Anzahl aller Muskeln im menschlichen Körper	ca. 640
Gesamtzahl aller Skelettmuskeln	ca. 400
Maximale Verkürzung eines Skelettmuskels	40 %
Anzahl der beim Lachen beteiligten Muskeln	15
Anzahl der beim Stirnrunzeln beteiligten Muskeln	43
Geschätzte tägliche Arbeit aller Muskeln (vergleichbar: Ein Kran hebt einen 6 t-LKW 50 m hoch)	ca. $3 \cdot 10^6$ N
Wirkungsgrad der Skelettmuskulatur beim Radfahren	20–25 %
Anteil der Knochen am Körpergewicht eines 70 kg schweren Menschen	7 kg (10 %)
Der längste gemessene Knochen war der Oberschenkel-knochen eines 2,40 m großen Mannes	76 cm
Durchschnittslänge eines Oberschenkelknochens	46 cm
Länge des kleinsten Knochens im menschlichen Körper (Steigbügel im Mittelohr)	2,6–3,4 mm
Tragfähigkeit eines Oberschenkelknochens	1,65 Tonnen
Kalziumverlust eines Knochens in Schwerelosigkeit	1–2 % pro Monat
Anzahl der Osteoblasten, die die gleiche Knochen-menge aufbauen, die ein Osteoklast abbaut	100–150
Der größte Mann, der je lebte, war *Robert Wadlow* (1918–1940) in den USA	272 cm
Der kleinste ausgewachsene Mensch, der je gelebt hat, war *Gul Mohammed* (1961–1997) aus Indien	57 cm
Der schwerste Mann in der Geschichte der Medizin war *Jon Brower Minnoch* (1941–1983) in den USA	635 kg
Die erfolgreichste Schlankheitskur machte *Rosalie Bradford*, geb.1944 in den USA	
Gewicht im Januar 1987	476 kg
Gewicht im September 1992	142 kg
Gewichtsverlust	334 kg

Tabelle 1.2.2 Die Muskeln des Menschen

Muskeln bestehen aus langen, erregbaren Zellen, die sich kontrahieren können. Man unterscheidet die Skelettmuskulatur (quergestreifte Muskulatur), die glatte Muskulatur der inneren Organe und die Herzmuskulatur.

Keidel 1985; McCutcheon 1991; Schmidt, Lang, Thews 2005; Campbell 2003

Übersicht zur Anzahl, Struktur und Funktion von Muskeln beim Menschen	
Anzahl aller Muskeln im menschlichen Körper	ca. 640
Gesamtzahl der Skelettmuskeln	ca. 400
Anteil der Muskelmasse am Körpergewicht	
Mann	ca. 40 %
Frau	ca. 23 %
Schneidermuskel (M. sartorius), verläuft diagonal über dem Oberschenkelmuskel	längster Muskel
Großer Gesäßmuskel (M. glutaeus maximus)	kräftigster Strecker
Steigbügelmuskel (M. stapedius), beeinflusst den Steigbügel im Ohr	kleinster Muskel (1,2 mm)
Flacher Rückenmuskel (M. latissimus dorsi)	größter Muskel
Beim Lachen beteiligte Muskeln	15
Beim Stirnrunzeln beteiligte Muskeln	43

Tabelle 1.2.3 Motorische Einheiten

Eine motorische Einheit besteht aus einem Motoneuron (motorische Nervenzelle) und der von diesem Motoneuron innervierten Gruppe von Muskelfasern. Je kleiner die motorische Einheit ist, desto weniger Muskelfasern werden von einem Motoneuron innerviert und desto feiner können Muskelbewegungen abgestuft werden.

Keidel 1985; Mörike, Betz, Mergenthaler 1991; Schmidt, Lang, Thews 2005; Campbell 2003

Die kleinste motorische Einheit	
Seitlicher gerader Augenmuskel:	
Zahl der motorischen Einheiten pro Muskel	1.740
Zahl der Muskelfasern pro motorischer Einheit	13
Maximalkraft pro motorischer Einheit	0,001 N
Die größte motorische Einheit	
Zweiköpfiger Oberarmmuskel:	
Zahl der motorischen Einheiten pro Muskel	774
Zahl der Muskelfasern pro motorischer Einheit	750
Maximalkraft pro motorischer Einheit	0,5 N

Tabelle 1.2.4   Die Skelettmuskulatur

Die Skelettmuskulatur (quergestreifte Muskulatur) ist vor allem für die willkürliche Körperbewegung zuständig. Die lichtmikroskopisch sichtbare Querstreifung ergibt sich aus der regelmäßigen Anordnung der kontraktilen Filamente (Myofilamente) Aktin und Myosin. Die Skelettmuskeln kann man in rote und weiße Muskulatur unterteilen.
Die rote Muskulatur (Rotfärbung durch Myoglobin) ist eher für die ausdauernden Bewegungen zuständig. Die weiße Muskulatur kontrahiert sich schneller und kräftiger, ermüdet aber rasch. Sie bildet bei Kraftsportlern einen erheblichen Teil der Muskelmasse. Die Muskelfaser ist eine vielkernige Muskelzelle, die sich während der Embryonalentwicklung durch Verschmelzung vieler Einzelzellen gebildet hat. Sie enthält hoch geordnete Muskelfibrillen, die vor allem aus den Proteinen Aktin und Myosin aufgebaut sind und die Muskelkontraktion ermöglichen. Das Sarkomer ist die kleinste Funktionseinheit eines Skelettmuskels.

Thews, Mutschler, Vaupel 1999; Campbell 2003; Schmidt, Lang, Thews 2005

Angaben zur Struktur der menschlichen Skelettmuskulatur	
Proteingehalt von 1g Skelettmuskulatur	100 mg
davon Aktin	30 %
davon Myosin	70 %
Muskelfaser (Syncytium) mit Hunderten von Zellkernen	
Länge	1 mm–15 cm
Durchmesser	10–200 µm
Zellkerne pro mm Muskelfaser	20–40
Myofibrillen	
Durchmesser	0,5–2 µm
Volumenanteil der Filamentproteine	80 %
Sarkomer	
Länge	2 µm
Sarkomerlänge bei optimaler Kraftentwicklung	2 µm
Sarkomerlänge ohne Kraftentwicklung	>3,6 oder <1,5 µm
Zahl der Myosin-Filamente in einem Sarkomer	ca. 1.000
Zahl der Aktin-Filamente in einem Sarkomer	ca. 2.000
Myosin-Filamente	
Länge / Durchmesser	1,6 µm / 10 nm
Aktin-Filamente	
Länge / Durchmesser	1 µm / 5–7 nm

Angaben zur Funktion der menschlichen Skelettmuskulatur	
Verkürzungsgeschwindigkeit eines Skelettmuskels	1–8 m/s
Dauer einer Einzelkontraktion	10–80 ms
Maximale Verkürzung eines Skelettmuskels	40 %
Ruhemembranpotential einer Skelettmuskelfaser	–90 mV
Dauer eines Aktionspotentials	5–10 ms
Fortleitungsgeschwindigkeit des Aktionspotentials	5 m/s
Maximale aktive Spannungsentwicklung bei einer Kontraktion	40 N/cm^2
Latenzzeit zwischen Ca-Einstrom und Kontraktion	5 ms

Tabelle 1.2.5 Energiequellen der Skelettmuskulatur

Adenosintriphosphat (ATP) ist der Energieträger der menschlichen Muskulatur. Bei Muskelarbeit wird ATP (chemische Energie) in mechanische Energie und Wärme umgewandelt. Da in der Muskelzelle nur wenig ATP gespeichert ist, muss diese chemische Energie ständig im Muskelstoffwechsel erneuert werden. Zur Verfügung stehen hierfür Kreatinphosphat (CP), Kohlenhydrate (Glukose in Form von Glykogen) und Fette. In Ausnahmefällen zieht der Körper auch Aminosäuren zur Energiegewinnung heran.

Die Bildung von ATP unter Verbrauch von Sauerstoff (aerober Stoffwechsel) erfolgt durch die vollständige Verbrennung (Oxidation) von Kohlenhydraten (Glukose) und Fetten (Fettsäuren). Die Bildung von ATP ohne Verbrauch von Sauerstoff (anaerober Stoffwechsel) erfolgt durch die unvollständige Verbrennung von Glukose unter Bildung von Laktat. Nur die Intensität und Dauer der körperlichen Belastung entscheiden, welche Energiespeicher zur Energiegewinnung (ATP) herangezogen werden.

Keidel 1985; Mörike, Betz, Mergenthaler 2001; Campbell 2003; Schmidt, Lang, Thews 2005

Energiequellen pro g Muskelgewebe	
Adenosintriphosphat (ATP)	5 µmol
Kreatinphosphat (PC)	11 µmol
Glukose in Form von Glykogen	84 µmol
Triglyceride (Fettsäuren)	10 µmol

Energiebereitstellung in Abhängigkeit von der Belastung	
Zeit einer intensiven Belastung, nach der die ATP-Vorräte der Muskeln aufgebraucht sind	6–10 Sekunden
Zeit einer intensiven Belastung, nach der die Kreatinphosphat-Vorräte der Muskeln aufgebraucht sind	max. 15 Sekunden
Zeit, nach der bei Spitzenbelastung die Glykogenvorräte der Muskeln aufgebraucht sind (anaerober Stoffwechsel)	15–60 Sekunden
Zeit, nach der bei Ausdauerbelastung die Glykogenvorräte aufgebraucht sind (aerober Stoffwechsel)	90–120 min
Mögliche Zeitdauer einer Ausdauerbelastung mit geringer Intensität unter Fettverbrennung	Stunden bis zu Tage
Gesamtdauer der Muskeltätigkeit ohne Sauerstoffversorgung	ca. 30–60 s

Wirkungsgrade (Arbeit / chemische Energie x 100)	
Ausbeute bei Abbau von 1 mol Glukose (aerob)	38 mol ATP
Ausbeute bei Abbau von 1 mol Glukose (anaerob)	2 mol ATP
Wirkungsgrad der Skelettmuskulatur (Anteil der Energie, die in mechanische Bewegung umgesetzt wird)	25–33 %
Wirkungsgrad beim Rad fahren und Laufen	20–25 %
davon Wärmeverlust	75–80 %
Maximaler Wirkungsgrad, der experimentell erreichbar ist	30–35 %
davon Wärmeverlust	65–70 %
Geschätzte tägliche Arbeit aller Muskeln eines Menschen (zum Vergleich: ein Kran hebt einen 6t-LKW 50 m hoch)	ca. $3 \cdot 10^6$ N

Tabelle 1.2.6 Energiequellen der Skelettmuskulatur in Abhängigkeit von ausgewählten sportlichen Belastungen

Die Intensität und Dauer der körperlichen Belastung entscheidet, welche Energiespeicher zur Energiegewinnung (ATP) herangezogen werden. Bei kurzen, intensiven Belastungen spielen die ATP-Bereitstellung aus dem Abbau von Kreatinphosphat (CP) und der anaeroben Glykolyse die Hauptrolle. Bei längerer Ausdauerbelastung verschiebt sich die Energiebereitstellung über die aerobe Glykolyse zum Fettabbau. Im Muskel wird Glykogen gespeichert.
Sportmagazin 1/1995; Campbell 2003

Belastungsform	Fett	Glykolyse aerob	Glykolyse anaerob	CP
24-Std.-Lauf	ca. 88 %	Muskel ca. 10 % Leber ca. 2 %	–	–
Marathon	ca. 20 %	Muskel ca. 75 % Leber ca. 5 %	–	–
10.000 m	–	ca. 95–97 %	ca. 3–5 %	–
5.000 m	–	ca. 85–90 %	ca. 10–15 %	–
1.500 m	–	ca. 75 %	ca. 25 %	–
800 m	–	ca. 50 %	ca. 50 %	–
400 m	–	ca. 25 %	ca. 60–65 %	ca. 10–15 %
200 m	–	ca. 10 %	ca. 65 %	ca. 25 %
100 m	–	–	ca. 50 %	ca. 50 %

Tabelle 1.2.7 Die Durchblutung der Skelettmuskulatur

Bei körperlicher Anstrengung wird der Sympathikus des vegetativen Nervensystems von Rezeptoren erregt und führt über die Änderung der Gefäßweite zu einer vermehrten Durchblutung der Skelettmuskulatur und einer verminderten Durchblutung der Eingeweidemuskulatur.
Die Werte dieser Tabelle beziehen sich auf einen 70 kg schweren Erwachsenen.
Thews, Mutschler, Vaupel 1999; Campbell 2003; Schmidt, Lang, Thews 2005

Angaben zur Durchblutung im Ruhezustand und bei maximaler Arbeit	
Im Ruhezustand:	
Absolute Durchblutung der gesamten Muskulatur	900 ml/min
Durchblutung pro 100 g Muskelgewebe	3 ml/min
Anteil am Herz-Zeit-Volumen (HZV= 5,4 l/min)	17 %
O_2-Verbrauch der gesamten Muskulatur	ca. 60 ml/min
Arteriovenöse O_2-Differenz	0,1 ml O_2/ml Blut
Bei maximal arbeitender Skelettmuskulatur:	
Absolute Durchblutung der gesamten Muskulatur	20.000 ml/min
Durchblutung pro 100 g Muskelgewebe	60 ml/min
Anteil am Herz-Zeit-Volumen (HZV= 25 l/min)	80 %
O_2-Verbrauch der gesamten Muskulatur	3–3,5 l/min
Arteriovenöse O_2-Differenz	0,15 ml O_2/ml Blut

Tabelle 1.2.8 Die Herzmuskulatur

Die annähernd bandförmigen Herzmuskelzellen sind kürzer als die Skelettmuskelzellen, fügen sich aber zu längeren Zellsträngen (Muskelfasern) zusammen. Die Verknüpfung der Zellen erfolgt in einem so genannten Glanzstreifen (Disci intercalati).

Die Herzmuskelzellen der Arbeitsmuskulatur sind für die Kontraktion des Herzens verantwortlich. Die Herzmuskelzellen des Reizleitungssystems sind für die Bildung und Weiterleitung von Erregungen zuständig. Die Herzaktionen laufen unwillkürlich ab. Im Gegensatz zu den anderen Muskelarten fehlt beim Herzmuskel die Regenerationsfähigkeit.

Thews, Mutschler, Vaupel 1999; Campbell 2003; Schmidt, Lang, Thews 2005

Angaben zu Herzmuskelzellen beim Menschen	
Anzahl der Zellkerne pro Herzmuskelzelle	1–2
Dicke der Herzmuskelzelle	10–25 µm
Länge der Herzmuskelzelle	50–100 µm
Volumenanteile der Filamentproteine in einer Herzmuskelzelle	55–60 %
Aktin-zu-Myosin-Relation	2 : 1
Dauer einer Einzelkontraktion	200–300 ms
Maximale Verkürzung des Herzmuskels	40 %
Ruhemembranpotential einer Herzmuskelzelle	–90 mV
Dauer eines Aktionspotentials	180–350 ms
Fortleitungsgeschwindigkeit des Aktionspotentials	0,5–1 m/s
Maximale aktive Spannungsentwicklung bei einer Kontraktion	1,3 N/cm^2

Tabelle 1.2.9 Die glatte Muskulatur

Die glatte Muskulatur des menschlichen Körpers wird vom vegetativen Nervensystem innerviert und unterliegt somit nicht der willkürlichen Kontrolle.

Im Gegensatz zu der quergestreiften Muskulatur kann sie sich stärker und ausdauernder zusammenziehen, ist aber vergleichsweise träge. Glatte Muskulatur kommt folglich überall dort vor, wo Spannung über längere Zeit aufrechterhalten werden muss (Peristaltik in Hohlorganen, Blutdruckregulation in den Innenwänden der Arterien). Die spindelförmigen kontraktilen Filamente Aktin und Myosin sind im Gegensatz zur quergestreiften Muskulatur nicht gleichmäßig in Myofibrillen organisiert.

Thews, Mutschler, Vaupel 1999; Campbell 2003; Schmidt, Lang, Thews 2005

Angaben zu Zellen und zum Muskel (glatte Muskulatur) beim Menschen	
Anzahl der Zellkerne pro Muskelzelle	1
Dicke einer Muskelzelle	2–10 µm
Länge einer Muskelzelle	30–200 µm
Volumenanteile der Filamentproteine in einer Muskelzelle	15–50 %
Aktin zu Myosin Relation	15 : 1

Fortsetzung nächste Seite

Fortsetzung Tabelle 1.2.9   Die glatte Muskulatur

Angaben zu Zellen und zum Muskel (glatte Muskulatur) beim Menschen	
Dauer einer Einzelkontraktion	2–20 s
Ruhemembranpotential einer glatten Muskelzelle	–50 bis –70 mV
Dauer eines Aktionspotentials	25–100 ms
Fortleitungsgeschwindigkeit des Aktionspotentials	0,05–0,1 m/s
Latenzzeit zwischen Ca-Einstrom und Kontraktion	300 ms
Verkürzungsgeschwindigkeit eines glatten Muskels	wenige mm/s
Maximale Verkürzung eines glatten Muskels	75 %
Maximale Spannungsentwicklung bei einer Kontraktion	60 N/cm^2

Tabelle 1.2.10   Die Reizung der Muskulatur und Auslösung einer Dauerkontraktion (Tetanus)

Zur Kontraktion des Muskels ist neben den Myofilamenten (Aktin und Myosin) auch die Anwesenheit von Kalzium (Ca) und ATP notwendig. Wird eine Muskelfaser von einem Motoneuron (Nervenzelle) aktiviert, breitet sich das Aktionspotential auf der Muskelfaser aus. Als Folge kommt es kurzzeitig zur Freisetzung von Kalzium aus dem sarkoplasmatischen Retikulum in der Muskelzelle und somit zur eigentlichen Kontraktion. Eine Dauerkontraktion (Tetanus) kann bei einer Skelettmuskelfaser durch eine hohe Erregungsfrequenz erreicht werden.

Keidel 1985; Mörike, Betz, Mergenthaler 2001; Schmidt, Lang, Thews 2005

Die Reizung der Skelettmuskulatur beim Menschen	
Erschlaffte Muskelfaser vor dem Reiz:	
Membranpotential (Ruhepotential)	–90 mV
Kalziumkonzentration in der Muskelfaser	10^{-7} mol/l
ATP-Konzentration in der Muskelfaser	5 mmol/l
Kontrahierte Muskelfaser 5 ms nach dem Reiz:	
Aktionspotential	+30 mV
Kalziumkonzentration in der Muskelfaser	10^{-5} mol/l
Kontrahierte Muskelfaser 20 ms nach dem Reiz:	
Membranpotential	–80 mV
Kalziumkonzentration in der Muskelfaser	10^{-5} mol/l
Dauer eines Aktionspotentials	5–10 ms
Dauer des absoluten Refraktärstadiums	4 ms
Dauer des relativen Refraktärstadiums	3 ms
Ausbreitungsgeschwindigkeit eines Aktionspotentials	ca. 2–6 m/s

Auslösung einer Dauerkontraktion (Tetanus) beim Menschen	
Äußerer Augenmuskel	ab 350 Reize/s
Langsamer Skelettmuskel	ab 30 Reize/s
Glatte Muskulatur	ab 1 Reiz/s

Tabelle 1.2.11 Die Knochen des Menschen

Die Knochen sind die wichtigsten Bestandteile des menschlichen Skeletts. Sie schützen und stützen den Körper und seine Organe, bewegen ihn mit Hilfe der Muskeln und sind an der Blutbildung beteiligt. Sie bestehen aus der Knochenhaut, der wabigen Knochensubstanz und dem Knochenmark.

Das menschliche Skelett besteht aus 208 bis 214 Knochen. Die Anzahl variiert von Person zu Person, da unterschiedlich viele Kleinknochen in Fuß und Wirbelsäule vorhanden sein können. Das Skelett eines neugeborenen Menschen besteht aus mehr als 300 Knochen bzw. Knorpeln. Die Gesamtzahl der Knochen verringert sich im Verlauf der Entwicklung, da die einzelnen Knochenfragmente teilweise zu größeren Knochen verschmelzen.

Thews, Mutschler, Vaupel 1999; Campbell 2003; Junqueira, Carneiro, Gratzl 2004; Faller 2004; Schmidt, Lang, Thews 2005

Allgemeines zu den Knochen beim Menschen	
Durchschnittlicher Anteil der Knochen am Körpergewicht eines 70 kg schweren Menschen	7 kg (10 %)
Durchschnittlicher jährlicher Verlust an Knochenmasse nach dem 35 Lebensjahr	1,5 % pro Jahr
Durchblutung des Skelettsystems	
absolut	200–400 ml/min
Anteil am Herzzeitvolumen	6 %

Physikalische Größen zu ausgewählten Knochen	
Der längste je gemessene Knochen war der Oberschenkelknochen eines 2,40 m großen Mannes	76 cm
Durchschnittslänge eines Oberschenkelknochens	46 cm
Der kleinste Knochen des Menschen ist der Steigbügel (Stapes) im Mittelohr	
Länge	2,6–3,4 mm
Gewicht	2–4,3 mg
Tragfähigkeit eines Lamellenknochens	
Knochenspan mit einem Durchmesser von 1 mm	15 kg
Oberschenkelknochen	1,65 Tonnen
Druckbelastbarkeit eines Lamellenknochens	bis 12 kg/mm^2
Zugbelastbarkeit eines Lamellenknochens	10 kg/mm^2
Spezifisches Gewicht (Verhältnis Gewichtskraft zu Volumen)	
Knochen	1,75
Vergleichswert: Eisen	7,20
Winkel des Schenkelhalses zum Oberschenkelknochen	
Neugeborenes	150°
Kind von 3 Jahren	140°
Jugendlicher mit 15 Jahren	133°
Erwachsener	125°
alter Mensch	115°

Tabelle 1.2.12   Der Aufbau der Knochen des Menschen

Knochen bestehen aus mineralisiertem Bindegewebe mit einer Außenwand (Kortikalis) und den Knochenbälgchen (Spongiosa) im Innern. Ein Osteon stellt die kleinste Baueinheit des Knochengewebes dar. Es besteht aus den schalenartig angeordneten Knochenlamellen, die konzentrisch um den Haverschen Kanal angeordnet sind, in dem die versorgenden Blutgefäße und Nervenbahnen liegen.

Die Knochenzellen sind durch Zellfortsätze untereinander verbunden. Osteoblasten sind die knochenbildenden Zellen, die eine Matrix aus Kollagen bilden. Gleichzeitig scheiden sie Kalziumphosphat ab, das sich dort zu Hydroxyapatit verhärtet. Damit werden sie zu Osteozyten. Diese Kombination aus Hartsubstanz mit flexiblem Kollagen macht die Knochen hart und elastisch, ohne dass sie dabei spröde werden.

Das Knochengewebe wird andauernd ab- und aufgebaut. Osteoklasten sind dabei für den Abbau zuständig.

Lange Knochen, wie zu Beispiel der Oberschenkelknochen, bilden außen eine harte Schicht (Compacta) aus Haverschen Systemen. Innen liegt die Spongiosa, die aus einem Schwammwerk feiner Knochen besteht. In den Zwischenräumen liegt das Knochenmark, in dem die Bildung der Blutzellen erfolgt.

Leonhardt 1990; Sajonski, Smollich 1990; Campbell 2003; Junqueira, Carneiro, Gratzl 2004

Mikroskopische Struktur des Knochen	
Anteil der Kortikalis an der Gesamtknochenmasse	80 %
Mineralanteil der Kortikalis	70 %
Anteil der Bälkchenknochen (Spongiosa) an der Gesamtknochenmasse	20 %
Größe der anorganischen Kristalle des Knochens	
Länge	20–40 nm
Breite	2–3 nm
Dicke einer Lamelle im Lamellenknochen	3–7 µm
Längsdurchmesser der Knochenhöhlen (Lacuna ossea), in denen die Osteozyten liegen	30 µm
Durchmesser der Knochenkanälchen (Canaliculi ossei), durch die die Osteozyten in Kontakt stehen	1 µm
Durchmesser des Zentralkanals (Haverscher Kanal) eines Röhrenknochens	20–300 µm
Anzahl der Lamellen pro Osteon	3–20
Dicke eines Osteons (20 Lamellen und ein Haverscher Kanal)	1 mm
Länge eines Osteons	3 mm
Zellen im Knochengewebe	
Durchmesser eines Osteoblasten	10–14 µm
Lebensdauer der Osteoblasten/Osteozyten	bis 25 Jahre
Durchmesser von knochenabbauenden Riesenzellen (Osteoklasten)	100 µm

Fortsetzung nächste Seite

Fortsetzung Tabelle 1.2.12   Der Aufbau der Knochen des Menschen

Zellen im Knochengewebe	
Maximale Tiefe einer Resorptionslakune, in der ein Osteoklast Knochengewebe abbaut	70 µm
Anzahl der Osteoblasten, welche die gleiche Knochenmenge aufbauen, die ein Osteoklast abbaut	100–150
Zeit, in der sich eine Knochenstammzelle verdoppelt	36 Stunden
Zeit, die eine Knochenstammzelle mindestens braucht, um sich in einen Osteoblasten umzuwandeln	9 Stunden
Kalzium und Knochen	
Gesamtkalzium eines Erwachsenen	1 kg
Anteil des Körperkalziums im Knochen	99 %
Anteil des Körperphosphats im Knochen	75 %
Anteil der Klaziumionen im Blut, die jede Minute durch Kalziumionen aus dem Knochengewebe ersetzt werden	25 %
Zeitraum, in dem das gesamte Knochenkalzium ausgetauscht wird	200 Tage
Kalziumverlust pro Monat bei einem Knochen in Schwerelosigkeit	1–2 %

Tabelle 1.2.13   Zusammensetzung des Knochengewebes

Die knochenbildenden Zellen (Osteblasten) synthetisieren nicht nur die Kollagenfasern, sondern sind auch für die Ausfällung der Mineralsalze zuständig. Ein Enzym spaltet von Phosphorsäureestern des Blutes Phosphationen ab, die dann in der Mineralisierungszone abgelagert werden. Gleichzeitig kommt es dort auch zu einer Anreicherung von Kalziumionen.
Leonhardt 1990; Mörike, Betz, Mergenthaler 2001

Anteil von Substanzen am Knochengewebe	Darin enthaltene Substanzen		Anteil
Wasser 13%			
Organische Substanzen 25 %	davon:	amorphe Grundsubstanz	5,0 %
		kollagene Fasern	95,0 %
Anorganische Substanzen 62 %	davon:	Kalziumphosphat	86,0 %
		Kalziumkarbonat	10,0 %
		Alkalisalze (NaCl, KCl)	2,0 %
		Magnesiumphosphat	1,5 %
		Ca-Fluorid / Ca-Chlorid	0,5 %

Tabelle 1.2.14 Anzahl der Knochen

Die Wirbelsäule besteht in der Regel aus 33 Wirbeln, wobei Abweichungen recht häufig sind. Die 5 Kreuzwirbel verschmelzen zwischen dem 15. und 20. Lebensjahr zum Kreuzbein (Os sacrum), die 4 Steißwirbel zum Steißbein (Os coccygis).

Die Zahl der Knochen kann individuell variieren. So haben in Europa 5 % aller Männer eine zusätzliche Rippe. In Japan sind 7 % der Männer und bei den Eskimos 16 % der Männer davon betroffen.

Das Becken verbindet die bewegliche Wirbelsäule mit den beiden unteren Extremitäten. Das Hüftbein (Os coxae) besteht aus den drei Beckenknochen: Sitzbein, Darmbein und Schambein. Der größte Fußwurzelknochen ist das Fersenbein.

In der Tabelle wird die jeweilige Gesamtzahl der genannten Knochen im Körper des Menschen angegeben.

Schiebler, Schmidt, Zilles 1997

Schädelknochen (Ossa cranii)

Hirnschädel (Neurokranium)		Gesichtsschädel (Viszerokranium)	
Stirnbein (Os frontale)	1	Oberkiefer (Maxilla)	2
Keilbein (Os sphenoidale)	1	Gaumenbein (Os palatinum)	2
Schläfenbein (Os temporale)	2	Jochbein (Os zygomaticum)	2
Scheitelbein (Os parietale)	2	Tränenbein (Os lacrimale)	2
Hinterhauptsbein (Os occipitale)	1	Nasenbein (Os nasale)	2
Siebbein (Os ethmoidale)	1	Untere Nasenmuschel (Concha n.i.)	2
		Pflugscharbein (Vomer)	1
		Unterkiefer (Mandibula)	1
Gehörknöchelchen (Ossicula audit.)		Zungenbein (Os hyoideum)	1
Hammer (Maleus)	2		
Ambos (Incus)	2	Gesamtzahl der Schädelknochen	29
Steigbügel (Stapes)	2	davon verschieden	18

Wirbelsäule (Columna vertebralis)

Halswirbel (Vertebrae cervicales)	7	Kreuzwirbel (Vertebrae sacrales)	5
Brustwirbel (Vertebrae thoracicae)	12	Steißwirbel (Vertebrae coccygeae)	4
Lendenwirbel (Vertebrae lumbales)	5		

Schultergürtel (Cingulum membri superioris)

Schulterblatt (Skapula)	2	Schlüsselbein (Clavicula)	2

Brustkorb (Thorax)

Zahl der Rippen insgesamt	24	Rippen des Rippenbogens	6
Echte Rippen (haben Verbindung mit dem Brustbein)	14	Frei in der Bauchmuskulatur endende Rippen	4
Brustbein	1		

Fortsetzung nächste Seite

Fortsetzung Tabelle 2.1.14 Anzahl der Knochen

Obere Extremitäten			
Oberarmknochen (Humerus)	2	Handwurzelknochen (Ossa carpi)	16
Elle (Ulna)	2	Kahnbein (Os naviculare)	2
Speiche (Radius)	2	Mondbein (Os lunatum)	2
		Dreiecksbein (Os triquetrum)	2
Knochen der Hände insgesamt	54	Erbsenbein (Os pisiforme)	2
Mittelhandknochen (Ossa metacarpi)	10	Großes Vielbein (Os trapezium)	2
		Kleines Vielbein (Os trapezoideum)	2
Fingerknochen (Ossa digitorum manu)	28	Kopfbein (Os capitatum)	2
		Hakenbein (Os hamatum)	2

Becken (Pelvis)			
Sitzbein (Os ischii)	2	Schambein (Os pubis)	2
Darmbein (Os ilii)	2		

Untere Extremitäten			
Oberschenkelknochen (Femur)	2	Mittelfußknochen (Ossa metatarsi)	10
Kniescheibe (Patella)	2	Sprungbein (Talus)	2
Schienbein (Tibia)	2	Fersenbein (Calcaneus)	2
Wadenbein (Fibula)	2	Kahnbein (Os naviculare)	2
		Keilbeine (Ossa cuneiformia)	6
		Würfelbein (Os cuboideum)	2
Gesamtzahl der Fußknochen	52	Zehenknochen (Os.d.dis)	28

Gesamtzahl der Knochen und Extremwerte			
Erwachsene (Durchschnitt)	215	Größte Gesamtzahl von Zehen	15
Größte Gesamtzahl von Fingern	14		

Tabelle 1.2.15 Verknöcherung und Fontanellenschluss

Nach der Geburt wird das Knorpelgewebe durch Knochengewebe ersetzt (Ossifikation). Zwischen den Gelenkköpfen, die von Knorpel überzogen sind, und dem Knochenschaft (Diaphyse) liegen die knorpeligen Wachstumsfugen (Epiphysenfugen). Hier findet das Längenwachstum statt, das nach der Verknöcherung der Epiphysenfugen abgeschlossen ist.

Fontanellen sind Knochenlücken des frühkindlichen Schädels. Funktionell sind sie vor allem bei der Geburt wichtig. Sie sorgen für eine gewisse Verformbarkeit des Schädels im engen Geburtskanal. Später ermöglichen sie die Anpassung des Schädels an das Wachstum des Gehirns. Im Laufe der Entwicklung verschließen sich die Fontanellen und die Schädelnähte verknöchern.

Schiebler, Schmidt, Zilles 1997; Campbell 2003

Fortsetzung nächste Seite

Fortsetzung Tabelle 1.2.15 Verknöcherung und Fontanellenschluss

Abkürzungen: E = Entwicklung, L-Jahr = Lebensjahr

Bezeichnung		Beginn der Verknöcherung	Schluss der Epiphysenfugen
Schlüsselbein	Diaphyse	6.– 7. E-Woche	
	Epiphyse	16.– 18. L-Jahr	20.– 24. Jahr
Schulterblatt		8. E-Woche	
Oberarmknochen	Diaphyse	7.– 8. E-Woche	
	Epiphyse	2.E–Wo. bis 12. L-Jahr	15.– 25. Jahr
Speiche	Diaphyse	7.– 8. E-Woche	
	Epiphyse	1.– 2. L-Jahr	15.– 20. Jahr
Elle	Diaphyse	7.– 8. E-Woche	
	Epiphyse	5.– 12. L-Jahr	14.– 24. Jahr
Handwurzelknochen		1.– 12. L-Jahr	
Mittelhandknochen	Diaphyse	9.– 10. E-Woche	
	Epiphyse	2.– 3. L-Jahr	15.– 20. Jahr
Fingerknochen	Diaphyse	9.– 12. E-Woche	
	Epiphyse	2.– 3. L-Jahr	20.– 24. Jahr
Darmbein		2.– 3. E–Monat	14.– 18. Jahr
Sitzbein		4. E–Monat	14.– 18. Jahr
Schambein		5.– 6. E–Monat	14.– 18. Jahr
Oberschenkelknochen	Diaphyse	7.– 8. E-Woche	
	Epiphyse	1. L-Jahr	17.– 19. Jahr
Schienbein	Diaphyse	7.– 8. E-Woche	
	Epiphyse	10. E–Monat	19.– 21. Jahr
Wadenbein	Diaphyse	8. E-Woche	
	Epiphyse	4.– 5. L-Jahr	17.– 20. Jahr
Fußwurzelknochen		5.E-Mo. bis 3. L-Jahr	
Mittelfußknochen	Diaphyse	2.– 3. E–Monat	
	Epiphyse	3.– 4. L-Jahr	15.– 20. Jahr
Zehenknochen	Diaphyse	5.– 9. E–Monat	
	Epiphyse	1.– 5. L-Jahr	15.– 20. Jahr

Fontanellenschluss und Verknöcherungszeiten der Schädelnähte

Stirnfontanelle	Fontanellenschluss nach 36 Monaten
Hinterhauptsfontanelle	Fontanellenschluss nach 3 Monaten
Vordere Seitenfontanelle	Fontanellenschluss nach 6 Monaten
Hintere Seitenfontanelle	Fontanellenschluss nach 18 Monaten
Lambdanaht (Sutura lambdoidea)	Verknöcherung nach 40–50 Jahren
Stirnnaht (Sutura frontalis)	Verknöcherung nach 1–2 Jahren
Pfeilnaht (Sutura sagittalis)	Verknöcherung nach 20–30 Jahren
Kranznaht (Sutura coronalis)	Verknöcherung nach 30–40 Jahren

Tabelle 1.2.16 Bindegewebe und Knorpel

Das Bindegewebe besteht aus Bindegewebszellen (Fibroblasten) und Extrazellulärmatrix. Es geht entwicklungsgeschichtlich aus dem Mesoderm hervor. Bindegewebe erfüllt eine Vielzahl von Funktionen im menschlichen Körper. Je nach Vorkommen stützt, schützt oder umhüllt es Organe oder Strukturen des Organismus, dient als Leitstruktur oder fungiert als Gleit– und Verschiebeschicht. Spezialisierte Bindegewebe können an Speicherung und Produktion von Substanzen beteiligt sein und bilden die Stütz- und Stabilisierungsstrukturen des Körpers. Die verschiedenen Arten von Bindegewebe unterscheidet man prinzipiell nach der Zusammensetzung der Extrazellulärmatrix, welche von den Fibroblasten produziert wird.

Leonhardt 1990; Mörike, Betz, Mergenthaler 2001; Faller 2004; Junqueira, Carneiro, Gratzl 2004

Angaben zum Bindegewebe des Menschen	
Anteil des Kollagens am Gesamtkörpergewicht	6 %
Anteil des Kollagens am Gesamtprotein	25 %
Retikuläre Fasern (aus Kollagen Typ 3)	
Dicke der Fasern	0,2–1 µm
Kollagene Fasern (aus Kollagen Typ 1)	
Dicke einer kollagenen Faser	1–12 µm
Dicke einer Kollagenfibrille	0,3–0,5 µm
Dicke einer Mikrofibrille	20–200 nm
Zugfestigkeit	6 kg/mm^2
Tragfähigkeit des stärksten Bandes im Körper (Ligamentum iliofemorale)	350 kg
Dehnbarkeit	ca. 5 %
Verlängerbarkeit durch die gewellte Anordnung der einzelnen Kollagenfasern	ca. 3 %
Gesamtverlängerbarkeit	ca. 8 %
Irreversible Dehnung (Zerreißen)	ab 10 %
Elastische Fasern	
Dicke der Faser insgesamt	0,2–5 µm
Dehnbarkeit	150 %
Hauptaminosäuren der kollagenen Fasern	
Glycin	33 %
Prolin	12 %
Hydroxyprolin	10 %

Zusammensetzung und Druckbelastbarkeit der Interzellularsubstanz des Knorpels	
Wasseranteil	60–70 %
Chondromucoidanteil, davon	30–40 %
Kollagenes Fasermaterial	40–50 %
Proteoglykane	40–45 %
Eiweiße	7 %
Mineralstoffe	4–10 %
Druckbelastbarkeit eines hyalinen Knorpels	1,5 kg/mm^2

Tabelle 1.2.17 Die Gelenkmechanik der Extremitäten

Scharniergelenke können sich nur um eine Achse bewegen: Fingermittel- und Fingerendgelenke, Oberarm-Ellengelenk. Kugelgelenke haben allseitige Bewegungsmöglichkeiten: Schultergelenk, Fingergrundgelenke, Hüftgelenk.

Voss, Herrlinger 1985; Schiebler, Schmidt, Zilles 1997

Gelenk und Beschreibung der Bewegungen	Bewegungswinkel
Gelenkmechanik des Ellenbogengelenks	
Beugung	40°
Streckung	180°
Gelenk zwischen Elle und Speiche	
Pronation (Einwärtsdrehung um die Längsachse)	60–80°
Supination (Auswärtsdrehung um die Längsachse)	70–90°
Gelenkmechanik des Handgelenks	
Palmarflexion (Beugung zur Handfläche hin)	90°
Dorsalflexion (Beugung zum Handrücken hin)	50–60°
Radialabduktion (zur Speiche hin abspreizen)	23–30°
Ulnarabduktion (zur Elle hin abspreizen)	30–40°
Gelenkmechanik der Fingergelenke (ohne Daumen)	
Grundgelenk: Beugung	90°
Grundgelenk: Streckung	10°
Grundgelenk: Abduktion (von der Mitte abspreizen)	45°
Mittelgelenk: Beugung	100°
Mittelgelenk: Streckung	10°
Endgelenk: Beugung	90°
Endgelenk: Streckung	10°
Gelenkmechanik des Hüftgelenks	
Anteversion (Beugung)	120°
Retroversion (Streckung)	10–15°
Abduktion in Rückenlage (Abspreizen des Beines)	30–50°
Adduktion in Rückenlage (Heranziehen des Beines)	10°
Innenrotation, Bauchlage gestreckte Knie	30–40°
Innenrotation, Bauchlage gebeugte Knie	40–50°
Außenrotation, Bauchlage gestreckte Knie	40–50°
Außenrotation, Bauchlage gebeugte Knie	30–45°
Gelenkmechanik des Kniegelenks	
Streckung	170–180°
Beugung	120–150°
Innenrotation	5–10°
Außenrotation	40°
Gelenkmechanik des oberen Sprunggelenks	
Dorsalflexion (Beugung)	30°
Plantarflexion (Streckung)	50°
Gelenkmechanik des unteren Sprunggelenks	
Supination (Einwärtskanten)	30°
Pronation (Auswärtskanten)	50°

Tabelle 1.2.18 Die Gelenkmechanik von Kopf-, Schulter- und Wirbelgelenken

Die beiden oberen Halswirbel sind besonders ausgebildet. Auf dem Atlas, der an Stelle eines Dornfortsatzes eine Knochenspange hat, sitzt der Schädel. Der zweite Halswirbel, der Axis wird auch als Dreher bezeichnet. Er besitzt eine nach oben ragende Verlängerung des Wirbelkörpers, den Zahn, mit dem der Atlas gelenkig verbunden ist. Um diesen Zahn dreht sich der Atlas mit dem darauf sitzenden Kopf. Seit-, Vor- und Rückneigungen sind zwischen Atlas und Axis nicht möglich und werden deshalb von den anderen Halswirbeln übernommen.

In der Brustwirbelsäule sind Bewegungen in jeder Richtung möglich. Obwohl das Bewegungsausmaß zwischen den einzelnen Wirbeln nur wenige Grade umfasst, ergibt die Summe dieser Einzelbewegungen beachtliche Gesamtbewegungen.

In der Lendenwirbelsäule ist die Rumpfdrehung wegen der Stellung der Gelenkfortsätze stark eingeschränkt.

Das Kreuzbein bildet massige Seitenteile, die die Gelenkflächen für die beiden Hüftgelenke bilden (siehe Tabelle 1.2.17).

Voss, Herrlinger 1985; Schiebler, Schmidt, Zilles 1997; Mörike, Betz, Mergenthaler 2001

Gelenke und Beschreibung der Bewegungen	Bewegungswinkel
Gelenkmechanik des Schultergelenks	
Abduktion (seitliches Abspreizen des Armes)	90°
Elevation (seitliches Abspreizen des Armes mit zusätzlicher Drehung des Schulterbattes)	120°
Adduktion (Anlegen des Armes)	20°–40°
Anteversion (den Arm nach vorne abspreizen)	90°
Innenrotation (kreisförmige Drehbewegung)	90°
Außenrotation (kreisförmige Drehbewegung)	90°
Gelenkmechanik der Kopfgelenke	
Dorsalflexion (Beugung zum Rücken hin)	20°
Ventralflexion (Beugung zur Brust hin)	20°
Drehung	60°–80°
Seitwärtsneigung	10°–15°
Halswirbelsäule	
Beugung	40°
Streckung	70°
Neigung zur Seite	45°
Drehung	60°–80°
Brustwirbelsäule	
Beugung	35°
Streckung	20°
Neigung zur Seite	30°
Drehung	45°
Lendenwirbelsäule	
Beugung	70°
Streckung	70°
Neigung zur Seite	25°
Drehung	2°

Tabelle 1.2.19 Extreme Größen und extreme Gewichte

Die Werte in Kapitel 1.2 beziehen sich in der Regel auf eine durchschnittliche Größe und ein durchschnittliches Gewicht eines Menschen. Welche außerordentliche Schwankungsbreite im Einzelfall und welche Extremwerte möglich sind, soll in der folgenden Tabelle verdeutlicht werden.
Guinness Buch der Rekorde 1995, 1999 und 2006

Personen mit Extremwerten	Angaben
Der größte Mann, der je lebte war *Robert Wadlow*, 1918–1940 (USA)	
Größe	272,0 cm
Armspannweite	288,0 cm
Die größte Frau der Geschichte war *Zen Jin–Lian* (1964–1982) in der zentralchinesischen Provinz Hunan	
Größe mit 4 Jahren	156,0 cm
Größe mit 13 Jahren	217,0 cm
Größe mit 18 Jahren	247,0 cm
Die größte 1999 lebende Frau ist *Sandy Allen* (USA)	231,7 cm
Größe mit 10 Jahren	190,5 cm
Schuhgröße	55
Derzeitiges Gewicht	142 kg
Die kleinste Frau, die je gelebt hat, war *Pauline Musters* (1976–1995) Niederlande	
Größe bei der Geburt	30 cm
Größe mit 9 Jahren	55 cm
Größe mit 19 Jahren	59 cm
Der kleinste ausgewachsenen Mensch, der je gelebt hat, war *Gul Mohammed* (1961–1997), Indien	57 cm
Der schwerste Mann in der Geschichte der Medizin war *Jon Brower Minoch* (1941–1983)	
Gewicht im März 1978	635 kg
Gewicht im Juli 1979	216 kg
Der leichteste Mensch war *Lucia Zarate* (1863–89), Mexiko	
Gewicht bei der Geburt	1,10 kg
Gewicht mit 17 Jahren	2,13 kg
Gewicht mit 20 Jahren	5,90 kg
Größe	67 cm
Die erfolgreichste Schlankheitskur machte *Rosalie Bradford*, (1944), USA	
Gewicht im Januar 1987	476 kg
Gewicht im September 1992	142 kg
Gewichtsverlust	334 kg
Den Rekord im Zunehmen hält *Jon Brower Minoch*	
Gewichtszunahme in 7 Tagen	91 kg

1.3 Das Blut

Das Blut entsteht aus dem Mesenchym, das auf früher embryonaler Entwicklungsstufe aus dem mittleren Keimblatt hervorgeht und als embryonales Bindegewebe alle Hohlräume zwischen den Keimblättern ausfüllt. Auf Grund dieser Entstehung kann das Blut auch als spezialisiertes, flüssiges Bindegewebe aufgefasst werden.

Tabelle 1.3.1 Zahlen zum Staunen

Literatur siehe nachfolgende Tabellen

Angaben zum Blut des Menschen aus den nachfolgenden Tabellen	
Gesamte Blutmenge eines Erwachsenen	5–6 Liter
Durchlaufzeit des gesamten Blutvolumens durch den Körper	20–60 Sekunden
Auswirkungen eines akuten Blutverlustes:	
keine Störungen bis	15 % des Blutvolumens
Volumenmangelschock ab	30 % des Blutvolumens
tödlich ohne Therapie ab	50 % des Blutvolumens
Anzahl der roten Blutkörperchen (Erythrozyten) bei einer Gesamtblutmenge von 5 Litern	25 Billionen
Oberfläche aller roten Blutkörperchen (Erythrozyten):	
Mann	3.100 m^2
Frau	2.500 m^2
Zum Vergleich: Größe eines Fußballfeldes	7.500 m^2
Höhe des Turmes, der entstehen würde, wenn man alle roten Blutkörperchen eines Menschen aufeinander stapeln könnte	ca. 60.000 km
Länge der Kette, die entstehen würde, wenn man alle roten Blutkörperchen eines Menschen nebeneinander legen könnte	192.500 km (~5 Erdumrundungen am Äquator)
Fläche, die entstehen würde, wenn man alle roten Blutkörperchen eines Menschen nebeneinander pflastern könnte	über 1.000 m^2
Mittlere Lebensdauer eines roten Blutkörperchens	120 Tage
Anzahl der Zirkulationszyklen eines roten Blutkörperchens durch den Körper (bei mittlerer Lebensdauer)	300.000
Neubildung von roten Blutkörperchen bei einem Erwachsenen	
pro Sekunde	2,4 Millionen
pro Tag	208 Milliarden
Austauschhäufigkeit des gesamten Blutplasmas gegen die interstitielle Flüssigkeit	alle 3 Sekunden
Entdeckung des Blutkreislaufs durch *William Harvey*	im Jahr 1628
Erste Übertragung von Schafblut auf den Menschen	im Jahr 1667

Tabelle 1.3.2 Zusammensetzung und Eigenschaften des Blutes

Blut besteht als flüssiges Bindegewebe aus Blutzellen und Blutplasma. Zu den Aufgaben des Blutes gehören unter anderem der Gasaustausch mit der Sauerstoffversorgung der Gewebe und dem CO_2-Abtransport, der Transport von Nährstoffen, Hormonen und Abbauprodukten des Zellstoffwechsels, die Wärmeregulation des Körpers, die Immunabwehr, sowie der Wundverschluss.

Aus chemisch-physikalischer Sicht ist Blut eine Suspension aus Wasser und den zellulären Bestandteilen. Je höher der Hämatokritwert (Anteil der zellulären Bestandteile am Volumen des Blutes) und je geringer die Strömungsgeschwindigkeit ist, desto höher ist die Viskosität. Aufgrund der Verformbarkeit der roten Blutkörperchen verhält sich Blut bei steigender Fließgeschwindigkeit nicht mehr wie eine Zellsuspension, sondern wie eine Emulsion.

Kruse-Jarres 1993; Schiebler, Schmidt und Zilles 1997; Thews, Mutschler, Vaupel 1999; Pschyrembel 2004; Faller 2004; Schmidt, Lang, Thews 2005

Angaben zu Blutverteilung, Bluteigenschaften, Blutverlust, Blutbildung	
Gesamtblutmenge eines Erwachsenen	5–6 Liter
Anteil des Blutes am Körpergewicht	
Erwachsene	ca. 6–8 %
Kinder	ca. 8–9 %
Durchlaufzeit des gesamten Blutvolumens durch den Körper	20–60 Sekunden
Zelluläre Bestandteile (Blutzellen)	ca. 40–50 %
Flüssige Bestandteile (Blutplasma)	ca. 56 %
Ausgewählte physikalische Daten des Blutes	
Osmotischer Druck des Blutes	ca. 750 kPa
Kolloidosmotischer Druck des Serums	2,7–4,7 kPa
Relative Pufferkapazität der Blutzellen	79 % (Vollblut 100 %)
Temperatur des Blutes beim Lebenden	37 °C
Gefrierpunktserniedrigung	0,56 °C
pH-Wert des Blutes beim Erwachsenen	7,36–7,44
Dichte	
des Blutes insgesamt	1,05–1,06 kg/l
der Blutzellen	1,1 kg/l
des Blutplasmas	1,03 kg/l
Relative Viskosität	
Wasser	1
Blut	3,5–5,4
Blutplasma	1,9–2,6
Auswirkungen akuter Blutverluste	
keine Störungen	15 % des Blutvolumens
Volumenmangelschock	30 % des Blutvolumens
tödlich ohne Therapie	50 % des Blutvolumens
Orte der Blutbildung während der Entwicklung	
Dottersack	ab dem 13. Tag
Milz	2. Monat bis 8. Monat
Leber	2. Monat bis Geburt
Knochenmark	ab dem 5. Monat

Tabelle 1.3.3   Die zellulären Bestandteile des Blutes

Die Beurteilung der Zellzahl ist im medizinisch-diagnostischen Bereich von Bedeutung. So ist bei einer Anämie (Blutarmut) die Zahl der roten Blutkörperchen (Erythrozyten) vermindert und bei einem entzündlichen Prozess die Zahl der weißen Blutkörperchen (Leukozyten) erhöht.

Als Hämatokrit bezeichnet man den Volumenanteil der Erythrozyten im Blut. Er wird üblicherweise in % angegeben. Ein hoher Hämatokrit-Wert spricht für einen hohen Erythrozyten-Anteil (Polyglobulie) oder einen Mangel an Flüssigkeit.

Schiebler, Schmidt, Zilles 1997; Thews, Mutschler, Vaupel 1999; Schmidt, Lang, Thews 2005

Anzahl der verschiedenen Blutzellen und Hämatokritwerte	
Rote Blutkörperchen (Erythrozyten)	
Männer	4,6–6,2 Millionen pro µl
Frauen	4,2–5,4 Millionen pro µl
Retikulozyten (Vorstufen der Erythrozyten)	60.000 pro µl
Weiße Blutkörperchen (Leukozyten)	5.000–10.000 pro µl
Neutrophile Granulozyten	55–70 %
Segmentkernige (ausgewachsen)	50–66 %
Stabkernige (Jugendform)	3–4 %
Eosinophile Granulozyten	2–4 %
Basophile Granulozyten	0,5–1 %
Kleine Lymphozyten (T- und B-Zellen)	16–30 %
Große Lymphozyten (natürliche Killerzellen)	4–8 %
Monozyten	4–7 %
Blutplättchen (Thrombozyten)	150.000–400.000 pro µl
Hämatokritwerte	
Neugeborene	ca. 57 %
Einjährige	ca. 35 %
Mann	ca. 40–52 %
Frau	ca. 37–47 %
Bei Höhenaufenthalten	bis 70 %

Tabelle 1.3.4   Die Blutkörperchensenkungsgeschwindigkeit (BSG)

Die Blutkörperchensenkungsgeschwindigkeit ist ein Maß für die Sedimentationsgeschwindigkeit von Erythrozyten in ungerinnbar gemachtem Blut. Sie ist bei bestimmten krankhaften Prozessen erhöht, wie zum Beispiel bei Entzündungen, Tumoren oder Lebererkrankungen.

Thews, Mutschler, Vaupel 1999; Pschyrembel 2004; Schmidt, Lang, Thews 2005

Untersuchte Person	Zeitpunkt der Ablesung	Normwerte
Mann	1. Stunde	3–8 mm
	2. Stunde	5–18 mm
Frau	1. Stunde	6–11 mm
	2. Stunde	8–20 mm

Tabelle 1.3.5 Die roten Blutkörperchen (Erythrozyten)

Als rote Blutkörperchen (Erythozyten) bezeichnet man die Zellen des menschlichen Blutes, die den Blutfarbstoff Hämoglobin tragen. Sie haben eine bikonkave Form, sind kernlos und somit nicht mehr zur Zellteilung befähigt.

Rote Blutkörperchen werden im Knochenmark aus Stammzellen gebildet und gelangen von dort aus in den Blutstrom. Nach einer Lebensdauer von etwa 120 Tagen werden sie in Leber, Milz und Knochenmark abgebaut.

Da Erythrozyten keine Mitochondrien enthalten, erfolgt die Energiegewinnung auf dem Weg der Glykolyse. Die wichtigste Aufgabe der roten Blutkörperchen ist der Transport der Atemgase Sauerstoff und Kohlendioxid zwischen der Lunge und den Geweben. Diese Leistung wird durch das Hämoglobin (siehe Tabelle 1.3.6) vermittelt.

Keidel 1985; Mc Cutcheon 1991; Schenck, Kolb 1990; Schiebler, Schmidt, Zilles 1997; Thews, Mutschler, Vaupel 1999; Faller 2004; Schmidt, Lang, Thews 2005

Anzahl und Größe der roten Blutkörperchen (Erythrozyten)	
Anzahl der Erythrozyten im Blut	
bei Neugeborenen	5,9 Mio./µl
bei Männern	4,6–6,2 Mio./µl
bei Frauen	4,2–5,4 Mio./µl
bei längeren Höhenaufenthalten	bis 8 Mio./µl
Erythrozytenzahl in der Gesamtblutmenge von 5 l	25 Billionen
Erythrozytenzahl in einem Tropfen Blut	250 Millionen
Physikalische Daten eines Erythrozyten	
Mittlere Dicke am Rand	2,4 µm
Mittlere Dicke im Inneren	1 µm
Mittlerer Durchmesser bei Erwachsenen / Neugeborenen	7,7 µm / 8,5 µm
Mittleres Volumen bei Erwachsenen / Neugeborenen	87 µm^3 / 107 µm^3
Durchschnittliche Oberfläche eines Erythrozyten	100 µm^2
Oberfläche aller Erythrozyten des Menschen	
Mann	ca. 3.100 m^2
Frau	ca. 2.500 m^2
Zum Vergleich: Größe eines Fußballfeldes	7.500 m^2
Höhe des Turmes, der entstehen würde, wenn man alle Erythrozyten eines Menschen aufeinander stapeln könnte	ca. 60.000 km
Länge der Kette, die entstehen würde, könnte man alle Erythrozyten eines Menschen nebeneinander legen (entspricht 5 Umrundungen des Äquators)	192.500 km
Fläche, die entstehen würde, könnte man alle Erythrozyten eines Menschen nebeneinander pflastern	über 1.000 m^2

Bildung und Lebensdauer der roten Blutkörperchen (Erythrozyten)	
Mittlere Lebensdauer eines Erythrozyten	120 Tage
Zirkulationszyklen während der mittleren Lebensdauer (120 Tage)	300.000
Erythrozytenneubildung bei einem Erwachsenen	2,4 Mio./s

Tabelle 1.3.6 Das Hämoglobin in den roten Blutkörperchen

Blut verdankt seine rote Farbe dem Hämoglobin (roter Blutfarbstoff). Es ist ein eisenhaltiges Protein der roten Blutkörperchen und macht ca. 35 % ihres Gewichts aus. Das Hämoglobin ist für den Sauerstofftransport im Blut sowie für die Regulation des pH-Wertes des Blutplasmas verantwortlich.

Mit Sauerstoff angereichertes Blut ist heller und kräftiger rot als sauerstoffarmes Blut. Die Hämgruppe macht bei der Aufnahme des Sauerstoffs eine Konformationsänderung durch, die eine Veränderung des Absorptionsspektrums des Lichts zur Folge hat.

Abkürzungen: Hb-F = fetales Hämoglobin; Hb-A = adultes Hämoglobin bei Erwachsenen

Pschyrembel 2004; Schmidt, Lang, Thews 2005; Hick 2006

Angaben zum Hämoglobin im Blut und zu seinen Eigenschaften	
Hämoglobinproduktion eines gesunden Mannes	57 g pro Tag
Hämoglobingesamtbestand eines Erwachsenen	650 g
Hämoglobinkonzentration im Blut	
Neugeborenes	200 g/l
Im Alter von einem Jahr	110 g/l
Männer	140–180 g/l
Frauen	120–160 g/l
Mittlerer Hämoglobingehalt eines Erythrozyten (MCH)	28–32 pg (10^{-12} g)
Mittlere Hämoglobinkonzentration eines Erythrozyten (MCHC)	30–35 g/100 ml
Isotone NaCl-Lösung (gleicher osmotischer Druck wie im Plasma)	0,90 % NaCl
Hämolyse in Abhängigkeit der NaCl-Konzentration	
Beginn bei	0,45 % NaCl
vollständig ausgebildet bei	0,30 % NaCl
Maximales Sauerstoffbindungsvermögen	
für 1g Hämoglobin bei Erwachsenen	1,39 ml O_2
für 1g Hämoglobin bei Feten	1,74 ml O_2
Zusammensetzung des Hämoglobins	
Globulin-Anteil	94 %
Häm-Anteil	4 %
Anzahl der Atome pro Hb-Molekül	10.000
Anzahl der Polypeptidketten pro Hb-Molekül	4
Molekulargewicht des Hb-Moleküls	64.500
Eisengehalt	0,34 %
Hämoglobinanteile bei Feten, Säuglingen und Erwachsenen	
Fetus — Hb-F-Anteil	100 %
Neugeborenes — Hb-F-Anteil	80 %
Hb-A-Anteil	20 %
Säugling mit 5 Monaten — Hb-F-Anteil	10 %
Hb-A-Anteil	90 %
Erwachsener — Hb-A-Anteil	97,5 %
Hb-A2-Anteil	2,5 %

Tabelle 1.3.7 Weiße Blutkörperchen (Leukozyten)

Leukozyten (weiße Blutkörperchen) kommen nicht nur im Blut vor, sondern besitzen die Fähigkeit aktiv aus dem Blutstrom in verschiedene Zielgewebe einzuwandern. Da sie keinen Blutfarbstoff tragen, erscheinen sie im Blutausstrich hell bis weiß.

Man kann die Leukozyten nach morphologischen und funktionellen Kriterien grob in Granulozyten, Lymphozyten und Monozyten unterteilen. Sie erfüllen spezielle Aufgaben in der Abwehr von Krankheitserregern und körperfremden Strukturen. Sie gehören zum Immunsystem und sind dort Teil der spezifischen und unspezifischen Immunabwehr. Im Gegensatz zu den Erythrozyten besitzen sie einen Zellkern.

Mc Cutcheon 1991; Mörike, Betz, Mergenthaler 2001; Schenck, Kolb 1990; Schiebler, Schmidt, Zilles 1995; Thews, Mutschler, Vaupel 1999; Pschyrembel 2004; Schmidt, Lang, Thews 2005; Hick 2006

Anzahl weißer Blutkörperchen

Anzahl der weißen Blutkörperchen im Blut	
In einem Liter Blut	5–10 Milliarden
Im gesamten Blut (5 l)	25–100 Milliarden
Anzahl der weißen Blutkörperchen in 1 µl Blut	
Neugeborene	ca. 15.000–40.000
Einjährige	ca. 10.000
Normwert beim Erwachsenen	5.000–10.000
Bei Infektionskrankheiten	40.000
Bei Leukämie	bis 500.000
Gesamtmasse aller Lymphozyten im Körper	ca. 1.500 g
Gesamtmasse aller Lymphozyten im Blut	ca. 3 g

Eigenschaften weißer Blutkörperchen und Verweildauer im Blut

Durchmesser verschiedener weißer Blutkörperchen	
Kleiner Lymphozyt (90 % der Lymphozyten)	6–8 µm
Großer Lymphozyt (10 % der Lymphozyten)	11–16 µm
Plasmazelle	10–15 µm
Eosinophiler Granulozyt	11–14 µm
Basophiler Granulozyt	8–11 µm
Neutrophiler Granulozyt	10–12 µm
Monozyt	15–20 µm
Verweildauer weißer Blutkörperchen im Blut	
Neutrophile Granulozyten	8 Stunden
Lebensdauer insgesamt	4–5 Tage
Eosinophile Granulozyten	4–10 Stunden
Lebensdauer insgesamt	10 Tage
Basophile Granulozyten	ca. 1 Tag
Monozyten (wandern in das Gewebe aus)	10–100 Stunden
Lebensdauer insgesamt	wenige Monate
Lymphozyten	5 Tage bis Jahre

Tabelle 1.3.8 Blutplättchen (Thrombozyten) und Blutgerinnung

Die Blutplättchen sind für die Blutgerinnung wichtig. Sie sind kernlos und entstehen im Knochenmark durch Abschnürung aus dem Cytoplasma von Knochenmarksriesenzellen. Bei der Blutgerinnung (Hämostase) werden primär die Gefäße zusammengezogen und die Blutplättchen ballen sich zusammen. Sekundär kommt es zur plasmatischen Gerinnung.

Mörike, Betz, Mergenthaler 2001; Schiebler, Schmidt, Zilles 1997; Schmidt, Lang, Thews 2005

Angaben zu Blutplättchen, sowie Blutungs- und Gerinnungszeiten	
Anzahl der Blutplättchen im Blut	
Neugeborene	ca. 230.000/µl
Einjährige	ca. 280.000/µl
Erwachsene	200.000–400.000/µl
Durchmesser der Blutplättchen	1–4 µm
Dicke der Blutplättchen	0,5–2 µm
Mittlere Lebensdauer eines Blutplättchens	5–11 Tage
Erhöhte Blutungsneigung ab einer Blutplättchenkonzentration von weniger als	60.000/µl
Blutungszeit (nach Duke)	1–3 Minuten
Gerinnungszeit (in einem Glasröhrchen bei 37°C)	5–7 Minuten

Tabelle 1.3.9 Ausgewählte Plasmafaktoren der Blutgerinnung

Die plasmatischen Gerinnungsfaktoren gewährleisten bei Gefäßwandverletzungen zusammen mit den verletzten Zellen der Gefäßwand und den Blutplättchen (Thrombozyten) die Blutgerinnung (Hämostase). Bei verminderten Konzentrationen der Gerinnungsfaktoren kommt es zur Blutungsneigung. So ist bei der Hämophilie A der Faktor 8, bei der Hämophilie B der Faktor 9 vermindert.

Schenck, Kolb 1990; Mörike, Betz, Mergenthaler 1991; Schmidt, Lang, Thews 2005

Faktor	Bezeichnung	Biologische Halbwertszeit	Molekulargewicht
I	Fibrinogen	4–5 Tage	340.000
II	Prothrombin	2–3 Tage	72.000
V	Acceleratorglobulin	20–30 Stunden	330.000
VII	Proconvertin	5–10 Stunden	63.000
VIII	Antihämophiles Globulin A	10–20 Stunden	$10^5 - 10^7$
IX	Christmas-Faktor	1–2 Tage	57.000
X	Stuart-Prower-Faktor	2 Tage	60.000
XI	Plasmathromboplastinantecedent	2 Tage	160.000
XII	Hageman-Faktor	2 Tage	80
XIII	Fibrinstabilisierender Faktor	4–5 Tage	320
–	Fletscher-Faktor	–	90.000
–	Fitzgerald-Faktor	–	16.000

Tabelle 1.3.10   Das Blutplasma

Das Blutplasma ist der flüssige, zellfreie Anteil des Blutes. Blutserum ist Blutplasma ohne Fibrinogen und hat deshalb die Fähigkeit zur Gerinnung verloren. Blutplasma dient als Transportmedium für Glukose, Lipide, Hormone, Stoffwechselendprodukte, Kohlendioxid und Sauerstoff. Außerdem ist es das Speicher- und Transportmedium von Gerinnungsfaktoren.

Die Zahl der gut trennbaren Eiweißstoffe (Plasmaproteine) im Blutplasma ist sehr groß und liegt weit über 100. Sie werden vor allem in der Leber aufgebaut und an das Plasma abgegeben. Durch den Proteingehalt des Blutplasmas kann der kolloidosmotische Druck des Blutes aufrechterhalten werden.

Alle Werte sind auf eine Körperkerntemperatur von 37 °C bezogen.

Documenta Geigy 1975 u.1977; Schmidt, Lang, Thews 2005; Hick 2006

Anteile und Zusammensetzung des Plasmas im Blut	
Anteil des Plasmas am Blutvolumen	ca. 56 %
Plasmamenge bei einem Gesamtblutvolumen von 5,5 l	ca. 3 Liter
Wassergehalt	90 %
Gehalt an hochmolekularen Stoffen (Eiweiß)	6–8 %
Gehalt an niedermolekularen Stoffen	2–4 %
Mittlerer Eiweißgehalt	6,72 g/100 ml
Gehalt an Albumin	4,04 g/100 ml
Gehalt an Globulin	2,34 g/100 ml
Gehalt an Fibrinogen	0,34 g/100 ml
Anzahl der unterschiedlichen Plasmaeiweiße	ca. 100
Gesamtmenge, der im Plasma gelösten Eiweiße bei einem Blutvolumen von 5,5 Liter	ca. 200 g
Elektrolytgehalt des Plasmas	0,9 %
Kohlenhydrate	60–120 mg/100 ml
Fette und Lipide	50–80 mg/100 ml

Sonstige Werte zum Blutplasma	
Osmotischer Druck des Plasmas	750 kPa (7,4 atm)
Anteil des NaCl am osmotischen Druck	ca. 96 %
Kolloidosmotischer Druck des Plasmas	3,3 kPa (25 mmHg)
Anteil des Albumins am kolloidosmotischen Druck	ca. 80 %
Zum Vergleich: kolloidosmotischer Druck des Interstitiums	0,7 kPa (5 mmHg)
Osmolalität	290 mosmol/kg H_2O
Dichte	1,03 kg/l
Relative Viskosität gegenüber Wasser	1,9–2,6
Austauschhäufigkeit des gesamten Plasmas gegen die interstitielle Flüssigkeit	20 mal pro Minute
Pufferkapazität (Vollblut = 100 %)	21 %
pH-Wert im arteriellen Blut	7,4
Gefrierpunktserniedrigung	0,54 °C

Tabelle 1.3.11   Der Sauerstofftransport im Blut

98,6 % des Sauerstofftransportes erfolgt durch Bindung an das Hämoglobin in den Erythrozyten. Lediglich 1,4 % des Sauerstofftransportes erfolgt in physikalisch gelöster Form.
Der Bunsen'sche Löslichkeitskoeffizient entspricht der Anzahl ml eines Gases, die sich in 1 ml Flüssigkeit bei einem Druck von 760 mm Hg physikalisch lösen.

Keidel 1985; Mörike, Betz, Mergenthaler 2001; Thews, Mutschler, Vaupel 1999; Schmidt, Lang, Thews 2005; Hick 2006

Angaben zum Hämoglobin und zum Sauerstoff im Blut	
1 g Hämoglobin (Hb) bindet maximal	1,39 ml O_2
Maximale O_2 Bindung des Hb im Blut:	
Mann (15 g Hb pro 100ml Blut)	21 ml O_2/100 ml Blut
Frau (14 g Hb pro 100ml Blut)	19,5 ml O_2/100 ml Blut
Säugling	24 ml O_2/100 ml Blut
Physikalische Löslichkeit des O_2 im Serum (bei einem O_2-Partialdruck von 90 mmHg)	0,3 ml O_2/100 ml Blut
Anteil des physikalisch gelösten O_2 am Gesamt-O_2 des Blutes	ca. 1,4 %
Bunsen´scher Löslichkeitskoeffizient α	0,028 (siehe Erläuterung)
O_2-Transport im Blut pro Tag bei normaler Belastung	500 Liter
O_2-Transport im Blut pro Tag bei starker Belastung	bis zu 1.000 Liter

Tabelle 1.3.12   Der Kohlenstoffdioxidtransport im Blut

Kohlenstoffdioxid (CO_2) entsteht als wesentliches Endprodukt des Stoffwechsels durch die Oxidation von kohlenstoffhaltigen Substanzen in den Zellen. Der Transport von den Geweben zur Lunge erfolgt zu 80 % in Form von Bikarbonat. Eine untergeordnete Rolle spielt der physikalisch gelöste Anteil sowie der Anteil, der an das Hämoglobin gebunden wird.

Der Bunsen'sche Löslichkeitskoeffizient entspricht der Anzahl ml eines Gases, die sich in 1 ml Flüssigkeit bei einem Druck von 760 mm Hg physikalisch lösen.

Keidel 1985; Mörike, Betz, Mergenthaler 2001; Thews, Mutschler, Vaupel 1999; Silbernagl, Despopoulos 2003

Angaben zu Eigenschaften und Transport von CO_2 im Blut	
CO_2-Transport im Blut	
physikalisch gelöst	ca. 10 %
als Carbaminoverbindung am Hämoglobin	ca. 10 %
als Bikarbonat	ca. 80 %
CO_2-Transport pro Tag	
normale Belastung	500 Liter
bei starker körperlicher Anstrengung	bis zu 1.000 Liter
Physikalische Löslichkeit des CO_2 im Serum bei einem CO_2-Partialdruck von 40 mmHg	2,6 ml CO_2/100ml Blut
Bunsen´scher Löslichkeitskoeffizient α	0,49

Tabelle 1.3.13 Verteilung des Kohlenstoffdioxids im arteriellen und venösen Blut

Kohlenstoffdioxid (CO_2) entsteht als Endprodukt des Stoffwechsels in den Zellen des Körpers. Über das venöse Blut wird es zu den Lungen transportiert, wo es abgeatmet wird. Folglich finden sich im venösen Blut höhere CO_2-Konzentrationen im Vergleich zum arteriellen Blut.
Silbernagel, Despopoulos 2003

Blut und Blutbestandteile		Art des Transports von Kohlenstoffdioxid			
		Gelöst ml CO_2 pro l Blut	Bicarbonat ml CO_2 pro l Blut	Carbamino ml CO_2 pro l Blut	Gesamt ml CO_2 pro l Blut
arteriell	Plasma	15,6	293,8	2,2	311,7
	Erythrozyt	11,1	144,7	24,5	180,3
	Blut insgesamt	26,7	438,5	26,7	491,9
venös	Plasma	17,8	318,3	2,2	338,4
	Erythrozyt	13,4	160,3	31,2	204,8
	Blut insgesamt	31,2	478,6	33,4	543,2

Tabelle 1.3.14 Arterielle und venöse Blutgasanalyse

Die arterielle Blutgasanalyse erlaubt vor allem die Beurteilung des pulmonalen Gasaustausches. Die venöse Blutgasanalyse wird vorwiegend zur Beurteilung des Säure-Base-Haushaltes eingesetzt. Die Normwerte für den arteriellen Sauerstoffpartialdruck sind altersabhängig und schwanken zwischen etwa 81 mmHg (60–70 J) und 94 mmHg (20–30 J). Weitere Informationen siehe 1.6 Atmung, Grundumsatz und Energiestoffwechsel.
Thews, Mutschler, Vaupel 1999

	Arterielles Blut	Venöses Blut	Arterio-venöse Differenz
O_2-Partialdruck	90–100 mmHg	35–45 mmHg	
O_2-Sättigung	92–96 %	55–70 %	
O_2-Konzentration	0,2 ml O_2/ml Blut	0,15 ml O_2/ml Blut	0,05
CO_2-Partialdruck	35–45 mmHg	40–50 mmHg	
CO_2-Konzentration	0,46 ml CO_2/ml Blut	0,5 ml CO_2/ml Blut	0,04
pH-Wert	7,36–7,44	7,36–7,40	
Basenüberschuss	–2 bis +2	–2 bis +2	
Standardbikarbonat	22–26	24–30	

Tabelle 1.3.15 Serumproteine

Das Blutserum ist Blutplasma ohne Fibrinogen. Es hat die Fähigkeit zur Gerinnung verloren und die Serumproteine können durch Serumelektrophorese aufgetrennt werden. Diese Auftrennung erlaubt Rückschlüsse auf das Vorliegen bestimmter Krankheiten (z.B. entzündliche Prozesse, hämatologische Erkrankungen, Lebererkrankungen oder Nierenerkrankungen).
Schmidt, Thews 1995; Thews, Mutschler, Vaupel 1999; Mörike, Betz, Mergenthaler 2001

Fraktionen	Molekulargewicht	Isoelektrischer Punkt	Konzentration in g/l	Anteil am Gesamteiweiß
Albumin				55–65 %
Präalbumin	61.000	4,7	0,1–0,4	
Albumin	69.000	4,9	35–50	
α_1-Globuline				2,5–4 %
α_1-Lipoprotein	200.000	5,1	2,9–7,7	
α_1-Antitrypsin	54.000	–	1,5–3,0	
α_1-Glykoprotein	44.000	2,7	0,5–1,5	
α_1-Antichymotrypsin	68.000	–	0,3–0,6	
α_2-Globuline				7 %
α_2-Makroglobulin	820.000	5,4	1,5–4,0	
α_2-Haptoglobulin	85.000	4,1	0,7–2,2	
α_2-Glykoprotein	49.000			
β-Globuline				8–12 %
β-Lipoprotein	2.400.000	–	2,9–9,5	
Transferrin	80.000	5,8	3	
γ-Globuline				15–20 %

Tabelle 1.3.16 Die verschiedenen Immunglobulin-Klassen

Die Immunglobuline (Antikörper) werden von den B-Lymphozyten gebildet und vermitteln die spezifische Immunität des Menschen.
Mörike, Betz, Mergenthaler 2001; Schmidt, Lang, Thews 2005

	IgG	IgA	IgM	IgD	IgE
Molekulargewicht	150.000	160.000	950.000	175.000	190.000
Anteil am Gesamtimmunglobulin	80 %	13 %	6 %	1 %	0,002 %
Halbwertszeit in Tagen	21	6	5	3	2
Serumkonzentration in mg/dl	1.000	200	100	20	0,1
Kohlenhydratanteil	3 %	5–6 %	12 %	12 %	12 %
Valenz für Antigenbindung	2	2	5/10	2	2
Isoelektrischer Punkt	5,8	7,3	–	–	–

Tabelle 1.3.17 Häufigkeit der Blutgruppen bei verschiedenen Völkern

Beim Menschen gibt es rund 20 verschiedene Blutgruppensysteme. Die beiden wichtigsten sind das AB0-System und das Rhesus-System. Eine Blutgruppe beschreibt die individuelle Zusammensetzung der Blutgruppenantigene auf den roten Blutkörperchen eines Menschen. Das Immunsystem bildet Antikörper gegen fremde Blutgruppenantigene. Folglich kommt es zur Verklumpung der roten Blutkörperchen, wenn das Blut verschiedener Blutgruppen gemischt wird.

Blutgruppen sind erblich und können zur Prüfung von Verwandtschaftsverhältnissen herangezogen werden. Die häufigste Blutgruppe der Welt ist mit durchschnittlich 46 % die Blutgruppe 0.
Vogel 1984; Keidel 1985; Bundschuh 1992

	Blutgruppe 0 in %	Blutgruppe A in %	Blutgruppe B in %	Blutgruppe AB in %
Europa				
Deutsche	39,1	43,5	12,5	4,9
Engländer	46,7	41,7	8,6	3,0
Finnen	34,1	41,0	18,0	6,9
Franzosen	42,9	46,7	7,2	3,0
Italiener	45,6	40,5	10,6	3,3
Russen	32,9	35,6	23,2	8,1
Schotten	51,2	34,2	11,8	2,7
Ungarn	35,7	43,3	15,7	5,3
Sinti und Roma	28,5	26,6	35,3	9,6
Mittelwert für Europa	ca. 40,0	ca. 40,0	ca. 10,0	ca. 5,0
Afrikanisch-asiatischer Raum				
Ainu	17,0	31,8	32,4	18,4
Buschmänner	56,0	33,9	8,5	1,6
Chinesen	36,0	28,0	23,0	13,0
Japaner	30,5	38,2	21,9	9,4
Kikuyu	60,4	18,7	19,8	1,1
Perser	37,9	33,3	22,2	6,6
Pazifischer Raum				
Australier	53,2	44,7	2,1	–
Papuas	40,8	26,7	23,1	9,4
Sonstige				
Bororo	100,0	–	–	–
Eskimos	54,2	38,5	4,8	2,0
Navajo	72,6	26,9	0,2	0,5
Urbevölkerung der Neuen Welt	90,0 bis 95,0	–	–	–
US-Schwarze	17,4	81,8	–	0,7
US-Weiße	45,0	41,0	10,0	4,0

Tabelle 1.3.18 Prozentuale Verteilung der Rhesus-Faktoren bei ausgewählten Völkern

Das Rhesus-System besteht aus 3 Faktoren-Paaren: C/c, D/d und E/e. Bei vorhandenem D ist der Phänotyp rh+. Fehlt D, ist der Phänotyp rh–.
Knußmann 1980; Weiner 1971

	Rhesus–System							
	CDE %	CDe %	cDE %	cDe %	Cde %	cde %	rh+ %	rh– %
Afghanen	0	60	24	2	0	14	86	14
Austral. Ureinwohner	0	79	18	3	0	0	100	0
Beduinen	0	41	17	14	0	28	72	28
Brahmanen	3	51	12	9	4	21	75	25
Brasilian. Indianer	4	59	33	0	0	4	96	4
Chinesen	0	71	18	3	0	8	92	8
Deutsche	13	53	14	2	2	16	82	18
Engländer	0	41	16	1	2	40	58	42
Eskimos	3	73	22	2	0	0	100	0
Hottentotten	0	19	6	68	0	7	93	7
Karibische Indianer	1	55	28	16	0	0	100	0
Mikronesier	0	49	47	4	0	0	100	0
Mitteleuropäer	–	–	–	–	–	–	85	15
Nuer aus dem Sudan	0	0	2	81	0	17	83	17
Südafrikan. Bantus	0	14	1	60	2	23	75	25

Tabelle 1.3.19 Zeittafel der Bluttransfusionen

Bundschuh 1992

Berichte über Transfusionen	Name	Jahr
Entdeckung des Blutkreislaufs	*William Harvey*	1628
Erste dokumentierte erfolgreiche Transfusion bei Hunden	*Richard Lower*	1666
Erste dokumentierte erfolgreiche Transfusion von Tierblut (Lamm) auf einen Menschen	*Jean-Baptiste Deis*	1667
Erste dokumentierte Transfusion von Menschenblut, der Patient verstarb.	*Blundell*	1818
Entdeckung des AB0-Blutgruppensystems	*Karl Landsteiner*	1901
Entdeckung der Verhinderung der Blutgerinnung durch Natriumzitrat in Brasilien, Belgien, USA	*d`Agote, Hustin, Lewisohn*	1914
Erstes Blutdepot im Rockefeller-Institut	*Robertson*	1919
Entdeckung des Rhesus-Blutgruppen-Systems	*Karl Landsteiner*	1939
Die ersten HIV-Tests für Blutkonserven werden in den USA eingeführt		1985

Tabelle 1.3.20 Normalwerte des Blutes

Referenzwerte aus dem Universitätsklinikum Heidelberg für 2006.

Abkürzungen: U/l=units pro Liter, HDL=High Density, LDL=Low Density, VLDL=Very Low Density, GOT/AST=Glutamat-Oxal-acetat-Transaminase/Aspartat-Amino-Transferase, GPT/ALT=-Glutamat-Pyruvat (Transaminase/Alanin-Aminotransferase), gGT=Gamma-Glutamyl-Transferase), CK-MB=Creatinkinase Herzmuskeltyp, LDH=Laktat-Dehydrogenase

www.med.uni-heidelberg.de/med/zlab/normwerte.html

Elektrolyte im Blut			
Natrium	135–145 mmol/l	Kupfer	12–24 µmol/l
Kalium	3,5–4,8 mmol/l	Zink	13–18 µmol/l
Calcium	2,1–2,65 mmol/l	Selen	0,75–1,8 µmol/l
Chlorid	97–110 mmol/l	Eisen Frauen	12–27 µmol/l
Magnesium	0,75–1,05 mmol/l	Eisen Männer	14–32 µmol/l
Kupfer	12–24 µmol/l		

Substrate			
Kreatinin	bis 1,3 mg/dl	Bilirubin gesamt	bis 1,0 mg/dl
Harnstoff	bis 45 mg/dl	Bilirubin direkt	bis 0,3 mg/dl
Harnsäure Frauen	bis 6,0 mg/dl	Laktat	0,9–1,6 mmol/l
Harnsäure Männer	bis 7,0 mg/dl	Ammoniak	bis 50 mmol/l
Phosphat	0,8–1,5 mmol/l		

Kohlenhydratstoffwechsel			
Glucose nüchtern	65–110 mg/dl	Hämoblobin A1c	bis 6,1 %

Lipidstoffwechsel			
Triglyceride	bis 150 mg/dl	LDL-Cholesterin	150 mmol/l
Cholesterin	bis 200 mg/dl	VLDL-Cholesterin	20 mmol/l
Phopholipide	160–250 mg/dl	Apo-Lipoproteine:	
freie Fettsäuren	0,3–1,0 mmol/l	Apo A1	1,02–2,2 g/l
freies Glycerin	bis 0,1 mmol/l	Apo B	0,59–1,6 g/l
HDL-Cholesterin	mmol/l	Lipoprotein (a)	bis 25 (30) mg/dl
- Frauen	>50 mmol/l	Lipoprotein (x)	nicht nachweisbar
- Männer	>40 mmol/l	Phytansäure	<1,0 %

Enzymwerte bei 25 °C und 37 °C			
Alkal. Phosphatase 25 °C	40–170 U/l	Parotisamylase 25 °C	bis 50 U/l
37°C	38–126 U/l	37 °C	bis 90 U/l
Amylase 25 °C	bis 110 U/l	Parotisamylase 25 °C	bis 50 U/l
37°C	bis 220 U/l	37 °C	bis 90 U/l
Pankreasamylase 25 °C	bis 65 U/l	Cholinesterase 25 °C	3–9,3 kU/l
37 °C	bis 46 U/l	37 °C	5,32–12,92 kU/l

Fortsetzung nächste Seite

Fortsetzung Tabelle 1.3.20 Normalwerte des Blutes

Enzymwerte bei 25 °C und 37 °C

GOT/AST Frauen 25°C	bis 15 U/l	Creatinase Männer 25 °C	bis 80 U/l
Frauen 37°C	bis 31 U/l	Männer 37 °C	bis 171 U/l
GPT/ALT Frauen 25°C	bis 18 U/l	CK-MB 37 °C	2–14 U/l
Frauen 37°C	bis 34 U/l	–	–
GPT/ALT Männer 25°C	bis 24 U/l	Lipase 25 °C	bis 190 U/l
Männer 37°C	bis 45 U/l	37 °C	bis 51 U/l
gGT Frauen 25°C	bis 18 U/l	LDH 25 °C	120–240 U/l
Frauen 37°C	bis 38 U/l	37°C	bis 248 U/l
gGT Männer 25°C	bis 25 U/l	Saure Phosphatase	–
Männer 37°C	bis 37 U/l	37 °C	bis 11 U/l
Creatinase Frauen 25°C	bis 70 U/l	Lysozym 25 °C	3–9 U/l
Frauen 37°C	bis 145 U/l		

Plasmaproteine

Gesamtprotein	60–80 g/l	Coeruloplasmin	0,2–0,6 g/l
Albumin	30–50 g/l	Haptoglobin	0,3–2,0 g/l
Immunglobulin G	8–16 g/l	Freies Hämoglobin	bis 20 mg/dl
Immunglobulin A	0,4–4,0 g/l	Transferrin	2,0–3,6 g/l
Immunglobulin M	0,4–2,3 g/l	C-reaktives Protein	< 5 mg/l
Immunglobulin E	Bis 100 U/ml	Lysozym	3,0–9,0 mg/l
Immunglobulin D	< 100 g/l	Präalbumin	0,25–0,4 g/l
Immunglobulin G1	3,2–8,8 g/l	Ferritin Frauen	20–120 µg/l
Immunglobulin G2	1,4–5,4 g/l	Ferritin Männer	30–300 µg/l
Immunglobulin G3	0,05–1,05 g/l	Beta-2-Mikroglobulin	bis 2,5 µg/l
Immunglobulin G4	<0,905 g/l	Troponin I	bis 0,6 µg/l
Alpha-1-Antitrypsin	0,9–2,0 g/l	Troponin T	bis 0,1 µg/l

Vitamine

Vitamin A	2,0–4,0 µmol/l	Folsäure	3–30 nmol/l
Vitamin E	10–40 µmol/l	Vitamin B1	60–180 nmol/l
Vitamin B12	200–750 pmol/l	Vitamin B6	20–120 nmol/l

Endokrinologie

Renin basal	5–47 mU/l	Noradrenalin	bis 1.625 pmol/l
Renin stimuliert	7–76 mU/l	Adrenalin	bis 464 pmol/l
Parathormon	1,3–7,6 pmol/l	Dopamin	bis 560 pmol/l
Calcitonin basal Männer	<11,5 ng/l	Serotonin	0,3–2,0 µmol/l
Calcitonin basal Frauen	<4,6 ng/l	Erythropoetin	2,0–21,5 mIU/ml
Insulin	6–25 mU/l	Procalcitonin	< 0,5 mg/l

1.4 Das Herz

Das Herz betreibt als Druck- und Saugpumpe zwei Kreisläufe und wird deshalb durch Scheidewände in zwei Hälften getrennt. Die rechte Herzhälfte treibt das vom Körper kommende Blut in die Lungen, die linke Herzhälfte das von den Lungen kommende Blut in den Körper.

Tabelle 1.4.1 Zahlen zum Staunen

Literatur siehe nachfolgende Tabellen

Ausgewählte Angaben zum Herz aus den nachfolgenden Tabellen	
Anschauliche Größe eines menschlichen Herzens	entspricht der geballten Faust des Trägers
Einfluss des Alters auf das Herzminutenvolumen bei körperlicher Ruhe	
gesunder Jugendlicher	4,9 l/min
im Alter von 70 Jahren	2,5 l/min
Transportvolumen des Herzens pro Zeit	
in einer Stunde	ca. 290 l
an einem Tag	ca. 7.000 l
in einem Jahr	ca. 2.550.000 l
in 75 Jahren (Altersabhängigkeit berücksichtigt)	ca. 178.850.000 l
Gesamtleistung des Herzens	
pro Tag	96 kJ/Tag
in 75 Jahren	2.628.000 kJ
Druckpulswellengeschwindigkeit in der Aorta	3–5 m/s
in Arterien	5–10 m/s
in Venen	1–2 m/s
Herzfrequenzanstieg pro Anstieg der Körpertemperatur um 1°C	10/min
Erste Herztransplantation der Welt (an *Louis Washkansky* durch *Prof. Barnard*)	3. Dezember 1967
Längste Lebenszeit mit einem fremden Herzen (*Arthur F. Gay*, Transplantation: Januar 1973)	22 Jahre (1973–1995)
Alter der jüngsten Patientin, der ein Herz transplantiert wurde (1996)	1 Stunde
Zeitdauer, bis es zu einem Atemstillstand kommt, nachdem das Herz aufgehört hat zu schlagen	30–60 s
Zeitdauer bis zum Herzstillstand, nachdem ein Mensch aufgehört hat zu atmen	3–5 min
Anzahl der Herzschläge in einem Leben, das 70 Jahre dauert	ca. 3 Milliarden

Tabelle 1.4.2 Das Herz

Das Herz (Cor) ist ein muskuläres Hohlorgan, das den Körper durch rhythmische Kontraktionen mit Blut versorgt und dadurch die Durchblutung aller Organe sichert. Das gesunde Herz wiegt etwa 0,5% des Körpergewichts (300–350g).

Bei chronischer Belastung reagiert das Herzmuskelgewebe mit einer Vergrößerung der Herzmuskelzellen (Hypertrophie) und damit des ganzen Herzens. Da die Koronararterien (arterielle Blutversorgung des Herzens) nicht im gleichen Maße mitwachsen können, kommt es ab dem so genannten „kritischen Herzgewicht" von ca. 500 g zu einem erhöhten Risiko einer Mangelversorgung des Organs mit Sauerstoff bei körperlicher Belastung (Angina-Perktoris-Anfall).

Die Werte in der Tabelle beziehen sich auf Erwachsene mit einem durchschnittlichen Gewicht von 70 kg.

Mörike, Betz, Mergenthaler 2001; Schmidt, Lang, Thews 2005; www.bmbf.de/pub/Herzkreislauf.pdf

Angaben zu Lage, Größe und Gewicht des Herzens	
Lage des Herzens	
Anteil links	2/3
Anteil rechts	1/3
Größe des Herzens	
Länge	15 cm
Breite	10 cm
Anschauliche Größe	geballte Faust des Trägers
Herzgewicht	
normal	300–350 g
kritisch	500 g
Anteil am Körpergewicht	0,5 %

Angaben zu Wanddicke, Gewicht und Volumen der Herzkammern	
Wanddicke	
rechte Herzkammer	4–5 mm
linke Herzkammer	12 mm
rechter Vorhof	1,5 mm
linker Vorhof	1,5 mm
Gewicht	
rechter Vorhof	13 g
linker Vorhof	17 g
Vorhofseptum	10 g
rechte Herzkammer	50 g
linke Herzkammer	150 g
Volumen aller Herzkammern	
Normalperson	780 ml
Kurzstreckenläufer, Turner, Fechter	790 ml
Mittelstreckler, Tennisspieler, Fußballspieler	bis 880 ml
Langstreckenläufer, Skiangläufer, Ruderer	bis 920 ml
Radprofi	bis 1.000 ml

Tabelle 1.4.3 Kammer- und Transportvolumen des Herzens

Das Herz gewährleistet durch rhythmische Kontraktionen den kontinuierlichen Blutfluss im menschlichen Körper. Die linke Herzkammer (linker Ventrikel) pumpt das Blut in den Körperkreislauf, die rechte Herzkammer (rechter Ventrikel) pumpt das Blut in den Lungenkreislauf.

Die Transportvolumen werden immer für eine Herzkammer angegeben, wobei die Werte für linke und rechte Kammer nahezu identisch sind. Unter dem Herzminutenvolumen versteht man das Blutvolumen, welches pro Minute vom Herz durch den Körperkreislauf gepumpt wird. Das Herzminutenvolumen ist variabel und kann bei körperlicher Belastung deutlich gesteigert werden.

Schiebler, Schmidt, Zilles 1997; Mörike, Betz, Mergenthaler 2001; Schmidt, Lang, Thews 2005

Angaben zum Herzkammervolumen	
Füllvolumen eines Ventrikels	
in Ruhe	140 ml
bei starker körperlicher Anstrengung	200–300 ml
Volumen, das nach der Systole im Ventrikel verbleibt	
in Ruhe	60–70 ml
bei starker körperlicher Anstrengung	10–30 ml
Schlagvolumen (ausgetriebenes Blutvolumen pro Schlag)	
in Ruhe	60–70 ml
bei starker körperlicher Anstrengung	bis 130 ml
bei Ausdauersportlern	bis 160 ml
Ejektionsfraktion (Anteil am Kammervolumen, das mit jeder Systole ausgetrieben wird)	ca. 66 %

Angaben zum Transportvolumen des Herzens	
Herzminutenvolumen	
in Ruhe (Schlagvolumen 70 ml; Puls 70/min)	4,9 l/min
bei starker Anstrengung (Schlagvolumen 130 ml; Puls 195/min)	
Nichtsportler	19,0 l/min
Ausdauersportler	30,4 l/min
Einfluss des Alters auf das Herzminutenvolumen	
in körperlicher Ruhe	
gesunder Jugendlicher	4,9 l/min
30 Jahre	3,4 l/min
40 Jahre	3,2 l/min
50 Jahre	3,0 l/min
60 Jahre	2,7 l/min
70 Jahre	2,5 l/min
Transportvolumen des Herzens pro Zeit	
in einer Stunde	ca. 290 l
an einem Tag	ca. 7.000 l
in einem Jahr	ca. 2.550.000 l
in 75 Jahren (Altersabhängigkeit berücksichtigt)	ca. 178.850.000 l
Erhöhung des Transportvolumens im Liegen	20 %

Tabelle 1.4.4   Arbeit und Leistung des Herzens sowie Druckverhältnisse im Herz

Die Arbeitsleistung des Herzens setzt sich zusammen aus Druck-Volumen-Arbeit und Beschleunigungsarbeit. Die Beschleunigungsarbeit ist beim gesunden jungen Menschen vernachlässigbar im Vergleich zur Druck-Volumen-Arbeit. Das Leistungsgewicht ist der Quotient aus dem Gewicht und der Leistung.

In der Systole spannt sich die Herzmuskulatur an und das Blut wird ausgetrieben. In der Diastole entspannt sich die Herzmuskulatur und das Herz wird wieder mit Blut gefüllt.

Zur Leistung des Herzens siehe auch Tabelle 1.4.6

Keidel 1985; Mörike, Betz, Mergenthaler 2001; Schmidt, Lang, Thews 2005

Angaben zu Arbeit und Leistung des Herzens	
Arbeit des Herzens pro Schlag in körperlicher Ruhe	1,1 J
Arbeit der linken Herzkammer (mittlerer Aortendruck 100 mmHg, Schlagvolumen 70 ml)	ca. 0,95 J (86 %)
Arbeit der rechten Herzkammer (mittlerer Druck der Lungenschlagader 20 mmHg, Schlagvolumen 70 ml)	ca. 0,15 J (14 %)
Gesamtleistung bei jedem Schlag (bei einer Frequenz von 60 Schlägen/min)	1,1 J/s (Watt) (=0,0015 PS)
Gesamtarbeit des Herzens pro Tag	ca. 96 kJ
Gesamtarbeit in einem Leben (70 Jahre)	ca. $3{,}3 \cdot 10^9$ kJ
Wirkungsgrad der Herzarbeit	25–30 %
Im Vergleich: Wirkungsgrad der Skelettmuskulatur	20–25 %
Gesamtenergiebedarf des Herzens pro Tag	300–400 kJ/Tag (70–90 kcal/Tag)
Anteil des Herzens am Grundumsatz	5 %
Leistungsgewicht eines Herzens von 300 g	3 N/W
Vergleichswert Automotor	ca. 0,05 N/W

Angaben zu den Druckverhältnissen im Herz			
Rechter Vorhof	Diastole	0–0,26 kPa	0–2 mm Hg
	Systole	0,13–0,66 kPa	1–5 mm Hg
Linker Vorhof	Diastole	0,66–1,20 kPa	5–9 mm Hg
	Systole	1,06–1,59 kPa	8–12 mm Hg
Rechte Herzkammer	Diastole	0–0,53 kPa	0–4 mm Hg
	Systole	2,66–3,99 kPa	20–30 mm Hg
Linke Herzkammer	Diastole	0,26–1,06 kPa	2–8 mm Hg
	Systole	11,99–17,33 kPa	90–130 mm Hg
Aorta	Diastole	7,99–11,99 kPa	60–90 mm Hg
	Systole	11,99–17,33 kPa	90–130 mm Hg
Arteria pulmonalis	Diastole	1,06–1,59 kPa	8–12 mm Hg
	Systole	2,66–3,99 kPa	20–30 mm Hg
Blutdruck aller Gefäße bei Herzstillstand		0,79 kPa	6 mm Hg

Tabelle 1.4.5   Herzzyklus, Erregung des Herzens und Herztöne

Ein Herzzyklus besteht aus einer Systole und einer Diastole. In der Systole spannt sich die Herzmuskulatur an und das Blut wird ausgetrieben. In der Diastole entspannt sich die Herzmuskulatur und das Herz wird wieder mit Blut gefüllt. Sowohl die Dauer eines Herzzyklus wie auch das Verhältnis von Systole und Diastole sind abhängig von der Herzfrequenz.

Im Gegensatz zu den normalen Herztönen, die streng genommen auch Geräusche sind, spricht der Arzt nur dann von „Herzgeräuschen", wenn diese akustischen Erscheinungen einem Herzfehler zuzuordnen sind. Meist entstehen solche Nebengeräusche beim unvollkommenen Öffnen oder Schließen der Herzklappen. Ein systolisches Herzgeräusch tritt während der Auswurfphase (Systole), ein diastolisches Herzgeräusch hingegen während der Füllungsphase (Diastole) des Herzens auf.

Keidel 1985; Mörike, Betz, Mergenthaler 2001; Schmidt, Lang, Thews 2005

Angaben zum Herzzyklus	
Dauer eines Herzzyklus	
bei einer Frequenz von 70 Schlägen/min	850 ms
bei einer Frequenz von 150 Schlägen/min	400 ms
Dauer der Systole	
bei einer Frequenz von 70 Schlägen/min	270 ms
Anspannung	60 ms
Austreibung	210 ms
bei einer Frequenz von 150 Schlägen/min	250 ms
Dauer der Diastole	
bei einer Frequenz von 70 Schlägen/min	560 ms
Entspannung	60 ms
Füllung	500 ms
bei einer Frequenz von 150 Schlägen/min	150 ms
Verhältnis von Systole zu Diastole	
bei einer Frequenz von 70 Schlägen/min	1 : 2
bei einer Frequenz von 90 Schlägen/min	1 : 1
bei einer Frequenz von 150 Schlägen/min	5 : 3

Angaben zur Erregung des Herzens und Herztöne	
Ruhemembranpotential einer Herzmuskelzelle	–90 mV
Membranpotential während eines Aktionspotentials (Maximalwert)	+30 mV
Mittlere Dauer eines Aktionspotentials	250 ms
bei hohen Herzfrequenzen	180 ms
bei niederen Herzfrequenzen	350 ms
Refraktärperioden bei einer mittleren	
Aktionspotentialdauer von 250 ms	
Dauer der absoluten Refraktärperiode	200 ms
Dauer der relativen Refraktärperiode	50 ms
Frequenzbereich der normalen Herztöne	15–400 Hz
Frequenzbereich auffälliger Herzgeräusche	800 Hz

Tabelle 1.4.6   Die Herzschlagfrequenz

Die Herzschlagfrequenz wird normalerweise in körperlicher Ruhe angegeben. Sie beträgt beim Gesunden 50–100 Herzschläge pro Minute. Sportlich trainierte Menschen haben eine niedrigere Herzfrequenz im Vergleich zu untrainierten Menschen des gleichen Alters.

Gemessen wird die Herzfrequenz über den tastbaren Puls der Arteria Radialis. Hat nicht jeder Herzschlag eine tastbare Pulswelle zur Folge, spricht man von einem Pulsdefizit. Die maximal erreichbare Herzfrequenz unter körperlicher Belastung nimmt mit zunehmendem Alter ab. Herzrhythmusstörungen können mit einer erhöhten Herzfrequenz einhergehen.

Mörike, Betz, Mergenthaler 2001; Faller 2004; Schmidt, Lang, Thews 2005

Beschreibung	Herzschläge
Herzschlagfrequenz in Abhängigkeit vom Alter	
Neugeborenes	140/min
10-jähriges Kind	90/min
Erwachsener	60–70/min
Erhöhung der Herzfrequenz beim Wechsel vom Liegen zum Stehen	15–20/min
Herzschläge beim Ruhepuls	60–80/min
Herzschläge am einem Tag (bei 70 Schlägen/min)	ca. 100.800
Herzschläge im Leben eines 70-Jährigen (bei 70 Schlägen/min)	ca. 2,7 Milliarden
Maximal erreichbare Herzfrequenz bei extremer körperlicher Anstrengung	
Alter 30 Jahre	200/min
Alter 40 Jahre	182/min
Alter 50 Jahre	171/min
Alter 60 Jahre	159/min
Alter 70 Jahre	150/min
Ruhepuls von trainierten Sportlern	
Fechter	68/min
Gewichtheber	65/min
Volleyballspieler	60/min
Kurzstreckenläufer	58/min
Football-Spieler	55/min
Ruderer	50/min
Schwimmer und Langstreckenläufer	40–45/min
Marathonläufer	35/min
Frequenz des Kammerflatterns	200–350/min
Frequenz des Kammerflimmerns	>350/min
Autonome Frequenz eines frisch transplantierten denervierten Herzens	100/min
Normalwerte der Herzfrequenz bei Erwachsenen nach der American Heart Association	50–100/min
Herzfrequenzanstieg pro Anstieg der Körpertemperatur um 1°C	10/min

Tabelle 1.4.7 Durchblutung und Sauerstoffversorgung des Herzens in Ruhe und bei schwerer Arbeit

Die Pumpfunktion des Herzen ist Grundlage des menschlichen Lebens. Die Versorgung des Herzmuskels mit Sauerstoff und Nährstoffen erfolgt über die beiden Herzkranzgefäße. Die rechte und linke Herzkranzarterie entspringen der Aorta kurz hinter der Aortenklappe. Bei körperlicher Belastung steigt der Sauerstoffbedarf des Herzmuskels. Folglich muss die Durchblutung der Herzkranzgefäße zunehmen, um das Herz ausreichend mit Sauerstoff versorgen zu können.

Bei einer koronaren Herzerkrankung ist das Lumen der Herzkranzgefäße durch artheriosklerotische Plaques eingeengt. Folglich kann bei körperlicher Belastung die Durchblutung nicht adäquat gesteigert werden. Die Folge ist eine Sauerstoffunterversorgung des Herzmuskels, was zu starken Brustschmerzen führt (Angina Pectoris Anfall). Wird eine Herzkranzarterie komplett verschlossen kommt es zum Untergang von Herzmuskelgewebe (Herzinfarkt). Im Gegensatz zur Skelettmuskulatur kann sich Herzmuskelgewebe nicht regenerieren.

Mörike, Betz, Mergenthaler 2001; Faller 2004; Schmidt, Lang, Thews 2005

Durchblutung und Sauerstoffverbrauch	in Ruhe	bei schwerer Arbeit
Durchblutung bezogen auf 100 g Herzgewebe	83 ml/min	350 ml/min
Durchblutung der Herzkranzgefäße eines durchschnittlichen Herzens (300 g)	250 ml/min	1.050 ml/min
Anteil der Durchblutung der Herzkranzgefäße an der Menge des in die Aorta gepumpten Blutes	5 %	bis zu 10 %
O_2-Verbrauch bezogen auf 100 g Herz	10 ml/min	55 ml/min
O_2-Verbrauch eines durchschnittlichen Herzens (300 g)	30 ml	165 ml
Anteil des O_2-Verbrauchs des Herzens am Gesamtsauerstoffverbrauch des Körpers	ca. 10 %	ca. 1 %
O_2-Konzentration im arteriellen Schenkel der Koronargefäße	0,2 ml O_2/ml Blut	0,2 ml O_2/ml Blut
O_2-Konzentration im venösen Schenkel der Koronargefäße	0,07 ml O_2/ml Blut	0,04 ml O_2/ml Blut
Arterio-venöse Konzentrationsdifferenz	0,13 ml O_2/ml Blut	0,16 ml O_2/ml Blut
Anteile unterschiedlicher Substrate am oxidativen Stoffwechsel des Herzens		
Freie Fettsäuren	34 %	21 %
Glukose	31 %	16 %
Laktat (Milchsäure)	28 %	61 %
Pyruvat, Ketone, Aminosäuren	7 %	2 %

Tabelle 1.4.8   Erregungsleitung und Automatiezentren im Herz

Bei der normalen Erregungsausbreitung im Herz entsteht die Erregung im Sinusknoten, der im rechten Vorhof liegt. Von dort breitet sich die Erregung über die Vorhofmuskulatur aus, sammelt sich im AV-Knoten, durchfließt die Kammerschenkel bis sie dann durch die Purkinje-Fasern die Herzkammerwand erregt. Fällt der Sinusknoten aus, kann der AV-Knoten als sekundäres Automatiezentrum einspringen. Dabei sinkt die Herzfrequenz deutlich.
AV-Fasern sind die spezialisierten Herzmuskelfasern des Atrioventricularknotens. Sie haben eine Länge von etwa 5 mm. Grundsätzlich können jedoch alle Herzmuskelzellen Erregungen in Form von Aktionspotentialen weiterleiten.

Faller 2004; Schmidt, Lang, Thews 2005

Erregungs-leitung im Herz	Ruhe-potential in mV	Faser-durch-messer	Leitungs-geschwin-digkeit	Leitungs-zeit ab Sinusknoten
Sinusknoten	–50 bis –60	2–7 µm	–	–
Vorhofwand	–80 bis –90	3–17 µm	0,8–1,0 m/s	80 ms
AV-Fasern	–60 bis –70	3–11 µm	0,05 m/s	160 ms
Kammerschenkel	–90 bis –95	9–18 µm	2,5 m/s	–
Kammerwand	–80 bis –90	10–25 µm	0,5–1 m/s	250 ms

Frequenz der Automatiezentren	
Sinusknotenfrequenz (Keith-Flack-Knoten)	60–80 /Minute
AV-Knotenfrequenz (Aschoff-Tawara-Knoten)	40–60 /Minute
Kammereigenfrequenz	20–40 /Minute

1.5 Blutkreislauf und Stoffaustausch

Das Herz befördert das Blut in den Gefäßen durch den Körper. Die Arterien führen das Blut aus dem Herz heraus, die Venen bringen es zum Herz zurück. Im Körper liegen zwischen den Arterien und den Venen die mikroskopisch kleinen Kapillaren (Haargefäße), durch deren Wände der Stoffaustausch erfolgt.

Bei diesem Stoffaustausch in den Kapillaren werden große Moleküle in kleinen Bläschen (Vesikel) durch die Kapillarwände transportiert. Kleinere Moleküle und das Wasser können durch den Blutdruck filtriert werden oder sie werden durch den osmotischen Druck transportiert.

Tabelle 1.5.1 Zahlen zum Staunen

Literatur siehe nachfolgende Tabellen

Ausgewählte Angaben zum Blutkreislauf aus den nachfolgenden Tabellen	
Geschätzte Gesamtzahl aller Kapillaren im Körper eines erwachsenen Menschen	30 Milliarden
Mittlerer Durchmesser einer Kapillare	7 µm
Zum Vergleich: Durchmesser eines Erythrozyten	7,5 µm
Gesamtquerschnitt aller Kapillaren im Körper	3.000 cm^2
Austauschfläche aller Kapillaren im Körper	ca. 300 m^2
Gesamtvolumen aller Kapillaren im Körper	60 cm^3
Blutversorgung von Organen	
Durchblutung der Gehirnrinde	780 ml/min
Durchblutung der Nierenrinde	1.200 ml/min
Sauerstoffversorgung von Organen	
Sauerstoffverbrauch pro Minute in der Gehirnrinde	3,5 ml/100 g
Sauerstoffverbrauch pro Minute in der Nierenrinde	6,7 ml/100 g
Zeitdauer, die ein rotes Blutkörperchen braucht, um durch eine Kapillare zu fließen	0,5–5 s
Wasseraustausch in den Kapillaren des Körpers pro Minute	ca. 55 l
Wasseraustausch in den Kapillaren des Körpers pro Tag	ca. 80.000 l
Plasmavolumen, das pro Tag aus dem Blut in den Zwischenzellraum filtriert wird	20 l/Tag
Anteil der filtrierten Menge, der von den Blutgefäßen wieder aufgenommen (reabsorbiert) wird	90 % (18 l/Tag)
Anteil der filtrierten Menge, die als Lymphe abtransportiert wird	10 % (2 l/Tag)
Pulswellengeschwindigkeit in der Aorta (Mittelwert)	5–6 m/s
Pulswellengeschwindigkeit in den Unterschenkelarterien	10 m/s
Zeitdauer, die eine Pulswelle vom Herz bis zur Fußarterie braucht	ca. 0,2 s

Tabelle 1.5.2 Größenangaben zu den Blutgefäßen

Abkürzung: Strömungs-V = Strömungsgeschwindigkeit

Schneider 1971; Schmidt, Thews 1995; ergänzt aus Flindt 2003

Gefäße einzeln	Anzahl im Körper	Länge im Körper	Durchmesser
Aorta	1	400 mm	20.000 µm
Lungenschlagader	1	–	15.500 µm
Große Arterien	40	200 mm	3.000 µm
Arterienäste	600	100 mm	1.000 µm
Arterienzweige	1.800	10 mm	600 µm
Arteriolen	40 Mio.	2 mm	20 µm
Kapillaren	30.000 Mio.	1 mm	8 µm
Lungenkapillaren	600 Mio.	1 mm	7 µm
Venolen	80 Mio.	2 mm	30 µm
Venenzweige	1.800	10 mm	1.500 µm
Venenäste	600	100 mm	2.400 µm
Große Venen	40	200 mm	6.000 µm
Hohlvene	1	400 mm	12.500 µm

Gefäße zusammen	Länge im Körper	Querschnitt	Oberfläche	Volumen
Aorta	40 cm	4 cm^2	126 cm^2	30 cm^3
Große Arterien	800 cm	3 cm^2	754 cm^2	60 cm^3
Arterienäste	6.000 cm	5 cm^2	1.884 cm^2	50 cm^3
Arterienzweige	18.000 cm	5 cm^2	339 cm^2	5 cm^3
Arteriolen	8.000.000 cm	125 cm^2	50.240 cm^2	25 cm^3
Kapillaren	120.000.000 cm	3.000 cm^2	3.001.440 cm^2	60 cm^3
Venolen	16.000.000 cm	570 cm^2	150.720 cm^2	110 cm^3
Venenzweige	1.800 cm	30 cm^2	848 cm^2	30 cm^3
Venenäste	6.000 cm	27 cm^2	4.522 cm^2	270 cm^3
Große Venen	800 cm	11 cm^2	1.507 cm^2	220 cm^3
Hohlvene	40 cm	1,2 cm^2	157 cm^2	50 cm^3

Gefäße einzeln	Durchmesser	Mittlerer Druck	Strömungs-V
Aorta	20.000–25.000 µm	105 mmHg	1.000 mm/s
Kleine Arterie	–	85–105 mmHg	50–100 mm/s
Sehr kleine Arterie	–	75–85 mmHg	20 mm/s
Arteriolen Anfang	20–80 µm	75 mmHg	2–3 mm/s
Arteriolen Ende	–	32–37 mmHg	–
Kapillare			
arterielles Ende	8–2 µm	32–37 mmHg	0,3–0,5 mm/s
in der Mitte	6 µm	21–26 mmHg	0,2–0,5 mm/s
venöses Ende	8–30 µm	16–21 mmHg	0,3–0,5 mm/s
Sehr kleine Vene	23–50 µm	10–21 mmHg	5–10 mm/s
Kleine bis mittlere Vene	–	<10 mmHg	10–50 mm/s
Mittlere bis große Vene	5.000–10.000 µm	<10 mmHg	50–150 mm/s
Hohlvene	20.000–30.000 µm	<10 mmHg	100–160 mm/s

Tabelle 1.5.3   Der Blutdruck in Abhängigkeit von Alter und Geschlecht

Die indirekte Blutdruckmessung erfolgt mit einem Blutdruck-Messgerät, das aus einer mit einem Manometer verbundenen aufblasbaren Gummimanschette besteht. Die Manschette wird am Oberarm angelegt und solange aufgepumpt, bis der Oberarm kein Blut mehr durchlässt. Durch Ablassen der Luft vermindert sich der Druck in der Manschette, und das Herz presst ab einem bestimmten Druck wieder Blut in die zusammengedrückte Arterie. Mit einem Stethoskop werden nun Strömungsgeräusche abgehört.

Das erste hörbare Geräusch ist der obere Wert, der systolische Wert. Er wird hörbar, wenn sich das Herz zusammenzieht und dadurch Blut in die Gefäße pumpt. Das Verschwinden des Strömungsgeräusches markiert den unteren Wert, den diastolischen Wert. Ab diesem Wert fließt das Blut wieder ohne jegliche Behinderung durch die Arterie. Der diastolische Wert entspricht dem Ruhedruck der Gefäße während der Erschlaffungsphase des Herzens.

Die Werte in den Klammern sind nach dem Internationalen Einheiten-System in Kilo-Pascal (kPa) umgerechnet (mm Hg x 0,133 = kPa).

Documenta Geigy 1975; Pschyrembel 2002

Alter in Jahren	Frauen systolisch mm Hg (kPa)	Frauen diastolisch mm Hg (kPa)	Männer systolisch mm Hg (kPa)	Männer diastolisch mm Hg (kPa)
Neugeb.	60–80 (8–10,5)	–	60–80 (8–10,5)	–
1	95 (12,7)	65 (8,7)	96 (12,8)	66 (8,8)
2	92 (12,3)	60 (8,0)	99 (13,2)	64 (8,5)
3	100 (13,3)	64 (8,5)	100 (13,3)	67 (8,8)
5	92 (12,3)	62 (8,3)	92 (12,3)	62 (8,3)
10	103 (13,7)	70 (9,3)	103 (13,7)	69 (9,2)
12	106 (14,1)	72 (9,6)	106 (14,1)	71 (9,5)
15	112 (14,9)	76 (10,1)	112 (14,9)	75 (10,0)
20–24	116 (15,5)	72 (9,6)	123 (16,4)	76 (10,1)
25–29	117 (15,6)	74 (9,9)	125 (16,7)	78 (10,4)
30–34	120 (16,0)	75 (10,0)	126 (16,8)	79 (10,5)
35–39	124 (16,5)	78 (10,4)	127 (16,9)	80 (10,7)
40–44	127 (16,9)	80 (10,7)	129 (17,2)	81 (10,8)
45–49	131 (17,5)	82 (10,9)	130 (17,3)	82 (10,9)
50–54	137 (18,3)	84 (11,2)	135 (18,0)	83 (11,1)
55–59	139 (18,5)	84 (11,2)	138 (18,4)	84 (11,2)
60–64	144 (19,2)	85 (11,3)	142 (18,9)	85 (11,3)
65–69	154 (20,5)	85 (11,3)	143 (19,1)	83 (11,1)
70–74	159 (21,2)	85 (11,3)	145 (19,3)	82 (10,9)
75–79	158 (21,1)	84 (11,2)	146 (19,5)	81 (10,8)
80–84	157 (21,0)	83 (11,1)	145 (19,3)	82 (10,9)
85–89	154 (20,5)	82 (10,9)	145 (19,3)	79 (10,5)
90–94	150 (20,0)	79 (10,5)	145 (19,3)	78 (10,4)

Tabelle 1.5.4   Die Verteilung des Blutvolumens im Gefäßsystem und die Verteilung des Herzminutenvolumens auf die Organe

Unter dem Herzzeitvolumen versteht man das aus einer Herzkammer ausgetriebene Blutvolumen. Beim Herzminutenvolumen wird das in einer Minute ausgetriebene Volumen angegeben. Beim ruhenden Erwachsenen sind das ungefähr 4,9 l/min.

Die Verteilung ändert sich mit den verschiedenen Bedürfnissen des Körpers. So nimmt bei körperlicher Anstrengung die Durchblutung der Skelettmuskulatur und während der Verdauung die Durchblutung der Baucheingeweide stark zu. Normalerweise ist das Herzminutenvolumen der rechten Herzkammer fast gleich groß wie das Herzminutenvolumen der linken Herzkammer.

Aus praktischen Erwägungen hat sich zur Beurteilung der Pumpfunktion des Herzens eher der Wert der Auswurffraktion oder Ejektionsfraktion (EF) eingebürgert, da er direkt aus der Echokardiografie ablesbar ist. Das Herzminutenvolumen wird dagegen bei aufwändigeren Herzkatheteruntersuchungen bestimmt.

Die Angaben beziehen sich auf einen Erwachsenen mit 5,4 l Blut.

Schmidt, Thews 1995; Schmidt, Lang, Thews, 2005

Verteilung des Blutvolumens in den verschiedenen Gefäßabschnitten	Volumen in ml	Anteil in %
Herz	400	7 %
Lungenkreislauf	600	11 %
Körperkreislauf	4.400	82 %
davon entfallen auf große Arterien	300	6 %
davon entfallen auf kleine Arterien	500	9 %
davon entfallen auf Kapillaren	300	6 %
davon entfallen auf Venen	3.300	61 %
Insgesamt	5.400	100 %
Zentrales Blutvolumen (Lungengefäße und linke Herzhälfte)	500–900	19 %
Blutvolumen im Brustkorb	1.600	30 %
Verteilung des Herzminutenvolumens in Ruhe		
Die linke Herzkammer pumpt 4,9 l/min in den Körperkreislauf		100 %
davon entfallen auf die Baucheingeweide		21 %
davon entfallen auf das Gehirn		15 %
davon entfällt auf die Haut		8 %
davon entfallen auf die Herzkranzgefäße		5 %
davon entfallen auf die Leber		7 %
davon entfallen auf die Skelettmuskulatur		17 %
davon entfallen auf die Nieren		23 %
Die rechte Herzkammer pumpt 4,9 l/min über den Lungenkreislauf ausschließlich in die Lunge		100 %

Tabelle 1.5.5 Die Durchblutung verschiedener Organe

Die absolute Organdurchblutung stellt die Durchblutung des gesamten Organs in ml pro Minute dar. Die relative Organdurchblutung gibt den Anteil der absoluten Durchblutung am gesamten Herzzeitvolumen (HZV) wieder. Die spezifische Organdurchblutung entspricht der absoluten Durchblutung von einem Gramm Gewebe.
Die Durchblutung der Haut dient auch der Regulation des Wärmehaushaltes des Menschen. Bei extremer Hitzebelastung kann die Durchblutung um das 10- bis 20-fache ansteigen.

Schmidt, Lang, Thews, 2005

Organ	Absolute Durchblutung	Relative Durchblutung	Spezifische Durchblutung	Gewicht
Gehirn	780 ml/min	15,0 % v. HZV	0,5 ml/g/min	1,40 kg
Rinde	–	–	1,0 ml/g/min	–
Mark	–	–	0,2 ml/g/min	–
Myokard				
in Ruhe	250 ml/min	5,0 % v. HZV	0,83 ml/g/min	0,30 kg
bei max. Arbeit	–		3,5 ml/g/min	0,30 kg
Nieren	1.200 ml/min	23,0 % v. HZV	4,0 ml/g/min	0,30 kg
Rinde	1.100 ml/min	21,1 % v. HZV	5,3 ml/g/min	0,21 kg
äußeres Mark	84 ml/min	1,6 % v. HZV	1,4 ml/g/min	0,03 kg
inneres Mark	16 ml/min	0,3 % v. HZV	0,4 ml/g/min	0,06 kg
Skelettmuskel				
in Ruhe	900 ml/min	17,0 % v. HZV	0,03 ml/g/min	30,0 kg
bei max. Arbeit	20.000 ml/min	80,0 % v. HZV	0,6 ml/g/min	30,0 kg
Haut	400 ml/min	8,0 % v. HZV	0,1 ml/g/min	4,0 kg
Leber	1.500 ml/min	28,0 % v. HZV	1 ml/g/min	1,5 kg
Milz	–	–	1 ml/g/min	– kg

Tabelle 1.5.6 Der Sauerstoffverbrauch der Organe

Der normale Sauerstoffverbrauch eines Erwachsenen liegt in Ruhe bei ungefähr 150–300 ml/min. Bei kurzzeitigen Höchstleistungen kann der Wert auf fast 5 Liter pro Minute ansteigen.
Die arterio-venöse Differenz entspricht der unterschiedlichen Sauerstoffkonzentration im arteriellen und im venösen Blut eines Organs und ist somit ein Maß für die Menge an Sauerstoff, die das Organ pro ml Blut aufnimmt. Als Maß für die O_2-Versorgungssituation eines Organs dient die O_2-Utilisation, die das Verhältnis von O_2-Verbrauch zu O_2-Angebot darstellt.

Schmidt, Lang, Thews, 2005

Organ	O_2-Verbrauch	Art.-ven.-O_2-Differenz	O_2-Utilisation
Gehirn	3,5 ml/100g/min	0,07 ml O_2/ml Blut	35 %
Rinde	10 ml/100g/min	0,1 ml O_2/ml Blut	45 %
Mark	1 ml/100g/min	0,05 ml O_2/ml Blut	30 %

Fortsetzung nächste Seite

Fortsetzung Tabelle 1.5.6 Sauerstoffverbrauch der Organe

Organ	O_2-Verbrauch	Art.-Ven.-O_2-Differenz	O_2-Utilisation
Herz			
in Ruhe	10 ml/100g/min	0,13 ml O_2/ml Blut	60 %
bei maximaler Arbeit	55 ml/100g/min	0,16 ml O_2/ml Blut	–
Nieren	8 ml/100g/min	0,02 ml O_2/ml Blut	8 %
Rinde	6,7 ml/100g/min	–	10 %
äußeres Mark	1,2 ml/100g/min		25 %
inneres Mark	0,9 ml/100g/min	–	8 %
Skelettmuskel			
in Ruhe	0,3 ml/100g/min	0,1 ml O_2/ml Blut	50 %
bei maximaler Arbeit	15 ml/100g/min	0,15 ml O_2/ml Blut	–
Haut	–	–	–
Leber	5 ml/100g/min	0,05 ml O_2/ml Blut	25 %
Milz	1 ml/100g/min	0,01 ml O_2/ml Blut	5 %

Tabelle 1.5.7 Die Kapillaren

Die Hauptaufgabe des Blutes ist die Versorgung der Gewebe mit Nährstoffen und Sauerstoff (O_2) sowie der Abtransport von Stoffwechselprodukten und Kohlenstoffdioxid (CO2). Der Stoffaustausch wird in den Kapillaren vollzogen. Dabei sind in den einzelnen Regionen des Körpers unterschiedlich viele Kapillaren vorhanden. In Geweben mit hohem Sauerstoffbedarf befinden sich viele Kapillaren. Es gibt auch Körpergewebe ohne Kapillaren. So werden Gelenkknorpel oder Herzklappen ausschließlich durch Diffusion versorgt.

Schmidt, Thews 1995; Schmidt, Lang,Thews, 2005

Angaben zu Anzahl und Anatomie der Kapillaren	
Geschätzte Gesamtzahl der Kapillaren im Körper	30.000 Mio.
Gesamtzahl der durchströmten Kapillaren in Ruhe	10.000 Mio. (ca. 30 %)
Mittlerer Durchmesser einer Kapillare	7 µm
Zum Vergleich: Durchmesser rotes Blutkörperchen	7,5 µm
Gesamtquerschnitt aller Kapillaren eines Menschen	3.000 cm^2
Austauschfläche aller Kapillaren eines Menschen	ca. 300 m^2
Gesamtvolumen aller Kapillaren eines Menschen	60 cm^3
Anzahl der Kapillaren pro Flächeneinheit:	
Phasische Skelettmuskulatur	300–1.000/mm^2
Tonische Skelettmuskulatur	1.000/mm^2
Gehirn, Nieren, Herzwand	2.500–4.000/mm^2
Mittlere Länge einer Kapillare	1 mm
Mittlere Dicke der Kapillarwand	0,5 µm

Tabelle 1.5.8 Stoffaustausch durch Filtration und Reabsorption in den Kapillaren

Der Hauptteil des Stoffaustausches zwischen Kapillarblut und Gewebe vollzieht sich durch die Diffusion, deren treibende Kraft der Konzentrationsunterschied der Stoffe im Blut und im Gewebe ist.
Zusätzlich werden auch über rein druckabhängige Filtration und Reabsorption Stoffe zwischen den Kapillaren und den Geweben ausgetauscht. Dabei besteht zwischen der im arteriellen Kapillarschenkel filtrierten und der im venösen Kapillarschenkel sowie im Lymphsystem reabsorbierten Flüssigkeit unter physiologischen Bedingungen ein Fließgleichgewicht.

Mörike, Betz, Mergenthaler 2001; Hick 2006

Druckverhältnisse im Kapillarbett	
Hydrostatischer Druck	
im arteriellen Schenkel der Kapillare	30 mmHg
im venösen Schenkel der Kapillare	20 mmHg
im Interstitium	0 mmHg
Kolloidosmotischer Druck	
im Blut	25 mmHg
im Interstitium	8 mmHg
Effektiver Filtrationsdruck im arteriellen Schenkel der Kapillare	13 mmHg
Effektiver Reabsorptionsdruck im venösen Schenkel der Kapillare	7 mmHg

Stoffaustausch, Filtrations- und Reabsorptionsvolumen in den Kapillaren	
Kapillarer Wasseraustausch	
pro Minute	ca. 55 l/min
pro Tag	ca. 80.000 l/Tag
Kapillarer Glukoseaustausch	
pro Minute	ca. 14 g/min
pro Tag	ca. 20.000 g/Tag
Verbrauch pro Tag	ca. 400 g
Anteil des Plasmas, das pro Zirkulationszyklus filtriert wird	0,5 %
Volumen, das pro Tag im ganzen Körper eines Erwachsenen filtriert wird	20 Liter/Tag
Anteil der filtrierten Menge, die pro Tag wieder reabsorbiert wird	90 % (18 Liter/Tag)
Anteil der filtrierten Menge, die pro Tag als Lymphe abtransportiert wird	10 % (2 Liter/Tag)
Mittlere Strömungsgeschwindigkeit des Blutes in den Kapillaren	0,2–1 mm/s
Zeitdauer, die ein rotes Blutkörperchen braucht, um durch eine Kapillare zu fließen	0,5–5 s

Tabelle 1.5.9 Porenweite der Kapillaren und Molekülradien

Die Wände der Kapillaren besitzen nur eine dünne, auf der Basalmembran liegende Endothelzellschicht. Die Zellen sind miteinander durch Kalziumproteinat verkittet. Weiße Blutkörperchen können Kapillarwände aktiv durchstoßen.

Die Porengröße der Kapillarwand ist entscheidend für den Austausch wasserlöslicher Stoffe zwischen dem Kapillarblut und den Geweben.

Schmidt, Lang, Thews, 2005; Hick 2006

Porenweite der Kapillaren im Vergleich zu Molekülradien	
Anatomischer Porenradius	15–20 nm
Tatsächlicher Porenradius des Passageweges	4–5 nm
Anteil der Poren an der Oberfläche der Kapillaren	0,1–0,3 %
Verhältnis von Molekülradius zu Porenradius, ab dem die Diffusion erheblich eingeschränkt wird	1/10
Molekülradien zum Vergleich	
Sauerstoff	0,16 nm
Na^+, Cl^-	0,23 nm
Harnstoff	0,26 nm
Glukose	0,36 nm
Insulin	1,50 nm
Myoglobin	1,90 nm
Albumin	3,50 nm
γ-Globulin	5,60 nm
Fibrinogen	10,80 nm

Tabelle 1.5.10 Veränderungen im Herzkreislaufsystem beim Übergang vom Liegen zum Stehen

Beim Übergang vom Liegen zum Stehen versacken beim Erwachsenen etwa 600 ml Blut in den Beinen. Dieser Volumenmangel wird durch Kompensationsmechanismen des Herz-Kreis-lauf-Systems ausgeglichen.

Schmidt, Lang, Thews, 2005

Parameter	Veränderung
Herzfrequenz	Zunahme um 30 %
Zentrales Blutvolumen	Abnahme um 400 ml
Blutvolumen in den Beinen	Zunahme um 600 ml
Zentraler Venendruck (im rechten Vorhof)	Abnahme um 3 mmHg
Schlagvolumen des Herzens	Abnahme um 40 %
Herzminutenvolumen (HMV)	Abnahme um 25 %
Diastolischer Blutdruck	Zunahme um 5 mmHg
Totaler peripherer Widerstand im Gefäßsystem	Zunahme um 30 %
Durchblutung in Abdomen, Niere und Extremitäten	Abnahme um 25 %

Tabelle 1.5.11   Einfluss des hydrostatischen Drucks im Stehen auf venöse und arterielle Druckwerte in Organen und Extremitäten

Die Blutdruckwerte des stehenden Menschen werden durch die Erdgravitation beeinflusst. So entsteht neben dem Blutdruck ein zusätzlicher hydrostatischer Druck durch das Gewicht der Blutsäule.

Aus diesem Grund sind die arteriellen und venösen Drücke im Fuß wesentlich höher als die im Kopf. Am hydrostatischen Indifferenzpunkt, der 5–10 cm unterhalb des Zwerchfells liegt, ändern sich die Blutdruckwerte beim Lagewechsel vom Liegen zum Stehen nicht.

Schmidt, Lang,Thews, 2005; Hick 2006

	Venendruck	Arterieller Druck
Kopf (Sinus sagittalis)	–10 mmHg	+70 mmHg
Herz	0 mmHg	+100 mmHg
Bauch	+11 mmHg	–
Bein (A.-V.femoralis)	+40 mmHg	–
Fuß (A.-V.dorsalis pedis)	+90 mmHg	+190 mmHg
Hand (herunterhängend)	+35 mmHg	–
Hand (hochgestreckt)	–30 mmHg	+5 mmHg

Tabelle 1.5.12   Pulswellengeschwindigkeit im Blutgefäßsystem

Unter Pulswellengeschwindigkeit versteht man die Ausbreitungsgeschwindigkeit der Pulswelle. Sie ist erheblich größer als die Strömungsgeschwindigkeit des Blutes in den entsprechenden Abschnitten des Gefäßsystems.

Eine höhere Pulswellengeschwindigkeit (kürzere Pulswellenlaufzeit) geht mit einer Erhöhung des Blutdrucks einher. Eine niedrigere Pulswellengeschwindigkeit wird von Blutdruckerniedrigung begleitet.

Keidel 1985

Pulswellengeschwindigkeit in verschiedenen Arterien	
Gesamte Aorta (Mittelwert)	5–6 m/s
Aufsteigende Aorta (A. ascendence)	4 m/s
Armarterien	6 m/s
Unterschenkelarterien	10 m/s
Lungenarterie	1,5–2 m/s
Zeitdauer, die eine Pulswelle vom Herz bis zur Fußarterie braucht	ca. 0,2 s
Pulsdauer	
Systolischer Abschnitt	0,2–0,3 s
Diastolischer Abschnitt	0,5–0,7 s

Tabelle 1.5.13   Der fetale Blutkreislauf

Die Plazenta dient dem Fetus als „Darm" (Nährstoffaufnahme), als „Niere" (Ausscheidung von Abbauprodukten) und auch als „Lunge" (O_2-Aufnahme und CO_2-Abgabe). Aus diesem Grund ist eine nennenswerte Durchblutung von Lunge und Leber im Fetus nicht erforderlich, was durch 3 Kurzschlüsse im fetalen Kreislauf erreicht wird:
- Foramen ovale: Das Blut fließt vom rechten Vorhof direkt zum linken Vorhof.
- Ductus arteriosus (Botalli): Das Blut fließt von der Lungenarterie in die Aorta.
- Ductus venosus: Blut der Nabelvene fließt an der Leber vorbei.

Abkürzung: KG = Körpergewicht

Keidel 1985; Silbernagl, Despopoulos 2003

Besonderheiten beim fetalen Blutkreislauf und Veränderungen nach der Geburt	
Vitalparameter des Fetus kurz vor der Geburt	
Herzfrequenz	130–160 Schläge/min
mittlerer Blutdruck	65 mmHg (8,7 kPa)
Herzzeitvolumen	0,25 l/kg KG/min
Herzzeitvolumen (Körpergewicht von 3,5 kg)	0,875 l/min
Verteilung des Herzzeitvolumens im Fetus	
Plazenta	50 %
Lunge	15 %
Körper	35 %
Blutauswurf der rechten Herzkammer	
zur Lunge	25 %
über Ductus arteriosus (Botali) zur Aorta	75 %
Sauerstoffsättigung des Blutes (volle Sättigung = 100 %)	
Blut in der Plazenta	80 %
Blut in der Nabelvene	80 %
Blut in der unteren Hohlvene nach dem Zusammenfluss mit der Nabelvene	67 %
Blut in der unteren Hohlvene vor dem Zusammenfluss mit der Nabelvene	25 %
Blut in der Aorta	60 %
Blut in der Lungenarterie	52 %
Veränderungen des Kreislaufs nach der Geburt	
Funktioneller Verschluss des Ductus arteriosus	Stunden bis Tage
Morphologischer Verschluss des Ductus arteriosus	Ende 1. Lebensjahr
Funktioneller Verschluss des Ductus venosus	nach 3 Stunden
Beginn des Verschlusses des Foramen ovale	nach 1 Stunde
Ende des Verschlusses des Foramen ovale	nach wenigen Tagen
Anteil der Menschen mit einem offenen Foramen ovale (für den Blutkreislauf meist unbedeutend)	20–30 %

1.6 Atmung, Grundumsatz und Energiestoffwechsel

Die Lunge ist neben dem Herz das zentrale Organ des menschlichen Körpers. Durch die äußere Atmung wird Sauerstoff (O_2) in den Körper gebracht und Kohlenstoffdioxid (CO_2) aus ihm entfernt. Auf ihrem Weg durch Nase, Mund und Hals wird die eingeatmete Luft erwärmt, mechanisch gereinigt und angefeuchtet. In den Lungenbläschen findet der Gasaustausch statt.
Das Blut transportiert den Sauerstoff zu den Zellen, in denen bei der inneren Atmung (Zellatmung) energiereiche Stoffe unter Sauerstoffverbrauch und ATP-Bildung abgebaut werden.

Tabelle 1.6.1 Zahlen zum Staunen

Literatur siehe nachfolgende Tabellen

Ausgewählte Angaben zur Atmung aus den nachfolgenden Tabellen	
Luftmenge, die ein gesunder Erwachsener täglich ein- und ausatmet	mind. 10.000 l Luft
Gesamtventilation während einer Lebensdauer von 75 Jahren	ca. 285 Millionen l Luft
Atemgrenzwert (maximales ventilierbares Gasvolumen)	120–170 l/min
Sauerstoffaufnahme eines gesunden Erwachsenen (durchschnittlich)	400–800 l/Tag
Kohlenstoffdioxidabgabe eines gesunden Erwachsenen (durchschnittlich)	350–700 l/Tag
Anzahl der Lungenbläschen in der Lunge Mann (durchschnittlich) Frau (durchschnittlich)	400 Millionen 320 Millionen
Innere Austauschfläche in der gesamten Lunge eines Erwachsenen durchschnittlich bei der Einatmung bei der Ausatmung	60–90 m^2 103–129 m^2 40–50 m^2
Gesamtlänge aller Lungenkapillaren der Lunge eines Erwachsenen (nach Rucker)	ca. 13 km
Täglicher Blutdurchsatz durch die Lungen	7.000 Liter
Druckerhöhung auf einen Taucher pro 10 m Tauchtiefe	ca. 1 bar (100 kPa)
Außendruck in 40 m Wassertiefe	ca. 5 bar (3800 mmHg)
Luftdruck (Außendruck) auf dem Mount Everest	ca. 0,28 bar (210 mmHg)
Höhe, ab der Körperflüssigkeiten ohne Schutz anfangen würden zu sieden	20.000 m

Tabelle 1.6.2 Die Lunge und die Luftröhre des Menschen

Die Werte sind, wenn nicht anders angegeben, Mittelwerte für einen männlichen Erwachsenen.
Keidel 1985; Mörike, Betz, Mergenthaler 2001; Faller 2004; Schmidt, Lang, Thews 2005

Anatomische und physiologische Werte zu den Lungen	
Gewicht der Lunge nach dem Alter	
bei einem Kleinkind, 1 Jahr alt	ca. 170 g
bei einem Kind, 5 Jahre alt	ca. 300 g
bei einem Kind, 10 Jahre alt	ca. 450 g
bei einem Jugendlichen, 15 Jahre alt	ca. 700 g
bei einem Erwachsenen, 20 Jahre alt	ca. 1.100 g
Länge eines Lungenflügels	ca. 25 cm
Zahl der Lungenlappen	links 2, rechts 3
Zahl der Lungensegmente	links 9, rechts 10
Volumen der Lungenflügel: links / rechts	1.400 cm^3 l/ 1.500 cm^3
Zahl der Lungenbläschen beim Mann	ca. 400 Mio.
Zahl der Lungenbläschen bei der Frau	ca. 320 Mio.
Innere Austauschfläche (durchschnittlich)	60–90 m^2
bei der Einatmung	103–129 m^2
bei der Ausatmung	40–50 m^2
Dicke des Hauptbronchus: links/rechts	0,7 cm/0,9 cm
Länge des Hauptbronchus: links/rechts	4,5 cm/3,0 cm
Innerer Durchmesser der Endbronchioli	0,4 mm
Lichte Weite eines Lungenbläschens bei Einatmung	0,1–0,2 mm
Lichte Weite eines Lungenbläschens bei Ausatmung	0,5 mm
Flüssigkeit im Pleuraspalt	5 ml
Gesamtlänge aller Lungenkapillaren (nach Rucker)	ca. 13 km
Durchlaufzeit eines Erythrozyten durch eine Lungenkapillare	0,6–1,0 s
Blutvolumen in allen Gefäßen der Lunge	ca. 600 ml
Täglicher Blutdurchsatz durch die Lungen	7.000 Liter

Anatomische und physiologische Werte zur Luftröhre (Trachea)	
Länge der Luftröhre beim Erwachsenen	10–12 cm
Innendurchmesser bei einer lebenden Person	12 mm
Innendurchmesser nach dem Tode	16 mm
Anzahl der Knorpelspangen	16–20
Längsdehnung bei tiefer Einatmung	
normale Kopfhaltung	1,5 cm
zusätzlich Kopf in den Nacken	2,5 cm
Bifurkationswinkel (zwischen den beiden Hauptbronchien)	
beim Kind	70–80°
beim Erwachsenen	55–65°
Geschwindigkeit des Partikeltransports durch das Flimmerepithel	15 mm/min

Tabelle 1.6.3   Aufzweigungsschritte des Atemwegsystems

In der Leitungszone kommt die Luftbewegung durch Konvektion zustande. Ab der Übergangszone nimmt die Diffusion eine immer wichtigere Stellung ein.

Schmidt, Thews 1995; Junqueira, Carneiro, Gratzl 2004; Schmidt, Lang, Thews 2005

Atemwegsystem	Aufteilungsschritte	Gesamtquerschnitt	Durchmesser in mm
Luftröhre	0	6,3 cm^2	12–15
Hauptbronchien	1	–	10
Segmentbronchien	3	< 30 cm^2	–
Bronchioli	4–15	–	<1
Bronchioli terminales	16	150 cm^2	0,4
Bronchioli respiratorii	17–19	–	0,15–0,2
Alveolen (Lungenbläschen)	23	1 Mio. cm^2	0,25

Tabelle 1.6.4   Atemfrequenz, Atemzugvolumen und Atemminutenvolumen in Abhängigkeit vom Alter und dem Geschlecht

Das Atemminutenvolumen errechnet sich aus dem Produkt von Atemzugvolumen und Atemfrequenz bei körperlicher Ruhe. Es nimmt bei steigender körperlicher Aktivität zu.

Documenta Geigy 1975

Alter und Geschlecht	Atemfrequenz	Atemzugvolumen	Atemminutenvolumen
Neugeborene	49,7	17,3 ml	0,83 l/min
Säuglinge	62,8	17,5 ml	1,03 l/min
Kinder, 2-3 Jahre	23,7	122,0 ml	2,80 l/min
Kinder, 4-5 Jahre	23,2	138,0 ml	4,00 l/min
Kinder, 6-7 Jahre	21,1	203,0 ml	4,30 l/min
Knaben, 12 Jahre	16,3	305,0 ml	4,80 l/min
Mädchen, 12 Jahre	16,1	289,0 ml	4,50 l/min
Knaben, 14 Jahre	17,0	316,0 ml	5,30 l/min
Mädchen, 14 Jahre	15,6	315,0 ml	4,90 l/min
Knaben, 16 Jahre	15,6	344,0 ml	5,10 l/min
Mädchen, 16 Jahre	15,2	282,0 ml	4,20 l/min
Erwachsene, 20–39 Jahre	17,2	494,2 ml	8,50 l/min
Erwachsene, 40–59 Jahre	16,9	562,1 ml	9,50 l/min
Erwachsene, ab 60 Jahren	16,3	644,1 ml	10,50 l/min
Männer, ruhend	11,7	630,0 ml	7,40 l/min
Männer, leichte Arbeit	17,1	1.670,0 ml	28,60 l/min
Männer, Schwerarbeit	21,2	2.030,0 ml	43,00 l/min
Frauen, ruhend	11,7	390,0 ml	4,60 l/min
Frauen, leichte Arbeit	19,0	860,0 ml	16,40 l/min

Tabelle 1.6.5   Lungenvolumina und Ventilation

Gasvolumina werden bei Körpertemperatur, standardisiertem Luftdruck und Wasserdampfsättigung angegeben und sind Mittelwerte für einen gesunden jungen Mann mit 1,7 m² Körperoberfläche in körperlicher Ruhe.

Das Totraumvolumen ist die Luftmenge, die nicht aktiv am Gasaustausch beteiligt ist, also bei der Atmung im Raum zwischen Mund und Lungenbläschen stehen bleibt.

Mörike, Betz, Mergenthaler 2001; Faller 2004; Schmidt, Lang, Thews 2005; Hick 2006

Lungenvolumina	
Totalkapazität	6.000 ml
Vitalkapazität (maximale Ausatmung nach maximaler Einatmung)	4.500 ml
Residualvolumen (Restvolumen der Lunge nach maximaler Ausatmung)	1.500 ml
Atemzugvolumen (die bei normaler Atemtätigkeit bewegte Luftmenge)	500 ml
Inspiratorisches Reservevolumen (zusätzliche maximale Einatmung nach normaler Einatmung)	3.000 ml
Exspiratorisches Reservevolumen (zusätzliche maximale Ausatmung nach normaler Ausatmung)	1.000 ml
Funktionelles Reservevolumen (Restvolumen der Lunge nach normaler Ausatmung)	2.500 ml
Totraumvolumen (hier findet kein Gasaustausch statt)	150 ml
Totraumvolumen pro kg Körpergewicht	2 ml / kg
Anteil des Totraumvolumens am Atemzugvolumen	ca. 30 %
Ventilation	
Atemminutenvolumen (Atemzugvolumen 0,5 l, Atemfrequenz 15/min)	7.500 ml/min
davon alveolare Ventilation	5.250 ml/min
davon Totraumventilation	2.225 ml/min
Atemgrenzwert (maximales ventilierbares Gasvolumen)	120–170 ml/min
Ventilation	
beim Schlafen	ca. 5 l Luft/min
beim Liegen	ca. 8 l Luft/min
beim Spazierengehen	ca. 14 l Luft/min
bei längerem Radfahren	ca. 40 l Luft/min
beim Schwimmen	ca. 43 l Luft/min
beim Rudersport	ca. 140 l Luft/min
bei schnellstem Lauf	ca. 170 l Luft/min
Tägliche Ventilation der Lunge	mind. 10.000 l Luft
Gesamtventilation im Leben	ca. 285 Mio l Luft

Tabelle 1.6.6 Unterschiede der Vitalkapazität nach Geschlecht, Alter, Körperlänge und bei Sportlern

Die Vitalkapazität entspricht dem Volumen einer maximalen Ausatmung, wenn davor maximal eingeatmet wurde. Gemessen wird mit einem Spirometer. Das Ausatmen erfolgt dabei über ein Mundstück, die Nasenatmung sollte durch eine Nasenklemme verhindert werden.
Die Messgenauigkeit hängt neben physikalischen Faktoren, wie z.B. dem Luftdruck, sehr stark von dem Bemühen der Probanden ab und muss deshalb subjektiv gewertet werden.
Man unterscheidet die statische Vitalkapazität, die nur das Luftvolumen der Lunge selbst betrachtet, und die dynamische Vitalkapazität, die den Gasfluss bei Ein- und Ausatmung mit berücksichtigt.
Zu den statischen Kenngrößen zählen die exspiratorische und die inspiratorische Vitalkapazität. Zu den dynamischen Kenngrößen zählt die forcierte Vitalkapazität.
Die Werte beziehen sich auf Messungen mit Atemvolumengeräten von der Firma Aesculap. Bei den Durchschnittswerten der Sportler wurde von männlichen Erwachsenen mit 70 kg Körpermasse ausgegangen.

Mörike, Betz, Mergenthaler 2001

Alter	Vitalkapazität bei Knaben	Vitalkapazität bei Mädchen
9 Jahre	1.400 ml	1.400 ml
10 Jahre	1.650 ml	1.500 ml
11 Jahre	1.800 ml	1.600 ml
12 Jahre	1.900 ml	1.750 ml
13 Jahre	2.050 ml	1.900 ml
14 Jahre	2.300 ml	2.100 ml
15 Jahre	2.400 ml	2.200 ml

Körperlänge	Vitalkapazität bei Männern	Vitalkapazität bei Frauen
150 cm	2.350 ml	2.200 ml
155 cm	2.600 ml	2.400 ml
160 cm	2.900 ml	2.600 ml
165 cm	3.200 ml	2.800 ml
170 cm	3.500 ml	3.000 ml
175 cm	3.800 ml	3.200 ml
180 cm	4.100 ml	3.400 ml

Sportart	Vitalkapazität bei männlichen Sportlern
Schwerathlet	3.950 ml
Fußballspieler	4.200 ml
Leichtathlet	4.750 ml
Boxer	4.800 ml
Schwimmer	4.900 ml
Ruderer	5.450 ml

Tabelle 1.6.7 Sauerstoffverbrauch und Gasaustausch

Sauerstoff ist für den Menschen absolut lebensnotwendig. Ein Mangel an Sauerstoff (Hypoxie) führt zur Störung der Körperfunktion oder gar zum Tod.
Die Diffusionskapazität ist ein Maß für die Fähigkeit eines Atemgases, die alveo-kapilläre Membran (Blut-Luft-Schranke) zu passieren.

Flügel, Greil, Sommer 1986; Wieser 1986

Durchschnittlicher Sauerstoffverbrauch eines Erwachsenen	
In Ruhe	150–300 ml/min
Bei leichter Arbeit (60 W)	1.000–1.200 ml/min
Bei mittelschwerer Arbeit (120 W)	1.600–1.950 ml/min
Bei schwerer Arbeit (180 W)	2.000–2.600 ml/min
Bei kurzzeitigen Spitzenleistungen	3.000–4.900 ml/min
Anteil der Skelettmuskulatur	4.500 ml/min
Anteil der Herzmuskulatur	90 ml/min
Anteil der Leber	50 ml/min
Bei kurzzeitigen Spitzenleistungen von Spitzensportlern in Ausdauersportarten	bis 7.000 ml/min

Sauerstoffverbrauch pro kg Körpergewicht	
Frühgeborene	2,6 ml/min
Neugeborene (bis 7. Tag)	5,7 ml/min
Säugling, 3 Monate	6,9 ml/min
Säugling, 6 Monate	7,1 ml/min
Säugling, 12 Monate	7,0 ml/min
Erwachsene	
in Ruhe	3,4 ml/min
bei Schwerstarbeit	70,0 ml/min

Angaben zum Gasaustausch	
Alveokapilläre Membran (Blut-Luft-Schranke)	
Dicke	1 µm
Kontaktzeit eines Erythrozyten	0,7 s
Diffusionszeit für O_2	0,3 s
Verhältnis Ventilation zu Durchblutung in der Lunge	0,8–1
Sauerstoffaufnahme pro Tag	400–800 l
Sauerstoffaufnahme pro Minute	280 ml/min
Kohlenstoffdioxidabgabe pro Tag	350–700 l
Kohlenstoffdioxidabgabe pro Minute	230 ml/min
Respiratorischer Quotient V_{CO_2}/V_{O_2}	0,82
O_2-Diffusionskapazität	$225\ ml \cdot min^{-1} \cdot kPa^{-1}$
CO_2-Diffusionskapazität	$5.100\ ml \cdot min^{-1} \cdot kPa^{-1}$
CO-Diffusionskapazität	$300\ ml \cdot min^{-1} \cdot kPa^{-1}$

Tabelle 1.6.8 Zusammensetzung der Atemluft sowie Partialdrücke

In einem Gasgemisch addieren sich die Teil- oder Partialdrücke der einzelnen Gase immer zum Gesamtdruck (auf Meereshöhe: 760 mmHg bzw. 101,3 kPa). Die trockene Außenluft wird bei der Passage durch die Luftwege vollständig mit Wasser gesättigt.

Silbernagl, Despopoulos 2003; Schmidt, Lang, Thews 2005

Atemgas	Anteile des Luftgemisches	Anteil am Gesamtvolumen	Partialdruck des Gases
Inspirationsluft	Sauerstoff (O_2)	20,9 Vol %	150 mmHg (20 kPa)
	Kohlenstoffdioxid (CO_2)	0,03 Vol %	0,23 mmHg (0,03 kPa)
	Stickstoff (N_2) u. Edelgase	79,1 Vol %	601 mmHg (80,13 kPa)
Alveoläres Luftgemisch	Sauerstoff (O_2)	13,2 Vol %	100 mmHg (13,33 kPa)
	Kohlenstoffdioxid (CO_2)	5,1 Vol %	39 mmHg (5,2 kPa)
	Stickstoff (N_2) u. Edelgase	75,5 Vol %	574 mmHg (76,5 kPa)
	Wasserdampf	6,2 Vol %	47 mmHg (6,27 kPa)
Expirationsluft	Sauerstoff (O_2)	15,1 Vol %	115 mmHg (15,33 kPa)
	Kohlenstoffdioxid (CO_2)	4,3 Vol %	33 mmHg (4,4 kPa)
	Stickstoff (N_2) u. Edelgase	74,4 Vol %	565 mmHg (75,33 kPa)
	Wasserdampf	6,2 Vol %	47 mmHg (6,27 kPa)

Tabelle 1.6.9 Atemgase im Blut und im Gewebe

In der Lunge findet ein vollständiger Partialdruckausgleich zwischen den Alveolen und dem Blut statt. Die Partialdrücke in den Alveolen und im arteriellen Blut sind nicht identisch, da sich das arterielle Blut schon in der Lunge mit etwas venösem und sauerstoffarmen Blut mischt.

Silbernagl, Despopoulos 2003; Schmidt, Lang, Thews 2005

Atemgas	Anteile des Luftgemisches	Partialdruck des Atemgases
Arterielles Blut	Sauerstoff (O_2)	95 mmHg (12,66 kPa)
	Kohlenstoffdioxid (CO_2)	41 mmHg (5,47 kPa)
	Stickstoff (N_2) u. Edelgase	573 mmHg (76,4 kPa)
	Wasserdampf	47 mmHg (6,27 kPa)
Gewebe	Sauerstoff (O_2)	<40 mmHg (<5,33 kPa)
	Kohlenstoffdioxid (CO_2)	>45 mmHg (>6,0 kPa)
	Stickstoff (N_2) u. Edelgase	573 mmHg (76,4 kPa)
	Wasserdampf	47 mmHg (6,27 kPa)
Venöses Blut	Sauerstoff (O_2)	40 mmHg (5,33 kPa)
	Kohlenstoffdioxid (CO_2)	45 mmHg (6,0 kPa)
	Stickstoff (N_2) u. Edelgase	573 mmHg (76,4 kPa)
	Wasserdampf	47 mmHg (6,27 kPa)

Tabelle 1.6.10   Partialdrücke der Atemgase im fetalen Blut

Die Plazenta erfüllt für den Fetus unter anderem die Funktion einer Lunge. Das arterielle Blut der Mutter gibt Sauerstoff an den fetalen Kreislauf ab und nimmt Kohlenstoffdioxid auf.
Die Vena umbilicalis bringt sauerstoffreiches Blut von der Plazenta zum Fetus. Die Arteria umbilicalis bringt sauerstoffarmes Blut vom Fetus zur Plazenta.

Keidel 1985; Schmidt, Lang, Thews 2005

Gefäße des Fetus und zum Vergleich von Jugendlichen	O_2-Partialdruck in mmHg (kPa)	O_2-Sättigung in %	CO_2- Partialdruck in mmHg (kPa)	CO_2-Gehalt / 100 ml Blut in ml
Vena umbilicalis	25 (3,3)	60	43 (5,7)	40
Arteria umbilicalis	15 (2,0)	25–30	55 (7,3)	47
Zum Vergleich: arterielles Blut eines Jugendlichen	95 (12,6)	97	40 (5,3)	48
venöses Blut eines Jugendlichen	40 (5,3)	73	45 (6,0)	52

Tabelle 1.6.11   Atembedingungen beim Tauchen

Beim Tauchen ist der normale Zugriff zur Atemluft versperrt. Darüber hinaus steigt der Außendruck mit zunehmender Tiefe unter Wasser erheblich an, so dass ab 1,12 m Tauchtiefe nur noch mit Überdruckgeräten eingeatmet werden kann.

Flügel, Greil, Sommer 1986; Keidel 1985; Schenck, Kolb 1990; Mörike, Betz, Mergenthaler 2001

Angaben zu Atembedingungen beim Tauchen und beim Schnorcheln	
Erhöhung des Außendrucks pro 10 m Wassertiefe	ca. 100 kPa (760 mmHg)
Tauchtiefe, ab der sich das Lungenvolumen nicht mehr verkleinert	30–40 m
Partialdruck des O_2, ab dem eine den Zellstoffwechsel schädigende Wirkung eintritt	220 kPa
das entspricht einer Tauchtiefe	>75 m
Narkotisierende Wirkungen des N_2 (Tiefenrausch) ab einem Partialdruck von	500 kPa
das entspricht einer Tauchtiefe	>40–60 m
Tauchen mit einem Schnorchel	
Maximales Volumen eines Schnorchels nach DIN-Norm	134 ml
das entspricht einer Todraumvergrößerung auf	284 ml
Maximale Schnorchellänge nach DIN-Norm	20–30 cm
Zusätzlicher Kraftaufwand der Atemmuskulatur beim Schnorcheln	2,9 kPa

Tabelle 1.6.12 Drücke und Lungenvolumen beim Tauchen

Bei den Werten handelt es sich um Durchschnittswerte eines Erwachsenen.

Silbernagl, Despopoulos 2003; Schmidt, Lang, Thews 2005

Tauchtiefe	Umgebungsdruck	Lungenvolumen	O_2-Partialdruck
0 m	1 bar (760 mmHg)	5,0 l	105 mmHg
10 m	2 bar (1.520 mmHg)	2,5 l	210 mmHg
40 m	5 bar (3.800 mmHg)	1,0 l	525 mmHg

Tabelle 1.6.13 Atembedingungen in großer Höhe

Die O_2-Partialdrücke in der Luft und in den Alveolen (Lungenbläschen) sind nicht identisch, da die Alveolarluft vollständig mit Wasserdampf gesättigt ist.
Bei normaler Atmung wäre die Hypoxieschwelle (alveolarer Sauerstoffpartialdruck <35 mmHg) bei 4.000 m erreicht. Durch Steigerung des Atemzeitvolumens (Hyperventilation) können aber Höhen bis 7.000 m toleriert werden.

Silbernagel, Despopoulos 2003; Thews, Mutschler, Vaupel 1999

	Luftdruck	O_2-Partialdruck in der Luft	O_2-Partialdruck in den Alveolen
Meereshöhe	760 mmHg (101 kPa)	150 mmHg (20 kPa)	100 mmHg (13,3 kPa)
2.000 m	596 mmHg (79 kPa)	125 mmHg (16,6 kPa)	76 mmHg (10,1 kPa)
3.000 m	523 mmHg (64 kPa)	100 mmHg (13,3 kPa)	67 mmHg (8,9 kPa)
4.000 m	462 mmHg (61,4 kPa)	97 mmHg (12,9 kPa)	50 mmHg (6,6 kPa)
5.000 m	404 mmHg (53,7 kPa)	75 mmHg (10 kPa)	46 mmHg (6,1 kPa)
7.000 m	308 mmHg (41 kPa)	55 mmHg (7,3 kPa)	35 mmHg (4,7 kPa)
Mount Everest	210 mmHg (27,9 kPa)	44,1 mmHg (5,9 kPa)	34 mmHg (4,5 kPa)
Hypoxieschwelle			35 mmHg (4,7 kPa)
Auswirkungen großer Höhen auf den Menschen			
Kompensationszone (Körper kann akklimatisiert werden)			3.000–5.000 m
Störungszone (Leistungsfähigkeit erheblich eingeschränkt)			5.000–7.000 m
Höhentod			>7.000 m
Gewöhnung an große Höhen in Bergdörfern			
Lamakloster Rongbuk in Tibet			5.030 m
Bergarbeitersiedlung Auncanquilcha in Chile			5.240 m
Höhe, ab der die Körperflüssigkeiten ohne Schutz anfangen würden zu sieden			20.000 m

Tabelle 1.6.14   Das Atemgift Kohlenmonoxid (CO)

Kohlenmonoxid (CO) besitzt zu Hämoglobin eine 200–300fach höhere Affinität als Sauerstoff (O_2). So reichen bei einem Sauerstoffgehalt der Luft von 21 Vol % schon 0,07 Vol % CO, um die Hälfte des Hämoglobins zu besetzen. Das gebildete CO-Hämoglobin steht für den Sauerstofftransport nicht mehr zu Verfügung. Die Folge ist ein Sauerstoffmangel in den Geweben.
Kohlenmonoxid kommt unter anderem in Erd- u. Grubengasen, in Auspuffgasen und bei unvollkommener Verbrennung von Kohle und Holz vor. In einer geschlossenen Garage können durch Autoabgase eine CO-Konzentration von 7,0 Vol % erreicht werden.
Der höchste gesetzlich zugelassene MAK-Wert für CO liegt bei 30 ppm (ml/m³).

Schmidt, Thews 1995; Mörike, Betz, Mergenthaler 2001; Silbernagl, Despopoulos 2003

Anteil des CO an der Einatemluft	Anteil des CO-Hämoglobins am Gesamt-Hämoglobin	Symptomatik
Einatemluft (CO-Konzentration 0,003 Vol%)	1 %	keine
Einatemluft bei Rauchern	5–10 %	keine
Erhöhte CO-Konzentration		
0,01 Vol %	10 %	Leichte Einschränkung des Gesichtssinnes
0,025 Vol %	27 %	Bewusstseinseinschränkung
0,05 Vol %	42 %	Bewusstseinsschwund
0,07 Vol %	50 %	Tiefe Bewusstlosigkeit
0,1 Vol %	59 %	Tödlich in einer Stunde
0,2 Vol %	74 %	Tödlich in einigen Minuten
0,3 Vol %	81 %	Tödlich in einigen Minuten
0,4 Vol %	85 %	Tödlich in einigen Minuten

Tabelle 1.6.15   Das Kohlenstoffdioxid (CO_2) als Atemgift

Kohlendioxid ist ein farbloses, nicht brennbares Gas. Es besitzt eine höhere Dichte als Luft und kann deswegen z.B. in einem Keller ein CO_2-See bilden.
Der MAK-Wert für CO_2 (höchste zugelassene Konzentration) liegt bei. 5.000 ppm (ml/m³)

Pschyrembel 2000; Schmidt, Lang, Thews 2005

Beschreibung	Volumenanteile, Partialdruck
Normalventilation Einatemluft	0,03 Vol % CO_2
Normalventilation Ausatemluft	4,30 Vol % CO_2
Kopfschmerzen ab	ca. 8–10 Vol % CO_2 in der Außenluft
Ohnmacht tritt ein bei	ca. 15 Vol % CO_2 in der Außenluft
Tod tritt ein bei einer Konzentration von	ca. 20 Vol % CO_2 in der Außenluft
Wirkung bei 8- bis 10-fach gesteigerter Ventilation	Erhöhung des Partialdrucks im Blut von 46 auf 70 mmHg

Tabelle 1.6.16 Grund-, Freizeit- und Arbeitsumsatz

Der Grundumsatz stellt den Energiebedarf des Menschen unter standardisierten Bedingungen dar: morgens, in Ruhe, nüchtern, normale Körpertemperatur, Indifferenzaußentemperatur. Abkürzung: KG = Körpergewicht

Schmidt, Lang, Thews 2005; Hick 2006

Beschreibung	Mann	Frau
Grundumsatz		
Energie pro kg Körpergewicht	4,2 kJ/kg KG/h	3,8 kJ/kg KG/h
Gesamtenergie pro Tag	7.100 kJ/Tag	6.300 kJ/Tag
Tagesleistung	85 W	76 W
Sauerstoffaufnahme	145 ml/min	215 ml/min
Freizeitumsatz		
Gesamtenergie pro Tag	9.600 kJ/Tag	8.400 kJ/Tag
Tagesleistung	115 W	100 W
Sauerstoffaufnahme	330 ml/min	275 ml/min
Arbeitsumsatz (Werte addieren sich zum Freizeitumsatz)		
Leichte Arbeit	+2.000 kJ/Tag	+2.000 kJ/Tag
Mäßige Arbeit	+4.000 kJ/Tag	+4.000 kJ/Tag
Mittelschwere Arbeit	+6.000 kJ/Tag	+6.000 kJ/Tag
Schwere Arbeit	+8.000 kJ/Tag	+8.000 kJ/Tag
Schwerstarbeit	+10.000 kJ/Tag	+10.000 kJ/Tag
Zulässige Höchstwerte für jahrelange berufliche Arbeit		
Durchschnittliche Energie	21.100 kJ/Tag	15.500 kJ/Tag
Tagesleistung	240 W	186 W
Sauerstoffaufnahme	690 ml/min	535 ml/min

Tabelle 1.6.17 Äußere Einflüsse auf den Energieumsatz

Die Zunahme des Energieumsatzes bezieht sich auf den Ruheumsatz. Durch den dabei erhöhten Eiweißstoffwechsel nimmt die Stickstoffausscheidung im Urin zu.

Schmidt, Thews 1995; Schmidt, Lang, Thews 2005

	Zunahme in Prozent	
Beschreibung	Energieumsatz	N_2-Ausscheidung
Nach mittelschwerem chirurgischen Eingriff	24 %	150 %
Nach schwerem Verkehrsunfall	32 %	275 %
Nach einer Schussverletzung	37 %	280 %
Bei einer Blutvergiftung	79 %	330 %
Nach großflächigen Verbrennungen	132 %	335 %

Tabelle 1.6.18 Anteile verschiedener Organe am Grundumsatz

Der Grundumsatz ist die Mindestmenge an Energie, die zur Aufrechterhaltung der normalen Körperfunktionen unter standardisierten Bedingungen notwendig ist.

Produziert die Schilddrüse zu wenig Hormone, sinkt der Grundumsatz. Die Folgen sind geistige und körperliche Teilnahmslosigkeit. Bei Schilddrüsenüberfunktion kann der Grundumsatz um bis zu 100 Prozent steigen.

Auf die Erhaltung des Zellstoffwechsels in den verschiedenen Organen entfällt etwa die Hälfte des gesamten Energieverbrauchs im menschlichen Körper (50–55 %). Nach dem Essen ist der Energieverbrauch für die Verdauung um 6–8 % gesteigert.

Die Werte stellen Durchschnittswerte für den gesunden Erwachsenen in körperlicher Ruhe dar.

Schmidt, Thews 1995; Schmidt, Lang, Thews 2005

Organ	Anteil am Grundumsatz in %	Sauerstoffverbrauch des Organs ml· min^{-1}· kg^{-1}	Organmasse in kg	Anteil an der Körpermasse in %
Leber	26,4	66	1,5	2,1
Gehirn	18,3	46	1,4	2,0
Herz	9,2	23	0,3	0,4
Nieren	7,2	18	0,3	0,4
Skelettmuskulatur	25,6	64	27,8	39,7
Übrige Organe	13,3		38,8	55,4

Tabelle 1.6.19 Die Energievorräte im Körper

Die Werte beziehen sich auf einen Menschen mit 70 kg Körpergewicht. Der Energieverbrauch wird auf den Grundumsatz bezogen.

Schenck, Kolb 1990

Angaben zu Energievorräten und zum täglichen Energieverbrauch		
Energievorrat		
Fettgewebe (Fettgehalt 6,4 kg)	60.000 kcal	252.000 kJ
Leber (als Glykogen gespeichert)	100 kcal	418 kJ
Leber (als Fett gespeichert)	750 kcal	3.140 kJ
Blutplasma (als Glukose gespeichert)	8 kcal	33 kJ
Blutplasma (als Fettsäuren gespeichert)	3 kcal	13 kJ
Blutplasma (als Triacylglyceride gespeichert)	5 kcal	22 kJ
Energieverbrauch pro Tag		
Insgesamt	2.200 kcal	9.212 kJ
davon aus Fett	1.600 kcal	6.700 kJ
davon aus Glukose und Aminosäuren	600 kcal	2.512 kJ

Tabelle 1.6.20 Unterschiedliche Tätigkeiten und die dabei erbrachte Leistung

Wieser 1986; Schmidt, Lang, Thews 2005

Beschreibung der Tätigkeit	Erbrachte Leistung in Watt	Verhältnis Maximalleistung zu Ruheleistung
Bewegungsweisen		
Schlafen	55–83	0,88
Liegen (Ruheumsatz)	95	1,0
Stehen	140	1,5
Gehen (6 km·h^{-1})	208–483	5,1
Treppensteigen	700–983	10,3
Sport und Freizeit		
100 m-Lauf (36 km/h)	2070	–
Marathonlauf (19,5 km/h)	1180	–
Fußballspielen	790–1040	–
Volleyballspielen	380–640	–
Radfahren (20 km·h^{-1})	317–767	8,1
Tennis	483–700	7,4
Skifahren	700–1.400	14,7
Brustschwimmen (28 m/min)	460	–
Brustschwimmen in Kleidern (28 m/min)	730	–
Tanzen (Wiener Walzer)	355	–
Familie und Haushalt		
Spielen mit Kindern	250–700	7,4
Wäschewaschen	140–350	3,7
Bügeln	283	3,0
Schuhe putzen	95–208	2,2
Beruf		
Betätigung von Maschinen	140–417	4,4
Schwere manuelle Arbeiten wie		
Schaufeln, Bohren, Mähen, Pflügen	350–767	8,1
Bäume sägen	600–900	9,5
Bäume fällen	483–1.400	14,5

1.7 Verdauung und Verdauungsorgane

Bei der Verdauung werden die mit der Nahrung aufgenommenen Nährstoffe aufzuspalten um dann in den Körper aufgenommen zu werden. Dieses wird durch ein komplexes Zusammenwirken physikalischer, chemischer und enzymatischer Prozesse gewährleistet.

Tabelle 1.7.1 Zahlen zum Staunen

Literatur siehe nachfolgende Tabellen

Ausgewählte Angaben aus den nachfolgenden Tabellen	
Anteil der Neugeborenen, die schon Zähne haben	0,05 %
Größte Zahl an Milchzähnen, die bei einem Neugeborenen je gezählt wurde (geb. 11.3.1961)	9
Durchbruchstermin des ersten Zahnes beim Milchgebiss (ein Schneidezahn)	mit 6–8 Monaten
Durchbruchstermin des ersten Zahnes beim bleibenden Gebiss (ein Mahlzahn)	mit 6–7 Jahren
Maximale Kaukraft eines Mahlzahnes	1.900 N
Größte Masse, die je mit Zähnen 17 cm hochgehoben wurde	281,5 kg
Erste Anfertigung von Zahnprothesen (Brücken) durch die Etrusker	700 Jahre v. Chr.
Speichelproduktion pro Tag bei normaler Ernährung	500–1.500 ml/Tag
Anzahl der Schluckvorgänge bei einem Menschen pro Tag (Durchschnitt)	ca. 600
Anzahl der abgestoßenen Schleimhautzellen im Magen eines Erwachsenen	ca. 500.000/min
Zeitdauer, in der das Dünndarmepithel durch Neubildung vollständig ersetzt wird (Mauserungszeit)	ca. alle 2 Tage
Masse der abgestoßenen Zellen im Dünndarm eines Erwachsenen pro Tag	250 g
Anzahl der Bakterien pro ml Speisebrei	
im Zwölffingerdarm (Duodenum)	$10–10^5$
im Krummdarm (Jejunum)	ca. $10^5–10^6$
im Dickdarm (Colon)	$10^{11}–10^{12}$
Fortbewegung des Darminhaltes	
im Dünndarm	1–4 cm/min
im Dickdarm	0,04–0,6 cm/min
Innere Austauschfläche des Dünndarms	200 m^2
Darmgasvolumen, das durch das Rektum ausgeschieden wird	
Durchschnitt beim Erwachsenen	ca. 600 ml/Tag
Anzahl der Einzelabgaben	15 pro Tag
Volumen einer Einzelportion	40 ml

Tabelle 1.7.2   Kohlenhydrate und ihre Verdauung

Die Grundeinheiten der Kohlenhydrate sind die Einfachzucker wie Traubenzucker (Glukose), Fruchtzucker (Fruktose) und Schleimzucker (Galaktose und Ribose). Wichtige Zweifachzucker sind der Rohrzucker (Saccharose = Glukose + Fruktose) und der Milchzucker (Laktose = Glukose + Galaktose).

Die Vielfachzucker (Polysaccharide) setzen sich aus langen Ketten von Einfachzuckern zusammen. Das wichtigste Polysaccharid im menschlichen Körper ist das Glykogen, das aus vielfach verzweigten Ketten von Glukose besteht.

Schmidt, Lang, Thews 2005; Hick 2006

Zufuhr und Verdauung von Kohlenhydraten in der Nahrung sowie Vorratsbildung	
Empfohlene tägliche Zufuhr pro kg Körpergewicht eines Erwachsenen	5–6 g
Empfohlene Zufuhr für einen 70 kg schweren, erwachsenen Mann	350–420 g/Tag
Minimale tägliche Zufuhr pro kg Körpergewicht eines Erwachsenen	2–3 g
Deckung des Energiebedarfes durch Kohlenhydrate bei leichter Arbeit	50 %
Glykogenvorräte des Körpers	ca. 350 g
Glukosebedarf des Gehirns	100 g/Tag
Empfohlener Kohlenhydratanteil an der gesamten Energiezufuhr (Nahrung)	50–55 %
Kohlenhydrate in der Nahrung	
Stärke	60 %
Rohrzucker (Saccharose)	30 %
Milchzucker (Laktose)	8 %
Glykogen	1 %
Traubenzucker (Glukose)	geringe Anteile
Fruchtzucker (Fruktose)	geringe Anteile
Verdauung und Resorption	
Anteil der Speichelamylase bei der Spaltung von Stärke	50 %
Maximale Resorption von Einfachzuckern im oberen Dünndarm	120 g/h

Tabelle 1.7.3   Eiweiße und ihre Verdauung

Eiweiße (Proteine) stellen in den meisten Zellen den Hauptanteil der Trockensubstanz. Alle Proteine sind aus 20 Aminosäuren aufgebaut, die in unterschiedlicher Anzahl und Reihenfolge die unvorstellbare Formenmannigfaltigkeit der extrem unterschiedlichen Proteine bewirken. Das Gemeinsame aller Aminosäuren ist eine Carboxylgruppe mit einer benachbarten Aminogruppe. Durch Peptidbindungen können Di-, Oligo- und Polypeptide entstehen.

Fortsetzung nächste Seite

Fortsetzung Tabelle 1.7.3 Eiweiße und ihre Verdauung

Die Proteinverdauung beginnt im sauren Milieu des Magens. Die Salzsäure des Magensaftes (pH 2–4) aktiviert das inaktive Pepsinogen zum aktiven Verdauungsenzym Pepsin.

Im Dünndarm wird der Nahrungsbrei durch das Sekret der Bauchspeicheldrüse auf neutrale bis leicht alkalische Werte eingestellt. Die im Magen entstandenen Polypeptide (hochmolekular) bzw. Oligopeptide (niedermolekular) werden dort durch die Enzyme Trypsin und Chymotrypsin weiter hydrolytisch gespalten. Im Bürstensaum der Darmschleimhaut werden die Di- und Tripeptide in freie Aminosäuren zerlegt. Diese werden resorbiert und gelangen im Blut über die Pfortader zur Leber.

Die biologische Wertigkeit eines Nahrungsproteins hat den Wert 100, wenn aus 100 g Nahrungsprotein die gleiche Menge körpereigenes Eiweiß aufgebaut werden kann.

Schmidt, Lang, Thews 2005; Hick 2006

Zufuhr und Verdauung von Eiweißen sowie Nahrungsproteine	
Empfohlene tägliche Zufuhr pro kg Körpergewicht	
Erwachsener	0,8–0,9 g
Kleinkind	2,0–2,4 g
Schulkind, Schwangere, Stillende, Arbeiter	1,2–2 g
Minimale tägliche Zufuhr pro kg Körpergewicht eines Erwachsenen	0,5 g
Eiweißvorräte des Körpers	45 g
Eiweißmasse des Körpers insgesamt	10 kg
Anteil der Eiweiße bei der Deckung des Energiebedarfs bei leichter Arbeit	10–15 %
Herkunft der Eiweiße im Darm	
aus der Nahrung	50 %
aus körpereigenen Sekreten und Darmzellen	50 %
Verdauung und Resorption der Eiweiße	
Anteil des Nahrungseiweißes, das durch Pepsin gespalten wird	15 %
Zeitdauer bis zur Bildung von Peptidasen der Bauchspeicheldrüse nach dem Essen	10–20 min
Anteil der Spaltprodukte der Nahrungseiweiße	
Resorption im Zwölffingerdarm (Duodenum)	50–60 %
Resorption bis zum Krummdarm (Ileum)	80–90 %
Reste von unverdautem Eiweiß im Dickdarm, die überwiegend von Bakterien abgebaut werden	ca. 10 %
Nahrungsproteine	
Durchschnittlicher Anteil essentieller Aminosäuren an den Nahrungsproteinen	40 %
Biologische Wertigkeit pflanzlicher Proteine	70–80
Biologische Wertigkeit tierischer Proteine	80–100

Tabelle 1.7.4 Fette und ihre Verdauung

Fette sind in Wasser nicht oder nur sehr schwer löslich. Als Depotfette können sie bei Bedarf zur Energiegewinnung abgebaut werden. Fettgewebe eignen sich auch sehr gut zur Wärmeisolation und um darin empfindliche Organe wie z.B. die Nieren zu lagern. Chemisch gesehen sind Fette Ester der Fettsäuren mit dem Alkohol Glycerin.
Im Magen und im Darm werden die Fette emulgiert und durch Lipasen unter Mithilfe der Gallensäuren zu freien Fettsäuren abgebaut, die dann resorbiert werden können. Bei einer Störung der Fettverdauung ist auch die Resorption anderer fettlöslicher Stoffe, wie z.B. der fettlöslichen Vitamine, eingeschränkt.   Abkürzung: KG = Körpergewicht

Schmidt, Thews 1995; Silbernagl, Despopoulos 2003; Hick 2006

Zufuhr und Verdauung von Fetten sowie Fettausscheidung im Stuhl	
Empfohlene Fettaufnahme bei leichter Arbeit	1 g/kg/Tag
Durchschnittliche Fettaufnahme eines Erwachsenen pro Tag	60–100 g
Empfohlener Fettanteil der Nahrung	25–30 %
Anteil des Fettes bei der Deckung des Energiebedarfes bei leichter Arbeit	40 %
Mittlere Zusammensetzung der Nahrungsfette	
Triacylglycerole (Triglyceride, Neutralfette)	90 %
Phospholipide (Lezithin), Cholesterolester, fettlösliche Vitamine	10 %
Empfohlener Anteil mehrfach ungesättigter Fettsäuren an den aufgenommenen Nahrungsfetten	30 %
Cholesterinneugewinn	
durchschnittlich	0,9–2 g/Tag
Aufnahme mit der Nahrung	0,5–0,8 g/Tag
Eigensynthese im Körper	0,4–1,2 g/Tag
Verdauung und Resorption von Fetten	
Fettresorption	
bei ausreichender Menge an Gallensäure	97 % der Nahrungsfette
ohne Gallensäure	50 % der Nahrungsfette
Anteil der Fette, die im Magen gespalten werden	10–30 %
Anteil der Fette, die im Zwölffingerdarm (Duodenum) und Leerdarm (Jejunum) gespalten werden	70–90 %
Anteil der Fettspaltprodukte, die im Anfangsteil des Leerdarms (Jejunum) resorbiert sind	95 %
Durchmesser der Emulsionströpfchen (entstehen vor allem durch die Magenmotorik)	0,5–1,5 µm
Durchmesser der Mizellen (entstehen mit Hilfe der Gallensalze)	3–6 nm
Fettausscheidung im Stuhl	
Fettmenge im Stuhl bei normaler Kost	5–7 g/Tag
Fettmenge im Stuhl bei fettfreier Diät (durch Darmzellen und Bakterien)	3 g/Tag

Tabelle 1.7.5 Flüssigkeitsbilanz und Verweildauer des Speisebreis im Magen-Darm-Kanal

Schenck, Kolb 1990; Schmidt, Lang, Thews 2005; Hick 2006

Beteiligte Organe Sekrete und Substanzen	Einstrom in das Darmlumen in Liter / 24 h	Ausstrom aus dem Darmlumen in Liter / 24 h	Verweildauer
Mund (Nahrung und Trinken)	1,5 l	–	wenige Sekunden
Speicheldrüsen	1,0 l	–	–
Magen	1,5 l	–	1–5 Stunden
Galle	0,6 l	–	–
Bauchspeicheldrüse	1,4 l	–	–
Dünndarm	–	–	2–4 Stunden
Zwölffingerdarm	0,2 l	–	–
Leerdarm	2,0 l	5,0 l	–
Krummdarm	0,6 l	2,9 l	–
Dickdarm	0,2 l	1,0 l	5–70 Stunden
Mastdarm	–	–	wenige Sekunden
After	–	0,1 l	–
Gesamtbilanz von Ein- und Ausstrom	9,0 l	9,0 l	–

Tabelle 1.7.6 Resorption im Magen-Darm-Kanal

Die Resorptionskapazität ist auf den ganzen Magen-Darm-Kanal bezogen.
Schenck, Kolb 1990; Schmidt, Lang, Thews 2005; Hick 2006

Stoff	Resorption von Stoffen im Magen-Darm-Kanal			
	Magen	Zwölffingerdarm	Leerdarm	Krummdarm
Fett	–	+	+++	Reserve
Eiweiß	–	+	+++	Reserve
Kohlenhydrate	Reserve	+	+++	+
Sonstiges	–	Eisen Kalzium	Folsäure Vit. E,D,K,A	Vit. B_{12} Gallensäure Kalzium
Maximale Resorptionskapazität in g/Tag				
Wasser	18.000		Cholesterin	4
Glukose	3.600		Eisen	0,012
Aminosäuren	600		Vitamin B_{12}	0,000.001

Tabelle 1.7.7 Das Milchgebiss

Die Durchbruchszeiten einzelner Milchzähne können individuell sehr verschieden sein. Für Milchzähne werden als Abkürzungen kleine Buchstaben genommen (vergleiche mit Tabelle 1.7.8).
Die Milchzähne fallen zwischen dem 6. und 12. Lebensjahr wieder aus.

Faller 2004; Guinness Buch der Rekorde 1995, 2006

Anzahl und Ausbildung der Milchzähne	
Anzahl der Zähne im Milchgebiss	20
Milchschneidezähne	8
Milcheckzähne	4
Milchbackenzähne (Milchmolare)	8
Beginn der Zahnentwicklung	2. Embryonalmonat
Abschluß der Milchgebissausbildung	ca. 2. Lebensjahr
Anteil der Neugeborenen mit Zähnen	0,05 %
Größte Anzahl an Milchzähnen bei einem Neugeborenen (geb. 11.3.1961)	9

Durchbruchszeiten der Milchzähne im Alter von Monaten	
Erster Schneidezahn (Dentes incisivi = i): i1	6–8 Monate
Zweiter Schneidezahn (Dentes incisivi = i): i2	8–12 Monate
Eckzahn (Dentes canini = c): c	16–20 Monate
Erster Milchbackenzahn (Milchmolarer: m1)	12–16 Monate
Zweiter Milchbackenzahn (Milchmolarer: m2)	20–24 Monate
Zahnformel einer linken Kieferhälfte	ii c mm

Tabelle 1.7.8 Das Dauergebiss

Die Durchbruchszeiten der einzelnen Zähne können individuell sehr verschieden sein. Vor allem bei den späteren Zähnen können die Unterschiede Monate bis Jahre betragen.

Schiebler, Schmidt, Zilles 1995; Schenck, Kolb 1990; Mc Cutcheon 1991; Faller 2004; Guinness Buch der Rekorde 1995, 2006

Anzahl der Zähne im Dauergebiss und Zahnformel	
Anzahl der Zähne im Dauergebiss	28–32
Schneidezähne (Dentes incisivi = I)	8
Eckzähne (Dentes canini = C)	4
Backenzähne (Dentes prämolares = P)	8
Mahlzähne (Dentes molares = M)	8–12
Zahnformel einer linken Kieferhälfte	II C PP MMM

Fortsetzung nächste Seite

Fortsetzung Tabelle 1.7.8 Das Dauergebiss

Durchbruchszeiten beim Dauergebiss im Alter von Jahren	
Erster Mahlzahn (M 1)	6–7 Jahre
Mittlerer Schneidezahn (I 1)	7–8 Jahre
Seitlicher Schneidezahn (I 2)	8–9 Jahre
Erster Backenzahn (P 1)	9–11 Jahre
Zweiter Backenzahn (P 2)	11–13 Jahre
Eckzahn (C)	11–13 Jahre
Zweiter Mahlzahn (M 2)	12–14 Jahre
Dritter Mahlzahn (Weisheitszahn, M 3)	17–40 Jahre (oder nie)
Kaukraft, Zahnhöcker, Zahnwurzeln und Extremwerte	
Maximale Kaukraft eines Mahlzahnes	1.900 N
Zahl der Höcker	
Backenzähne	2
Mahlzähne	3
Zahl der Wurzeln	
Mahlzähne im Oberkiefer	3
Mahlzähne im Unterkiefer	2
Größte Masse, die je mit Zähnen 17 cm hochgehoben wurde	281,5 kg
Erste Anfertigung von Zahnprothesen (Brücken) durch die Etrusker	700 Jahre v.Chr.

Tabelle 1.7.9 Zusammensetzung eines Zahnes

Der Kern eines Zahnes besteht aus Zahnbein (Dentin), das die Zahnpulpa umschließt. Das Zahnbein wird in der Zahnkrone vom Zahnschmelz, in der Zahnwurzel vom Wurzelzement umgeben.

Schenck, Kolb 1990

Bestandteile	Schmelz in %	Zahnbein in %	Zement in %
Wasser	2,3	13,5	32,0
Mineralstoffe	96,0	69,0	46,0
Organische Verbindungen	1,7	17,5	22,0
Bezogen auf 100g Asche			
Kalzium	36,1	35,3	35,5
Magnesium	0,5	1,2	0,9
Phosphor	17,3	17,1	17,1
Fluorid	0,02	0,02	0,02
Chlorid	0,3	–	0,1

Tabelle 1.7.10 Speichel, Speicheldrüsen und Speichelproduktion

Der Speichel schützt die Mundschleimhaut und den Zahnschmelz. Er ist Lösungsmittel für die Geschmacksstoffe, die nur in gelöster Form die Geschmacksknospen erreichen können. Der Speichel vermittelt den Beginn der enzymatischen Verdauung von Kohlenhydraten im Mund.

Documenta Geigy 1977; Schmidt, Lang, Thews 2005

Anteil der Speicheldrüsen an der Gesamtspeichelsekretion		
Ohrspeicheldrüse	Ruhesekretion	ca. 25 %
(Lebensleistung ca. 25.000 Liter)	nach Stimulation	ca. 34 %
Unterkieferspeicheldrüse	Ruhesekretion	ca. 70 %
	nach Stimulation	ca. 63 %
Unterzungenspeicheldrüse	Ruhesekretion	ca. 5 %
	nach Stimulation	ca. 3 %

Menge und Fließrate der Speichelsekretion	
Geschätzte Speichelmenge bei normaler Ernährung	500–1.500 ml/Tag
Maximale Speichelsekretion beim Kauen von Paraffinwachs	250 ml/h
Unstimulierte Speichelsekretion (zum Feuchthalten der Mundhöhle ohne Nahrungsaufnahme)	ca. 20 ml/h
Zum Vergleich: Speichelsekretion eines Rindes bei Fütterung mit Heu	150–190 l/Tag

Stimulation des Speichelflusses durch Speisen	
Wasser	0 ml/Minute
Fleisch	1,1 ml/Minute
Weißbrot	2,2 ml/Minute
Zwieback	3,4 ml/Minute
Suppenwürfel	4,4 ml/Minute
Salzsäure (0,5 %)	über 4,4 ml/Minute

Zusammensetzung des Speichels	
Wassergehalt	994 g/l = 99,4 %
Trockensubstanz	6 g/l = 0,6 %
davon gelöst	80 %
davon suspendiert	20 %
Dichte	1,01–1,02 g/ml
pH-Wert bei Ruhesekretion	5,5–6,5
nach Stimulation	7,7
Osmolalität bei einem Speichelfluss von 1 ml/min	ca. 90 mosmol/kg H_2O
bei einem Speichelfluss von 4 ml/min	ca. 270 mosmol/kg H_2O
Amylase im Gesamtspeichel	0,3 g/l
Menschen mit Antigenen des AB0-Systems im Speichel	ca. 80 %

Tabelle 1.7.11   Die Speiseröhre und der Schluckvorgang

Die Speiseröhre ist ein elastisches Muskelrohr, das den Nahrungsbrei aktiv vom Schlund zum Magen befördert. Beim Schlucken, das aus einer willkürlichen oralen sowie einer reflektorischen Phase besteht, wird der Bissen durch peristaltische Kontraktionswellen der Speiseröhre in den Magen befördert.

Schmidt, Thews 1995; Faller 2004; Schmidt, Lang, Thews 2005

Angaben zur Anatomie und Physiologie der Speiseröhre	
Länge der Speiseröhre (Ösophagus)	25–30 cm
Länge nach Abtrennung vom Magen beim Lebenden	10 cm
Lichte Weite an der engsten Stelle	1,5 cm
Maximale Dehnung an nicht verengten Stellen	3,0 cm
Geschwindigkeit der peristaltischen Wellen	2–4 cm/s
Zeit für den Durchlauf einer peristaltischen Welle	ca. 9 s
Länge des kontrahierten Abschnitts während der Peristaltik	4–8 cm
Verschlussdruck des oberen Ösophagusverschlusses	50–100 mmHg
Verschlussdruck des unteren Ösophagusverschlusses	15–25 mmHg
pH-Wert des Magenrückflusses, der Sodbrennen verursacht	< 4

Der Schluckvorgang	
Optimale Kauzeit vor dem Schlucken	30 s
Zahl der beteiligten Muskeln im Rachenbereich	>20
Druck der Rachenmuskulatur und der Zunge auf den Bissen	0,53–1,33 kPa
Transportzeit durch die Speiseröhre	
Flüssigkeiten	1 s
breiiger Inhalt	5 s
feste Partikel	9–10 s
Abläufe nach dem Beginn des Schluckens	
Öffnung des oberen Ösophagusverschlusses nach	0,2–0,3 s
Verschluss des oberen Ösophagusverschlusses nach	0,7–1,2 s
Druck der peristaltischen Welle im unteren Bereich der Speiseröhre	4–16 kPa
Öffnungszeit des unteren Ösophagusverschlusses beim Durchtritt des Bissens	5–7 s
Luftmenge, die mit einem Bissen verschluckt wird	2–3 ml
Anzahl der Schluckvorgänge pro 24 Stunden	ca. 600
davon im Schlaf	ca. 50
davon beim Essen	ca. 200
übrige Zeit	ca. 350
Anteil der Nahrungsbestandteile, die beim Schlucken kleiner als 1 mm sind	
Fleisch	20 %
Gemüse	30 %
Käse	50 %
Maximale Größe der Nahrungsteile beim Schlucken	12 mm

Tabelle 1.7.12 Magen und Verweildauer der Nahrung im Magen

Der Magen ist im nicht gefüllten Zustand ein muskulöser Schlauch, der an zwei Bändern (großes und kleines Netz) aufgehängt ist. Zwei einander gegenüber liegende Falten der Magenschleimhaut bilden die Magenstraße, in der Flüssigkeiten sehr schnell dem Magenausgang (Pylorus) zugeführt werden. Sobald Nahrung in den Magen kommt, setzen nach einer kurzen Erschlaffung peristaltische Magenbewegungen ein, die den Nahrungsbrei durchmischen und durchkneten.

Die Belegzellen der Magenschleimhaut wirken bei der Produktion der Salzsäure mit, durch die Nahrungsstoffe denaturiert und damit für die Verdauungsenzyme besser angreifbar werden. Die Hauptzellen geben Pepsinogen ab, das dann in die aktive Form des Verdauungsenzyms Pepsin umgewandelt wird. Pepsin spaltet Proteine zu Polypeptiden.

Im Magen werden die geschluckten Speisen gespeichert und homogenisiert. Nach und nach wird der Speisebrei an den Zwölffingerdarm (Duodenum) abgegeben.

Rucker 1967; Documenta Geigy 1977; Schenck, Kolb 1990; Schiebler, Schmidt, Zilles 1995; Mörike, Betz, Mergenthaler 2001

Magen	
Länge im nicht gefüllten Zustand	ca. 20 cm
Fassungsvermögen	bis zu 1,5 l
Dicke der Magenwand	2–3 mm
Dicke der Schleimhaut	0,5–1 mm
Dicke der den Magen auskleidenden Schleimschicht	0,6 mm
Lebensdauer der Schleimhautzellen im Magen	3–5 Tage
Anzahl der abgestoßenen Schleimhautzellen	500.000 pro min
Tiefe der Drüsenschläuche (Foveolae gastricae)	1,5 mm
Zahl der Drüsenschläuche	100 pro mm^2
Anteil der Hauptzellen Schleimhaut	50 %
Anzahl der Belegzellen beim Mann	ca. $1,09 \cdot 10^9$
Anzahl der Belegzellen bei der Frau	ca. $0,82 \cdot 10^9$
Nahrungspartikel beim Verlassen des Magens	
durchschnittlich	0,25 mm
maximale Größe	2 mm
pH-Werte im Magen:	
in der Epithelschicht unter der Schleimschicht	7,0
über der Schleimschicht im Magenlumen	2,0
Peristaltische Magenbewegungen zur Durchmischung und Homogenisierung der Speisebreis	ca. alle 3 min

Verweildauer der Nahrung im Magen	
Flüssigkeiten	einige Minuten
Fisch, Reis	1,5 Stunden
Gemüse, Milch, Pudding, Brot	2–2,5 Stunden
Gekochtes Fleisch	3 Stunden
Gebratenes Fleisch	4–6 Stunden
Sehr fettes Fleisch, Ölsardinen	8 Stunden und mehr

Tabelle 1.7.13 Der Magensaft

Der Magensaft ist ein saures Sekret, das in den Magendrüsen gebildet wird.
Siehe Erläuterungen Tabelle 1.7.15

Documenta Geigy 1977; Schenck, Kolb 1990; Schiebler, Schmidt, Zilles 1995

Angaben zu Produktion, Fließrate und Zusammensetzung des Magensaftes	
Magensaftproduktion	
beim Erwachsenen (durchschnittlich)	2–3 l pro Tag
pro kg Körpergewicht	ca. 35 ml
Fließrate des Magensaftes unstimuliert	ca. 0,9 ml/min
Fließrate des Magensaftes stimuliert	ca. 9 ml/min
pH-Wert beim Erwachsenen	0,9–2,5
Zusammensetzung des Magensaftes	
Wassergehalt	994 g/l
Trockensubstanz	5,6 g/l
Konzentration der Salzsäure	ca. 0,5 %
Wasserstoffionenkonzentration unstimuliert	26,9 mmol/l
stimuliert	97,6 mmol/l
Chloridionenkonzentration unstimuliert	104 mmol/l
stimuliert	129 mmol/l
Pepsinsekretion unstimuliert Mittelwert	33,3 mg/h
Extremwerte	12,2–68,2 mg/h
Pepsinsekretion stimuliert, Mittelwert	80,9 mg/h
Extremwerte	32,4–153 mg/h

Tabelle 1.7.14 pH-Werte des Darminhalts im Magen-Darm-Kanal

Die Werte geben den Extrembereich wieder.

Documenta Geigy 1977

Ort der Messung	pH-Werte
Magenausgang	4,0–7,2
Dünndarm oberer Abschnitt	5,6–7,0
mittlerer Abschnitt	6,8–7,6
unterer Abschnitt	7,2–8,3
Blinddarm (Caecum)	5,8–7,6
Dickdarm (Colon)	6,5–7,8
Mastdarm (Rektum)	6,5–7,5
Der ausgeschiedene Stuhl (Fäzes)	6,0–7,3

Tabelle 1.7.15   Die Leber

Die Leber (Hepar) ist das zentrale Stoffwechselorgan des Menschen. Sie vermittelt über die Pfortader zwischen dem Verdauungssystem und dem Körper, sie entgiftet die Produkte des Zellstoffwechsels, sie speichert und synthetisiert viele wichtige Verbindungen und sie ist die größte ausscheidende Drüse (über Gallenblase und Darm) des Menschen.

Die Leberläppchen sind die Baueinheiten der Leber und werden von den Kapillaren der Pfortader und der Leberarterie umsponnen.

Documenta Geigy 1977; Keidel 1985; Schenck, Kolb 1990; Mörike, Betz, Mergenthaler 2001; Silbernagl, Despopoulos 2003; Schmidt, Lang, Thews 2005

Anatomische und physiologische Angaben zur Leber	
Durchschnittliche Masse der Leber bei Erwachsenen	1.500 g
Anteil am Körpergewicht	ca. 2,5 %
Verhältnis Lebergewicht/Körpergewicht	
im 6. Entwicklungsmonat	1/10
beim Erwachsenen	1/50
Anzahl der Leberlappen	4
Volumenanteile in der gesamten Leber	
Leberzellen (Hepatozyten)	72 %
andere Zellen	6 %
extrazellulärer Raum (Blut-, Lymphgefäße, Gallengänge)	22 %
Anzahl der Leberläppchen (Lobuli hepatitis)	50.000–100.000
Durchmesser eines Leberläppchens	1–2 mm
Lebensdauer einer Leberzelle (Hepatozyt)	150–180 Tage
Anteil Leberzellen mit einem Kern	80 %
Anteil Leberzellen mit 2 Kernen	20 %
Anzahl der	
Mitochondrien in einer Leberzelle (Hepatozyt)	1.000–3.000
Peroxisomen in einer Leberzelle (Hepatozyt)	200–300
Ribosomen in einer Leberzelle (Hepatozyt)	mehrere Millionen
Blutbildung in der Leber	2.– 8. Entwicklungsmonat
Blutversorgung	
Anteil am Herzzeitvolumen in Ruhe	28 %
Durchblutung pro 100 g Lebergewebe in Ruhe	100 ml/min
Durchblutung einer 1,5 kg schweren Leber in Ruhe	1.500 ml/min
aus der Pfortader	75–80 %
aus der Arteria hepatica	20–25 %
Durchblutung einer 1,5 kg schweren Leber bei maximaler Muskelarbeit	ca. 200 ml/min
Sauerstoffverbrauch	
pro 100 g Lebergewebe in Ruhe	5 ml O_2/min
einer 1,5 kg schweren Leber in Ruhe	75 ml O_2/min
Anteile an der Sauerstoffversorgung der Leber	
durch Blut aus der Pfortader	60 %
durch Blut aus der Arteria hepatica	40 %

Tabelle 1.7.16   Die Galle

Die Galle wird in der Gallenblase gesammelt und durch Wasserrückresorption eingedickt. Die in der Galle enthaltene Gallensäure ermöglicht die Fettaufnahme im Dünndarm. Eine weitere Funktion der Galle ist die Ausscheidung von Endprodukten des Leberstoffwechsels.

Documenta Geigy 1977; Keidel 1985; Schenck, Kolb 1990; Mörike, Betz, Mergenthaler 2001; Silbernagl, Despopoulos 2003; Schmidt, Lang, Thews 2005

Galle, Gallensäure, Bilirubin und Gallensteine in der Übersicht	
Galle	
Gallenproduktion beim gesunden Erwachsenen	600–700 ml/Tag
davon in den Leberzellen	80 %
im Gallengangepithel	20 %
oberer Extremwert	1.600 ml/Tag
Fließrate der Lebergalle	0,36 ml/min
Verteilung der Primärgalle	
als Lebergalle direkt in den Dünndarm	ca. 50 %
in die Gallenblase (Blasengalle)	ca. 50 %
Wasseranteil Lebergalle/Blasengalle	967-977/820 mmol/l
Gallensäureanteil Lebergalle/Blasengalle	20/80 mmol/l
Cholesterolanteil Lebergalle/Blasengalle	4/10 mmol/l
Lezithinanteil Lebergalle/Blasengalle	3/30 mmol/l
Na^+-Anteil Lebergalle/Blasengalle	146/130 mmol/l
K^+-Anteil Lebergalle/Blasengalle	5/13 mmol/l
Ca^{2+}-Anteil Lebergalle/Blasengalle	2,5/11
Cl^--Anteil Lebergalle/Blasengalle	105/66 mmol/l
HCO_3^--Anteil Lebergalle/Blasengalle	30/19 mmol/l
Eindickungsfaktor in der Gallenblase (in 4 Stunden)	ca. 1/10
Gallensäure	
Gallensäurebestand im gesamten Körper	2–4 g
Gallensäuren in 600 ml Galle (tägliche Ausscheidungsmenge)	12–18 g
Bedarf an Gallensäuren zum Emulgieren der Fette	20 g/100 g Fett
Durchschnittliche Fettaufnahme eines Erwachsenen	60–100 g/Tag
Zirkulation der Gallensäure durch Resorption im Dünndarm	6–10 mal/Tag
Rückresorption der Gallensäure aus dem Krummdarm	95 %
Ausscheidung der Gallensäure mit dem Stuhl	0,6 g/d
Anteil an der sezernierten Menge	5 %
Bilirubin	
Tägliche Ausscheidung mit der Galle	200–250 mg
Rückresorption im Darm	15–20 %
Ausscheidung über Niere	10 %
Gelbsucht ab einer Plasmakonzentration von	>2 mg/dl (35 µmol/l)
Anteil der Bevölkerung mit Gallensteinen	ca. 12 %
davon mit cholesterinhaltigen Steinen	90 %
davon mit Pigmentsteinen	10 %

Tabelle 1.7.17   Die Gallenblase

Am Ausführgang der Leber sitzt die birnenförmige Gallenblase, die an die Unterseite der Leber angeheftet ist. Sie kann sich mit Hilfe ihrer Wandmuskulatur zur Entleerung in den Zwölffingerdarm zusammenziehen.

In der Gallenblase und in den Gallenwegen können Gallensteine durch das Auskristallisieren von Cholesterin oder die Ausfällung von Kalziumsalzen entstehen (siehe Tabelle 1.7.18).

Mörike, Betz, Mergenthaler 2001; Silbernagl, Despopoulos 2003; Schmidt, Lang, Thews 2005

Angaben zur Anatomie und Physiologie der Gallenblase	
Länge	8–12 cm
Breite	4–5 cm
Dicke der Gallenblasenwand	1 mm
Inhalt der Gallenblase	
Kleinkind	8,5 ml
Erwachsener	50–65 ml
Entleerung der Gallenblase	
Beginn (nach Reizung der Darmwand durch Fett)	nach 2 min
Vollständige Entleerung	nach 15–90 min
Kontraktionsfrequenz der Wandmuskulatur	2–6 pro min
Erreichte Drücke in der Gallenblase	25–30 mmHg
Ableitendes System der Galle	
Länge des Ductus hepaticus communis	4–6 cm
Länge des Ductus choledochus	3–10 cm

Tabelle 1.7.18   Die Bauchspeicheldrüse (Pankreas) und der Pankreassaft

Das Pankreas besteht aus einem exokrinen Anteil, der Enzyme für die Verdauung im Dünndarm produziert, und einem hormonproduzierenden endokrinen Anteil in Form von Langerhans-Inseln. Die Langerhans-Inseln sind im ganzen Pankreas verstreut und produzieren Insulin und Glukagon. Der Pankreassaft enthält reichlich Bikarbonat und Verdauungsenzyme, die zur Spaltung von Eiweißen, Fetten und Kohlenhydraten im Speisebrei benötigt werden.

Documenta Geigy 1977; Plenert, Heine 1967; Leonhardt 1990; Mörike, Betz, Mergenthaler 2001; Silbernagl, Despopoulos 2003; Junqueira, Carneiro, Gratzl 2004; Schmidt, Lang, Thews 2005

Angaben zur Bauchspeicheldrüse (Pankreas)	
Länge	13–18 cm
Breite	3–4 cm
Gewicht	80–100 g
Exokrines Pankreas (Verdauungsenzyme produzierend)	
Gewicht des exokrinen Teils des Pankreas	78–95 g
Anteil am Pankreasgesamtgewicht	ca. 98 %

Fortsetzung nächste Seite

Fortsetzung Tabelle 1.7.18 Die Bauchspeicheldrüse (Pankreas) und der Pankreassaft

Angaben zur Bauchspeicheldrüse (Pankreas)

Extrembereiche der Pankreassaftproduktion bei Erwachsenen	700–2.500 ml/Tag
Größe der Pankreasläppchen	1–3 mm
Anzahl der Drüsenzellen pro Azinus	100
Dicke des Ausführungsganges (Ductus pancreaticus)	2–3 mm
Menschen mit einem weiteren Nebenausführungsgang	40 %
Endokrines Pankreas (Langerhans-Inseln, Hormonproduktion)	
Gewicht des endokrinen Pankreas	2–5 g
Anteil am Pankreasgewicht	ca. 2 %
Gesamtzahl der Inseln bei Neugeborenen	200.000
Gesamtzahl der Inseln bei Erwachsenen	1–2 Millionen
Durchmesser einer Insel	100–500 µm
Volumen aller Inseln im Pankreas	2–5 cm^3
Anzahl der Zellen pro Insel	3.000
Anteil an A-Zellen (produzieren Glukagon)	20 %
Anteil an B-Zellen (produzieren Insulin)	80 %

Bildung und Zusammensetzung des Bauchspeicheldrüsensekrets

Bildung des Bauchspeicheldrüsensekrets	
Ruhesekretion (beim Erwachsenen)	5 ml pro Stunde
Sekretion bei maximaler Stimulation	480 ml pro Stunde
durchschnittliche Sekretion (Erwachsener, normale Essens- und Schlafenszeiten)	700–2.500 ml pro Tag
durchschnittliche Sekretion pro kg Körpergewicht	17–20 ml pro Tag
Extreme Sekretion	3.300 ml pro Tag
Sekretion des Pankreasaftes nach Nahrungsaufnahme	
Beginn	nach ca. 1–2 Minuten
Ende	nach ca. 3 Stunden
pH-Wert des Pankreasaftes	
unstimuliert (bei Ruhesekretion)	7,0–7,7
nach Stimulation	7,5–8,8
Dichte des Pankreasaftes	1.007–1.014
Zusammensetzung des Bauchspeicheldrüsensekrets	
Wassergehalt	987 g/l
Trockensubstanz	13 g/l
Albumin	600 mg/l
Globulin	400 mg/l
Glukose	(90–180 mg/l)
Elektrolyte	
Bikarbonatkonzentration (nach Stimulation)	bis 140 mmol/l
Vergleich: Plasmakonzentration	24 mmol/l
Chloridkonzentration (nach Stimulation)	30 mmol/l
Vergleich: Plasmakonzentration	100 mmol/l
Natriumkonzentration (nach Stimulation)	142 mmol/l
Kaliumkonzentration (nach Stimulation)	4 mmol/l

Tabelle 1.7.19   Der Dünndarm

Der Dünndarm entspringt am Magenausgang und endet mit dem Übergang in den Dickdarm. Im Dünndarm findet der überwiegende Teil der Verdauung der Nahrung durch Enzyme statt. Die Spaltprodukte werden in das Blut aufgenommen (Resorption).
Der Dünndarm wird in drei Abschnitte unterteilt: Zwölffingerdarm (Duodenum), Leerdarm (Jejunum) und Krummdarm (Ileum).

Documenta Geigy 1977; Schenck, Kolb 1990; Leonhardt 1990; Mörike, Betz, Mergenthaler 2001; Schmidt, Lang, Thews 2005

Angaben zur Anatomie und Physiologie des Dünndarms	
Länge des gesamten Dünndarms (im lebenden Zustand)	3,75 m
Länge des gesamten Dünndarms (nach dem Tod)	6 m
Länge des Zwölffingerdarms (Duodenum)	20–30 cm
Länge des Krummdarms (Jejunum)	1,5 m
Länge des Leerdarms (Ileum)	2 m
Anzahl der Bakterien pro ml Speisebrei	
im Zwölffingerdarm (Duodenum)	$10-10^5$
im Krummdarm (Jejunum)	ca. 10^5-10^6
Fassungsvermögen des Dünndarms (je nach Körpergröße)	3–6 l
Erneuerung des Darmepithels (Mauserungszeit)	ca. alle 2 Tage
Masse der abgestoßenen Zellen pro Tag (Erwachsener)	250 g
Dünndarmsekretion	
Durchschnitt beim Erwachsenen	60–120 ml/Stunde
Durchschnitt beim Kind	20–40 ml/Stunde

Angaben zur Dünndarmmotorik	
Frequenz der rhythmischen Segmentations- und Pendelbewegungen zur Durchmischung des Speisebreis	
im Zwölffingerdarm (Duodenum)	12 /min
im Krummdarm (Jejunum)	10 /min
im Leerdarm (Ileum)	8 /min
Geschwindigkeit der peristaltischen Kontraktionswelle (zur Fortbewegung des Speisebreis)	30–120 cm/min
Fortbewegung des Darminhaltes	1–4 cm/min
Passagezeit des Speisebreis im gesamten Dünndarm	2–4 Stunden

Angaben zur Durchblutung des Dünndarms	
Durchblutung in Verdauungsruhe pro g Darmgewebe	0,3–0,5 ml/min
davon in der Schleimhaut	75 %
davon in der Submukosa	5 %
davon in der Muskelschicht	20 %
Durchblutung bei der Verdauung pro g Darmgewebe	1,5–2,5 ml/min
davon in der Schleimhaut	90 %

Tabelle 1.7.20 Oberflächenvergrößerung der Schleimhaut des Dünndarms

Die Verdauung (Abbau der Nährstoffe und Resorption) spielt sich teils im Dünndarmlumen, teils an der Oberfläche der Schleimhaut ab und erfordert so eine große Schleimhautoberfläche. Kerckring-Falten sind makroskopisch sichtbare Auffaltungen der Schleimhaut. Dünndarmzotten sitzen auf den Kerckring-Falten und ragen ins Darmlumen. Mikrovilli sind Ausstülpungen der Membranen der einzelnen Darmzellen.

Schiebler, Schmidt, Zilles 1995; Schmidt, Thews 1995

Die Oberflächenvergrößerung verschiedener Strukturen des Dünndarms	
Bezugslänge des Dünndarms	280 cm
Bezugsdurchmesser des Dünndarms	4 cm
Innere Oberfläche des Dünndarmlumens	0,33 m^2
Relative Oberfläche	1
Auffaltungshöhe der Kerckring-Falten	1 cm
Gesamtzahl der Kerckring-Falten im Dünndarm	600
Innere Oberfläche des Dünndarmlumens	1 m^2
Relative Zunahme der Oberfläche	Faktor 3
Auffaltungshöhe der Dünndarmzotten	1 mm
Dicke der Dünndarmzotten	0,1 mm
Anzahl der Zotten im Dünndarm pro Schleimhautfläche	2.000–3.000/cm^2
Innere Oberfläche des Dünndarmlumens	ca. 10 m^2
Relative Zunahme der Oberfläche	Faktor 30
Auffaltungshöhe der Mikrovilli	1–2 µm
Dicke der Mikrovilli	0,1 µm
Anzahl der Mikrovilli auf einer Zelle	ca. 3.000
Anzahl der Mikrovilli pro Schleimhautfläche	200 Mio./mm^2
Innere Oberfläche des Dünndarmlumens	200 m^2
Relative Zunahme der Oberfläche	Faktor 600

Tabelle 1.7.21 Dickdarm und Mastdarm

Im Dickdarm (Colon) werden hauptsächlich Wasser und Salze aus dem Speisebrei resorbiert, der dadurch eingedickt wird. In der Ampulle des Mastdarms wird der eingedickte Kot gesammelt, bis auf einen Dehnungsreiz hin die Stuhlentleerung erfolgt.

Documenta Geigy 1977; Schenck, Kolb 1990; Leonhardt 1990; Mörike, Betz, Mergenthaler 2001; Schmidt, Lang, Thews 2005

Angaben zur Anatomie und Physiologie des Dickdarms	
Längen der verschiedenen Anteile des Dickdarms	
Dickdarm (beim Lebenden)	1,2 m
Dickdarm (beim Toten)	1,4 m

Fortsetzung nächste Seite

Fortsetzung Tabelle 1.7.21   Dickdarm und Mastdarm

Angaben zur Anatomie und Physiologie des Dickdarms

Blinddarm (Caecum)	7 cm
Wurmfortsatz (Appendix vermiformis)	9 cm
Dicke des Wurmfortsatzes	0,5–1 cm
Tiefe der Schleimhautkrypten im Dickdarm	0,5 mm
Anzahl der Bakterien pro ml Speisebrei	~ 1.010
Anteil anaerober Bakterien	99 %
Anteil aerober Bakterien	1 %
Zahl der verschiedenen Bakterienarten	über 400
Die Wasserreabsorption im Dickdarm	
Flüssigkeit, die vom Dünndarm in den Dickdarm gelangt	1.000 ml/Tag
Flüssigkeit, die vom Dickdarm ausgeschieden wird	100 ml/Tag
Anteil der Flüssigkeit, die im Dickdarm resorbiert wird	90 %
Porendurchmesser der Zellzwischenräume für den Flüssigkeitstransport durch die Schleimhaut	0,2–0,25 nm
Potentialdifferenz zwischen Darmlumen und dem Gewebe	20–40 mV
Die Dickdarmmotorik	
Frequenz der rhythmischen Segmentations- und Pendelbewegungen (zur Durchmischung des Speisebreis)	
am Anfang des Dickdarmes	4 pro Minute
in der Mitte des Dickdarmes	6 pro Minute
Anzahl der peristaltische Wellenkontraktionen zur Fortbewegen des Speisebreis	3–4 mal pro Tag
Fortbewegung des Darminhaltes im Dickdarm	0,04–0,6 cm/min
Passagezeit des Speisebreis im gesamten Dickdarm	5–70 Stunden

Angaben zur Anatomie und Physiologie des Mastdarms

Länge des Mastdarms (Rektum) insgesamt	15 cm
Ampulla recti	10–12 cm
Canalis analis	3–4 cm
Maximale Füllung der Ampulla recti	2 Liter
Entleerungsfrequenz	
Neugeborene	3–4/Tag
Säuglinge 1.Woche	4–5/Tag
Säuglinge 3.–6.Woche	2–3/Tag
Erwachsene	einmal/Tag bis zweimal/Woche
Kotmenge	
Erststuhl	70–90 g/Tag
Säugling, muttermilchernährt	30–40 g/Tag
Säugling, kuhmilchernährt	15–25 g/Tag
Mittelwert beim Erwachsenen	124 g/Tag

Tabelle 1.7.22 Die Kotmenge und Passagezeiten in Abhängigkeit von der Ernährung

Andere Bezeichnungen für Kot sind Stuhl oder Stuhlgang. Der Begriff Fäkalien wurde aus dem französischen Adjektiv fécal ins Deutsche entlehnt. Unter Kot versteht man die meist festen und mehr oder weniger stark riechenden Ausscheidungen (Exkremente) des Darmes.
Passagezeit = Zeit von der Nahrungsaufnahme bis zur Kotlabgabe.

Documenta Geigy 1977; Mörike, Betz, Mergenthaler 2001

Nahrung	Passagezeit in Stunden		Stuhlmenge in g/Tag	
	Mittelwert	Extremwerte	Mittelwert	Extremwerte
Faserstoffreich				
Kind	34	20–48	275	150–350
Vegetarier	42	18–97	225	71–488
Gemischt				
Kind	45	24–59	165	120–260
Erwachsene	44	23–64	155	–
Europäisch				
Kind	76	35–120	110	71–142
Erwachsene	83	44–144	104	39–223

Tabelle 1.7.23 Die Zusammensetzung des Kots

Der Kot enthält neben unverdaulichen Nahrungsbestandteilen vom Darm und den Drüsen abgestoßene Schleime und Gallenstoffe sowie große Mengen an Bakterien, die bis zu 10 % der Kotmenge ausmachen können.

Documenta Geigy 1977; Rucker 1967; Plenert, Heine 1984; Silbernagl, Despopoulos 2003; Schmidt, Lang, Thews 2005

Angaben zur Menge und zur Zusammensetzung des Kots	
Mittleres Stuhlgewicht beim Erwachsenen	124 g/Tag
Gewichtsanteile des Stuhles eines Erwachsenen	
Wasser	76 %
Bakterien	8 %
Schleimhautzellen des Darmes	8 %
Nahrungsreste	8 %
Zusammensetzung der Trockensubstanz	
anorganische Substanzen	33 %
stickstoffhaltige Substanzen	33 %
Zellulose (u.ä)	17 %
Fette (Lipide)	17 %

Fortsetzung nächste Seite

Fortsetzung Tabelle 1.7.23   Die Zusammensetzung des Kots

Angaben zur Menge und zur Zusammensetzung des Kots	
Wasserabgabe über den Stuhl	
Erwachsener (Durchschnitt)	70–80 ml pro Tag
obere Normalgrenze	150 ml pro Tag
Wasserabgabe beim Krankheitsbild der Asiatischen Cholera	bis 20.000 ml pro Tag
Wasseranteil des Stuhls in Abhängigkeit vom Alter	
Neugeborene	774 g/kg
Säugling, muttermilchernährt	870 g/kg
Säugling, kuhmilchernährt	740 g/kg
Erwachsene	770 g/kg
Sonstige Werte zum Stuhl	
Relative Dichte	1,09
Osmolalität	357 mosmol/kg
Anzahl der Bakterien pro ml Stuhl	10^{11}
Bakterienanteil an der Trockenmasse	30–50 %
Aschegehalt bei Erwachsenen	200 g/kg
pH-Wert bei Säuglingen:	
muttermilchernährt	5,1
kuhmilchernährt	6,5
Brennwert	
insgesamt	0,58 MJ/Tag
auf ein Kilo Trockenmasse bezogen	21,5 MJ/kg

Tabelle 1.7.24   Die Darmgase

Die Gase im Darm können hauptsächlich drei Quellen zugeordnet werden:
1. Verschluckte Luft.
2. Bildung im Darmlumen beim enzymatischen Abbau der Nahrungsbestandteile.
3. Diffusion einiger Gase vom Blut in das Darmlumen.

Documenta Geigy 1977; Schenck, Kolb 1990; Schiebler, Schmidt, Zilles 1995; Mörike, Betz, Mergenthaler 2001

Angaben zur Entstehung und zur Zusammensetzung der Darmgase	
Darmgasbildung	
Gasvolumen im gesamten Darm	50–200 ml
bei normaler Kost	ca. 15 ml
bei Genuss von Bohnen	176 ml
N_2-Menge, die in das Darmlumen diffundiert	1–2 ml/min
Verschluckte Luftmenge pro Bissen (ein großer Teil wird wieder aufgestoßen)	2–3 ml

Fortsetzung nächste Seite

Fortsetzung Tabelle 1.7.24 Die Darmgase

Angaben zur Entstehung und zur Zusammensetzung der Darmgase

Ausscheidung durch das Rektum
    Gasvolumen (durchschnittlicher Wert beim Erwachsenen)   ca. 600 ml/Tag
    Anzahl der Einzelabgaben   15 /Tag
    Volumen einer Einzelportion   40 ml
    Extremwerte der abgegebenen Gasvolumina   200–2.000 ml/Tag
    Anteil geruchloser Gase (z.B. Stickstoff, Sauerstoff, Kohlenstoffdioxid, Wasserstoff, Methan)   99 %
    Anteil geruchstarker Gase (z.B. Schwefelwasserstoff, Methylsulfate)   1 %

Durchschnittlicher Anteil einiger Gase
    Stickstoff   71,0 Vol %
    Kohlenstoffdioxid   10,8 Vol %
    Wasserstoff   15,6 Vol %
    Methan   2,2 Vol %
    Sauerstoff   0,6 Vol %

1.8 Harnorgane, Harnbildung und Wasserhaushalt

Die Nieren sind die sogenannten „Klärwerke" des menschlichen Körpers. Sie haben die Aufgabe Giftstoffe, Medikamente und die harnpflichtigen Substanzen aus dem Blut zur filtern. Diese werden dann über die ableitenden Harnwege (Harnleiter, Harnblase und Harnröhre) mit dem Urin ausgeschieden. Beim Ausfall der Nieren kommt es zur Akkumulation dieser Stoffe im Körper und somit zu Vergiftungserscheinungen. Ohne Therapie, z.B. in Form eine Dialyse, kommt es unweigerlich zum Tode. Die gesunden Nieren des Menschen bilden täglich die unglaubliche Menge von 180 Liter Primärharn. Durch Rückresorptionsvorgänge in den Nieren wird diese Menge auf das normale Harnvolumen von 1,5 Liter reduziert. Die Nieren erfüllen auch wichtige Aufgaben in der Blutdruckregulation durch die Produktion des Hormons Renin sowie in der Blutbildung durch die Produktion des Hormons Erythropoetin.

Tabelle 1.8.1   Zahlen zum Staunen

Literatur siehe nachfolgende Tabellen.

Ausgewählte Angaben aus den nachfolgenden Tabellen	
Überlebenszeit nach dem Ausfall beider Nieren	24–36 Stunden
Erste erfolgreiche Nierenverpflanzung durch *R. H. Lawler*	17.06.1950
Anzahl aller Nephrone in einer Niere	1–2 Millionen
Gesamtlänge aller Nephrone einer Niere	ca. 50 km
Gesamte Filtrationsfläche in beiden Nieren	1,5 m^2
Tägliche Bildung von Primärharn	180 Liter pro Tag
Das Blutplasmavolumen (3 Liter) wird vollständig filtriert	60 mal pro Tag
Tägliche Bildung von Endharn (entspricht der Harnausscheidung pro Tag)	1,5 Liter
Verhältnis von Primärharn zu Endharn	ca. 100 :1
Täglicher Wasserverlust über die Niere bei einer Wasserharnruhr (Diabetes insipidus)	bis 25 Liter/Tag
Durchschnittliche Harnmenge, mit der die Harnblase pro Minute gefüllt wird	3–6 Tropfen
Maximales Fassungsvermögen der Harnblase bei stärkster Füllung	ca. 1.500 ml
Gesamtlänge aller Glomeruluskapillaren einer Niere	25 km
Täglicher Blutdurchfluss durch die beiden Nieren eines gesunden 70 kg schweren Erwachsenen	ca. 1.700 Liter
Tägliche Durchflusszyklen des gesamten Blutvolumens durch die Nieren innerhalb eines Tages	300 mal
Täglicher Sauerstoffverbrauch beider Nieren	ca. 35 Liter

Tabelle 1.8.2 Entwicklung, Lage und Bau der Nieren

Während der Entwicklung der harnableitenden Organe entstehen im Fetus drei Nierengenerationen. Die Vorniere ist funktionslos, die Urniere hat nur begrenzte Funktion, die Nachniere entwickelt sich zum bleibenden Organ.

Die Nieren liegen links und rechts der Wirbelsäule in Höhe des 12. Brustwirbels bis zur Höhe des 2. oder 3. Lendenwirbels. Sie sind an der Rückwand des Bauchraumes gut geschützt in einem Bindegewebskörper mit sehr viel Fettgewebe aufgehängt.

Pitts 1972; Schenck, Kolb 1990; Leonhardt 1990; Schiebler, Schmidt, Zilles 1995; Mörike, Betz, Mergen-thaler 2001; Junqueira, Carneiro, Gratzl 2004; Schmidt, Lang, Thews 2005

Die Nierenentwicklung vor und nach der Geburt	
Ausbildung der Vorniere (Pronephros)	3.–5. Entwicklungswoche des Fetus
Ausbildung der Urniere (Mesonephros)	4.–8. Entwicklungswoche des Fetus
Ausbildung der Nachniere (Metanephros)	ab dem 2. Entwicklungsmonat
Zeitpunkt der vollen Funktionstüchtigkeit der Nieren	6 Wochen nach der Geburt

Angaben zu Lage, Bau und Physiologie der Nieren	
Abstand der Niere zur Hautoberfläche	6–8 cm
Lageveränderung der Niere beim Stehen gegenüber Liegen	ca. 3 cm tiefer
Lageveränderung der Nieren beim Ein- und Ausatmen	ca. 3 cm
Angaben zur Größe einer Niere	
Länge	10–12 cm
Breite	5–6 cm
Dicke	ca. 4 cm
Volumen	ca. 120 cm^3
Relation der Nierengröße zur Größe der Nebenniere	
beim Neugeborenen	3 : 1
beim Erwachsenen	30 : 1
Gewicht einer Niere	120–200 g
davon Nierenrinde (Cortex renis)	75 %
davon Nierenmark (Medulla renis)	25 %
Dicke der Nierenrinde	1 cm
Zahl der verwachsenen Einzellappen einer Niere	10–20
Anzahl der Markpyramiden in einer menschlichen Niere	7–9
Anzahl der Markstrahlen, die in eine Pyramide ziehen	400–500
Anzahl der Sammelrohre pro Markstrahl	4–6
Wassergehalt einer Niere	82,7 %
Menge an Blut, die täglich durch die Nieren strömt	ca. 1.500 Liter
Menge an Urin, die von den Nieren im Leben produziert wird	ca. 40.000 Liter

Tabelle 1.8.3 Das Nephron

Das Nephron ist die kleinste Funktionseinheit der Niere. Es besteht aus dem Nierenkörperchen (Malpighi-Körperchen) und einem Tubulussystem, das aus einem proximalen Tubulus, dem Überleitungsstück (Henle-Schleife) und dem distalen Tubulus besteht.. Das Nierenkörperchen ist aus einem Gefäßknäuel (Glomerulus) und der umschließenden Bowman-Kapsel aufgebaut.

Im Nierenkörperchen wird der Primärharn aus den Kapillarschlingen als Ultrafiltrat des Blutplasmas abgepresst. Das Ultrafiltrat enthält alle löslichen Bestandteile mit Ausnahme der Eiweißkörper in gleicher Konzentration wie das Blut. Der Primärharn gelangt über das Tubulussystem in das Sammelrohr. Auf diesem Weg werden in der Niere Wasser und andere Bestandteile des Primärharns rückresorbiert.

Pitts 1972; Schenck, Kolb 1990; Leonhardt 1990; Schiebler, Schmidt, Zilles 1995; Mörike, Betz, Mergen-thaler 2001; Junqueira, Carneiro, Gratzl 2004; Schmidt, Lang, Thews 2005

Nephron (Nierenkörperchen und Nierenkanälchen)	
Zahl der Nephrone pro Niere	1–2 Millionen
Länge eines Nephrons	30–38 mm
Gesamtlänge aller Nephrone einer Niere aneinandergereiht	ca. 80–100 km
Gesamtlänge von einem Nephron und einem Sammelrohr	50–60 mm
Anzahl der Nephrone, die in ein Sammelrohr einmünden	8–10
Nierenkörperchen (Malpighi-Körperchen)	
Durchmesser eines Nierenkörperchens	ca. 0,16 mm
Wand der Glomeruluskapillaren	
Porengröße der Endothelzellen	70–90 nm
Dicke der Basalmembran	0,3 µm
Filtrationsschlitze zwischen den Podozytenfortsätzen	25 nm
Anzahl der Kapillarschlingen in einem Nierenkörperchen	30–40
Gesamtlänge aller Glomeruluskapillaren einer Niere	25 km
Gesamtfläche der glomerulären Filtrationsfläche einer Niere	1,5 m^2
Nierenkanälchen (Tubulussystem)	
Proximaler Tubulus	
Länge (Dicke)	15 mm (40–60 µm)
Lumenweite	20–40 µm
Anzahl der Mikrovilli einer Tubuluszelle	6.000–7.000
Überleitungsstück (Henle-Schleife)	
Länge	bis zu 10 mm
Lumenweite	10–12 µm
Höhe des Epithels	0,9 µm
Distaler Tubulus	
Länge (Dicke)	12 mm (40–60 µm)
Lumenweite	30–50 µm
Innere Gesamtoberfläche der Nierenkanälchen	20 m^2

Tabelle 1.8.4 Die Filtration in den Nierenkörperchen

In den Nierenkörperchen entsteht der Primärharn als Filtrat des Blutplasmas. Aufbau des Nierenkörperchens (Malpighi-Körperchen) siehe Tabelle 1.8.3.

Über den Harn und dessen Zusammensetzung regeln die Nieren den Elektrolythaushalt des Extrazellulärraums, den Blutdruck und den Säure-Basen-Haushalt.

Pitts 1972; Schenck, Kolb 1990; Leonhardt 1990; Schiebler, Schmidt, Zilles 1995; Mörike, Betz, Mergenthaler 2001; Junqueira, Carneiro, Gratzl 2004; Schmidt, Lang, Thews 2005

Angaben zum Bau und zur Physiologie der Nierenkörperchen	
Gesamte Filtrationsfläche in beiden Nieren	3 m^2
Filtrationsbarriere der Glomeruluskapillaren (anatomisch)	
Porengröße der Endothelzellen	70–90 nm
Dicke der Basalmembran	0,3 µm
Filtrationsschlitze zwischen den Podozytenfortsätzen	25 nm
Durchmesser der modellhaften Poren (funktionell verhält sich die Niere, als würden Poren existieren)	2–4 nm
Effektiv resultierender Filtrationsdruck in den Glomeruluskapillaren	11 mmHg
dieser setzt sich aus folgenden Komponenten zusammen	
Blutdruck in den Glomeruluskapillaren	+ 48 mmHg
Kolloidosmotischer Druck im Kapillarblut	– 25 mmHg
Hydrostatischer Druck in der Bowmankapsel	– 12 mmHg
Anteil des Plasmas, der in den Nierenkörperchen als Primärharn abfiltriert wird	20 %
Tägliche Bildung von Primärharn	180 Liter pro Tag
Glomeruläre Filtrationsrate (GFR), die der Bildung von Primärharn in beiden Nieren entspricht	125 ml/min
davon werden in der Niere resorbiert (wieder aufgenommen)	124 ml/min
Tägliche Bildung von Endharn (entspricht der Harnausscheidung pro Tag)	1.5 l
Verhältnis von Primärharn zu Endharn	ca. 100/1
Glomeruläre Filtrationsrate der Frau im Vergleich zum Mann	10 % weniger
Abnahme der glomerulären Filtrationsrate bei Männern und Frauen ab 40 Jahren	1 % pro Jahr weniger
Filtrationsrate eines einzelnen Nierenkörperchens	50 nl/min
Filtrationszyklen	
gesamtes Blutplasmavolumen (3 Liter)	60 mal /Tag
gesamte Extrazellulärflüssigkeit (14 Liter)	13 mal /Tag
Molekülgröße, ab der eine Behinderung der Filtration in den Nieren einsetzt (z.B. Inulin)	5.500 Dalton
Molekülgröße, bei der nur noch 1% der Menge der Stoffe im Plasma abfiltriert werden (z.B. Albumin)	69.000 Dalton

Tabelle 1.8.5 Durchblutung, Sauerstoffverbrauch und Energiehaushalt der Nieren

Die Nieren zeichnen sich durch eine sehr hohe Durchblutung und eine spezielle Gefäßarchitektur aus. Durch Autoregulationsmechanismen bleibt die Durchblutung und auch die glomeruläre Filtration bei Blutdruckwerten von 80-220 mmHg konstant (Bayliss-Effekt).

Leonhardt 1990; Schiebler, Schmidt, Zilles 1995; Schmidt, Thews 1995; Mörike, Betz, Mergenthaler 2001; Schmidt, Lang, Thews 2005

Die Durchblutung der Nieren	
Täglicher Blutdurchfluss durch beide Nieren eines gesunden 70 kg schweren Erwachsenen	ca. 1.700 Liter
Blutdurchfluss pro Minute	1,2 Liter
Durchfluss des gesamten Blutvolumens (6l) durch die Nieren	alle 5 min
Durchfluss des gesamten Blutvolumens durch die Nieren innerhalb eines Tages	300 mal
Anteil der Nierendurchblutung am Herzzeitvolumen in körperlicher Ruhe	23 %
Zur Erinnerung: Anteil der beiden Nieren am Körpergesamtgewicht	0,5 %
Spezifische Durchblutung	4 ml/g/min
Blutdruck in den Glomeruluskapillaren	46–48 mmHg
Anteil an der Durchblutung	
Nierenrinde	92 %
Nierenmark	8 %

Der Sauerstoffverbrauch der Nieren	
Täglicher Sauerstoffverbrauch beider Nieren	ca. 35 Liter
Sauerstoffverbrauch pro 100 g Nierengewebe	8 ml/min
Sauerstoffverbrauch pro 100 g Rindengewebe	6,7 ml/min
Sauerstoffverbrauch pro 100 g Markgewebe	
äußeres Mark	1,2 ml/min
inneres Mark	0,9 ml/min

Der Energieumsatz der Nieren	
Durchschnittstemperatur der Nieren	41,3°C
Energie für die tägliche Wärmebildung der Nieren	600 kJ
Anteil des Energieverbrauchs der Nieren am Gesamtenergieverbrauch des Körpers in Ruhe	13 %
Anteil verschiedener Substrate an der Energiegewinnung in den Nieren	
Glutamin	35 %
Laktat	20 %
Glukose	15 %
Fettsäure	15 %

Tabelle 1.8.6 Das harnableitende System

Der Harn fließt aus den Nephronen (siehe Tabelle 1.8.3) in die Sammelrohre. Diese werden zu den Papillengängen, die in den Papillen enden. Von den Papillen tropft der Harn in die Nierenkelche, die sich wiederum zu den Nierenbecken vereinigen. Von den Nierenbecken gelangt der Harn in die Harnleiter, deren glatte Muskulatur den Harn in peristaltischen Wellen „tröpfchenweise" in die Harnblase befördert.

Die Harnblase ist ein Hohlmuskel und liegt dem Beckenboden auf. Hier wird der Harn gesammelt. Ab einer Füllmenge von etwa 200 ml setzt leichter, ab 400 ml starker Harndrang ein. Da die Harnleiter schräg durch die Blasenwand ziehen, drückt die Harnblase bei starker Füllung auf die Harnleiter und verhindert so einen Harnrückfluss in die Harnleiter.

Schiebler, Schmidt, Zilles 1997; Mörike, Betz, Mergenthaler 2001; Junqueira, Carneiro, Gratzl 2004; Schmidt, Lang, Thews 2005

Harnableitende Strukturen in den Nieren	
Sammelrohre	
Anzahl der Nephrone, die in ein Sammelrohr einmünden	8–10
Durchmesser eines Sammelrohres	40 µm
Länge eines Sammelrohres in den Markpyramiden	20–23 mm
Papillengänge (Ductus papillares)	
Anzahl der Sammelrohre, die in einen Papillengang einmünden	5
Durchmesser eines Papillenganges	100–200 µm
Zusammenfassungsschritte vom Papillengang bis zum Nierenbecken	
Anzahl der Papillengänge, die in eine Papille münden	15–20
Anzahl der Papillen, die in einen Endkelch münden	1–3
Anzahl der Endkelche, die in einen Hauptkelch münden	10
Anzahl der Hauptkelche, die ins Nierenbecken münden	2–3
Anzahl der Nierenbecken pro Niere	1
Volumen des Nierenbeckens	5–10 ml

Die Harnleiter (Ureter)	
Länge eines Harnleiters	25–30 cm
Durchmesser eines Harnleiters	2–7 mm
Anzahl der Längsfalten eines Harnleiters	5–7
Peristaltische Kontraktionswellen des Harnleiters	5–6 pro min
Menge des beförderten Harns	3–6 Tropfen pro min

Die Harnblase (Vesica urinaria)	
Anzahl der Muskelschichten	3
Fassungsvermögen: normal (bei stärkster Füllung)	150–500 ml (ca. 1.500 ml)
Wanddicke: nach Entleerung (bei maximaler Füllung)	5–7 mm (1,5–2 mm)
Einsetzen des Harndrangs ab einer Füllmenge von	200–350 ml

Tabelle 1.8.7 Der Harn und das Harnsediment

Die Osmolalität gibt die Teilchenanzahl osmotisch aktiver Substanzen in 1kg Lösungsmittel an. Sie ist einzig und allein abhängig von der Anzahl, nicht aber von der Größe der Teilchen. Sie bestimmt bei Körperflüssigkeiten die Verteilung des Wassers zwischen den verschiedenen Zellräumen.

Unter dem Harnsediment versteht man den Bodensatz nach Zentrifugation des Harns.

Pschyrembel 2004; Thews, Mutschler, Vaupel 1999

Physikalische Daten zum Harn	
Spezifisches Gewicht	1.012–1.022 g/l
pH-Wert	4,8–7,6
Relative Viskosität	1,0–1,4
Osmolalität	
Erwachsener	50–1.400 mosmol/kg
Kind (1 Jahr)	600–1.160 mosmol/kg
Kind (5 Jahre)	380–1.200 mosmol/kg
Das Harnsediment	
Zelluläre Bestandteile	
rote Blutkörperchen (pro 24-Stundenurin)	<2.000.000
weiße Blutkörperchen (pro 24-Stundenurin)	<4.000.000
Hyaline Zylinder	<15.000

Tabelle 1.8.8 Täglich ausgeschiedene Inhaltsstoffe des Harns

Die Werte beziehen sich auf eine tägliche Harnmenge von 1–2 Litern.

Schenck, Kolb 1990; Mörike, Betz u. Mergenthaler 2001; Schmidt, Lang, Thews 2005

Bestandteil	Ausscheidung in g/Tag	Bestandteil	Ausscheidung in mg/Tag
Harnstoff	20–50	Kalzium	100–400
Gesamtstickstoff	10–20	Magnesium	100–400
Chlorid	4–9	Citrat	100–300
Natrium	4–6	Phenolsulfat	80–120
Kalium	1,5–3,0	Glucuronat	40–400
Phosphat	1,0–2,5	Steroide	50–250
Sulfat	1,0–2,0	Glukose	10–200
Kreatinin	1,0–1,5	Purinbasen	10–60
NH_4	0,5–1	Urobilinogen	0,5–2,0
Benzoylglycin	0,4–0,8	Porphyrine	0,02–0,1
Harnsäure	0,2–1	Indoxylsulfat	0–32

Tabelle 1.8.9   Filtrations-, Resorptions- und Ausscheidungswerte verschiedener Stoffe in der Niere

Die Werte stellen Durchschnittswerte dar. Sie können für die angegebenen Stoffe je nach Ernährungsweise sehr stark schwanken.

Schneider 1971

	Durchschnittliche Konzentration in Gramm %		Filtriert in g/Tag Nierenkörperchen	Resorbiert in g/Tag Nierentubulus	Ausgeschieden in g/Tag Harn
	Blutplasma	Harn			
Wasser	–	–	170.000	168.500	1.500
Glukose	0,100	0,010	170	169,5	0,5
Harnsäure	0,005	0,035	8,5	7,9	0,53
Harnstoff	0,027	1,800	46	19	27
Kreatinin	0,001	0,110	1,7	0	1,7
Natrium	0,333	0,333	566	561	5
Kalzium	0,010	0,015	17	16,8	0,2
Kalium	0,017	0,180	28,9	26,2	2,7
HCO_3^-	0,159	0,020	270	269,7	0,3
Chlorid	0,373	0,353	634	628,7	5,3
Phosphat	0,003	0,073	5,1	4	1,1
NH_4	–	0,047	–	–	0,7

1.8.10   Die Beziehung zwischen Molekulargewicht, Molekülgröße und glomerulärer Filtrierbarkeit

Unter dem Siebkoeffizienten wird das Verhältnis der Konzentration eines Stoffes im Primärharn zu der Konzentration dieses Stoffes im Plasma angegeben.

Schmidt, Thews 1995

Substanz	Molekulargewicht in Dalton (Da)	Molekülradius in nm	Siebkoeffizient
Wasser	18	0,10	1,00
Harnstoff	60	0,16	1,00
Glukose	180	0,36	1,00
Rohrzucker	342	0,44	1,00
Inulin	5.500	1,48	0,98
Myoglobin	17.000	1,95	0,75
Eieralbumin	43.500	2,85	0,22
Hämoglobulin	68.000	3,25	0,03
Serumalbumin	69.000	3,55	<0,01

Tabelle 1.8.11 Normalwerte der Harninhaltstoffe

Die Angaben pro Liter beziehen sich auf einen Liter Urin, wobei die durchschnittliche Urinmenge eines Erwachsenen 1,5 Liter pro Tag beträgt. Die Angabe pro Tag (d) bezieht sich auf einen 24-Stunden Sammelurin.

Abkürzung: dl=Deziliter

Krapf 1995; Dormann 1997

Substanz	Konzentration im Harn	Substanz	Konzentration im Harn
α1-Mikroglobulin	<13,3 mg/d	Kalzium	
α2-Mikroglobulin	<0,3 mg/l	Erwachsener	0,1–0,4g/d
Albumin	<20 mg/l	Kleinkind	60–160 mg/d
Amylase	32–600 U/l	Säugling	20–100 mg/d
ß2–Mikroglobulin	<129 µg/l	Kupfer	<50 µg/d
Blei	<70 µg/l	Kreatinin	
Cadmium	< 5µg/l	Frau	<270 mg/d
C-Peptid Erwachs.	33–60 µg/d	Mann	<189 mg/d
C-Peptid Kind	16–28 µg/d	Laktose	<35 mg/d
Chlorid		Lysozym	<1,4 mg/l
Erwachsener	170–210 mmol/d	Magnesium	1,5–7,5 mmol/d
bis 6 Monate	0,22–0,36 g/d	Mangan	0,2–1,0 µg/l
7–24 Monate	0,65–1,58 g/d	Molybdän	<5 µg/l
2–7 Jahre	1,19–2,63 g/d	Myoglobin	negativ
8–14 Jahre	1,86–4,18 g/d	Natrium	
Chrom	0,6–2,9 µg/l	Erwachs. beim Fasten	3–6 g/d
Citrat	2,08–4,16 mmol/d	Säugling bis 6 Mon.	0,05–0,14 g/d
Cobalt	<10 µg/l	Kind 2–7 Jahre	0,62–1,43 g/d
Cystin	<30 mg/dl	8–14 Jahre	1,17–2,51 g/d
Eiweiß (Protein)	<150 mg/d	Nickel	<1,7 µg/l
Fluorid	0,3–1,5 mg/d	Oxalsäure	
Fruktose	<30 mg/d	Erwachsener	<29 mg/d
Galaktose		Kind	< 50 mg/d
Erwachsener	<10 mg/dl	Phosphat, anorg.	300–1000mg/d
Säugling	< 20 mg/dl	Porphobilinogen	0–2 mg/l
Glukose	<0,3 g/d (16,65mmol/d)	Porphyrine gesamt	<100 µg/d
		Quecksilber	<20 µg/d
Hämoglobin, frei	0,02 mg/dl	Selen	74–139 µg/l
Harnsäure	2,38–4,46 mmol/d	Urobilin	negativ
Harnstoff	13–33 g/24h	Zink (Kreatinin)	<140 µg/g
Homocystin	<1 mg/d	Zinn	<2 µg/l
Kalium			
Erwachsener	2–4 g/d		
bis 6 Monate	0,2–0,74 g/d		
7–24 Monate	0,82–1,79 g/d		
2–7 Jahre	0,82–2,03 g/d		
8–14 Jahre	1,01–3,55 g/d		

Tabelle 1.8.12 Die Wasserbilanz bei Erwachsenen und Säuglingen

Oxidationswasser entsteht bei der Verbrennung der Nährstoffe. Pro Gramm Eiweiß 0,44 ml Wasser; pro Gramm Kohlenhydrat 0,6 ml Wasser und pro Gramm Fett 1,09 ml Wasser.

Beim insensiblen Wasserverlust wird Wasser über Haut und Schleimhaut (Atmung) durch Diffusion und Verdunstung ohne Beteiligung der Schweißdrüsen abgegeben.

Die Angaben sind Durchschnittswerte eines gesunden Erwachsenen mit einem Gewicht von 70 kg und eines gesunden Säuglings mit einem Gewicht von 7 kg.

Schmidt, Thews 1995; Pschyrembel 2004

Wasserzufuhr in ml/Tag		Wasserabgabe in ml/Tag	
Beim Erwachsenen		Beim Erwachsenen	
Nahrung	900	Stuhl (Fäzes)	150
Trinken	1.300	Urin	1.500
Oxidationswasser	300	Insensibler Wasserverlust	750
Insgesamt	2.500	über die Haut	375
		über die Lunge	375
		Schweiß	100
		Insgesamt	2.500
Beim Säugling		Beim Säugling	
Nahrung und		Stuhl	30
Trinken	620	Urin	500
Oxidationswasser	80	Insensibler Wasserverlust	170
Insgesamt	700	Insgesamt	700

Tabelle 1.8.13 Der tägliche Wasserbedarf

Documenta Geigy 1977

Alter	Körpergewicht (KG) in kg	Geschätzter Wasserbedarf in ml /kg	Gesamt (ml)
3 Tage	3,0	80–100	240–300
10 Tage	3,2	125–150	400–480
3 Monate	5,4	140–160	760–860
6 Monate	7,3	130–155	950–1.060
9 Monate	8,6	125–145	1.080–1.250
1 Jahr	9,5	120–135	1.140–1.280
2 Jahre	11,8	115–125	1.360–1.480
4 Jahre	16,2	100–110	1.620–1.780
6 Jahre	20,0	90–100	1.800–2.000
10 Jahre	28,7	70–85	2.010–2.440
14 Jahre	45,0	50–60	2.250–2.700
18 Jahre	54,0	40–50	2.160–2.700
Erwachsene	70,0	21–43	1.500–3.010

Tabelle 1.8.14 Die Verteilung des Körperwassers

Die Werte geben den durchschnittlichen Flüssigkeitsgehalt der verschiedenen Flüssigkeitsräume bei Erwachsenen mit einem Gewicht von 70 kg wieder.

Bei Frauen ist der Wassergehalt des Organismus deutlich geringer als bei Männern, weil Fettgewebe, das nur 10–30 % Wasser enthält, bei Frauen meist relativ stärker ausgebildet ist.

Die Werte geben den prozentualen Anteil am Körpergewicht wieder.

Documenta Geigy 1975; Schmidt, Lang, Thews 2005

Die Verteilung des Körperwassers in den Flüssigkeitsräumen		
Körperwasser	Volumen in Liter	Anteil am Körpergewicht in Prozent
Extrazelluläre Flüssigkeit	17,0	24,0
davon: Interstitielle Flüssigkeit	13,0	18,6
davon: Blutplasma	3,0	4,0
davon: Transzelluläre Flüssigkeit	1,0	1,4
Intrazelluläre Flüssigkeit	28,0	40,0
davon: Gewebezellenflüssigkeit	25,5	36,5
Davon: Blutzellenflüssigkeit	2,5	3,5
Gesamtkörperwasser	45,0	64,0

Die Verteilung des Körperwassers bei Frauen, Männern und Säuglingen			
	Mann	Frau	Säugling
Gesamtkörperwasser	60 %	50 %	75 %
Intrazelluläre Flüssigkeit	40 %	30 %	40 %
Extrazelluläre Flüssigkeit	20 %	20 %	35 %
Intravasale Flüssigkeit	4 %	4 %	5 %
Interstitielle Flüssigkeit	16 %	16 %	30 %
Feste Substanzen	40 %	50 %	25 %

1.9 Haut, Haare, Geschmacks- und Geruchssinn

Die Haut ist nicht nur das größte, sondern auch das schwerste Organ des Menschen. Sie bedeckt die gesamte Körperoberfläche und sie vermittelt durch die Vielzahl der eingebauten Sinneszellen als wichtiges Sinnesorgan zwischen dem Körper und der Umwelt.

Tabelle 1.9.1   Zahlen zum Staunen

Literatur siehe nachfolgende Tabellen

Ausgewählte Angaben zur Haut sowie dem Geschmacks- und Geruchssinn	
Oberfläche der gesamten Haut eines Erwachsenen (abhängig von der Größe der Person)	1,5–1,8 m²
Oberflächliche Verbrennungen sind lebensbedrohend ab einer betroffenen Hautoberfläche von	20 %
Gewicht der Haut eines Menschen	ca. 11–15 kg
Anzahl der Zellen in der Haut	ca. 10^{11}
Länge aller Blutgefäße pro 1 cm² Haut	ca. 1 m
Durchschnittliche Abgabe von Hornschuppen	10 g/Tag
Anzahl der Druckrezeptoren, die bei einem Händedruck erregt werden	ca. 1.500
Geschätzte Länge der Nervenfasern der gesamten Haut eines Erwachsenen	80 km
Gesamtzahl der Schweißdrüsen eines Erwachsenen	ca. 2 Millionen
Gesamtschweißsekretion bei Schwerstarbeit unter extremer Hitzebelastung	bis 18 Liter täglich
Anteil der Männer, die ihre Kopfhaare mit etwa 25 Jahren verlieren	ca. 20 %
Anteil der Männer, die ihre Kopfhaare das ganze Leben lang behalten	ca. 20 %
Zahl der Linkshänder unter blonden Menschen gegenüber Menschen mit brünettem oder rotem Haar	doppelt so hoch
Anteil der Europäer, die einen linksdrehenden Haarwirbel am Hinterkopf haben	80 %
Anzahl der Talgdrüsen auf der Kopfhaut	ca. 120.000
Länge der Talgstränge, die von allen Haarbalgdrüsen produziert werden	30 m/Tag 11 km/Jahr
Den längsten Bart hatte bisher *Hans Langseth*, geb. 1846 in den USA	5,33 m
Geschwindigkeit der Partikel beim Niesen (im Kehlkopfbereich)	über 150 km/h
Anzahl der insgesamt unterscheidbaren Düfte	ca. 10.000

Tabelle 1.9.2 Anatomie, Physiologie und die Blutversorgung der Haut

Die Haut (Cutis) ist ein lebenswichtiges Organ, das die äußere Oberfläche des Körpers bildet und damit eine Schranke zwischen Umwelt und innerem Milieu darstellt. Sie ist aufgebaut aus der Oberhaut (Epidermis) und der Lederhaut (Dermis). Unter der Haut liegt die fettgewebsreiche Unterhaut (Subcutis).
Die Haut erfüllt vielfältige Aufgaben im täglichen Leben:
   Sie bietet Schutz gegen chemische und physikalische Schädigungen von außen.
   Sie stellt eine Barriere gegen das Eindringen von gefährlichen Mikroorganismen dar und bietet anderen gleichzeitig einen Lebensraum.
   Sie ist für die Wärmeregulation des Körpers zuständig und regelt den Wasserhaushalt, um ein Austrocknen des Körpers zu verhindern.
   Sie vermittelt mit Hilfe der großen Zahl unterschiedlicher Sinneszellen einen Eindruck von der Umwelt.

Leonhardt 1990; Mörike, Betz, Mergenthaler 2001; Schmidt, Lang, Thews 2005; Schiebler, Schmidt, Zilles 2006

Angaben zu Anatomie und Physiologie der Haut	
Oberfläche der gesamten Haut eines Erwachsenen (abhängig von der Größe der Person)	1,5–1,8 m²
Oberflächliche Verbrennungen sind lebensbedrohend ab einer betroffenen Hautoberfläche von	20 %
Gesamtgewicht mit Unterhaut (Subkutis)	ca. 11–15 kg
Gewicht von Oberhaut und Lederhaut	ca. 4 kg
Anteil der Haut mit Unterhaut an der Gesamtkörpermasse	
bei einem Erwachsenen mit normalem Gewicht	16 %
bei einem Erwachsenen mit hohem Fettanteil am Gewicht	20 %
Anzahl der Zellen in der Haut	
insgesamt (hochgerechnet)	ca. 10^{11}
pro cm²	6 Millionen
Anzahl der Nervenzellen pro cm² Haut	500
Geschätzte Anzahl der Mikroorganismen auf der Haut	ca. 10^{13}
in Arealen mit viel Talk- und Schweißdrüsen	10^6/cm²
in trockenen Arealen	10^2–10^3/cm²
Anteil der Felderhaut an der Gesamthautfläche	96,5 %
Anteil der Leistenhaut auf Handflächen und Fußsohlen (die Leistenhaut bildet den Fingerabdruck)	3,5 %

Die Blutversorgung der Haut	
Durchblutung der gesamten Haut in Ruhe	400 ml/min
Durchblutung der gesamten Haut bei extremer Hitzebelastung	3.000 ml/min
Durchblutung in Ruhe pro 100g Haut	ca. 10 ml/min
Fassungsvermögen des Venengeflechts der Haut	1.500 ml
Länge aller Blutgefäße pro 1 cm² Haut	ca. 1 m

Tabelle 1.9.3 Die Oberhaut

Die Oberhaut (Epidermis) liegt auf der Lederhaut (Dermis) auf und bildet somit die Grenzschicht des Körpers zur Umwelt. Sie ist aus mehreren mikroskopisch unterscheidbaren Schichten aufgebaut. Da die Oberhaut selbst gefäßlos ist, erfolgt die Versorgung über Diffusionsvorgänge aus den Kapillaren der Lederhaut (Dermis).

Die Epithelzellen (Keratinozyten) der Haut werden in der Basalzellschicht der Epidermis gebildet. Während ihrer passiven Wanderung an die Oberfläche bilden sie sich zu Hornzellen um. Etwa 20–30 Tage nach ihrer Bildung werden sie als „tote" Hornschuppen von der Haut abgestoßen. Melanozyten kommen in der Basalzellschicht der Oberhaut vor und sind durch die Produktion von Melanin für die Pigmentierung der Haut verantwortlich.

Leonhardt 1990; Junqueira, Carneiro, Gratzl 2004; Schiebler, Schmidt, Zilles 2006

Angaben zur Anatomie der Oberhaut und zur Lebensdauer	
Dicke der Oberhaut	
durchschnittlich	0,05–0,1 mm
Handfläche	0,5 mm
Fußsohle	0,75–1,2 mm
in Schwielen (infolge hoher Beanspruchung)	bis 4 mm
Anteil der Epithelzellen (Keratinozyten) an der Gesamtzellzahl der Haut	85 %
Anteil spezieller Zellen, die nicht der Hornbildung dienen	15 %
Abhängigkeit der Zellteilungen in der Haut von der Tageszeit	
maximale Zellteilung	8–10 Uhr
minimale Zellteilung	20–22 Uhr
Zeitraum von der Bildung bis zum Abstoßen der Epithelzellen (Keratinozyten)	20–30 Tage
Durchschnittliche Abgabe von Hornschuppen	10 g/Tag
Breite der Spalten in der Oberhaut	0,01 µm
Melanozyten (bilden das Hautpigment Melanin)	
Anzahl der Melanozyten pro mm² Haut	ca. 1.000
Zahl der Epithelzellen in der Basalzellschicht pro Melanozyt	4–12

Die Schichten der Epidermis	
Basalzellschicht (Stratum basale), in der die Keratinozyten gebildet werden	
Anzahl der Zellen, die die Basis der Zellsäulen bilden	10–15 Zellen
Stachelzellschicht (Stratum spinosum)	
Anzahl der Zelllagen	4–8
Verhornungsschicht (Stratum granulosum)	
Anzahl der Zelllagen	2–5
Größe der Granula (Keratohyalinkörnchen)	0,1–0,5 µm
Hornschicht (Stratum corneum)	
Anzahl der Zelllagen (Fußsohle)	mehrere Hundert
Länge der Hornzellen	30 µm
Dicke der Hornzellen	0,5 µm

Tabelle 1.9.4 Der Tastsinn der Haut und die simultanen Raumschwellen

Die Sensibilität der Haut ist nicht gleichmäßig verteilt. Je dichter die Sinnespunkte angeordnet sind, umso feiner ist das örtliche Auflösungsvermögen. Dies lässt sich quantitativ über die simultane Raumschwelle bestimmen. Gemessen werden die kleinsten Abstände, bei denen zwei gleichzeitig gesetzte Reize noch als getrennt wahrgenommen werden.
Mechanorezeptoren wie die Merkel-Zellen, Ruffini-Körperchen und Meissner-Tastkörperchen reagieren auf Druck, die Vater-Pacini-Lamellenkörperchen reagieren auf Vibration.
Rucker 1967; Weber 1981; Schenck, Kolb 1990; Mörike, Betz, Mergenthaler 2001; Schmidt, Lang, Thews 2005; Schiebler, Schmidt, Zilles 2006

Die Mechanorezeptoren der Haut (Tastsinn)	
Durchschnittliche Anzahl der Druckrezeptoren auf der Haut	28 /cm^2
Anzahl der Druckrezeptoren, die bei einem Händedruck erregt werden	ca. 1.500
Reizschwelle für die Wahrnehmung von Drücken	0,31 mg/mm^2
Merkel-Zellen liegen in der Oberhaut (Druck)	
Anzahl im gesamten Körper	ca. 60 Millionen
Durchmesser einer Merkel-Zelle (Größe der Granula)	10 µm (100 nm)
Ruffini-Körperchen liegen in der Unterhaut (Druck)	
Länge	0,5–2 mm
Meißner-Tastkörperchen liegen in der Lederhaut (Berührung)	
Länge / Dicke	100 µm / 40 µm
Anzahl im gesamten Körper	500.000
Anzahl (Fingerspitze)	bis zu 200/cm^2
maximale Empfindlichkeit	<60 Hz
Vater-Pacini-Lamellenkörperchen liegen in der Unterhaut (Vibration)	
Länge / Dicke	4 mm / 2mm
Maximale Empfindlichkeit	100–400 Hz
Anzahl im gesamten Körper	40.000
Anzahl auf der Handfläche	über 600
Anzahl der Zellen pro Körperchen	20–50

Simultane Raumschwellen der Haut			
Ort der Berührung	min. Abstand	Ort der Berührung	min. Abstand
Zungenspitze	1,1 mm	Stirn	22,0 mm
Fingerspitze	2,3 mm	Handrücken	31,6 mm
Roter Teil der Lippen	4,5 mm	Scheitel	33,9 mm
Nasenspitze	6,8 mm	Unterarm	40,6 mm
Daumen	9,0 mm	Unterschenkel	40,6 mm
Zungenrand	9,0 mm	Brustbeinbereich	45,1 mm
Augenlid (äußere Fläche)	11,3 mm	Oberarmmitte	67,7 mm
Handinnenfläche	11,3 mm	Oberschenkelmitte	67,7 mm
Wange	11,3 mm	Rückenmitte	67,7 mm

Tabelle 1.9.5   Die Temperaturempfindung der Haut

Temperaturempfindungen basieren auf zwei entgegengesetzten Qualitäten, der Warm- und der Kaltempfindung. In einem mittleren Bereich der Hauttemperatur von 31–36°C besteht eine neutrale Temperaturempfindung. Dabei wird die Temperatur weder als warm noch als kalt empfunden (Indifferenzumgebungstemperatur). Bei den Warm- und Kaltsensoren handelt es sich um freie Nervenendigungen, die sich in der Lederhaut befinden.

Gauer, Kramer, Jung 1972; Thews, Mutschler, Vaupel 1999; Schmidt, Lang, Thews 2005

Arbeitsbereiche der Temperaturrezeptoren

Geschätzte Anzahl der freien Nervenendigungen in der Haut eines Erwachsenen	4 Millionen
Durchschnittliche Anzahl der freien Nervenendigungen in der Haut	150 /cm^2
Geschätzte Länge der Nervenfasern der gesamten Haut eines Erwachsenen	80 km

Verteilung von Warm- und Kaltpunkten

Körperregion	Kaltpunkte pro cm^2	Warmpunkte pro cm^2
Stirn	5,5–8	2
Nase	8–13	1
Mund	16–19	–
übriges Gesicht	8,5–9	1,7
Brust	9–10,2	0,3
Unterarm	6–7,5	0,3–0,4
Handfläche	1–5	0,4
Fingerrücken	7–9	1,7
Finger, Innenseite	2–4	1,6
Oberschenkel	4,5–5,2	0,4

Tabelle 1.9.6   Die Schweißsekretion und Schweißdrüsen

Die Schweißsekretion ist ein wesentlicher Bestandteil bei der Wärmeregulation des Körpers. Durch die Verdunstung des Wassers auf der Hautoberfläche wird dem Körper Wärmeenergie entzogen, was zu einer Abkühlung führt.

Diem, Lentner 1977; Morimoto 1978; Keidel 1985; Stüttgen 1965; Flindt 2000; Silbernagl, Despopoulos 2003; Schmidt, Lang, Thews 2005

Angaben zum Schwitzen und zum Schweiß

Gesamtzahl der Schweißdrüsen eines Erwachsenen	ca. 2.000.000
Durchmesser einer Schweißdrüse	0,4 mm

Fortsetzung nächste Seite

Fortsetzung Tabelle 1.9.6 Die Schweißsekretion und Schweißdrüsen

Angaben zum Schwitzen und zum Schweiß	
Gesamtschweißsekretion unter Normalbedingungen	bis 800 ml täglich
in den Tropen	bis 3–4 Liter täglich
unter schweren Arbeitsbedingungen	bis 10 Liter täglich
bei Schwerstarbeit unter extremer Hitzebelastung	maximal 18 Liter täglich
Sekretionsleistung einer einzelnen Schweißdrüse	4–15 µl/Tag
Wärmemengeverlust pro Liter Schweiß	2.428 kJ
Nicht sichtbare Schweißabgabe bei Temperaturen unter 31 °C	20–30 ml/h
Beginn der sichtbaren Schweißsekretion	bei über 31 °C
Zusammensetzung des Schweißes	
Spezifisches Gewicht	1,005–1,009
pH–Wert	5,7–7,0
Menge der Trockenmasse	5–10 g/l
Wassergehalt	990–995 g/l
Anorganische Bestandteile	
Kalzium	29,000 mg/l
Magnesium	3,200 mg/l
Zink	1,150 mg/l
Eisen	0,412 mg/l
Phosphor	0,240 mg/l
Organische Bestandteile	
Aminosäuren	1,380 g/l
Harnstoff	1,180 g/l
Milchsäure	0,616 g/l
Gesamtprotein	0,077 g/l
Glukose	0,070 g/l

Verteilung der Schweißdrüsen und der Vergleich zwischen ethnischen Gruppen			
Rücken	55 /cm²		Anzahl insg.
Gesäß	57 /cm²	Mitteleuropäer gesamt	2,00 Mio.
Wangen	75 /cm²		
Bein	80 /cm²	Vergleich zu anderen Rassen	
Fußrücken	125 /cm²	Ainus	1,45 Mio.
Unterarm (außen)	150 /cm²	Russen	1,89 Mio.
Bauch	155 /cm²	Eskimos, männlich	1,90 Mio.
Brust	155–250 /cm²	Negroide, männl. (USA)	2,18 Mio.
Unterarm (innen)	160 /cm²	Japaner	2,28 Mio.
Stirn	170 /cm²	Eskimos, weiblich	2,39 Mio.
Hals	185 /cm²	Chinesen (Thailand)	2,42 Mio.
Handrücken	200 /cm²	Siamesen	2,42 Mio.
Fußsohle	350–400 /cm²	Kaukasier, männl. (USA)	2,47 Mio.
Handteller	375–425 /cm²	Philippinos	2,80 Mio.
Ellenbeuge	751 /cm²	Kaukasier, weibl. (USA)	3,12 Mio.

Tabelle 1.9.7 Die Haare des Menschen

Haare (Pili) sind röhrenförmig aufgebaut und bestehen im Wesentlichen aus der Hornsubstanz Keratin. Die Oberfläche der Röhre ist mit kleinen schuppenartig übereinander liegenden Hornplatten bedeckt. Haare sind saugfähig und dehnen sich bei Feuchtigkeit aus. Nur die Haarwurzel ist mit Blut und Nerven versorgt.

Haare dienen dem Wärmeschutz und der Tastempfindung. Aus den Lanugohaaren (Flaumhaaren) der Fetalzeit werden nach der Geburt etwas dickere Vellushaare (Wollhaare). Vor allem bei Frauen bleiben diese Wollhaare am ganzen Körper lebenslang erhalten. Die Terminalhaare entstehen im Bereich des Kopfes, der Augenbrauen, der Wimpern sowie sexualhormonabhängig im Bart-, Achsel-, Brust- und Schambereich, im äußeren Gehörgang und am Naseneingang.

Rucker 1967; McCutcheon 1991; Mörike, Betz, Mergenthaler 2001; Guinness Buch der Rekorde 1995

Allgemeine Angaben zu den Haaren der Menschen	
Bildung der Flaumhaare	ab 4. Fetalmonat
Ersatz der Flaumhaare durch die Wollhaare	im Alter von 6 Monaten
Mittlerer Durchmesser eines Haares	0,1 mm
Anteil der Kopfhaare an allen Haaren des Körpers	ca. 25 %
Anteil der Körperoberfläche beim weiblichen Geschlecht, auf der die Wollhaare lebenslang erhalten bleiben	65 %
Anteil der Männer, die ihre Kopfhaare mit etwa 25 Jahren verlieren	ca. 20 %
Anteil der Männer, die ihre Kopfhaare das ganze Leben lang behalten	ca. 20 %
Größe des Haarverlustes bei Frauen innerhalb von 3 Monaten nach der Niederkunft	50 %
Anteil der Menschen mit rotem Haar in Schottland (höchster Wert auf der Erde)	11 %
Anteil der Europäer, die einen linksdrehenden Haarwirbel am Hinterkopf haben	80 %
Gesamtanzahl der Talgdrüsen auf der Kopfhaut eines Erwachsenen	ca. 120.000
Länge der Talgstränge, die alle Haarbalgdrüsen produzieren	30 m/Tag und 11 km/Jahr

Rekordverdächtiges zu den Haaren	
Normalerweise erreichbare Haarlänge	70–90 cm
Das längste Haar der Welt hat eine Frau aus Massachusetts (USA, März 1993)	3,86 m
Das längste Haar in Deutschland hat eine 1943 geborene Frau	3,25 m
Den längsten Schnurrbart der Welt (linke Seite) hat *Kalyn Ramji Sain* aus Indien	1,67 m
Den längsten Bart hatte *Hans Langseth*, geb. 1846 in den USA	5,33 m
Die maximale Belastung, die jemals ein Haar ausgehalten hat	261 g

Tabelle 1.9.8 Anzahl der Haare an verschiedenen Körperstellen bei Menschen und zum Vergleich bei Affen

Die Haarwurzel jedes einzelnen Haares befindet sich im Haarfollikel, der bis in das Unterhautbindegewebe reichen kann. In der Haarpapille liegt die Wachstumszone des Haares, hier wird das Haar mit Nährstoffen über das Blut versorgt.

Die Haarfarbe wird unter anderem durch den Melaningehalt bestimmt. Fehlt das Pigment ganz, dann sind die Haare von Anfang an weiß (Albino). Bei älteren Menschen werden die Haare durch einen allmählichen Pigmentverlust weiß. Eine kleine Variation der Pigmentstruktur gibt rotes Haar.

Die Werte beim Menschen beziehen sich auf einen durchschnittlichen, gesunden Erwachsenen.

Oppenheimer, Pincussen 1925; Meyer 1964; Rucker 1967; Schultz 1969; Mörike, Betz, Mergenthaler 2001

Anzahl der Haare an verschiedenen Körperstellen (Mittelwert)

Haupthaar		Körperhaare	25.000
blond	150.000	Augenbrauen	600
braun	110.000	Wimpern	420
schwarz	100.000		
rot	90.000		

Anzahl der Haare pro Quadratzentimeter und Körperstelle des Menschen

Scheitel	300–320 /cm²	Kniescheibe	22 /cm²
Hinterhaupt	200–240 /cm²	Handrücken	18 /cm²
Stirn	200–240 /cm²	Oberarm	16 /cm²
Kinn	44 /cm²	Oberschenkel	15 /cm²
Schamberg	30–35 /cm²	Brust	9 /cm²
Unterarm	24 /cm²	Unterschenkel, Wade	9 /cm²

Anzahl der Haare pro Quadratzentimeter und Körperstelle bei Affenarten

Gibbon		Schimpanse	
Kopf	2.100 /cm²	Kopf	180 /cm²
Rücken	1.720 /cm²	Rücken	100 /cm²
Brust	600 /cm²	Brust	70 /cm²
Pavian		Orang-Utan	
Kopf	640 /cm²	Kopf	160 /cm²
Rücken	655 /cm²	Rücken	170 /cm²
Brust	135 /cm²	Brust	100 /cm²
Gorilla			
Kopf	410 /cm²		
Rücken	140 /cm²		
Brust	5 /cm²		

Tabelle 1.9.9 Wachstum und Verlust der Haare

Das menschliche Haar wächst zyklisch. Man unterscheidet eine Wachstumsphase, eine Involutionsphase (Rückbildungsphase) und eine Ruhephase. Anschließend fällt das Haar aus.

Altman, Dittmer 1972; McCutcheon 1991; Mörike, Betz, Mergenthaler 2001

Das Wachstum unterschiedlicher Haartypen	
Kopfhaare	
Durchschnittliches Wachstum pro Tag	0,35 mm
Lebensdauer eines Kopfhaares	2–6 Jahre
Anteil der Kopfhaare in der Wachstumsphase	80 %
Durchschnittliche Dauer der Wachstumsphase	3–5 Jahre
Barthaare	
Wachstum pro Woche	2,1–3,5 mm
Wachstum pro Jahr	ca. 9 cm
Wachstum im ganzen Leben	ca. 10 m
Wachstum verschiedener Haartypen	
Augenbrauen	0,16 mm/Tag
Achselhaare	0,3 mm/Tag
Armhaare	1,5 mm/Woche
Oberschenkelhaare	0,2 mm/Tag
Normaler Haarverlust	
Beim Jugendlichen	40 Haare /Tag
Beim Erwachsenen	90 Haare /Tag
Beim alten Mensch	110 Haare /Tag
Wachstumspause nach der Abstoßung eines Haupthaares	3–4 Monate

Tabelle 1.9.10 Wachstum bei Fingernägel und bei Zehennägel

Die Finger- und Zehennägel entstehen und ruhen im Nagelbett. Sie schützen die Endglieder der Finger und Zehen und bilden ein Widerlager für den Druck, der auf die Tastballen ausgeübt wird. Beim Verlust eines Nagels ist die Tastempfindung eingeschränkt.

Guinness Buch der Rekorde 1995; McCutcheon 1991

Angaben zum Wachstum bei Finger- und bei Zehennägel	
Daumennagel	0,095 mm/Tag
Fingernagel	0,086 mm/Tag
Nagel der großen Zehe	0,006 mm/Tag
Zehennagel	0,004 mm/Tag
Dauer des Wachstums von der Nagelhaut bis zur Spitze	150 Tage
Längster je gemessener Daumennagel (M. Chilla, Indien)	122 cm

Tabelle 1.9.11 Der Wärmehaushalt des menschlichen Körpers

Der Mensch gehört zu den gleichwarmen (homoiothermen) Lebewesen, deren Körperkerntemperatur auch bei wechselnder Umgebungstemperatur relativ konstant gehalten wird. Die Temperatur der Körperschale kann sich jedoch deutlich verändern.

Eine Steigerung der Wärmeabgabe erfolgt durch eine vermehrte Durchblutung der Kapillarbereiche der oberen Hautschichten, die über die arterio-venösen Anastomosen (Gefäßverbindungsstellen) erreicht wird. Darüber hinaus beeinflussen Wärmeabstrahlung, Wärmeleitung und Verdunstung die Wärmeabgabe.

Keidel 1985; Mörike, Betz, Mergenthaler 2001; Schmidt, Lang, Thews 2005

Angaben zur Temperatur und zu Temperaturveränderungen im Körper	
Durchschnittliche Körperkerntemperatur	
Normalwert beim Erwachsenen	36,4–37,4 °C
Im Greisenalter	36 °C
Bei leichter Arbeit oder Emotion	bis zu 37,8 °C
Bei schwerer körperlicher Arbeit	bis zu 40 °C
Temperatur der Finger (Körperschale)	
bei Indifferenzumgebungstemperatur (31–36°C)	33–34 °C
Umgebungstemperatur von 0 °C	bis unter 10 °C
Umgebungstemperatur von 40–50 °C	bis über 39 °C
Temperaturmessung unter der Zunge im Vergleich zur Rektalmessung	0,2–0,4°C niedriger
Tagesschwankungen der Kerntemperatur	
Säuglinge	keine
Kinder	>1,5 °C
Jüngere Frau	1,2 °C
Jüngerer Mann	1,5 °C
Maximale Schwankungsamplitude	2,1 °C
Minimale Schwankungsamplitude	0,7 °C
Anstieg der Körpertemperatur der Frau bei der Ovulation (Eisprung)	0,4–0,5 °C
Übertemperatur (Hyperthermie)	
Gefahr eines Hitzekollapses ab einer Körperkerntemperatur von	ca. 40 °C
Hitzetod tritt normalerweise ein ab	43 °C
Die höchste gemessene Rektaltemperatur, die ein Mensch überlebte	43,5 °C
Untertemperatur (Hypothermie)	
Kältezittern tritt auf	bis 35 °C
Teilnahmslosigkeit tritt auf bei	34–30 °C
Sprache beeinträchtigt, Bewußtsein getrübt bei	< 30 °C
Keine Eigenreflexe der Muskeln, keine Pupillenreflexe, Erlöschen der Spontanatmung bei	27–25 °C
Gefahr des Kammerflimmerns	unter 25 °C

Tabelle 1.9.12 Wärmeabgabe, Wärmebildung und Temperaturen

Angaben zur Wärmeabgabe des menschlichen Körpers beziehen sich auf eine definierte Außenumgebung: Indifferenzumgebungstemperatur (31–36°C), Luftfeuchtigkeit 50 %, Windstille.
Der Wärmedurchgangswiderstand ist ein Maß für die Isolierfähigkeit.
Die Absorptionszahl ist ein Maß für die Fähigkeit eines Stoffes, Wärmeenergie der Sonnenstrahlung aufzunehmen.

Keidel 1985; Thews, Mutschler, Vaupel 1999; Flindt 2000; Mörike, Betz, Mergenthaler 2001; Silbernagel, Despopoulos 2003; Schmidt, Lang, Thews 2005

Wärmeabgabe, Wärmedurchgangswiderstand, Absorptionszahl, Wärmebildung	
Gesamtwärmeabgabe des menschlichen Körpers	
Über die Haut	90 %
Strahlung / Leitung und Konvektion	45 % / 25 %
Wasserverdunstung	20 %
Über die Atemwege	10 %
Leitung und Konvektion/ Wasserverdunstung	2 % / 8 %
Relativer Wärmedurchgangswiderstand	
Straßenanzug (Bezugsgröße)	1
Körperschale des Menschen (je nach Durchblutung)	0,1–0,7
1 cm Fettschicht	0,4
1 cm Muskulatur	0,15
Winterkleidung	2
Polarkleidung	5
Absorptionszahl bei Sonnenbestrahlung	
Schwarzer Körper (Bezugsgröße)	1
Menschliche Haut, je nach Pigmentierung	0,5–0,8
Weiße Kleidung	0,3
Blanke Metallflächen	<0,1
Anteile der verschiedenen Organe an der Wärmeproduktion	
Brust- und Bauchhöhle	56 %
Gehirn	16 %
Muskulatur und Haut	18 %
Restliche Gewebe	10 %
Anteil der Muskulatur an der Wärmebildung bei starker Arbeit	90 %

Unterschiedliche Temperaturen im Körper			
Hoden	32–35 °C	Gesäßmuskel	37,7 °C
Lunge	35,2–35,6 °C	Untere Hohlvene	38,1 °C
Mundhöhle	36,5 °C	Großer Brustmuskel	38,3 °C
Gehörgang	36,7 °C	Linker Vorhof	38,6 °C
Obere Hohlvene	36,8 °C	Aorta	38,7 °C
Achselhöhle	36,9 °C	Rechter Vorhof	38,8 °C
Magen	37,0–37,3 °C	Leber	41,3 °C

Tabelle 1.9.13 Der Geschmackssinn der Zunge

Der Geschmackssinn dient der Kontrolle der aufgenommenen Nahrung. Daneben lösen die Geschmackssensoren reflektorische Vorgänge wie zum Beispiel Speichelsekretion, Magensaftsekretion oder Erbrechen aus.

Die Geschmackssinneszellen liegen in den verschiedenen Zungenpapillen innerhalb von Geschmacksknospen. Die vier traditionellen Geschmacksqualitäten nimmt die Zunge an verschiedenen Orten wahr: süß am seitlichen Zungenrand und an der Zungenspitze, salzig in der Mitte, sauer und bitter hinten. Bei der Geschmackswahrnehmung kommt es zu einer Absorption in den Geschmacksknospen, die zu einer Erregung der Sinneszellen führt. Je höher die Konzentration des Geschmacksstoffes ist, desto höher ist die Impulsfrequenz in den ableitenden Nervenfasern.

Neu ist der Umami-Geschmack. Der Begriff kommt aus dem Japanischen und beschreibt eine pikante, würzige, bouillonartige Geschmacksrichtung. Sie wird durch einen Rezeptor, der aus 2 Proteinen aufgebaut ist, ausgelöst. Er reagiert auf Glutamat (Salz der Glutaminsäure), das als Geschmacksverstärker in der Nahrungsmittelindustrie eingesetzt wird und zeigt proteinhaltige Nahrung wie Fleisch, Milch, Käse, Getreide und Gemüse an. Neben Glutamat lösen auch andere Aminosäuren und kleine Peptide den Umamigeschmack aus.

Eine Reihe von Stoffen, die selbst völlig geschmacklos sind, können den Umami-Geschmack verstärken. Es sind Nukleotide wie Inosin-, Adenosin- und Guanosinmonophosphat, die im Nukleinsäurestoffwechsel gebildet werden.

Keidel 1985, Schmidt, Thews 1995; Silbernagel, Despopoulos 2003; Schmidt, Lang, Thews 2005

Angaben zu Geschmacksknospen und Geschmacksgrundqualitäten	
Geschmacksknospen	
Höhe	30–70 µm
Durchmesser	25–40 µm
Zahl der Sinneszellen pro Geschmacksknospe	10–50
Lebensdauer einer Geschmackssinneszelle	10 Tage
Zahl der Geschmacksknospen	
Anzahl insgesamt bei einem jungen Erwachsenen	9.000
Anzahl insgesamt bei einem alten Menschen	4.000
In einer Pilzpapille (Papillae fungiformes)	3–4
In einer Blätterpapille (Papillae foliatae)	50
In einer Wallpapille (Papillae vallatae)	100 und mehr
Zahl der Zungenpapillen eines Erwachsenen	
Pilzpapillen	200–400
Blätterpapillen	15–20
Wallpapillen	7–12
Anzahl der unterscheidbaren Geschmacksgrundqualitäten	4
Empfindlichkeitsschwelle	10^{16} Moleküle/ml
bitter (Chininsulfat)	0,005 g/l Wasser
sauer (Salzsäure)	0,01 g/l Wasser
süß (Glukose)	0,2 g/l Wasser
salzig (Kochsalz)	1,0 g/l Wasser

Tabelle 1.9.14 Das Riechsystem

Der Geruchssinn ist der empfindlichste chemische Sinn des Menschen. Da der Luftstrom bei normaler Nasenatmung vorwiegend durch die beiden unteren Nasengänge zieht, gelangen Duftstoffe nur über Diffusion durch den Nasenschleim zum Riechepithel. Beim Schnuppern kommt die Luft direkt zum Riechepithel und verbessert so die Geruchsleistung.

Während die absolute Schwellenkonzentration beim Menschen bei 10^7 Moleküle/ml Luft liegt, nimmt ein Hund noch Konzentrationen von 10^3 Moleküle/ml Luft wahr.

Campenhausen 1993; Lexikon der Biologie 1992; McCutcheon 1991; Mörike, Betz, Mergenthaler 2001; Schmidt, Lang, Thews 2005

Die Nasenschleimhaut und das Niesen	
Gesamtoberfläche der Nasenschleimhaut	140–160 cm^2
Erneuerung der Schleimschicht	alle 10 Stunden
Transportgeschwindigkeit des Nasenschleims durch Zilien	1 cm pro Stunde
Geschwindigkeit der Partikel beim Niesen (im Kehlkopfbereich)	über 150 km/h

Die Riechschleimhaut (Regio olfaktoria)	
Fläche der Riechschleimhaut (Regio olfaktoria) beider Nasenhöhlen	5 cm^2
Zum Vergleich: Fläche der Riechschleimhaut bei Hunden	100 cm^2
Anteil der Riechschleimhaut an der gesamten Nasenschleimhaut des Menschen	ca. 3,5 %
Höhe der Riechschleimhaut	30–60 µm
Anzahl der Riechsinneszellen eines Erwachsenen	ca. 20–30 Millionen
Lebensdauer einer Riechsinneszelle	ca. 1 Monat
Anzahl der Riechhärchen einer Riechsinneszelle	6–8
Anzahl der Riechsinneszellen, die mit einem zum Riechhirn führenden Neuron verbunden sind	ca. 1.000
Anzahl der insgesamt unterscheidbaren Düfte	ca 10.000
Empfindlichkeitsabnahme (Gewöhnung) bei längerem Einwirken eines Riechstoffes in gleicher Konzentration	65–75 %

Ausgewählte Schwellenkonzentrationen	
Coffein (bitter)	$9{,}4 \cdot 10^{17}$ Moleküle/10 ml Lsg. ($1{,}6 \cdot 10^{-4}$ mol/l)
Chininsulfat (bitter)	$6{,}5 \cdot 10^{14}$ Moleküle/10 ml Lsg. ($1{,}1 \cdot 10^{-7}$ mol/l)
Strichninhydrochlorid (bitter)	$4{,}9 \cdot 10^{15}$ Moleküle/10 ml Lsg. ($8{,}1 \cdot 10^{-7}$ mol/l)
Weinsäure (sauer)	$9{,}3 \cdot 10^{17}$ Moleküle/10 ml Lsg. ($1{,}5 \cdot 10^{-4}$ mol/l)
Kochsalz (salzig)	$5{,}2 \cdot 10^{19}$ Moleküle/10 ml Lsg. ($8{,}6 \cdot 10^{-3}$ mol/l)
Rohrzucker	$6{,}2 \cdot 10^{19}$ Moleküle/10 ml Lsg. ($1{,}0 \cdot 10^{-2}$ mol/l)
Saccharin	$1{,}6 \cdot 10^{16}$ Moleküle/10 ml Lsg. ($2{,}7 \cdot 10^{-6}$ mol/l)

Tabelle 1.9.15 Wahrnehmungsschwelle für Geruchstoffe

Die Empfindungen beim Riechen werden 1952 von Amoore in 7 Duftklassen (Primärgerüche) eingeteilt. Die Wahrnehmungsschwelle entspricht der Konzentration eines Duftstoffes, ab der man etwas riecht, aber nicht genau sagen kann, was es ist.

Die Erkennungsschwelle entspricht der Konzentration eines Duftstoffes, ab der man diesen eindeutig identifizieren kann. Die Erkennungsschwelle liegt ungefähr um den Faktor 10 über der Wahrnehmungsschwelle.

Thews, Mutschler, Vaupel 1999; Schmidt, Lang, Thews 2005

Duftklasse	Substanz (Auswahl)	Riecht nach	Wahrnehmungsschwelle Moleküle/ml Luft)
blumig	Geraniol	Rosenöl	10^{14}
minzig	Menthol	Pfefferminze	10^{14}
ätherisch	Benzylazetat	Birne	10^{14}
moschusartig	Moschus	Moschus	$10^{13}-10^{15}$
kampferartig	Kampfer	Eukalyptus	10^{14}
schweißig	Buttersäure	Schweiß	$10^{9}-10^{11}$
faulig	Schwefelwasserstoff	faulen Eiern	$10^{7}-10^{10}$

1.10 Auge und Ohr

Das Auge und das Ohr gehören zu den menschlichen Sinnesorganen. Sie gewährleisten die Wahrnehmung optischer und akustischer Signale und ermöglich so Interaktion des Menschen mit der Umwelt. Die insgesamt 127 Millionen Sehsinneszellen des Auges wandeln optische Signale in elektrische Signale um. Diese Informationen werden durch den Sehnerv zu den integrativen Zentren des Sehzentrums weitergeleitet. Der so im Gehirn eingehende Informationsfluss wird auf 10^7 bit pro Sekunde hochgerechnet. Das menschliche Ohr wandelt in den Haarzellen in einem hochkomplexen System den Schall in elektrische Information um. Durch integrative Verarbeitung der Informationen beider Ohren ist das Gehirn in der Lage, die Schallquelle im Raum zu orten.

Tabelle 1.10.1 Zahlen zum Staunen

Literatur siehe nachfolgende Tabellen

Ausgewählte Angaben zu Auge und Ohr aus den nachfolgenden Tabellen	
Knochenwanddicke zwischen Augenhöhle und Kieferhöhle	0,5 mm
Gesamtzahl der Sehsinneszellen der Netzhaut (Retina)	127 Millionen
Dauer von Adaptionszeiten des Auges	
Dauer der Helladaption nach vollständiger Dunkeladaption	15–60 s
Dauer der Dunkeladaption nach vollständiger Helladaption	30–45 min
Mindestzahl von Photonen, die nötig sind, um eine Sehsinneszelle zu erregen	5
Leistungen des Farbsehens	
Unterscheidbare Farbtöne	ca. 200
Wahrnehmbare Sättigungsstufen	20–25
Wahrnehmbare Helligkeitsstufen	ca. 500
Farbdifferenzierungsmöglichkeiten insgesamt	mehrere Millionen
Anteil der Männer mit einer Farbsehstörung	8 %
Anteil der Frauen mit einer Farbsehstörung	0,4 %
Durchschnittliche Häufigkeit des Augenlidschlages	alle 20 Sekunden
Richtungshören	
Minimaler unterscheidbarer Intensitätsunterschied für beidohriges Hören	1 dB
Minimaler unterscheidbarer Laufzeitunterschied für beidohriges Hören	0,03 ms
Minimaler unterscheidbarer Wegunterschied des Schalls zu beiden Ohren	1 cm
Kleinster unterscheidbarer Winkel zur Lokalisation einer Schallquelle	3,0°
Tiefster Ton eines Bassisten	45 Hz
Höchster Ton einer Sopranistin	2.000 Hz

Tabelle 1.10.2   Das Auge und die äußere Augenhaut

Im Auge werden mit Hilfe des optischen Systems Objekte der Umwelt auf der Netzhaut abgebildet. Die elektrisch kodierte Information wird dann über den Sehnerv (Nervus opticus) in das primäre Sehzentrum der Großhirnrinde geleitet. Der Augapfel setzt sich aus 3 Augenhäuten zusammen:
- äußere Augenhaut (Hornhaut und Lederhaut)
- mittlere Augenhaut (Iris, Ziliarkörper und Aderhaut) siehe Tabelle 1.10.3
- innere Augenhaut (Netzhaut) siehe Tabelle 1.10.4

Francois, Hollwich 1977; Keidel 1985; Leydhecker 1985; Schenck, Kolb 1990; Schmidt, Thews 1995; Mörike, Betz, Mergenthaler 2001; Schmidt, Lang, Thews 2005

Angaben zu Augenhöhle, Augenmuskeln und Augapfel	
Umgebende Knochen	
Anzahl der Knochen, die die Augenhöhle bilden	6
Knochenwanddicke zwischen Augenhöhle und Kieferhöhle	0,5 mm
Knochenwanddicke zwischen Augenhöhle und den Siebbeinzellen	0,3 mm
Äußere Augenmuskeln	
Anzahl	6
Zahl der Hirnnerven, die die Augenmuskeln innervieren	3
Augapfel (Bulbus oculi)	
Durchmesser Neugeborene	17,0 mm
Durchmesser Dreijährige	23,0 mm
Durchmesser Erwachsene	24,0 mm
Umfang beim Erwachsenen	74,9 mm
Gewicht des Augapfels	7,5 g
Volumen des Augapfels	6,5 ml
Angaben zur äußeren Augenhaut	
Lederhaut (Sklera)	
Dicke vorne	0,5 mm
Dicke hinten	1,0 mm
Hornhaut (Cornea)	
Vertikaler Durchmesser	11,0 mm
Horizontaler Durchmesser	11,9 mm
Oberfläche der Hornhaut	1,3 cm^2
Dicke, zentral	0,5 mm
Dicke, peripher	0,7 mm
Krümmungsradius der vorderen Hornhautfläche	7,8 mm
Brechkraft der Hornhaut	45 Dioptrien
Tränenfilm der Hornhaut	
Dicke der Muzinschicht (direkt auf der Hornhaut)	0,2 µm
Dicke der Wasserschicht (in der Mitte)	10,0 µm
Dicke der Lipidschicht (zur Außenwelt hin)	0,1 µm

Tabelle 1.10.3 Die mittlere Augenhaut, Glaskörper und Linse

Der Ziliarkörper enthält glatte Muskelfaserzüge und reguliert den Krümmungsgrad der Linse. Das Sehloch (Pupille) liegt im Zentrum der Regenbogenhaut (Iris). Deshalb wird die Pupillenweite größer, wenn sich die Iris zusammenzieht.

Francois, Hollwich 1977; Keidel 1985; Leydhecker 1985; Schenck, Kolb 1990; Schmidt, Thews 1995; Mörike, Betz, Mergenthaler 2001; Schmidt, Lang, Thews 2005

Angaben zu Ziliarkörper und Regenbogenhaut	
Ziliarkörper	
Zahl der Fortsätze im Ziliarkörper	70–75
Länge eines Ziliarfortsatzes	2 mm
Dicke eines Ziliarfortsatzes	0,5 mm
Regenbogenhaut (Iris) und Pupille	
Veränderung der Pupillenweite durch Belichtung	2–8 mm
Verkürzungsfähigkeit der Regenbogenhaut	80 %
Reaktionszeit nach Belichtung	0,3–0,8 s

Angaben zu Größe, Gewicht, Brechkraft und Bau der Linse	
Dicke	4 mm
Durchmesser	9 mm
Gewicht	174 mg
Krümmungsradius	
der Vorderfläche	10,0 mm
der Hinterfläche	6,0 mm
Brechkraft der Linse	19–33 Dioptrien
Wasseranteil (Rest: Eiweiß)	65 %
Linsenkapsel	
Dicke, vorne	10–20 µm
Dicke, hinten	5 µm
Linsenfasern	
Länge	7–10 mm
Breite	1–10 µm
Dicke	2 µm
Anteil unlöslicher Proteine der Linse	
im Alter von 10 Jahren	3 %
im Alter von 80 Jahren	40 %

Angaben zum Glaskörper	
Volumen	4,4 ml
Gewicht	4 g
Brechungsindex des Glaskörpers	1,33
Wasseranteil (Rest: Eiweiß)	99 %

Tabelle 1.10.4 Die innere Augenhaut (Netzhaut)

Die Netzhaut (Retina) ist aus 10 Schichten aufgebaut. Hier liegen die Sehsinneszellen (Stäbchen und Zapfen). Diese sind in der Lage, Lichtsignale in elektrische Signale umzuwandeln. Unter einem rezeptiven Feld versteht man die Anzahl der Sehsinneszellen, die ihre Informationen über eine einzelne Nervenfaser in Richtung Gehirn weiterleiten (durchschnittlich 130). In der Fovea centralis, hat ein rezeptives Feld nur eine Sehsinneszelle. Der „Blinde Fleck" liegt an der Durchtrittsstelle des Sehnervs durch die Retina.

Thompson 1992; Schmidt u.Thews 1995; Mörike, Betz, Mergenthaler 2001; Junqueira, Carneiro, Gratzl, 2004; Schmidt, Lang, Thews 2005

Angaben zur Netzhaut (Retina)	
Anzahl der Schichten der Retina	10
Dicke der Netzhaut	
Am Gelben Fleck (Macula lutea)	0,2 mm
An der Ora serrata (Grenze zwischen dem lichtempfindlichen und dem lichtunempfindlichen Teil der Retina)	0,1 mm
Gesamtzahl der Sehsinneszellen der Retina	127 Millionen
Anzahl der Sehsinneszellen pro mm^2	400.000
Zum Vergleich Waldkauz	680.000
Zum Vergleich Katze	510.000
Durchschnittliche Anzahl der Sehsinneszellen eines rezeptiven Feldes der Retina	130 Sehzellen
Größe eines rezeptiven Feldes in der Fovea centralis (Ort des schärfsten Sehens)	1 Sehzelle
Dauer der Helladaption nach vorheriger Dunkeladaption	15–60 s
Dauer der Dunkeladaption nach vorheriger Helladaption	30–45 min
Arbeitsbereich der Sehzellen (cd=Candela)	10^{-7}–10^6 cd
Absorptionsbereich der Sehzellen (sichtbares Licht violett–rot)	400–760 nm
Durchmesser des Blinden Flecks (Discus nervi optici)	1,5 mm
Durchmesser des Gelben Flecks (Macula lutea)	1,5 mm

Tabelle 1.10.5 Die Sehsinneszellen in der Netzhaut

Stäbchen vermitteln das Dämmerungssehen, Zapfen das Farbsehen. In der Fovea centralis (Ort des schärfsten Sehens) gibt es nur Zapfen.

Thompson 1992; Schmidt, Thews 1995; Mörike, Betz, Mergenthaler 2001; Junqueira, Carneiro, Gratzl 2004; Schmidt, Lang, Thews 2005

Angaben zu den Stäbchen (Dämmerungssehen)	
Anzahl der Stäbchen in der Netzhaut	120 Millionen
Dicke / Länge eines Stäbchens	1–5 µm / 50 µm
Anzahl der scheibenförmigen Bläschen pro Stäbchen	600–2.000

Fortsetzung nächste Seite

Fortsetzung Tabelle 1.10.5 Die Sehsinneszellen in der Netzhaut

Angaben zu den Stäbchen (Dämmerungssehen)	
Anzahl der Rhodopsinmoleküle (Sehpigment) pro Bläschen	20.000–800.000
Empfindlichkeitsmaximum aller Sehpigmente der Stäbchen	550 nm
Flimmerverschmelzungsfrequenz	65–80 Reize/s
Minimale Größe eines gesehenen Blitzes	500 nm
Mindestzahl von Photonen zur Erregung eines Stäbchens	5
Absolute Reizschwelle beim Dämmerungssehen	$2-6 \cdot 10^{17}$ Ws
Angaben zu den Zapfen (Farbsehen)	
Anzahl der Zapfen in der Netzhaut	ca. 7 Millionen
Dicke / Länge eines Zapfens	3–5 μm / 40 μm
Zapfenabstand in der Fovea centralis	2,5 μm
Unterscheidbare Farbtöne	ca. 200
Wahrnehmbare Sättigungsstufen	20–25
Wahrnehmbare Helligkeitsstufen	ca. 500
Farbdifferenzierungsmöglichkeiten insgesamt	mehrere Millionen
Absorptionsmaxima der 3 Sehpigmente der Zapfen Blau / Grün / Rot	420 / 535 / 565 nm
Kumulatives Empfindlichkeitsmaximum	510 nm
Flimmerverschmelzungsfrequenz	15–25 Reize/s
Störungen des Farbsehens bei Männern	8 % aller Männer
Störungen des Farbsehens bei Frauen	0,4 % aller Frauen

Tabelle 1.10.6 Das abbildende System des Auges

Das abbildende System des Auges entwirft auf der Netzhaut ein reelles, umgekehrtes und verkleinertes Bild der betrachteten Gegenstände. Die Brechkraft wird in Dioptrien (dpt) angegeben (reziproker Wert der in Metern gemessenen Brennweite). Akkommodation ist die Fähigkeit des Auges, die Brechkraft der Linse der Entfernung des fixierten Gegenstandes anzupassen. Dem passiven Streben der elastischen Linse zur Kugelform (hohe Brechkraft = Naheinstellung) steht die Zugwirkung des radiären Aufhängeapparats (Zonulafasern) entgegen, die eine Abflachung der Linse bewirkt (geringe Brechkraft = Ferneinstellung).

Mörike, Betz, Mergenthaler 2001; Schmidt, Lang, Thews 2005

Akkommodationsruhe (Fernakkommodation)	
Gegenstandsweite, ab der die Fernakkommodation einsetzt	>5 m
Gesamtbrechkraft in Akkomodationsruhe	59 dpt
Luft-Hornhaut	49 dpt
Hornhauthinterfläche	–6 dpt
Linse	16 dpt

Fortsetzung nächste Seite

Fortsetzung Tabelle 1.10.6   Das abbildende System des Auges

Maximale Akkommodation (Nahakkommodation)	
Gegenstandsweite, ab der die Nahakkommodation einsetzt	<5 m
Gesamtbrechkraft bei maximaler Akkommodation	
beim Jugendlichen insgesamt	69 dpt
Luft-Hornhaut	49 dpt
Hornhauthinterfläche	−6 dpt
Linse	26 dpt
im Alter (Altersweitsichtigkeit) insgesamt	59 dpt
Luft-Hornhaut	49 dpt
Hornhauthinterfläche	−6 dpt
Linse	16 dpt
Brechungsindex der an der Abbildung beteiligten Systeme	
Luft	1,00
Hornhaut	1,38
Kammerwasser	1,34
Linsenkern	1,41
Glaskörper	1,34

Tabelle 1.10.7   Das Kammerwasser

Das Kammerwasser in der vorderen und der hinteren Augenkammer wird durch den Ziliarkörper gebildet und im Kammerwinkel wieder resorbiert. Es dient der Formerhaltung des Augapfels sowie der Ernährung von Linse und Hornhaut. Störungen des Abflusses können zu einer Erhöhung des Augeninnendrucks und damit zum Glaukom führen.

Junqueira, Carneiro, Gratzl 2004; Schmidt, Lang, Thews 2005

Angaben zur Bildung und zur Zusammensetzung des Kammerwassers	
Volumen des Kammerwassers pro Auge	0,2–0,4 ml
Bildung des Kammerwassers	2 µl/min
Bildung pro Tag	2,9 ml
Vollständiger Austausch des Kammerwasser durch Neubildung	1–2 Stunden
Brechungsindex	1,3
Zusammensetzung des Kammerwassers	
Eiweiß	669 mg/100 ml
Kochsalz	658 mg/100 ml
Natrium	445 mg/100 ml
Kalium	116 mg/100 ml
Glukose	65 mg/100 ml

Tabelle 1.10.8 Angaben zur Funktion des Auges

Unter Sakkaden (Ruck, kurzes Rütteln) versteht man bei der willkürlichen Augenbewegung die kleinen Sprünge von einem Fixationspunkt zum anderen.

Keidel 1985; Schmidt, Thews 1995; Mörike, Betz, Mergenthaler 2001; Schmidt, Lang, Thews 2005

Angaben zu Gesichtsfeld, Brennweite, Sehwinkel, Fixationsperiode, Augeninnendruck und Nahpunkten der Augen	
Das Gesichtsfeld	
oben / unten / zur Nase hin / schläfenwärts	60° / 70° / 60° / 90°
Vordere Brennweiten im Auge	
optisches System ohne Linse	23,2 mm
optisches Systems mit Linse	17,0 mm
Hintere Brennweite	
optisches Systems ohne Linse	31,0 mm
optisches System mit Linse	24,0 mm
Sehfeld gesamt	145°
Binokulares (räumliches) Sehen	120°
Dem Auflösungsvermögen des Auges entsprechender Sehwinkel	20''
Sehwinkel, der der Größe eines Zapfenaußenglieds entspricht	0,4'
Strecke auf der Retina, die dem Sehwinkel von 1° entspricht	0,29 mm
Dauer einer Fixationsperiode beim Umherblicken	0,2–0,6 s
Dauer der Sakkaden beim Umherblicken	10–80 ms
Größe der Sakkadenamplituden (abhängig von der Größe der betrachteten Umgebung)	wenige Winkelminuten bis 90°
Durchschnittliche Winkelgeschwindigkeit der Augenbewegungen	200°–600°/s
Maximale Winkelgeschwindigkeit von Objekten, die ohne Kopfbewegung verfolgt werden können	60°/s
Augeninnendruck	
Durchschnittswerte	15–18 mmHg
Normalwerte	10–22 mmHg
Nahpunkt des Auges	
im Alter von 5 / 10 Jahren	7 / 8 cm
im Alter von 20 / 30 Jahren	10 / 12 cm
im Alter von 40 / 50 Jahren	17 / 45 cm
im Alter von 60 / 70 Jahren	70 / 100 cm
Akkommodationsbreite des Auges	
im Alter von 5 / 10 Jahren	– / 12,0 Dioptrien
im Alter von 20 / 30 Jahren	10,0 / 8,0 Dioptrien
im Alter von 40 / 50 Jahren	6,0 / 2,0 Dioptrien
im Alter von 60 / 70 Jahren	1,4 / 1,0 Dioptrien

Tabelle 1.10.9 Die Tränenflüssigkeit

Die Tränenflüssigkeit wird ab der 3. Lebenswoche in den Tränendrüsen gebildet. Der Abtransport erfolgt über die Tränenkanäle in die Nase. Aufgabe der leicht salzig schmeckenden Flüssigkeit ist die Bildung eines Flüssigkeitsfilms, der die Hornhaut vor Austrocknung schützt und somit die physiologische Quellung des Epithels aufrechterhält. Der Lidschlag sorgt dafür, dass immer alle Teile der Hornhaut benetzt sind. Ohne Lidschlag, z.B. bei einer Nervenlähmung, trocknet die Hornhaut aus, was zur Erblindung führen kann. Das bakterizide Enzym Lysozym verhindert das Eindringen oder die Infektion durch Bakterien von außen.

Diem, Lentner 1977; Mörike, Betz , Mergenthaler 2001

Angaben zur Produktion und zur Zusammensetzung der Tränenflüssigkeit	
Beginn der Tränenproduktion	ab der 3. Lebenswoche
Tägliche Produktion an Tränenflüssigkeit	ca. 1 ml
Produktionsrate	
Erwachsene	38 µl /Stunde
Kinder	84 µl /Stunde
Häufigkeit des Lidschlages	alle 20 Sekunden
pH-Wert	7,4–7,8
Zusammensetzung der Tränenflüssigkeit	
Wasser	981,30 g/l
Trockensubstanz	18,70 g/l
Gesamtprotein	6,69 g/l
Gesamtalbumin	3,94 g/l
Gesamtglobulin	2,75 g/l
Lysozym (bakterizid)	1,70 g/l

Tabelle 1.10.10 Die Vererbung der Augenfarben

Babys werden in allen ethnischen Gruppen mit blauen Augen geboren. Schon Stunden nach der Geburt kann sich jedoch die Pigmentierung ändern. Nach dem Tod ist die Augenfarbe grünbraun. Die Angaben in der Tabelle beruhen auf einer dänischen Studie.

McCutcheon 1991

Augenfarben der Eltern		Anzahl der Kinder mit den Augenfarben		
		blau	braun	graubraun/ blaugrau
Vater	blau	625	12	7
Mutter	blau			
Vater	blau	317	322	9
Mutter	braun			
Vater	braun	25	82	
Mutter	blau			

Tabelle 1.10.11 Äußeres Ohr und Mittelohr

Zum äußeren Ohr zählen die Ohrmuschel und der äußere Gehörgang. Der äußere Gehörgang ist durch das Trommelfell vom Mittelohr getrennt. Mit dem Ohrenschmalz (Zerumen) werden Haare und Schmutzpartikel eingehüllt und über den äußeren Gehörgang abtransportiert.

Das Mittelohr besteht aus der Paukenhöhle, die durch das Trommelfell von dem äußeren Gehörgang und durch das ovale Fenster vom Innenohr getrennt wird. Über die Ohrtrompete (Eustachische Röhre) ist das Mittelohr mit dem Rachen verbunden. Ankommender Schall wird vom Trommelfell durch die Gehörknöchelchen zum ovalen Fenster in das Innenohr geleitet.

Spector 1956; Mörike, Betz, Mergenthaler 2001; Schmidt, Lang, Thews 2005

Angaben zur Entwicklung und zum Bau des äußeren Ohrs	
Ausformung der Ohrmuschelform bei Neugeborenen	ab ca. 40. Woche
Äußerer Gehörgang	
Öffnungsfläche	0,4 cm^2
Länge, Erwachsener	3–3,5 cm
Länge, Kleinkind	wenige mm
Breite, Erwachsener	0,5–1 cm
Volumen	1,04 ml

Angaben zum Mittelohr mit den Gehörknöchelchen	
Trommelfell (Membrana tympani)	
Durchmesser	9 mm
Gesamtfläche	ca. 88 mm^2
Fläche, die mit dem Hammerstiel verbunden ist	55 mm^2
Dicke des Trommelfells	0,1 mm
Paukenhöhle (Cavum tympani)	
Volumen der Paukenhöhle	2 ml
Höhe der Paukenhöhle	20 mm
Länge der Paukenhöhle	10 mm
Schmalste Stelle der Paukenhöhle	2 mm
Gehörknöchelchen	
Gewicht des Hammers (Malleus)	25 mg
Gesamtlänge des Hammers	8 mm
Gewicht des Amboss (Incus)	28 mg
Gewicht des Steigbügels (Stapes)	3 mg
Länge / Breite der Fußplatte des Steigbügels	3 mm / 1,4 mm
Fläche der Fußplatte des Steigbügels	3,5 mm^2
Kraftverstärkung der weitergeleiteten Schwingungen durch die Gehörknöchelchen	20-fach
Verhältnis der Hebelarme von Ambossfortsatz : Hammergriff	1:1,3
Flächenrelation von Trommelfell und ovalen Fenster	17:1
Größte Leistungsfähigkeit der Gehörknöchelchen bei einer Frequenz von	ca. 2.000 Hz

Tabelle 1.10.12 Das Innenohr

Das Innenohr besteht aus der Hörschnecke (Cochlea) und dem Gleichgewichtsorgan (Vestibularorgan). Das Innere der Hörschnecke wird von 3 übereinanderliegenden, flüssigkeitsgefüllten Gängen, der Vorhofstreppe (Scala vestibuli), dem häutigen Schneckengang (Ductus cochlearis) und dem Paukengang (Scala tympani) gebildet. Der Begriff Scala kommt aus dem Lateinischen und bedeutet Treppe. Der Schall wird über die Gehörknöchelchen des Mittelohrs über das ovale Fenster auf das Innenohr übertragen.

Im Innenohr läuft die Druckwelle in der Vorhofstreppe (Scala vestibuli) durch die Schnecke. An der Spitze der Schnecke ist die Vorhofstreppe über das Helicotrema mit der Paukengang (Scala tympani) verbunden. Diese endet am runden Fenster, das frei schwingen kann. Zwischen Vorhofstreppe und Paukengang liegt in der Scala media das Hörorgan (Cortisches Organ). Die Scala media ist durch die Reißner-Membran von der Vorhofstreppe und durch die Basilarmembran vom Paukengang getrennt.

Das Hörorgan (Corti-Organ) ist Träger der Sinneszellen (Haarzellen) des Innenohrs. Durch die Bewegung der Endolymphe werden die haarartigen Zellfortsätze, die durch die Siebplatte der Pfeilerzellen ragen, bewegt. Das hat die Depolarisation der Zelle zur Folge und die mechanische Energie der Schallwelle wird in eine elektrische Information umgewandelt. Diese kann nun in Form eines Aktionspotentials über den Hörnerv (Nervus vestibulocochlearis) zum Gehirn geleitet werden.

Keidel 1985; Mörike, Betz, Mergenthaler 2001

Angaben zur Anatomie der Schnecke	
Fläche des ovalen Fensters (Fenestra vestibuli)	2,8 mm^2
Fläche des runden Fensters (Fenestra cochleae)	2,0 mm^2
Anzahl der Windungen der Schnecke	2,5
Gesamtvolumen der Schnecke	98 mm^3
Volumen / Durchmesser der Vorhofstreppe (Scala vestibuli)	54 mm^3 / 3,5 mm
Volumen der Paukentreppe (Scala tympani)	37 mm^3
Volumen / Länge der Scala media	6,7 mm^3 / 35 mm
Fläche zwischen Scala tympani und Scala media	0,14 mm^2
Länge / Dicke der Basilarmembran	30 mm / < 0,003 mm

Angaben zum Hörorgan (Cortisches Organ)	
Querschnittsfläche	0,0036 mm^2
Gesamtzahl der Ganglienzellen im Innenohr	ca. 30.500
Anzahl / Länge der innere Haarzellen	3.500 / 34 µm
Anzahl / Länge der äußere Haarzellen	12.000 / 28–66 µm
Anzahl der inneren Pfeilerzellen	5.600
Anzahl der äußeren Pfeilerzellen	3.850
Regenerierbarkeit der Sinneszellen	keine
Anzahl der Nervenfasern, die vom Hörorgan in den Hörnerv (Nervus vestibulocochlearis) ziehen	30.000–40.000
Maximale Frequenz der geleiteten Signale	800/s

Tabelle 1.10.13 Hörleistungen

Eine Schallquelle verdichtet und verdünnt die sie umgebende Luft. Die Druckschwankungen werden über das Trommelfell und die Gehörknöchelchen an das Innenohr übertragen.

Haben die Druckmittelwerte die Form von Sinusschwingungen, werden sie als Töne empfunden. Da die menschliche Stimme und Musikinstrumente in der Regel keine reinen Sinusschwingungen erzeugen, spricht man von Klang. Die Lautstärke wird durch die Amplitude der Schwingung, die Tonhöhe durch die Frequenz in Hertz charakterisiert (1 Hz = 1 Schwingung/s).

Die Hörbarkeit eines Schallereignisses hängt nicht nur von der Frequenz der Schwingungen ab, sondern auch von ihrer Intensität. Der objektive Schalldruckpegel wird in Dezibel (dB) angegeben. Da die Empfindlichkeit des menschlichen Gehörs frequenzabhängig ist, wurde noch der subjektive Lautstärkepegel Phon eingeführt.

Mörike, Betz, Mergenthaler 2001; Keidel 1985; Schmidt, Lang, Thews 2005

Angaben zu Hörbereich, Empfindlichkeit, Hörschäden und Richtungshören	
Hörbereich eines gesunden Jugendlichen	20 Hz–21.000 Hz
Abnahme des oberen Hörbereichs im Alter	
Mit 35 Jahren	15.000 Hz
Mit 50 Jahren	12.000 Hz
Im Greisenalter	5.000 Hz
Größte Empfindlichkeit des menschlichen Ohres	2.000–5.000 Hz
Schalldruck (bei 3000 Hz)	
Absolutschwelle	$2 \cdot 10^{-5}$ Pa
Mittlerer Bereich	1 Pa (10 dyn/cm^2)
Schmerzschwelle	100 Pa (1.000 dyn/cm^2)
Durchschnittlicher Hörverlust bei einem	
60-jährigen Mann bei 8.000 Hz	40 dB
60-jährigen Mann bei 4.000 Hz	30 dB
Schmerzgrenze beim Hören	130 dB
Hörschäden entstehen ab einer Dauerbelastung von	90 dB
Frequenzunterschiedsschwelle bei 1.000 Hz	3 Hz
Intensitätsunterschiedsschwelle	
an der Hörschwelle	3–5 dB
oberhalb der Hörschwelle	1 dB
Richtungshören	
Minimaler unterscheidbarer Intensitätsunterschied für beidohriges Hören	1 dB
Minimaler unterscheidbarer Laufzeitunterschied für beidohriges Hören	0,000.03 s
Minimaler unterscheidbarer Wegunterschied des Schalls zu beiden Ohren	1 cm
Kleinster unterscheidbarer Winkel zur Lokalisation einer Schallquelle	3,0°
zum Vergleich Hund	2,5°
zum Vergleich Katze	1,5°

Tabelle 1.10.14 Stimme und Sprache

Bei der Stimmbildung (Phonation) werden die Stimmbänder durch den Luftstrom aus der Lunge in Schwingungen versetzt. Die Frequenz der Schwingung kann durch die Spannung der Stimmbänder verändert werden, die Lautstärke über die Stärke des Luftstromes.

Formanten sind Obertöne der Grundfrequenz, die durch verschiedene Konfigurationen des Mundraumes entstehen. Die Grundfrequenz im Kehlkopf beim Erzeugen von Vokalen liegt beim Mann bei 100–130 Hz, bei der Frau bei 200–300 Hz.

Mörike, Betz, Mergenthaler 2001; Guinness Buch der Rekorde 1995, 2006; Keidel 1985; Schmidt, Thews 1995; Schmidt, Lang, Thews 2005

Angaben zu Stimmumfang, Frequenzbereichen und Leistungen der Sprache	
Durchschnittlicher Stimmumfang eines Erwachsenen	2 Oktaven
Stimmumfang geübter Sänger	3 Oktaven
Unterschied der Sprechlage von Mann und Frau	1 Oktave
Normaler Frequenzbereich beim Singen	70–1200 Hz
Tiefster Ton eines Bassisten	45 Hz
Höchster Ton einer Sopranistin	2.000 Hz
Ausreichender Frequenzbereich zur Übertragung von Sprache	300–3.500 Hz
Durchschnittliche Dauer eines Vokals	0,2 s
Dauer eines sehr schnell gesprochenen Vokals	0,05 s
Normale Hörweite der männlichen Stimme	180 m
Brüllrekorde: männlich / weiblich	128,0 dB / 119,4 dB

Frequenzbereiche der Formanten			
Vokal [a]	–	800–1.100 Hz	–
Vokal [e]	400–600 Hz	1.700–1.900 Hz	2.200–2.600 Hz
Vokal [i]	200–400 Hz	1.900–2.100 Hz	3.000–3.200 Hz
Vokal [o]	400–700 Hz	–	–
Vokal [u]	300–500 Hz	–	–

Tabelle 1.10.15 Schallpegelkataloge und Gehörschutzempfehlungen

Der Schallpegel wird mit genormten Schallpegelmessgeräten bestimmt. Sie sind mit drei verschiedenen Frequenzkurven (A, B, C) bewertet, um eine hohe Anpassung an die Eigenschaften des menschlichen Ohres zu ermöglichen. In der Tabelle sind A-bewertete Schallpegel für im täglichen Leben auftretende Schallereignisse angegeben.

Seit Februar 2006 ist in einer Umgebung mit hohem Schallpegel, wie bei der Arbeit in der Nähe von Flughäfen, beim Straßenbau oder in Fertigungshallen mit lauten Industriemaschinen, das Tragen eines Gehörschutzes schon ab 80 dB(A) gesetzlich vorgeschrieben.

Fortsetzung nächste Seite

Fortsetzung Tabelle 1.10.18 Schallpegelkatalog und Gehörschutzempfehlungen

Obwohl bei Musikveranstaltungen wie zum Beispiel in Diskotheken, bei Konzerten und Musicals dieser Schalldruckpegel von 80 dB(A) sehr oft weit überschritten wird, ist dort ein Gehörschutz weder für Mitarbeiter noch für Besucher vorgeschrieben.

Documenta Geigy 1975; www.sengpielaudio.com/TabelleDerSchallpegel.htm

Beispiele	Schalldruck-pegel L_p in dB	Schalldruck p in N/m^2 = Pa als Schallfeldgröße	Schall-Intensität I in $Watt/m^2$ als Schallenergiegröße
Düsenflugzeug, 30 m entfernt	140	200	100
Schmerzschwelle	130	63,2	10
Unwohlseinsschwelle	120	20	1
Kettensäge in 1 m Entfernung	110	6,3	0,1
Disco, 1 m vom Lautsprecher	100	2	0,01
Dieselmotor, 10 m entfernt	90	0,63	0,001
Verkehrsstraße, 5 m entfernt	80	0,2	0,0001
Staubsauger in 1 m Abstand	70	0,063	0,00001
Sprache in 1 m Abstand	60	0,02	0,000001
Normale Wohnung, ruhiger Bereich	50	0,0063	0,0000001
Ruhige Bücherei	40	0,002	0,00000001
Ruhiges Schlafzimmer	30	0,00063	0,000000001
Ruhegeräusch im TV-Studio	20	0,0002	0,0000000001
Blätterrascheln in der Ferne	10	0,000063	0,00000000001
Hörschwelle	0	0,00002	0,000000000001

Ausgewählte Schallpegel und gesundheitliche Auswirkungen

0 dB(A)	Hörschwelle
20 dB(A)	Ticken einer Taschenuhr
25 dB(A)	Atemgeräusche aus 1 m Entfernung
30 dB(A)	Ruhiger Garten
35 dB(A)	Sehr leiser Zimmerventilator aus 1 m Entfernung

Beginn einer Beeinträchtigung bei 35 dB(A)

40 dB(A)	Lern- und Konzentrationsstörungen möglich
45 dB(A)	Übliche Wohngeräusche durch Sprechen oder Radio im Hintergrund
50 dB(A)	Kühlschrank aus 1 m Entfernung, Vogelgezwitscher im Freien aus 15 m Entfernung
55 dB(A)	Zimmerlautstärke von Radio oder Fernseher aus 1 m Entfernung, Staubsauger aus 10 m Entfernung
60 dB(A)	Rasenmäher aus 10 m Entfernung

Fortsetzung nächste Seite

Fortsetzung Tabelle 1.10.18 Schallpegelkatalog und Gehörschutzempfehlungen

Ausgewählte Schallpegel und gesundheitliche Auswirkungen

Erhöhtes Risiko für Herz-Kreislauf-Erkrankungen bei Dauereinwirkung ab 65 dB(A)

70 dB(A) Dauerschallpegel an Hauptverkehrsstraße tagsüber, leiser Haartrockner aus 1 m Entfernung

75 dB(A) Vorbei fahrender PKW in 7,5 m Entfernung, nicht lärmgeminderter Gartenhäcksler aus 10 m Entfernung

Gehörschutz ab 80 dB(A) gesetzlich vorgeschrieben

80 dB(A) Sehr starker Straßenverkehrslärm, vorbei fahrender LKW in 7,5 m Entfernung, stark befahrene Autobahn in 25 m Entfernung

80 dB(A) Laute Radiomusik, lautes Büro

85 dB(A) Motorkettensäge in 10 m Entfernung, lauter WC-Druckspüler in 1 m Entfernung

Kritische Grenze für Hörschaden bei Dauerlärm (85 dBA)

90 dB(A) Handschleifgerät im Freien in 1 m Entfernung

90 dB(A) Walkman

95 dB(A) Lautes Schreien, Handkreissäge in 1 m Entfernung

100 dB(A) häufiger Pegel bei Musik über Kopfhörer, Presslufthammer in 10 m Entfernung

100 dB(A) Autohupe in 5 m Entfernung

105 dB(A) Kettensäge aus 1 m Entfernung, knallende Autotür aus 1 m Entfernung (max. Pegel), Rennwagen in 40 m Entfernung, möglicher Pegel bei Musik über Kopfhörer

110 dB(A) Martinshorn aus 10 m Entfernung, häufiger Schallpegel in Diskotheken und in der Nähe von Lautsprechern bei Rockkonzerten, Geige fast am Ohr eines Orchestermusikers (maximaler Pegel)

115 dB(A) Startgeräusche von Flugzeugen in 10 m Entfernung

Schmerzschwelle, Gehörschäden schon bei kurzer Einwirkung möglich

120 dB(A) Trillerpfeife aus 1 m Entfernung, Probelauf von Düsenflugzeug in 15 m Entfernung

120 dB(A) Schlagzeug in 1 m Entfernung

130 dB(A) Lautes Händeklatschen aus 1 m Entfernung (maximaler Pegel)

150 dB(A) Hammerschlag in einer Schmiede aus 5 m Entfernung (maximaler Pegel)

160 dB(A) Hammerschlag auf Messingrohr oder Stahlplatte aus 1 m Entfernung, Airbag-Entfaltung in unmittelbarer Nähe

170 dB(A) Ohrfeige aufs Ohr, Feuerwerksböller auf der Schulter explodiert, Handfeuerwaffen aus etwa 50 cm Entfernung (alles maximale Pegel)

180 dB(A) Spielzeugpistole am Ohr abgefeuert (maximaler Pegel)

190 dB(A) Schwere Waffen, etwa 10 m vom Ohr entfernt (maximaler Pegel)

1.11 Nervensystem und Gehirn

Das Nervensystem regelt und überwacht die Kommunikation des Körpers mit der Außenwelt und das Zusammenspiel der vielfältigen Systeme im Innern des Körpers. Unterteilt wird es in das zentrale Nervensystem, bestehend aus Gehirn und Rückenmark, und das periphere Nervensystem, bestehend aus Hirnnerven und den Rückenmarksnerven.

Hochgerechnet besteht das menschliche Nervensystem aus ca. 30 Milliarden untereinander verschalteten Nervenzellen. Man geht davon aus, dass für einen einzigen Erinnerungsvorgang 10–100 Millionen Nervenzellen aktiviert werden.

Tabelle 1.11.1 Zahlen zum Staunen

Literatur siehe nachfolgende Tabellen

Ausgewählte Angaben aus den nachfolgenden Tabellen	
Gesamtlänge aller Nervenfasern des Menschen (entspricht der Strecke: Erde-Mond-Erde)	ca. 768.000 km
Mögliche Anzahl der gleichzeitig einfließenden Nachrichten in eine Nervenzelle	>200.000
Gesamtzahl der Nervenzellen des Menschen	30 Milliarden ($3 \cdot 10^{10}$)
davon in der Großhirnrinde	10 Milliarden (10^{10})
davon in der Kleinhirnrinde	10 Milliarden (10^{10})
Zum Vergleich Nervenzellen Gehirn der Fliege	10^5
Zum Vergleich Nervenzellen Gehirn der Maus	10^7
Normaler täglicher Verlust von Nervenzellen	50.000–100.000
Gesamtzahl aller Synapsen im Körper	ca. 10^{14}
Theoretische Anzahl der möglichen Kombinationen aller synaptischen Verbindungen beim Menschen	mehr als es Atome im Universum gibt
Anzahl aktivierter Nervenzellen pro Erinnerungsvorgang	10^7–10^8
Informationsaustausch zwischen den Großhirnhemisphären über den Balken	4 Milliarden ($4 \cdot 10^9$) Impulse/s
Folgen einer Unterbrechung der Sauerstoffversorgung des Gehirns:	
Bewusstlosigkeit nach	ca. 8–12 Sekunden
irreversible Teilschäden des Gehirns nach	ca. 3–8 Minuten
Gehirntod nach	ca. 8–12 Minuten
Gewicht des Gehirns von Bismarck (83 Jahre)	1.807 g
Gewicht des Gehirns von Schiller (46 Jahre)	1.580 g
Anzahl der Telefonnummern, die der Chinese *Gon Yangling* wiederholen konnte	15.000 Nummern
Anzahl der Kartenspiele, die *Dominic O'Brien* aus England durch einmaliges Ansehen in der richtigen Reihenfolge aufsagen konnte	35 Kartenspiele oder 1.820 Karten

Tabelle 1.11.2   Das periphere Nervensystem

Im peripheren Nervensystem sind alle Teile des Nervensystems zusammengefasst, die außerhalb von Gehirn und Rückenmark liegen. Es besteht überwiegend aus Nervenfasern, besitzt aber auch Nervenzellen. Ansammlungen dieser Nervenzellen werden Ganglien genannt. Hirnnerven sind periphere Nerven, die aus dem Gehirn austreten. Spinalnerven sind periphere Nerven, die aus dem Rückenmark austreten.

Keidel 1985; Rucker 1964; Thompson 1992; Schmidt, Lang, Thews 2005

Angaben zu Länge, Anzahl, Faserdurchmesser und Geschwindigkeit der Erregungsleitung	
Gesamtlänge aller Nervenfasern des peripheren Nervensystems	ca. 400.000 km
Gesamtlänge aller Nervenfasern des erwachsenen Menschen (entspricht der Strecke: Erde-Mond-Erde)	ca. 768.000 km
Anzahl der verschiedenen Hirnnerven (paarig)	12
Anzahl der verschiedenen Spinalnerven (paarig)	31
Zervikalnerven	8
Thorakalnerven	12
Lumbalnerven	5
Sakralnerven	5
Coccygealnerv	1
Mittlerer Faserdurchmesser	
Motorische Nerven vom Rückenmark zu den Skelettmuskeln	15 µm
Berührungs- u. Druckfasern der Haut	8 µm
Motorische Fasern vom Gehirn zu Muskelspindeln	5 µm
Schmerz- u. Temperaturfasern der Haut	<3 µm
Marklose Schmerzfasern	1 µm
Die längsten Nervenzellen (Neurone) des Menschen	
Bestimmte afferente Nervenfasern, die von der Körperperipherie direkt bis in das Gehirn leiten	bis 2 m
Motoneurone aus dem Rückenmark, die willkürliche Bewegungen vermitteln	>1 m
Geschwindigkeit der Erregungsleitung (Abhängig vom Durchmesser und vom Vorhandensein einer Myelinscheide)	
Langsamste Nervenfasern	<1 m/s (3,6 km/h)
Schnellste Nervenfasern	120 m/s (432 km/h)
Nervus ischiadicus	80–120 m/s
Schnelle Schmerz- u. Temperaturfasern der Haut	5–15 m/s
Schnelle Berührungs- u. Druckfasern der Haut	30–70 m/s
Langsame Schmerzfasern aus den Eingeweiden	0,5–2 m/s
Motorische Nerven vom Rückenmark zu den Skelettmuskeln	70–120 m/s
Marklose Schmerzfasern	1 m/s
Regenerierbarkeit von peripheren Nervenfasern (die Nervenzellen sind nicht regenerationsfähig)	
Längenzuwachs eines Axons	1 mm/Tag
Dauer einer Regeneration	Monate bis Jahre

Tabelle 1.11.3   Dendriten und Axone einer Nervenzelle

Die Nervenzellen gehören zu den größten Zellen des Organismus. Der Zellkörper besitzt als Zellfortsätze einen oder mehrere Dendriten und stets nur ein Axon (früher Neurit), das von einer Markscheide umhüllt sein kann.

Nervenzellen leiten elektrisch kodierte Information weiter. Diese wird im Dendrit aufgenommen, läuft in Form eines Aktionspotentials über die Nervenzelle und wird am Ende des Axons durch eine Synapse an die Zielzelle weitergegeben.

Die Markscheiden isolieren und beschleunigen die Leitungsgeschwindigkeit. Sie sind in regelmäßigen Abständen durch die Ranvier'schen Schnürringe unterbrochen. Die hohen Fließgeschwindigkeiten des Axoplasmas in den Nervenzellen ermöglicht einen Transport von unterschiedlichen Stoffen sowohl vom Zellkörper weg, als auch zum Zellkörper hin.

Keidel 1985; Rahmann, Rahmann; 1992; Schmidt, Thews 1995; Mörike, Betz, Mergenthaler 2001; Schmidt, Lang, Thews 2005

Angaben zu Anatomie und Physiologie der Dendriten	
Anzahl der Dendriten einer multipolaren Ganglienzelle (z.B. Purkinje-Zelle)	>2.000
Oberfläche eines Zellkörpers	
ohne Dendrit	250 µm²
mit Dendriten	27.000 µm²
Anzahl der Synapsen pro Dendrit	>100
Mögliche Anzahl der gleichzeitig einfließenden Nachrichten in eine Nervenzelle im Kleinhirn (Purkinje-Zelle)	>200.000

Angaben zu Anatomie und Physiologie eines Axons	
Potentiale der Axonmembran	
Ruhepotential	−70 mV
Während eines Aktionspotentials	+30 bis +40 mV
Dauer eines Aktionspotentials	1–2 ms
Absolute Refraktärzeit	2 ms
Relative Refraktärzeit	4–6 ms
Aktivitätsgrad des schnellen Na-Systems bei einem Ruhemembranpotential von −70 mV	60 %
Fließgeschwindigkeit des Axoplasmas in der Nervenzelle	
vom Zellkörper zum Axonende	
sehr langsame Komponente	0,2–1 mm/Tag
langsame Komponente	2–8 mm/Tag
schnelle Komponente	50 mm/Tag
sehr schnelle Komponente	200–400 mm/Tag
vom Axonende einer Nervenzelle zum Zellkörper	200–300 mm/Tag
Abstand von 2 Schnürringen bei einem myelinisierten Nerv (entspricht einem Internodium)	0,08–1 mm
Verhältnis der Dicke des Nervs zu der Länge der Internodien	1 : 100
Maximale Erregungsfrequenzen der Nerven	50–500 Hz
Sonderfall Hörnerv (Nervus acusticus)	bis 1.000 Hz

Tabelle 1.11.4 Gehirn und Rückenmark des Menschen

Das zentrale Nervensystem besteht aus dem Gehirn und dem Rückenmark. Beide Teile sind durch knöcherne Strukturen geschützt und von den Hirnhäuten umgeben. Funktionell lässt sich das zentrale Nervensystem nicht vom peripheren Nervensystem trennen.

Das Hirngewicht der Frau ist kleiner als das des Mannes. Der Grund dafür ist der kleinere Bewegungsapparat der Frau und die daraus resultierende verminderte Repräsentation entsprechender Gebiete im Gehirn.

Rahmann, Rahmann 1992; Mörike, Betz, Mergenthaler 2001; Junqueira, Carneiro, Gratzl 2004; Schmidt, Lang, Thews 2005

Angaben zu Anatomie und Physiologie des Gehirns	
Hirngewicht (mit Hirnstamm und Kleinhirn)	
Neugeborene	400 g
Kind im Alter von 1 Jahr	800 g
Kind im Alter von 4 Jahren	1.200 g
Frau (durchschnittlich)	1.230–1.306 g
Mann (durchschnittlich)	1.379–1.434 g
Gesamtzahl der Nervenzellen des Menschen	30 Milliarden ($30 \cdot 10^9$)
davon in der Großhirnrinde	10 Milliarden (10^{10})
davon in der Kleinhirnrinde	10 Milliarden (10^{10})
davon in den restlichen Hirnstrukturen und in der Peripherie	10 Milliarden (10^{10})
zum Vergleich Anzahl der Nervenzellen im Gehirn der Fliege	10^5
zum Vergleich Anzahl der Nervenzellen im Gehirn der Maus	10^7
Länge der Axone der Nervenzellen im Gehirn	mm bis mehrere cm
Normaler täglicher Verlust von Nervenzellen	50.000–100.000
Anzahl der Glia-Zellen (Hilfszellen) im Gehirn	ca. 10^{12}
Anzahl der Synapsen des menschlichen Körpers	100 Billionen (10^{14})
Durchschnittliche Anzahl synaptischer Kontakte einer Nervenzelle mit anderen Nervenzellen im menschlichen Gehirn	mehrere Tausend
Theoretische Anzahl der möglichen Kombinationen von synaptischen Verbindungen im Gehirn	größer als Gesamtzahl der Atome im Universum
Anzahl aktivierter Nervenzellen pro Erinnerungsvorgang	10^7–10^8
Anzahl der Impulse, die in einem Axon weitergeleitet werden können (bei 37° C)	bis zu 1.000/s

Angaben zum Rückenmark (Durchschnittswerte)	
Länge des Rückenmarks	45 cm
Breite des Rückenmarks	1 cm
Zahl der paarigen Spinalnerven, die vom Rückenmark entspringen	31

Tabelle 1.11.5 Das Großhirn

Das Großhirn (Telencephalon) ist der größte Abschnitt des menschlichen Gehirns. Es überdeckt große Teile des Zwischenhirns und des Hirnstamms. Es besteht aus 2 Hemisphären, die durch eine Längsfurche getrennt sind. Nervenfasern im Balken vernetzen die beiden Hemisphären miteinander.

Pyramidenzellen sind die wichtige Nervenzellen des Großhirns. Ihre Axone bilden die Pyramidenbahnen in denen die willkürlichen Bewegungsimpulse für die Körpermuskulatur weitergeleitet werden.

Keidel 1985; Rahmann, Rahmann 1992; Mörike, Betz, Mergenthaler 2001; Junqueira, Carneiro, Gratzl 2004; Schmidt, Lang, Thews 2005

Angaben zur Aufteilung des Großhirns	
Anteil des Großhirns am gesamten Hirngewebe	87 %
Aufteilung des Großhirns	
Rinde (Cortex)	55 %
Mark (Medulla)	45 %

Angaben zur Großhirnrinde	
Oberfläche beider Großhirnhemisphären	ca. 2.200 cm^2
Dicke der Großhirnrinde	1,3–4,5 mm
Volumen der Großhirnrinde	ca. 600 cm^3
Aufteilung der Oberfläche der Großhirnrinde	
Anteil, der auf der Außenseite der Windungen (Gyri) liegt	1/3
Anteil, der in den Furchen (Sulci) liegt	2/3
Anzahl der Nervenzellen in der Großhirnrinde	10^{10}
davon Anteil der Pyramidenzellen / Sternzellen	80 % / 20 %
Größe der Pyramidenzellen	
In der inneren (äußeren) Schicht der Großhirnrinde	100 µm (40 µm)
Gliazellen (Hilfszellen)	
Größe der Oligodendrozyten	6–8 µm
Größe der Astrozyten	10–25 µm
Verhältnis Nervenzellen zu Gliazellen	1/10
Anzahl der Zellkörper pro mm^3 Großhirnrinde	100.000 (10^5)
Anzahl der Nervenzellen pro mm^3 Großhirnrinde	10.000 (10^4)
Anzahl der Synapsen pro mm^3 Großhirnrinde	1 Milliarde (10^9)
Gesamtlänge aller Nervenfasern pro mm^3 Großhirnrinde	1–4 km
Gesamtlänge aller Nervenfasern der Großhirnrinde (entspricht der Strecke: Erde-Mond)	300.000–400.000 km
Informationsaustausch zwischen den Großhirnhemisphären über den Balken	4 Milliarden (10^9) Impulse/s
Anteil der Bevölkerung, bei der das Sprachzentrum in der linken Hemisphäre liegt	98 %
Anzahl der Rindenfelder der Großhirnrinde	200

Tabelle 1.11.6 Das Kleinhirn

Das Kleinhirn (Cerebellum) liegt in der hinteren Schädelgrube und ist durch eine häutige Lamelle von dem Hinterhauptlappen des Großhirns getrennt. Purkinjezellen und Körnerzellen sind die Nervenzellen des Kleinhirns. Körnerzellen fungieren nur als zwischengeschaltete Nervenzellen (Interneurone). Im Gegensatz dazu verlassen die Axone der Purkinjezellen das Kleinhirn und gewährleisten so den Informationsfluss aus dem Kleinhirn zu den anderen Hirnarealen.

Keidel 1985; Rahmann, Rahmann 1992; Mörike, Betz, Mergenthaler 2001; Junqueira, Carneiro, Gratzl 2004; Schmidt, Lang, Thews 2005

Angaben zur Anatomie des Kleinhirns	
Zeitpunkt, ab dem sich keine Nervenzellen mehr im Kleinhirn bilden	2. Lebensjahr
Gewicht des Kleinhirns	140 g
Größter Durchmesser des Kleinhirns	10 cm
Dicke der Kleinhirnrinde	1 mm
Ausgebreitete Oberfläche des Kleinhirns zum Vergleich 2 Großhirnhemisphären	1 128 cm^2 2 200 cm^2
Verhältnis der in das Kleinhirn hineinleitenden Nervenfasern zu den herausleitenden	40 : 1
Anzahl der Purkinjezellen im gesamten Kleinhirn	15 Millionen ($15 \cdot 10^6$)
Größe der Purkinjezellen (ohne Dendriten und Axone) Breite Länge	35 µm 60 µm
Anzahl der synaptischen Eingänge einer Purkinjezelle	200.000
Anzahl der Körnerzellen im gesamten Kleinhirn	10 Milliarden (10^{10})
Anzahl der Purkinjezellen, mit der eine Körnerzelle synaptisch verbunden ist	100
Verhältnis der Zahl der Körnerzellen zu Purkinjezellen	1.000 : 1
Größe der Kleinhirnkerne Zahnkern (Nucleus dentatus) Pfropfkern (Nucleus emboliformis) Kugelkern (Nucleus globosus) Dachkern (Nucleus fastigii)	2,0 cm 1,5 cm 0,5 cm 1,0 cm

Tabelle 1.11.7 Die Synapsen

Die Aufgabe der Synapse ist die Erregungsübertragung von einem Neuron auf ein anderes oder auf das Erfolgsorgan (z. B. eine Muskelzelle). Zusätzlich haben die Synapsen im menschlichen Nervensystem eine Ventilfunktion, da sie Erregungen nur in eine Richtung übertragen. Diese Erregungsübertragung erfolgt beim Menschen vor allem biochemisch mit Hilfe von Überträgersubstanzen (Neurotransmitter).

Fortsetzung nächste Seite

Fortsetzung Tabelle 1.11.7 Die Synapsen

Rahmann, Rahmann 1992; Mörike, Betz, Mergenthaler 2001; Silbernagl, Despopoulos 2003; Junqueira, Carneiro, Gratzl 2004; Schmidt, Lang, Thews 2005

Angaben zum Bau und zur Funktion von Synapsen	
Gesamtzahl aller Synapsen im Körper	ca. 10^{14}
Anzahl der synaptischen Eingänge einer motorischen Nervenzelle im menschlichen Rückenmark	ca. 10.000
Weite des synaptischen Spaltes	
Durchschnittlich	20 nm
Extremwert	150 nm
Fläche der präsynaptischen Membran	bis 1 μm^2
Wirkung eines Aktionspotentials an der Synapse einer motorischen Endplatte	
Zahl der freigesetzten Vesikel	ca. 100
Zahl der Acetylcholinmoleküle pro Vesikel	ca. 10.000
Zeit bis zur Depolarisierung der postsynaptischen Membran (synaptische Latenz)	0,5 ms
Anzahl der verschiedenen Transmittersubstanzen im menschlichen Körper	>40
Anzahl der Eiweißmoleküle, die eine stoffwechselaktive Nervenzelle produziert	15.000/s
Größe der synaptischen Transmitterbläschen	
Amine als Transmitter	40–60 nm
Peptide als Transmitter	60–150 nm
Verteilung der Transmitter auf die Synapsen des Körpers	
Synapsen mit Neuropeptiden als Transmitter	50,0 %
Synapsen mit Aminosäuren als Transmitter	40,0 %
Synapsen mit Acetylcholin als Transmitter	10,0 %
Synapsen mit Monoaminen als Transmitter	0,5 %

Tabelle 1.11.8 Gehirngewichte bedeutender Menschen

Gehirngewichte sind nur bei gleich alten Menschen direkt vergleichbar. Bei der Entwicklung der Hominiden spielt die Bewertung der Hirnvolumina eine wichtige Rolle.

Siehe dazu Tabellen unter 3.1 Die Evolution der Menschen

Flindt 2000; Meyer 1964; Slijper 1967

Name, Alter	Gehirngewicht	Name, Alter	Gehirngewicht
Bismarck, 83 Jahre	1.807 g	Gauß, 78 Jahre	1.492 g
Lord Byron, 36 Jahre	2.230 g	Helmholtz, 73 Jahre	1.420 g
Cromwell, 59 Jahre	2.000 g	Kant, 80 Jahre	1.650 g
Cuvier, 62 Jahre	1.861 g	Liebig, 70 Jahre	1.350 g
Dante, 56 Jahre	1.420 g	Schiller, 46 Jahre	1.580 g

Tabelle 1.11.9 Die Durchblutung und die Sauerstoffversorgung des Gehirns

Bei geistiger Arbeit steigt die Durchblutung des beanspruchten Hirnareals an. Der Energieumsatz des gesamten Gehirns bleibt aber in etwa konstant, da andere Areale im Gehirn kompensatorisch weniger Energie umsetzen. Der Gesamtenergieumsatz des Körpers steigt aber trotzdem an, da der Muskeltonus sich reflektorisch erhöht.

Das Auftreten von irreversiblen Hirnschäden nach Unterbrechung der Sauerstoffzufuhr kann sich in kalter Umgebung extrem verzögern.

Mörike, Betz, Mergenthaler 2001; Silbernagl, Despopoulos 2003; Junqueira, Carneiro, Gratzl 2004; Schmidt, Lang, Thews 2005

Angaben zur Durchblutung des Gehirns	
Durchblutung des gesamten Gehirns in körperlicher Ruhe	780 ml/min
Anteil am Herzzeitvolumen	15 %
Durchschnittliches Gewicht des Gehirns	1.400 g
Anteil des Hirngewichts am Körpergewicht	2 %
Durchblutung pro Gramm Hirngewebe	
das gesamte Gehirn	0,56 ml/min
Hirnrinde (Mark)	1 ml/min (0,2 ml/min)

Angaben zur Durchblutung des Gehirns bei unterschiedlichen Aktivitäten	
Durchblutung des ruhenden Gehirns = Bezugsgröße	100 %
Durchblutung des Gehirns bei folgenden Tätigkeiten	
beim Sprechen	100 %
beim Lesen	104 %
beim Berühren von Gegenständen	104 %
beim Nachdenken	110 %
beim Zählen	112 %
Beim Ausführen von Handbewegungen	116 %
beim Auftreten von Schmerzen	116 %

Angaben zur Sauerstoffversorgung des Gehirns	
O_2-Verbrauch	
Eines ruhenden Erwachsenen insgesamt	250 ml/min
Anteil des Gehirns	50 ml/min
Anteil des Gehirns am Gesamtsauerstoffverbrauch	20 %
O_2-Verbrauch pro 100 g Gehirngewebe	
Insgesamt	3,5 ml/min
Großhirnrinde	10 ml/min
Weiße Substanz	1 ml/min
Unterbrechung der Sauerstoffzufuhr des Gehirns	
Bewusstlosigkeit nach	ca. 8–12 Sekunden
Irreversible Teilschäden des Gehirns nach	ca. 3–8 Minuten
Gehirntod nach	ca. 8–12 Minuten

Tabelle 1.11.10 Informationsfluss, Gedächtnis und Extremleistungen des Gedächtnisses

Unter „bit" (Abkürzung für engl. binary digit) versteht man in der Informationstheorie das Maß für den Nachrichtengehalt.

Rahmann 1976; Guinness Buch der Rekorde 1995, 2006; Schmidt, Lang, Thews 2005

Angaben zum Informationsfluss zwischen Gehirn, Sinnesorganen und Muskulatur	
Informationsfluss zwischen Gehirn und Sinnesorganen	
Lichtsinn	10^7 bit/s
Gehör	10^6 bit/s
Tastsinn	$4 \cdot 10^5$ bit/s
Temperatursinn	$5 \cdot 10^3$ bit/s
Innenreize	10^3 bit/s
Geruchssinn	20 bit/s
Geschmackssinn	13 bit/s
Anteile des Informationsflusses zwischen Gehirn und Muskulatur	
Skelettmuskulatur	32 %
Hände	26 %
Sprache	23 %
Mimik	19 %

Angaben zu unterschiedlichen Gedächtnisleistungen	
Informationszuleitung zum Nervensystem	$10^9 - 10^{11}$ bit/s
Kurzzeitgedächtnis	
Kapazität	100–400 bit
Zufluss	16 bit/s
Abfluss innerhalb von	6–25 s
Mittelfristiges Gedächtnis	
Kapazität	$10^3 - 10^4$ bit
Zufluss	0,1 bit/s
Abfluss innerhalb von	5 min–24 h
Langzeitgedächtnis	
Kapazität	$10^{10} - 10^{14}$ bit
Zufluss	0,03–0,1 bit/s
Abfluss innerhalb von	Tagen, Monaten, Jahren, nie

Ausgewählte Extremleistungen des Gedächtnisses	
Zeit, um zwei 13-stellige Zahlen zu multiplizierten (*Shakuntala Devi*, Indien)	28 Sekunden
Anzahl der Telefonnummern, die wiederholt wurden (*Gon Yangling*, China)	15.000 Nummern
Anzahl der Kartenspiele, die nach einmaligem Ansehen in der richtigen Reihenfolge aufgesagt wurden (*Dominic O'Brien*, England)	35 Kartenspiele oder 1.820 Karten

Tabelle 1.11.11   Die Gehirn-Rückenmarksflüssigkeit (Liquor)

Der Liquor (Liquor cerebrospinalis) umgibt das Gehirn und das Rückenmark und wirkt so wie ein schützendes Flüssigkeitskissen. Hauptaufgabe ist somit der Schutz des zentralen Nervensystems vor Stoß- und Druckkräften. Der Liquor ist eine eiweißarme wässrige Flüssigkeit, die sich im Raum zwischen den beiden weichen Hirnhäuten und in den Hirnkammern (Ventrikeln) befindet.

Gebildet wird der Liquor in den Seitenventrikeln (innerer Liquorraum). Die Resorption (Abbau) findet typischerweise in den sogenannten Foveolae granulares (äußerer Liquorraum) statt. Normal herrscht ein Gleichgewicht zwischen Neubildung und Resorption der Gehirn-Rückenmarksflüssigkeit.

Kommt es zur Störung der Liquorzirkulation oder der Liquorresorption kann ein „Wasserkopf" (Hydrozephalus) mit erweiterten Liquorräumen entstehen.

Bei Feten, Säuglingen und Kleinkindern führt dieses abnorme Schädelwachstum zu ballonförmigen Kopferweiterungen mit erheblichen Ausmaßen. Augenzittern (Nystagmus) und ein höherer Muskeltonus mit Verkrampfungen können die Folgen sein.

Documenta Geigy 1975; Leonhardt 1990; Löffler, Petrides 1997; Mörike, Betz, Mergenthaler 2001

Angaben zur Bildung und den Eigenschaften des Liquors	
Liquormenge	
Neugeborenes	5 ml
Säugling	40–60 ml
Kind	100–140 ml
Erwachsener	120–180 ml
Liquorbildung beim Erwachsenen	500–700 ml/Tag
Bildungsrate	0,3–0,4 ml/min
Anteile an der Bildung	
Plexus choroideus	50–70 %
Gefäße der Hirnhäute	30–50 %
Einstichtiefe bei einer Lumbalpunktion	5–7 cm
Eigenschaften der Rückenmarksflüssigkeit (Liquor)	
Osmolarität	306 mosmol/l
Dichte	1,007
Zellzahl	<5 pro ml
Trockensubstanz	10,8 g/kg
Zahl der Lymphocyten im Liquor	6/mm^3
Konzentration ausgewählter Substanzen im Liquor	
Natrium	150 mmol/l
Kalium	2,9 mmol/l
Kalzium	1,2 mmol/l
Magnesium	1,1 mmol/l
Chlorid	120 mmol/l
Bikarbonat	25 mmol/l
Phosphat	0,5 mmol/l
Glukose	2,7–4,8 mmol/l
Laktat	1,1–2 mmol/l

Tabelle 1.11.12 Stoffwechselvorgänge im Gehirn

Untersuchungen der arterio-venösen Differenz (Konzentrationsunterschied im Blut zwischen den zuführenden Arterien und den abführenden Venen des Gehirns) einiger Stoffe erlauben einen Einblick in die Stoffwechselvorgänge des Gehirns. Fettsäuren können nicht verstoffwechselt werden, dafür sind Glukose und Sauerstoff elementar wichtig für die Funktion des Gehirns. Die Sauerstoffvorräte des Gehirns reichen für 8–12 Sekunden, die Glukosevorräte etwa für 4–5 Minuten.

Löffler, Petrides 1997

Substrat	Blutkonzentration in mmol/l arteriell	venös	Arterio-venöse Differenz
Sauerstoff	8,75	5,75	– 3
Kohlenstoffdioxid	2,15	2,40	+ 0,25
Glukose	5,1	4,6	– 0,5
Laktat	1,1	1,27	+ 0,17
Pyruvat	0,1	0,12	+ 0,02
Nichtveresterte Fettsäuren	0,78	0,78	0
Aminosäuren	4,5	4,39	– 0,11
Anorganisches Phosphat	1,15	1,15	0
Wasserstoffionen (in mmol/l)	38	43	+ 5

Tabelle 1.11.13 EEG bei unterschiedlichen Aktivitätszuständen des Gehirns

Beim Elektroenzephalogramm (EEG) werden Elektroden auf die Kopfhaut der Schädeldecke aufgelegt und kontinuierliche Potentialschwankungen von 1–100 µV abgeleitet. Das EEG spiegelt in den Frequenzen und Amplituden seiner Wellen den Aktivitätszustand der Hirnrinde wieder.

Schmidt, Thews 1995; Schmidt, Lang, Thews 2005

EEG-Frequenzen bei unterschiedlichen Aktivitätszuständen der Hirnrinde	
Wacher Ruhezustand	α–Wellen, 8–13 Hz (10 Hz)
Aufmerksamkeit und Lernen	β–Wellen, 15–30 Hz (20 Hz)

EEG-Frequenzen während unterschiedlicher Schlafstadien	
Beginn des Schlafes	
Schlafstadium 1 (nach ca. 20 Minuten)	erste ϑ–Wellen, 4–7 Hz
Schlafstadium 2 (Schlaflatenz nach ca. 27 Minuten)	reine ϑ–Wellen, 4–7 Hz
Schlafstadium 3 (Tiefschlaf nach ca. 50 Minuten)	δ–Wellen, 3 Hz
Schlafstadium 4 (Tiefschlaf nach ca. 63 Minuten)	δ–Wellen, 1 Hz
REM-Schlaf (rapid eye movement nach ca. 90 Minuten)	α–Wellen

Tabelle 1.11.14   Tägliche durchschnittliche Schlafdauer in Abhängigkeit vom Alter

Trotz allen Fortschritts blieb die genaue Bedeutung des Schlafes und der verschiedenen Schlafphasen bis heute weitgehend ungeklärt. Klar ist nur, dass der Schlaf überlebenswichtig ist. Totaler Schlafentzug über längere Zeit führt bei Mensch und Tier zum Tode.

Schmidt, Thews 1995; Schmidt, Lang, Thews 2005

Alter	Durchschnittliche Schlafdauer	Anteil des REM–Schlafs
Neugeborenes		
1–15 Tage	16,0 Stunden	50 %
Kleinkind		
3–5 Monate	14,0 Stunden	40 %
6–23 Monate	13,0 Stunden	30–25 %
Kind		
2–3 Jahre	12,0 Stunden	25 %
3–5 Jahre	11,0 Stunden	20 %
5–9 Jahre	10,5 Stunden	18,5 %
10–13 Jahre	10,0 Stunden	18,5 %
Jugendlicher		
14–18 Jahre	8,5 Stunden	20 %
Erwachsener		
19–30 Jahre	7,7 Stunden	22 %
33–45 Jahre	7,0 Stunden	18,5 %
Spätes Alter		
50 Jahre	6,0 Stunden	20–23 %
90 Jahre	5,7 Stunden	20–23 %

1.12 Hormone

Hormone sind chemische Signalmoleküle, welche die Leistungen der Organe und Gewebe aufeinander abstimmen und an die momentanen Erfordernisse anpassen. Ihre Synthese und Sekretion unterliegen der Kontrolle komplexer Regelkreise. Hormone werden in den spezialisierten Zellen der endokrinen Organe gebildet und gelangen über den Blutweg zu den entsprechenden Zielzellen. Störungen des endokrinen Systems können auf allen Ebenen auftreten und zu Krankheiten führen.

Tabelle 1.12.1 Zahlen zum Staunen

Literaturhinweise siehe nachfolgende Tabellen

Ausgewählte Angaben zu Hormonen aus den nachfolgenden Tabellen	
Starling prägte den Begriff "Hormon" (gr.= in Bewegung setzen)	1905
Kendal isolierte zum ersten Mal das Schilddrüsenhormon Thyroxin aus der Schilddrüse	1914
Butenandt und *Doisy* stellten erstmalig Östron in reiner Form dar	1929
Sanger klärte die Struktur des Insulins auf	1954
Strukturaufklärung des Glukagons	1957
Erstmalige Synthese des Insulins	1965
Erstmalige Synthese des Glukagons	1960
Strukturaufklärung von Somatropin	1966
Gentechnisch gewonnenes Insulin wird zum ersten Mal kommerziell verwertet.	1982
Beginn der Entwicklung der Hypophyse	24. Embryonaltag
Gewicht der Hypophyse	
Mann	500–600 mg
Frau	600–800 mg
Gewichtszunahme der Hypophyse in der Schwangerschaft	um ca. 25 %
Gewicht der Zirbeldrüse	150 mg
Maximale Anzahl der Nebenschilddrüsen	8
Hormonvorrat in den Follikeln der Schilddrüse reicht	ca. 10 Monate
Anteil der Bevölkerung in süddeutschen Jod-Mangelgebieten mit endemischem Kropf	20 %
Insulin-Verbrauch beim Erwachsenen	ca. 2 mg pro Tag
Vorrat an Insulin in den B-Zellen reicht	fast 1 Woche
Anteil der Diabetes-Kranken in der deutschen Bevölkerung	5–6 %
Anteil der Schwangeren, die einen Schwangerschafts-Diabetes (Zuckerkrankheit) ausbilden	1–3 %

Tabelle 1.12.2 Die Schilddrüse

Die Schilddrüse (Glandula thyroidea) ist ein endokrines Organ des Halses. Sie bildet unter dem Einfluss des von der Hypophyse gebildeten TSH (Thyreoidea Stimulierendes Hormon) die Hormone Thyroxin (T4) und Trijodthyronin (T3) sowie Kalcitonin.

Durch negative Rückkopplung erfolgt eine bedarfsgerechte Abstimmung der Schilddrüsenhormonsekretion. Das für die Hormonsynthese benötigte Jod wird in Form von Jodid über die Nahrung aufgenommen.

Die Erkrankungen der Schilddrüse lassen sich unterteilen in eine Überfunktion (Hyperthyreose), eine Unterfunktion (Hypothyreose) oder eine Vergrößerung des Organs (Struma). Hormone der Schilddrüse siehe Tabelle 1.12.3

Gotthard 1993; Schenck, Kolb 1990; Thomas 1992; Claasen 2003; Junqueira, Carneiro, Gratzl, 2004; Schmidt, Lang, Thews 2005

Angaben zur Anatomie der Schilddrüse	
Normales Gewicht der Schilddrüse (Mann/Frau)	<25 g / <18g
Anzahl der Seitenlappen	2
Anteil der Menschen mit einem Pyramidenlappen	15 %
Länge eines Seitenlappens	5–7 cm
Breite eines Seitenlappens	3 cm
Dicke eines Seitenlappens	2 cm

Angaben zu Anzahl und Größe des Follikels der Schilddrüse	
Anzahl der Follikel pro Schilddrüse	ca. 3 Millionen
Durchmesser eines Follikels	0,1–0,5 mm
Hormonvorrat (T3 und T4) in den Follikeln	für 10 Monate

Angaben zu Thyroglobulin (Speicherform der Hormone in den Follikeln)	
Molekulargewicht	660.000
Anzahl der Untereinheiten	2
Aminosäuren insgesamt pro Molekül	6.000
Tyrosylreste insgesamt pro Molekül	144
Jodatome pro Molekül	20

Angaben zum Jodstoffwechsel	
Jodgehalt der gesamten Schilddrüse	5.000–7.000 µg
Täglicher Jodbedarf der Schilddrüse	100–200 µg
Empfohlener Tagesverbrauch von jodiertem Speisesalz	5 g (ca. 1 Teelöffel)
Schilddrüsenunterfunktion bei einer Aufnahme von	<10 µg Jod/Tag
Plasmakonzentration des anorganischen Jodits	2–10 µg/l
Jodausscheidung im Stuhl	10 µ/Tag
Jodausscheidung im Urin	150 µg/Tag
Anteil der Bevölkerung in süddeutschen Jod-Mangelgebieten mit endemischem Kropf (Jodmangelstruma)	20 %

Tabelle 1.12.3 Die Hormone der Schilddrüse

Die Schilddrüsenhormone Trijodthyronin (T3) und Thyroxin (T4) regen den Stoffwechsel des Menschen an, wobei T3 die biologisch wirksame Form ist. Die Ausschüttung ins Blut wird vom Hypophysenhormon Thyreoidea Stimulierendes Hormon (TSH) reguliert.

Kalzitonin wird in den C-Zellen (parafollikuläre Zellen) der Schilddrüse gebildet. Es reguliert mit anderen Hormonen den Kalziumstoffwechsel im Körper. Die Ausschüttung ins Blut erfolgt proportional zum Plasma-Kalziumspiegel, der dabei abgesenkt wird.

Antagonistisch zum Kalzitonin wirkt das Parathormon (siehe Tabelle 1.12.4).

Gotthard 1993; Schenck, Kolb 1990; Thomas 1992; Claasen 2003; Junqueira, Carneiro, Gratzl, 2004; Schmidt, Lang, Thews 2005

Angaben zu Trijodthyronin (T3) und Thyroxin (T4)	
Verhältnis der biologischen Wirksamkeit von T3 zu T4	10/1
Verbrauch von Schilddrüsenhormonen	140 µg/Tag
Sekretion der Hormone	
Thyroxin (T4)	100 µg/Tag
Trijodthyronin (T3)	40 µg/Tag
Plasmahalbwertszeit	
Thyroxin (T4)	ca. 7 Tage
Trijodthyronin (T3)	1–2 Tage
Plasmakonzentrationen: T3/T4	1/100
Plasmakonzentration T4 (insgesamt)	100 µg/l
Proteingebunden (biologisch nicht wirksam)	99,97 %
Frei (nicht proteingebunden = biologisch wirksam)	0,03 %
Plasmakonzentration des freien T4	0,8–2 ng/l
Plasmakonzentration T3 (insgesamt)	1 µg/l
Proteingebunden (biologisch nicht wirksam)	99,7 %
Frei (nicht proteingebunden = biologisch wirksam)	0,3 %
Plasmakonzentration des freien T3	0,25–0,6 ng/l
Bindung von T3 und T4 an Eiweiße im Blut	
Anteil Thyroxin-bindendes Globin (TBG)	60 %
Anteil Thyroxin-bindendes Präalbumin (TBPA)	30 %
Anteil Albumin	10 %
Angaben zu Kalzitonin	
C-Zellen (bilden Kalzitonin)	
Größe der Sekretgranula	200–300 nm
Mengenverhältnis der C-Zellen zu den Follikelzellen	3–5 zu 1
Kalzitonin	
Anzahl der Aminosäuren	32
Molekulargewicht	3.700

Tabelle 1.12.4 Die Epithelkörperchen der Schilddrüse und das Parathormon

An den Schilddrüsenlappen liegen von hinten her normalerweise 4 Epithelkörperchen der Schilddrüse an. Sie werden auch als Nebenschilddrüsen (Glandulae parathyroideae) bezeichnet und ähneln in ihrer Größe und Form einem Weizenkorn.

Die Epithelkörperchen bilden das Parathormon. Dieses fördert die Resorption von Kalzium aus der Nahrung und den Kalziumabbau aus dem Skelett. Somit übernimmt es wichtige Aufgaben bei der Regulation des Kalziumhaushalts des Menschen, insbesondere auch des Kalziumspiegels im Blut.

Silbernagl, Despopoulos 2003; Junqueira, Carneiro, Gratzl, 2004; Schmidt, Lang, Thews 2005; Schiebler, Schmidt, Zilles 2005

Angaben zur Anatomie der Epithelkörperchen der Schilddrüse	
Anzahl der Epithelkörperchen in der Schilddrüse	
normale Anzahl	4
maximale Anzahl	8
Anteil der Menschen mit paariger Anordnung der Epithelkörperchen	90 %
Größe eines Epithelkörperchens der Schilddrüse	
Länge	5 mm
Breite	3 mm
Dicke	1 mm
Gewicht eines Epithelkörperchens	
bei Neugeborenen	5–9 mg
bei Erwachsenen	20–40 mg
Gewicht aller Nebenschilddrüsen beim Erwachsenen	100–140 mg

Zellen der Epithelkörperchen der Schilddrüse	
Hauptzellen (bilden Parathormon)	
Durchmesser der Sekretgranula	200–400 nm
Oxyphile Zellen (Funktion unbekannt)	
erstes Auftreten beim Menschen	mit 7 Jahren
Anteil an der Drüse	<3 %
Anteil der Fettzellen	
bei einem Kind	0 %
bei einem Erwachsenen	30–50 %
bei einem 70–jährigen	70 %

Das Parathormon der Epithelkörperchen der Schilddrüse	
Das Parathormon ist ein Polypeptid	
Anzahl der Aminosäuren	84
Molekulargewicht	9.500

Tabelle 1.12.5   Die Nebenniere und ihre Hormone

Die Nebennierenrinde produziert die Steroidhormone Glucocortikoide, Mineralocortikoide und Androgene. Ein vollständiger Ausfall der Nebennierenrindenfunktion führt zum Tod.

Die Produktion der Androgene und Glukokortikoide stehen unter dem Einfluss des Hypophysenhormons Adrenokortikotropes Hormon (ACTH). Die Produktion der Mineralocortikoide wird durch das Renin-Angiotensin-System reguliert.

Silbernagl, Despopoulos 2003; Junqueira, Carneiro, Gratzl 2004; Schiebler, Schmidt, Zilles 2005; Schmidt, Lang, Thews 2005

Angaben zur Anatomie der Nebenniere	
Anzahl der Nebennieren	2
Größenverhältnis Nebenniere zu Niere	
Neugeborenes	1/3
Erwachsener	1/30
Länge einer Nebenniere	4–6 cm
Breite einer Nebenniere	1–2 cm
Dicke einer Nebenniere	4–6 cm
Gewicht einer Nebenniere	6 g
Verteilung des Gesamtgewichts der Nebenniere	
Rinde	80 %
Mark	20 %

Angaben zu den Hormonen der Nebennierenrinde (Cortex)	
Aus der Zona glomerulosa: Aldosteron, ein Mineralokortikoid	
Halbwertszeit im Blut	30–40 Minuten
Aldosteron-Sekretion	40–140 µg/Tag
Aus der Zona fasciculata: Cortisol, ein Glukokortikoid	
Halbwertszeit im Blut	2–3 Stunden
Cortison-Sekretion	5–30 mg/Tag (14–84 µmol/Tag)
Aus der Zona reticularis: Dehydroepiandrosteron, ein Androgen	
Wirksamkeit im Vergleich zum Testosteron	20 %
Sekretion Mann	21 mg/Tag
Sekretion Frau	16 mg/Tag

Angaben zu den Hormonen des Nebennierenmarks (Medulla)	
Adrenalin	
Halbwertszeit im Blut	20–60 s
Noradrenalin	
Halbwertszeit im Blut	20–60 s
Verteilung der hormonproduzierenden Zellen	
A-Zellen (bilden Adrenalin)	80 %
N-Zellen (bilden Noradrenalin)	20 %
Anzahl der Sekretgranula pro Zelle	30.000

Tabelle 1.12.6 Häufigkeit klinischer Symptome bei einer Überproduktion von Aldosteron (primärer Hyperaldosteronismus, Morbus Conn)

Aldosteron ist ein Mineralokortikoid, welches in der Nebennierenrinde gebildet wird. Eine unangemessene Aldosteronproduktion führt zum Krankheitsbild des Morbus Conn. Ursächlich ist in 70 % der Fälle ein Nebennierenadenom (gutartig entartetes Epithelgewebe) zu finden.

Man nimmt an, dass ca. 1 % aller Patienten mit Bluthochdruck in Deutschland an einem Morbus Conn leiden.

Classen 2003

Symptom	Häufigkeit	Symptom	Häufigkeit
Bluthochdruck	100 %	Vermehrtes Wasserlassen	72 %
Hypokaliämie	100 %	Kopfschmerzen	51 %
Proteinurie	85 %	Vermehrter Durst	46 %
EKG–Veränderungen	80 %	Müdigkeit	19 %
Muskelschwäche	73 %	Sehstörungen	21 %

Tabelle 1.12.7 Häufigkeit klinischer Symptome bei einer Minderfunktion der Nebennierenrinde

Die Minderfunktion der Nebennierenrinde (Nebenniereninsuffizienz, Morbus Addison) ist ein seltenes Krankheitsbild. Man rechnet mit 4–6 Neuerkrankungen pro eine Million Einwohner in Europa. Ursache ist in 80 % der Fälle eine autoimmune Erkrankung.

Die Tuberkulose ist als Ursache für eine Minderfunktion mit einer Häufigkeit von 10–20 % in den letzten Jahrzehnten deutlich zurückgegangen. Die Symptomatik entsteht durch den Hormonmangel.

Classen 2003

Ursache und Symptome der Erkrankung	Häufigkeit des Auftretens
Glukokortikoidmangel	
Müdigkeit	100 %
Bauchschmerzen	90 %
Gewichtsabnahme	90–100 %
Muskelschmerzen	10 %
Mineralokortikoidmangel	
Salzhunger	15 %
Hyponatriämie	90 %
niederer Blutdruck	90 %
Nierenfunktionsstörungen	20 %

Tabelle 1.12.8 Die Hormone der Bauchspeicheldrüse

Die Hormone der Bauchspeicheldrüse werden in den endokrinen Anteilen des Organs, den so genannten Langerhans-Inseln produziert und ins Blut ausgeschüttet.

Das wohl bekannteste und wichtigste Hormon der Bauchspeicheldrüse ist das Insulin. Es ermöglicht die Glukoseaufnahme der Zellen. Somit wirkt es Blutzucker senkend.

Im Gegensatz dazu erhöht Glukagon, das in den A-Zellen der Langerhans-Inseln produziert wird, den Blutzucker. Somit regulieren Insulin und Glukagon als Gegenspieler den Blutzucker des Menschen. Siehe auch Tabelle 1.7.18.

Thomas 1992; Löffler, Petrides 1997; Junqueira, Carneiro, Gratzl 2004; Schmidt, Lang, Thews 2005

Angaben zur Anatomie der Langerhans-Inseln	
Gewicht insgesamt	2–5 g
Anteil am Pankreasgewicht	ca. 2 %
Gesamtzahl der Inseln	
Neugeborene	200.000
Erwachsene	1–2 Millionen
Durchmesser einer Insel	100–500 µm
Anzahl der Zellen pro Insel	3.000
Zellerneuerung: Mitosen pro 30.000 Inselzellen	1

Angaben zum Glukagon aus den A-Zellen	
Molekulargewicht	3.485
Anzahl der Aminosäuren	29
Anteil an A-Zellen an den Inselzellen	25 %
Strukturaufklärung	1957
Erstmalige Synthese	1960

Angaben zum Insulin aus den B-Zellen	
Molekulargewicht	5.734
Anzahl der Aminosäuren	51
Anteil an B-Zellen an den Inselzellen	60 %
Insulinverbrauch (beim Erwachsenen)	ca. 2 mg pro Tag
Vorrat an Insulin im gesamten Pankreas	10–12 mg
Vorrat an Insulin in den B-Zellen reicht	fast 1 Woche
Halbwertszeit des Insulins im Blut	20–30 min
Strukturaufklärung (*F. Sanger*, Cambridge)	1955
Erstmalige Synthese	1965
Einsatz von gentechnisch gewonnenem Insulin	seit 1982

Angaben zum Somatostatin aus den D-Zellen	
Anteil der D-Zellen an den Inselzellen	15 %
Halbwertszeit im Plasma	2–3 min
Anzahl der Aminosäuren des Somatostatins	14

Tabelle 1.12.9 Die Zuckerkrankheit (Diabetes mellitus)

Unter der Zuckerkrankheit (Diabetes mellitus) werden Stoffwechselveränderungen unterschiedlicher Ursachen zusammengefasst. Sie sind durch eine dauerhafte Erhöhung der Blutglukose gekennzeichnet.

Ursache ist ein absoluter oder relativer Insulinmangel. Man unterscheidet den Jugenddiabetes Typ I, welcher sich durch einen absoluten Insulinmangel auszeichnet und den so genannten Altersdiabetes Typ II, der durch einen relativen Insulinmangel definiert ist.

Die Häufigkeit liegt in Deutschland bei etwa 5–8 % der Bevölkerung (Typ I Diabetes mellitus: 0,3–0,4 %). Bei der Manifestation des Diabetes spielen sowohl genetische Faktoren als auch Umwelteinflüsse eine entscheidende Rolle.

Classen 2003; Nawroth 2001; Schmidt, Lang, Thews 2005

Angaben zur Zuckerkrankheit	
Anteil der Diabetes-Kranken in der Bevölkerung	5–8 %
Blutzuckergehalt in Blutkapillaren	
normal	70–100 mg/dl
Hypoglykämie (Abnahme des Blutzuckerspiegels)	< 45 mg/dl
Hypoglykämischer Schock	< 35 mg/dl
Hyperglykämie (Überhöhter Blutzuckerspiegel)	>180 mg/dl
Nierenschwelle der Glukose (Plasmakonzentration, ab der Glukose über die Niere ausgeschieden wird)	180 mg/dl
Anteil der Schwangeren, die einen Schwangerschaftsdiabetes ausbilden (Diabetes Typ IV)	1–3 %

Angaben zum Diabetes Typ I (Jugenddiabetes)	
Anteile an allen Diabetikern	<10 %
Prozentsatz kranker Jugendlicher in Deutschland	ca. 1,7 %
Anteil der Erkrankten mit Autoantikörpern	80 %
Anteil der Krankheitsmanifestationen vor dem 35. Lebensjahr	80 %

Angaben zum Diabetes Typ II (Altersdiabetes)	
Anteil an allen Diabetikern	>90 %
Anteil der Übergewichtigen Typ II-Diabetiker	80 %
Manifestation der Krankheit	ab 40 Jahre
Maximum der Manifestation	60–70 Jahre

Angaben zum oralen Glukosetoleranztest		
	Glukosekonzentrationen in mg/dl	
	Zeitpunkt 0 (Nüchternblutzucker)	120 min nach Gabe von 75 g Glukose
Normal	<100	<140
Gestörte Glukosetoleranz	<125	>140 <200
Diabetes mellitus	>125	>200

Tabelle 1.12.10 Kriterien zur Beurteilung der Stoffwechseleinstellung eines Patienten mit Zuckerkrankheit

Die Zuckerkrankheit (Diabetes mellitus) ist eine der häufigsten Stoffwechselerkrankungen in der westlichen Welt.

Eine frühe Diagnose sowie eine adäquate Therapie sind Voraussetzung für die Vermeidung von Spätfolgen wie Nierenschäden (diabetische Nephropathie), Sehschäden (diabetische Retinopathie), diabetische Fußsyndrome, Nervenschäden (diabetische Polyneuropathie) oder Gefäßschäden (diabetische Makroangiopathie).

Classen 2003; Nawroth 2001

Parameter	Gute Therapie	Grenzwertige Therapie	Unzureichende Therapie
Nüchternblutzucker	80–110 mg/dl	111–140 mg/dl	>140 mg/dl
Postprandiale Blutglukose	100–145 mg/dl	146–180 mg/dl	>180 mg/dl
HbA1c	<6,5 %	6,5–7,5 %	>7,5%
Gesamtcholesterin	<200 mg/dl	200–250 mg/dl	>250 mg/dl
Triglyzeride	<150 mg/dl	150–200 mg/dl	>200 mg/dl

Komplikationen nach 20 Jahren Krankheitsdauer

Häufigkeit des Auftretens von Komplikationen	
Sehschäden (diabetische Retinopathie)	80 %
Gefäßschäden (diabetische Makroangiopathie)	60 %
Nierenschäden (diabetische Nephropathie)	40 %
Nervenschäden (diabetische Polyneuropathie)	40 %
diabetische Fußsyndrome	20 %

Tabelle 1.12.11 Häufigkeit des Jugenddiabetes

Bei Jugenddiabetes (Diabetes Typ I) spielen genetische Faktoren eine wichtige Rolle. So haben 10–15 % der Betroffenen einen oder mehrere erstgradig Verwandte, die erkrankt sind.

Classen 2003; Nawroth 2001

Unterteilung	Häufigkeit
Ohne Familienanamnese	0,35 %
Mit Erkrankten in der Familie	3–6 %
Kinder diabetischer Eltern	25 %
Erkrankte Zwillinge	
eineiig	30–50 %
zweieiig	6 %

Tabelle 1.12.12 Ausgewählte Hormone des Hypothalamus

Der Hypothalamus ist das übergeordnete Steuerorgan zahlreicher vegetativer Funktionen und der endokrinen Drüsen. Er ist damit für eine Vielfalt von vitalen Körperfunktionen verantwortlich.

Der Hypothalamus ist mit bidirektionalen Verbindungen der Integrationsort hormonaler und nervaler Systeme. Beispiele sind andere ZNS-Areale, Hormone der Neurohypophyse, die humorale Steuerung der Adenohypophyse und die Interaktionen mit dem Immunsystem.

Durch Steuerhormone reguliert der Hypothalamus die Hormonausschüttung in der Hypophyse. Dabei verstärken Releasing-Hormone (RH) die Hormonfreisetzung in der Hypophyse, Inhibiting-Hormone (IH) hemmen sie. So reguliert er das körperliche Wachstum, die Energiebilanz und das Sexualverhalten. Auch höhere Hirnfunktionen wie Aufmerksamkeit und Schlaf-Wach-Rhythmus werden vom Hypothalamus beeinflusst.

Abkürzungen: AS=Aminosäure; MG=Molekulargewicht

Nawroth 2001; Schmidt, Lang, Thews 2005

Steuerhormone (Synonyme)	Chemische Struktur	Halbwertszeit im Blut Erwachsener
Somatoliberin (Somatotropin-Releasing Hormon, GH-RH, Growth hormone-Releasing Hormon)	Polypeptid AS: 44	60–120 Minuten
Somatostatin (Somatotropin-Release inhibiting Hormon)	Polypeptid AS: 14	2–4 Minuten
Thyroliberin (TRH, Thyrotropin-Releasing Hormon)	Tripeptid AS: 3	–
Gonadoliberin (GnRH, Gonadotropin-Releasing-Hormon, LH-RH, Luteotropic-Releasing Hormon, Triptorelin)	Oligopeptid AS: 10 MG: 1181	8–10 Minuten
Corticoliberin (CRH, Corticotropin-Releasing Hormon)	Polypeptid AS: 41	–
Prolaktostatin (PIH, Prolactin-Release inhibiting Hormon, Dopamin)	Polypeptid AS: 56	–

Tabelle 1.12.13 Hypophysenadenome

Hypophysenadenome sind gutartige Tumoren.

Classen 2003

Adenomtyp	Häufigkeit	Adenomtyp	Häufigkeit
Endokrin inaktive Adenome	32 %	Prolaktinome	27 %
STH produzierende Adenome (Akromegalie)	20 %	ACTH produzierende Adenome (M. Cushing)	10 %
Gonadotropin produzierende Adenome	9 %	TSH produzierende Adenome	1 %

Tabelle 1.12.14 Die Hypophyse

Die Hypophyse (Glandula pituritaria) ist in der knöchernen Schädelbasis (Sella turcica) lokalisiert. Sie ist ein aus verschiedenen Anteilen zusammengesetztes, kirschgroßes, endokrines Organ, das über den Hypophysenstiel (Infundibulum) direkt mit dem Hypothalamus verbunden ist.

Der Hypothalamus (siehe Tabelle 1.12.12) kontrolliert durch Steuerhormone die Hormonausschüttung der Hypophyse. In ihren vorderen Anteilen, der Adenohypophyse, werden das Wachstumshormon, FSH, LH, TSH, Prolaktin und ACTH gebildet.

In den hinteren Anteilen, der Neurohypophyse, werden die im Hypothalamus gebildeten Hormone ADH (antidiuretisches Hormon) und Oxytocin sezerniert.

Thomas 1992; Löffler 1997; Junqueira, Carneiro, Gratzl 2004; Silbernagl, Despopoulos 2003; Classen 2003; Pschyrembel 2004

Angaben zu Anatomie und Physiologie der Hypophyse	
Beginn der Entwicklung der Hypophyse	24. Embryonaltag
Auftreten der ersten Sekretgranula in den Zellen der Hypophyse	Ende der 12. Embryonalwoche
Gewicht der Hypophyse	
Mann	500–600 mg
Frau	600–800 mg
Länge der Hypophyse	10 mm
Breite der Hypophyse	13 mm
Dicke der Hypophyse	4 mm
Gewichtsanteile	
Vorderlappen	73 %
Mittellappen	2 %
Hinterlappen	25 %
Anteile der verschiedenen Zellen	
Chromophobe Zellen (Funktion unbekannt)	50 %
Azidophile Zellen (produzieren: Prolactin, STH, Melanotropin)	40 %
Basophile Zellen (produzieren: ACTH, TSH, FSH, LH)	10 %
Gewichtszunahme der Hypophyse in der Schwangerschaft	25 %
Durchmesser der Sekretgranula	
Somatotrope Zellen (STH)	300–350 nm
Mammotrope Zellen (Prolaktin)	550–600 nm
Gonadotrope Zellen	
Follitropinbildende Zellen (FSH)	200 nm
Lutropinbildende Zellen (LH)	250 nm
Thyrotrope Zellen (TSH)	120–200 nm
Kortikotrope Zellen (ACTH)	100–200 nm
Melanotropin produzierende Zellen	200–300 nm

Tabelle 1.12.15 Die Hormone der Hypophyse

Der Hinterlappen der Hypophyse (Neurohypophyse) ist nur Sekretionsort für Hormone, die im Hypothalamus gebildet werden.

Synonyme, Abkürzungen in Klammern: MG = Molekulargewicht; AS = Aminosäure

Löffler, Petriges 1997; Junqueira, Carneiro, Gratzl 2004

Hormone (Synonyme)	Chemische Struktur	Halbwertszeit
Vorderlappen (Adenohypophyse):		
Somatotropes Hormon (STH, Somatotropin, Wachstumshormon, GH)	Peptid; AS: 191; MG: 21.500	20–30 min
Prolactin	Peptid; AS: 198; MG: 22.000	10–15 min
Adrenokortikotropes Hormon (ACTH, Corticotropin)	Polypeptid; AS: 36; MG: 4.500	5–10 min
Tyroideastimulierendes Hormon (TSH, Thyrotropin)	Glykoprotein: Dimer aus α-Untereinheit: 92 AS ß-Untereinheit: 110 AS MG: 30.000	50 min
Follikelstimulierendes Hormon (FSH, Follitropin)	Glykoprotein: Dimer aus α-Untereinheit: 92 AS ß-Untereinheit: 115 AS MG: 30.000	50–130 min
Luteinisierendes Hormon (LH, Lutropin)	Glykoprotein: Dimer aus α-Untereinheit: 92 AS ß-Untereinheit: 118 AS MG: 30.000	100–160 min
Mittellappen		
Melanozytenstimulierendes Hormon (MSH, Melanotropin)	Polypeptid; AS: 22; MG: 4.500	–
Hinterlappen (Neurohypophyse)		
Antidiuretisches Hormon (ADH, Adiuretin, Vasopressin)	Oligopeptid; AS: 9; MG: 1.000	2–3 min
Oxytocin	Oligopeptid; AS: 9; MG: 1.000	2–4 min

Tabelle 1.12.16 Häufigkeit der Symptome bei Überproduktion des Wachstumshormons (Akromegalie)

Die Akromegalie wird durch eine pathologische Hypersekretion des Wachstumshormons verursacht. In 99 % der Fälle liegt ursächlich ein STH-produzierendes Hypophysenadenom vor. Die Beschwerden beginnen oft 5–10 Jahre vor Diagnosestellung. Zu den Frühsymptomen zählen eine Größenzunahme der Hände, Kopfschmerzen sowie Potenzprobleme und Leistungsminderung.

Fortsetzung nächste Seite

Fortsetzung Tabelle 1.12.16 Häufigkeit der Symptome bei Überproduktion des Wachstumshormons
Claasen 2003

Symptom	Häufigkeit	Symptom	Häufigkeit
Vergrößerung der Körperspitzen	100 %	Menstruationsstörungen	43–87 %
Vergrößerung der Sella	93–100 %	Abnahme der Libido	38–58 %
Kopfschmerzen	58–87 %	Bluthochdruck	37–50 %
Sehstörungen	35–62 %	Karpaltunnelsyndrom	31–44 %
Vermehrtes Schwitzen	49–91 %	Diabetes Mellitus	2–12 %

Tabelle 1.12.17 Häufigkeit der Symptome bei erhöhtem Kortisolspiegel (Cushing-Syndrom)

Das Cushing-Syndrom wird durch einen erhöhten Kortisolspiegel im Blut ausgelöst. Ursächlich lassen sich in 80 % der Fälle ACTH produzierende Hypophysenadenome (Morbus Cushing) nachweisen. Frauen sind dabei 5-mal häufiger betroffen als Männer.

Allolio, Schulte 1996

Symptom	Häufigkeit	Symptom	Häufigkeit
Zentripedale Fettsucht	80–100 %	Mondgesicht	50–95 %
Diabetische Stoffwechsellage	40–90 %	Muskelschwäche	30–90 %
Bluthochdruck	75–85 %	Psychische Veränderung	30–85 %
Impotenz	55–80 %	Ausbleiben der Regelblutung	55–80 %
Knöchelödeme	30–60 %	Hautdehnungsstreifen	50–70 %

Tabelle 1.12.18 Die Zirbeldrüse und Melatonin

Die Zirbeldrüse ist für die Koordination jahreszeitlicher Rhythmen wichtig. Auf den Reiz des Lichtes hin wird das Hormon Melatonin aus Serotonin synthetisiert. Melatonin hemmt vor der Pubertät die Keimdrüsen.

Schiebler, Schmidt, Zilles 2005

Angaben zur Anatomie der Zirbeldrüse und zu Melatonin	
Länge / Dicke der Zirbeldrüse	5–8 mm / 3–5 mm
Gewicht der Zirbeldrüse	150 mg
Durchmesser der Granula	100 nm
Plasmakonzentration des Melatonins beim Jugendlichen	
um 13 Uhr	9,3 µg/l
von 0–4 Uhr	130,3 µg/l

Tabelle 1.12.19   Normalwerte der Hormone im Blut

Aufgrund der geringen Konzentration und den tageszeitlichen Schwankungen der Konzentrationen ist die Hormonmessung im Blut sehr schwierig. Deshalb werden Hormonuntersuchungen häufig im 24-Stunden-Urin durchgeführt.

Erläuterung zu Begriffen in der Tabelle:
  Follikelphase: Zeit im weiblichen Zyklus vom Zyklusbeginn bis zum Eisprung
  Ovulation: Eisprung
  Lutealphase: Zeit vom Eisprung bis zum Zyklusende
  Postmenopause: Zeit nach der letzten Regel der Frau (Durchschnitt: 49 Jahre)

Kruse-Jarres 1993; Krapf 1995

Hormon	Beschreibung	Konzentration im Blut
Adrenalin	–	30–90 pg/ml
Adrenocorticotropes Hormon (ACTH)	morgens	10–100 ng/l
	abends	5–20 ng/l
Aldosteron	stehend	40–310 ng/l
	liegend	10–160 ng/l
Androstendion	Mann	0,57–2,65 ng/ml
	Frau	0,47–2,68 ng/ml
Antidiuretisches Hormon (ADH)	–	2–8 pg/ml
Kalzitonin	–	< 30 pg/ml
Cortisol	morgens	8–25 µg/dl
	mittags	5–12 µg/dl
	nachts	<5 µg/dl
Corticosteron	–	0,4–2,0 µg/dl
C-Peptid	–	1,1–3,6 ng/ml
Dehydroepiandrosteron	Mann	35–440 µg/dl
	Frau	10–334 µg/dl
	vor der Pubertät	5–263 µg/dl
Dihydrotestosteron	Mann	16–108 µg/dl
	Frau	<20 µg/dl
Dopamin	–	<30 µg/ml
Erythropoetin	–	6–25 U/l
Follikelstimulierendes Hormon (FSH)	Mann	1–10 U/l
Follikelstimulierendes Hormon (FSH)	Frau	
	Follikelphase	2,5–11 U/l
	Ovulation	8,3–16 U/l
	Lutealphase	2,5–11 U/l
	Postmenopause	27–82 U/l
Gastrin	–	28–115 pg/ml
Glukagon	–	40–180 pg/ml
Insulin	–	3–15 µU/ml
Luteinisierendes Hormon (LH)	Mann	1,5–9,2 U/l

Fortsetzung nächste Seite

Fortsetzung Tabelle 1.12.19 Normalwerte der Hormone im Blut

Hormon	Beschreibung	Konzentration im Blut
Luteinisierendes Hormon (LH)	Frau:	
	Follikelphase	1,8–13,4 U/l
	Ovulation	15,2–78,9 U/l
	Lutealphase	0,7–19,4 U/l
	Postmenopause	> 50 U/l
Noradrenalin	–	185–275 ng/l
Östradiol	Mann	5–80 pg/ml
	Kind	<25 pg/ml
	Frau:	
	Follikelphase	30–120 pg/ml
	Ovulation	90–330 pg/ml
	Lutealphase	65–180 pg/ml
	Postmenopause	10–50 pg/ml
Östron	Mann	10–60 pg/ml
	Frau:	
	Follikelphase	40–120 pg/ml
	Lutealphase	60–200 pg/ml
	Postmenopause	<30 pg/ml
Parathormon	–	15–65 pg/ml
Progesteron	Mann	<2,4 ng/ml
	Kind	0,1–0,6 ng/ml
	Frau:	
	Follikelphase	<1,82 ng/ml
	Lutealphase	3,29–30 ng/ml
Prolaktin	Mann	0,62–12,5 ng/ml
	Frau:	0,62–15,6 ng/ml
	Schwangere	<200 ng/ml
	Postmenopause	<9,7 ng/ml
Renin (direkt)	liegend	10–30 ng/l
	stehend	10–60 ng/l
Serotonin	Mann	80–290 µg/l
	Frau	110–320 µg/l
Somatostatin		< 50 pg/ml
Testosteron (gesamt)	Mann	2,7–10,7 ng/ml
	Frau	0,2–0,9 ng/ml
Testosteron (frei)	Mann	9–47 pg/ml
	Frau	0,7–3,6 pg/ml
Thyreotropin (TSH)	–	0,3–3,5 mU/l
Thyroxin T4 (gesamt)	–	4,5–10,5 µg/dl
Thyroxin T4 (frei)	–	0,8–2 ng/dl
Trijodthyronin T3 (gesamt)	–	0,8–2 µg/l
Trijodthyronin T3 (frei)	–	3–6 ng/l
Wachstumshormon (STH)	–	0–7 ng/ml

Tabelle 1.12.20 Normalwerte der Hormone und Hormonabbauprodukte im Urin

Für Hormonuntersuchungen wird der Urin eines Tages und einer Nacht gesammelt.

Kruse-Jarres 1993;

Hormone und Abbauprodukte	Beschreibung	Konzentration im Urin
Adrenalin		4–20 µg/24h
Aldosteron	Normalernährung	3–15 µg/24h
	salzarme Diät	17–44 µg/24h
	salzreiche Diät	<6 µg/24h
Choriongonadotropin (HCG)		<20 IU/l
Cortisol	Erwachsener	20–130 µg/24h
	Kind (4 Mon. – 10 Jahre)	2–30 µg/24h
Dopamin	Erwachsener	<450 µg/24h
	Alter bis 12 Monate	<180 µg/24h
	Alter 1–2 Jahre	<240 µg/24h
Homovanillinsäure		<15 mg/24h
Hydroxy-Indolessigsäure		<8,5 mg/24h
Metanephrin		74–298 µg/24h
Noradrenalin	Erwachsener	23–105 µg/24h
	Alter bis 2 Jahre	<35 µg/24h
	Alter 2–8 Jahre	<60 µg/24h
	Alter 9–16 Jahre	<70 µg/24h
Östrogene (gesamt)	Mann	6–25 µg/24h
	Kind	2–14 µg/24h
	Frau:	
	Follikelphase	7–25 µg/24h
	Ovulation	25–95 µg/24h
	Lutealphase	20–70 µg/24h
	Postmenopausal	3–11 µg/24h
Serotonin		40–240 ng/24h
Vanillinmandelsäure		3,3–6,5 mg/24h

Tabelle 1.12.21 Zeittafel der Hormonforschung

Siehe auch 3.2 Fortschritte in Biologie und Medizin

Nach Gotthard 1993; Nawroth, Ziegler 2001

Wegweisende Entdeckung	Name, Erläuterung	Zeit
Kastrierten Hähnen werden Hoden wieder eingepflanzt und die männlichen Geschlechtsmerkmale werden erneut ausgebildet. Mit diesem Versuch wurde erstmals die Existenz von Hormonen nachgewiesen.	*Arnold Adolph Berthold* (1803–1861), deutscher Zoologe	1849

Fortsetzung nächste Seite

Fortsetzung Tabelle 1.12.21 Zeittafel der Hormonforschung

Wegweisende Entdeckung	Name, Erläuterung	Zeit
Entdeckung inselartiger Zellformationen in der Bauchspeicheldrüse des Menschen. Die Bedeutung dieser Inseln für den menschlichen Stoffwechsel (Insulinproduktion) war aber zu diesem Zeitpunkt noch unbekannt.	*Paul Langerhans* (1847–1888), deutscher Arzt und Pathologe	1869
Die Zuckerkrankheit wird beim Hund durch Entfernen der Bauchspeicheldrüse hervorgerufen.	*Joseph von Mering* (1849–1908) und *Oskar von Minkowski* (1858–1908)	1889
Entdeckung des hohen Jodgehalts der Schilddrüse	*Eugen Baumann* (1846–1896), deutscher Apotheker und Chemiker	1895
Herstellung von Adrenalin in kristalliner Form	*Jokichi Takamine* (1854–1922), japanisch–amerikan. Chemiker und *Thomas Bell Aldrich* (1861–1938)	1901
Der Begriff "Hormon" wird geprägt. Die Bauchspeicheldrüse funktioniert auch nach Durchtrennung der Nervenversorgung.	*Ernst Henry Starling* (1866 – 1927), englischer Physiologe	1905
Isolierung des Thyroxins aus der Schilddrüse	*Edward Calvin Kendall* (1886–1972), amerikanischer Biochemiker	1914
Gewinnung eines insulinreichen Extraktes aus der Bauchspeicheldrüse von Kalbsföten. Anschließend erfolgreiche Behandlung eines Hundes, dem die Bauchspeicheldrüse entfernt wurde.	*Frederick Grant Banting* (1891–1941) und *Charles Herbert Best* (1899–1978)	1921
Nachweis der Bedeutung der Hypophyse für die Funktion der Keimdrüsen	*Selmar Aschheim* (1878–1965) und *Bernhard Zondek* (1891–1966), Gynäkologen	1926
Darstellung von Östron in reiner Form	*Edward Adelbert Doisy* (Medizinnobelpreis 1943), amerikanischer Biochemiker	1929
Strukturaufklärung und Synthese der Hypophysen–Hinterlappenhormone Vasopressin und Oxytocin	*Vincent du Vigneaud* (1901–1978), amerikanischer Biochemiker	1953

Fortsetzung nächste Seite

Fortsetzung Tabelle 1.12.21 Zeittafel der Hormonforschung

Wegweisende Entdeckung	Name, Erläuterung	Zeit
Strukturaufklärung des Insulins	*Frederick Sanger*, britischer Biochemiker	1954
Erstmaliger Einsatz des Wachstumshormones bei Kleinwuchs. Gewinnung durch Extraktion aus Hypophysen von Toten		1963
Vollsynthese des Glukagons	*Wünsch*	1967
Entdeckung des Thyroliberin aus dem Hypothalamus von Schafen bzw. Schweinen	*Roger C. L. Guillemin* (* 1924), französischer Arzt und *Andrew Schally* (* 1926) litauisch-US-amerikanischer Physiologe	1969
Entdeckung der Endorphine im Zwischenhirn von Schweinen. Der erste gebräuchliche Name war deswegen auch "Enkephaline" (vom griechischen Wort en-kephalos, "im Kopf")	*John Hughes* und *Hans Kosterlitz* (1903–1996), schottische Forscher	1975
Herstellung monoklonaler Antikörper	*Georges Jean Franz Köhler* (1946–1995), deutscher Biologe	1975
	César Milstein (1927–2002), argentischer Molekularbiologe	
Die chemische Umwandlung von Schweineinsulin in Humaninsulin gelingt erstmals.		1976
Einschleusung des menschlichen Gens für Insulin in das Bakterium *Escherichia coli*		1978
Beginn der kommerziellen Verwertung von gentechnisch gewonnenem Insulin	Firma Eli Lilly	1982
Verbot der Anwendung von extrahiertem menschlichem Wachstumshormons da viele behandelte Patienten an der Creutzfeldt-Jakob-Krankheit verstarben		1985
Kommerzielle Nutzung von gentechnisch hergestelltem Wachstumshormon	Firma Genentech	1985
Kommerzielle Nutzung von gentechnisch hergestelltem Interleukin I	Firma Chiron	1992

1.13 Geschlechtsorgane und Entwicklung

Das Geschlecht eines Menschen wird bei der Befruchtung festgelegt. Die Keimdrüsen werden an der Rückwand der Leibeshöhlenmitte hinter dem Bauchfell angelegt. Durch die erblich festgelegte Entwicklungssteuerung kommt es schon in der frühen Embryonalzeit zu einer Differenzierung in männliche oder weibliche Keimdrüsen. Ihre volle Funktion erreichen sie jedoch erst nach der Pubertät, wenn ihr Wachstum durch hormonelle Einflüsse zum Abschluss gekommen ist. Die männlichen Keimdrüsen, die Hoden, wandern etwa im 7. Fetalmonat durch den Leistenkanal in den Hodensack.

Die äußeren Geschlechtsteile werden bei beiden Geschlechtern in gleicher Weise angelegt und differenzieren sich erst später zum Venushügel und den Schamlippen der Frau und zum Penis und dem Hodensack beim Mann.

Tabelle 1.13.1 Zahlen zum Staunen

Literaturhinweise siehe nachfolgende Tabellen

Ausgewählte Angaben aus den nachfolgenden Tabellen	
Verlagerung des Hodens aus dem Bauchraum in den Hodensack (Descensus)	3.–10. Monat der Schwangerschaft
Temperaturdifferenz zwischen Hodensack und Körperkern	2° C
Bildung von Samenzellen (Spermien) bei einem gesunden, jungen Mann	ca. 1.000 pro Sekunde
Zeitdauer, in der ein Spermium nach dem Geschlechtsverkehr befruchtungsfähig bleibt	1–3 Tage
Temperatur, bei der Spermien eingefroren werden, ohne ihre Befruchtungsfähigkeit zu verlieren	–190° C
Durchschnittlich Anzahl der Spermien in der Samenflüssigkeit	60 Millionen/ml
Alle Eizellen werden vor der Geburt angelegt	
im 5. Fetalmonat	6 Millionen
bei der Geburt	40.000–50.000
bei Erreichen der Geschlechtsreife	20.000
Anzahl der Eizellen, die im Leben einer Frau bis zur Befruchtungsfähigkeit heranwachsen	400–450
Dauer des Befruchtungsvorgangs (Verschmelzen der Samenzelle mit der Eizelle)	24 Stunden
Zeitpunkt, an dem das Herz eines Menschen zu schlagen beginnt	22 Tage nach der Befruchtung
Alle wesentlichen Organe eines Menschen sind angelegt	56 Tage nach der Befruchtung
Durchschnittliche Gewichtszunahme der Mutter am Ende der Schwangerschaft	11,2 kg

Tabelle 1.13.2 Die Anatomie der Hoden

Die paarig angelegten Hoden (Testes) sind die männlichen Keimdrüsen. Beide Hoden hängen am Samenstrang im Hodensack, wobei der linke gewöhnlich etwas tiefer steht als der rechte. In den Hoden werden Spermien (siehe Tabelle 1.13.3) und Hormone (vor allem Testosteron) produziert.

Die Spermien reifen in etwa 250 Kammern (Hodenläppchen) heran, in die jeder Hoden unterteilt ist. Die Hodenläppchen entstehen durch ein Knäuel von Samenkanälchen, in denen die Spermien gebildet werden.

Während der Fetalperiode wandern die Hoden von der Bauchhöhle in den Hodensack. Dieser Vorgang wird als Descensus testis bezeichnet. Unterbleibt die Verlagerung in den Hodensack oder verläuft sie nur unvollständig, nennt man das Maldescensus testis. Die Folge ist ein Hodenhochstand, der bei 3 % aller männlichen Neugeborenen auftritt.

Leonhardt 1990; Mörike, Betz, Mergenthaler 2001; Pschyrembel 2004; Junqueira, Carneiro, Gratzl 2004; Schiebler, Schmidt, Zilles 2005

Angaben zu Anatomie und Physiologie der Hoden	
Durchschnittliche Größe eines Hodens	
Längsdurchmesser	4–5 cm
Breite	2–3 cm
Dicke	3 cm
Gewicht eines Hoden	20 g
Dicke der Hodenkapsel (Tunica albuginea)	1 mm
Hodenläppchen (Lobuli testes)	
Anzahl der Läppchen in einem Hoden	250
Länge der Läppchen	2–3 cm
Samenkanälchen (Tubuli seminiferi contorti)	
Anzahl pro Hodenläppchen	1–4
Anzahl in einem Hoden	500–800
Länge eines Samenkanälchens	30–70 cm
Länge aller Samenkanälchen in einem Hoden	300 m
Durchmesser eines Samenkanälchens	180–280 µm
Höhe des Keimepithels	60–80 µm
Sertolizellen (Ammenzellen für die Spermienproduktion)	
Länge	bis zu 50 µm
Leidig-Zellen (bilden Testosteron)	
Anteil am gesamten Hodenvolumen	12 %
Testosteronproduktion	7 mg/Tag
Reinkekristalle sind Eiweißkristalle die im Cytoplasma der Leidig-Zellen vorkommen	
Länge	bis 20 µm
Dicke	bis 3 µm
Verlagerung der Hoden in den Hodensack (Descensus testis)	3.–10. Schwangerschaftsmonat

Tabelle 1.13.3 Samenzellen und ihre Entwicklung

Bei der Spermiogenese (auch Spermatogenese) werden männliche Samenzellen (Spermien) gebildet. Bei der Reifung der Spermien entsteht aus einer Urgeschlechtszelle eine Vorläuferzelle (Spermatogonie), die sich dann in 4 befruchtungsfähige Spermien weiterentwickelt.

Spermien haben einen halben (haploiden) Chromosomensatz (23 Chromosomen). Eine Voraussetzung für die optimale Bildung von Samenzellen ist eine Temperaturdifferenz von etwa 2° C zwischen Hoden und Körperkern.

Leonhardt 1990; Pschyrembel 2004; Schiebler, Schmidt, Zilles 2005

Angaben zur Bildung der Samenzellen	
Bildung von Vorläuferzellen (Spermatogonien)	400 Millionen/Tag
Bildung von fertigen Samenzellen (Spermien)	
pro Tag	100 Millionen
pro Sekunde	ca. 1.000
Gesamtdauer der Spermiogenese	80–90 Tage
Dauer der Entwicklung eines Spermiums aus einer Vorläuferzelle (Spermatogonie) im Hoden	ca. 70 Tage
Dauer der Nebenhodenpassage	7–14 Tage
Wanderungsgeschwindigkeit der Spermien in Flüssigkeit	3–5 mm/min
Temperaturdifferenz zwischen Hodensack und Körperkern	2° C
Temperatur, bei der Spermien eingefroren werden, ohne ihre Befruchtungsfähigkeit zu verlieren	–190° C

Angaben zur Anatomie ausgereifter Samenzellen	
Länge einer Samenzelle (insgesamt)	60 µm
Kopf einer Samenzelle (mit dem haploiden Zellkern)	
Dicke	2–3 µm
Länge	4–5 µm
Anzahl der Membranen des Akrosoms	2
Hals	
Dicke	0,8 µm
Länge	0,3 µm
Anzahl der Außenfibrillen	9
Mittelstück	
Dicke	1 µm
Länge	6 µm
Anzahl der Außenfibrillen	9
Hauptstück	
Dicke	0,5 µm
Länge	45 µm
Endstück	
Länge	5–7 µm

Tabelle 1.13.4 Die Samenwege

Zu den Samenwegen zählt man die anatomischen Strukturen, die von einer Samenzelle durchwandert werden müssen, um von ihrem Entstehungsort, dem Hoden, als Ejakulat an die Außenwelt zu gelangen.

Gebildet werden die Samenzellen in den Samenkanälchen. Diese münden über das Rete Testis in die Ductuli efferentes. Die Ductuli efferentes vereinigen sich im Nebenhoden zu dem Nebenhodengang (Ductus epididymidis). Dieser wird beim Verlassen des Nebenhodens zum Ductus deferens, dem Samenleiter.

Der Samenleiter hat eine außerordentlich kräftige Muskulatur, die sich beim Samenerguss mit einer oder mehreren peristaltischen Wellen mit großer Geschwindigkeit kontrahiert.

Im Bereich der Prostata geht der Ducuts deferens in den Spritzkanal (Ductus ejaculatorius) über. Noch innerhalb der Prostata vereinigen sich die paarig angelegten Spritzkanäle in der unpaaren Harnröhre (Urethra).

Leonhardt 1990; Mörike, Betz, Mergenthaler 2001; Junqueira, Carneiro, Gratzl 2004; Pschyrembel 2004; Schiebler, Schmidt, Zilles 2005; Deetjen 2005

Angaben zur Anatomie der Samenwege	
Nebenhoden (Epididymis)	
Länge	5 cm
Gewicht	4 g
Ductuli efferentes (verbinden den Hoden mit dem Nebenhoden)	
Anzahl	8–12
Länge	10–12 cm
Nebenhodengang (Ductus epididymidis)	
Gesamtlänge im gestreckten Zustand	4–6 m
Innendurchmesser	
am Anfang	150 µm
am Ende	400 µm
Samenleiter (Ductus deferens)	
Länge	50–60 cm
Dicke	3–4 mm
Innendurchmesser	0,5–1 mm
Zahl der Kontraktionen beim Orgasmus	3–4
Spritzkanälchen (Ductus ejaculatorius)	
Länge	ca. 2 cm
Trichterförmige Verengung auf einen Innendurchmesser von	200 µm
Männliche Harnröhre	
Längen insgesamt (Durchschnitt)	20,0 cm
Pars prostatica	3,5 cm
Pars membranacea	1,5 cm
Pars spongiosa	15,0 cm

Tabelle 1.13.5 Der Penis und die Geschlechtsdrüsen

Der Penis gehört zu den äußeren Geschlechtsmerkmalen des Mannes. Bei der Erektion werden die so genannten Rankenarterien geöffnet. Dadurch füllen sich die Lakunen der Schwellkörper (Corpora cavernosa penis) mit Blut.

Der größte Teil der Samenflüssigkeit (Ejakulat) wird von den akzessorischen Geschlechtsdrüsen produziert (90 %). Hierzu gehören die Samenblase, die Prostata und die Cowper-Drüsen. Diese Geschlechtsdrüsen sind nicht an der Spermienproduktion oder deren Aufbewahrung beteiligt.

Bei einer Vergrößerung der Prostata, die bei älteren Männern recht häufig ist, kann die Harnröhre zugedrückt und das Harnlassen unmöglich werden.

Leonhardt 1990; Mörike, Betz, Mergenthaler 2001; Junqueira, Carneiro, Gratzl 2004; Schiebler, Schmidt, Zilles 2005; Deetjen 2005

Angaben zur Samenblase (Vesicula seminalis)	
Länge der Samenblase insgesamt	15–20 cm
Länge der einzelnen Bläschendrüsen	4–5 cm
pH-Wert des Sekrets der Samenblase	7,2–7,5
Anteil des Sekrets am Ejakulat	50–60 %

Angaben zur Vorsteherdrüse (Prostata)	
Anschauliche Größe	kastaniengroß
Gewicht	20 g
Anzahl der tubulo-alveolären Drüsen	30–50
Anzahl der Ausführungsgänge	15–30
Prostatasekret	
Anteil am Ejakulat	15–30 %
pH-Wert	6,4
Häufigkeit Vergrößerung der Prostata (Prostatahyperplasie)	
Anteil bei Männern über 65 Jahren	75–100 %
Anteil der Betroffenen mit Beschwerden	30–40 %
Durchmesser, den ein Prostatastein erreichen kann	2 mm

Angaben zu Anatomie und Physiologie des Penis	
Anzahl der Schwellkörper	3
Erschlaffter Zustand	
Länge	7–10 cm
Breite	3,2 cm
Erigierter Zustand	
Länge	11–17 cm
Breite	4,1 cm
Durchmesser der Kavernen im erigierten, mit Blut gefüllten Zustand	1–3 mm

Tabelle 1.13.6 Die Zusammensetzung der Samenflüssigkeit

Etwa 90 % der Samenflüssigkeit entstehen in den akzessorischen Geschlechtsdrüsen. Die Spermien machen lediglich 10 % des Volumens aus. Das frische Ejakulat ist milchig trüb. Bei wiederholtem Koitus nimmt das Volumen ab. Nach längerer Abstinenz kann es 13 ml erreichen.

Leonhardt 1990; Mörike, Betz, Mergenthaler 2001; Hautmann 2001; Junqueira, Carneiro, Gratzl 2004; Schiebler, Schmidt, Zilles 2005; Deetjen 2005

Angaben zu den Spermien in der Samenflüssigkeit (Ejakulat)	
Durchschnittliches Volumen des Ejakulats pro Samenerguss	2–6 ml
Anzahl der Spermien pro Samenerguss (durchschnittlich)	300 Millionen
Anzahl der Spermien pro Samenerguss in 1 ml	
durchschnittliche Anzahl	60 Millionen/ml
Normalwerte	20–120 Millionen/ml
normaler Anteil unreifer Samenzellen	20 %
Zeugungsunfähigkeit bei einer Sperminenzahl von	<5 Millionen/ml
Durchschnittlicher Anteil an beweglichen Samenzellen	>30 %
Durchschnittlicher Anteil an unbeweglichen Samenzellen	<50 %
Beweglichkeitsverlust nach 2 Stunden	15 %
Verflüssigung des Ejakulats nach	5–15 Minuten
Anteil am Gesamtvolumen der Samenflüssigkeit	
Spermien	10 %
Sekret der Samenblasen	50–60 %
Sekret der Vorsteherdrüse (Prostata)	15–30 %
Sekret der Cowper-Drüsen	1–3 %
Substanzen in der Samenflüssigkeit (Ejakulat)	
Wasser	91,8 %
Trockensubstanz	7,2 %
Eiweiß	45 g/l
Harnsäure	60 mg/l
Vitamine	
Tocopherol	9,8 mg/kg
Vitamin B12	0,45 µg/l
Ascorbinsäure (Vitamin C)	43 mg/l
Fruktose	2,24 g/l
Sorbit	0,1 g/l
Citronensäure	3,76 g/l
Milchsäure	0,37 g/l
Lipide	1,88 g/l
DNA pro Spermium	2,5 pg
Dichte	1,027–1,045 g/cm^3
Osmolalität	296 mosmol/kg H_2O
pH-Wert	7,2–7,8

Tabelle 1.13.7 Anzahl der Samenzellen im Ländervergleich und im Zeitraster

Die Anzahl der Samenzellen (Spermien) im Ejakulat unterliegt geografischen und ethnischen Einflussfaktoren. Die größte Untersuchung wurde von Carlsen und Mitarbeiter zu diesem Thema durchgeführt. Es zeigte sich, dass in den letzten 50 Jahren ein signifikanter Abfall der Spermiendichte zu verzeichnen ist. So konnte eine Verringerung von durchschnittlich einer Million Spermien je Milliliter Ejakulat pro Jahr beobachtet werden.

Würde dieser Prozess sich unverändert fortsetzen, so wäre den Hochrechnungen zufolge der Nullpunkt im Jahre 2060 erreicht.

Aktuelle Untersuchungen des Aberdeen Fertlility Centre bestätigen diesen Abwärtstrend. Die Durchschnittliche Anzahl von 87 Millionen Spermien pro ml Ejakulat im Jahr 1989 nahm bis zum Jahr 2002 um ca. 30 % auf 62 Millionen pro ml ab.

Fertility and Sterility 5/1996; Aberdeen Fertility Centre, Carlsen et al. BMJ. 1992 Sep 12; 305 (6854): 609–13; Pschyrembel 2004; Schiebler, Schmidt, Zilles 2005

Anzahl der Spermien im Ejakulat in ausgewählten Ländern	
Anzahl der Samenzellen im Ejakulat	
Finnland	114 Millionen/ml
Pakistan	79 Millionen/ml
Deutschland	78 Millionen/ml
Nigeria	64 Millionen/ml
Hongkong	62 Millionen/ml

Europäische Studien zur Zahl der Spermien im Ejakulat		
Dänische Studie von Niels Skakkebæk (1992):		
Untersuchung von:	1940	113 Millionen/ml
	1990	60 Millionen/ml
Pariser Studie von Pierre Jouannet		
Untersuchung von:	1973	89 Millionen/ml
	1992	60 Millionen/ml
Schottische Studie an 577 Männern		
Jährlicher Rückgang der Anzahl der Samenzellen in der Zeit von 1984–1995		2 % pro Jahr
Genter Studie von Frank Comhaire		
Anteil steriler Samenspender:	1980	1,6 %
	1993	9,0 %
Anteil von Samenspendern mit geringer Qualität der Samenzellen:	1980	5,4 %
	1993	45,8 %

Amerikanische Studien zur Zahl der Spermien im Ejakulat	
Amerikanische Studien von Fisch u. Paulsen 1996	
Untersuchungen von 1970–1994 in New York, Minnesota und Los Angeles	geringfügiger Anstieg
Untersuchungen von 1972–1993 in Seattle	Anstieg um 10 %

Tabelle 1.13.8 Der Eierstock

Die paarig angelegten Eierstöcke (Ovarien) zählen zu den primären weiblichen Geschlechtsorganen. Hier reifen die Eizellen der Frau (Follikelreifung). Im Gegensatz zu den männlichen Samenzellen werden alle Eizellen der Frau vor der Geburt angelegt.

Die Anzahl der Eizellen nimmt im Laufe des Lebens der Frau kontinuierlich ab. So kommt nur jede tausendste Eizelle zur Geschlechtsreife. Die hormonelle Steuerung übernehmen die Hypophysenhormone FSH und LH (siehe Tabelle 1.12.15). Beim Follikelsprung (Ovulation) wird die Eizelle aus dem Graaf-Follikel in den Eileiter geschwemmt. In der Ampulle des Eileiters findet dann die Befruchtung statt.

Leonhardt 1990; Junqueira, Carneiro, Gratzl 2004; Schmidt, Lang, Thews 2005

Angaben zu den Eierstöcken und den Eizellen	
Länge eines Eierstockes (Ovar)	3 cm
Breite	1,5 cm
Dicke	1 cm
Gewicht	7–14 g
Einwanderung der Urgeschlechtszellen in das Ovar	5–6 Embryonalwoche
Anzahl der vor der Geburt angelegten Eizellen	
im 5. Fetalmonat	6 Millionen
bei der Geburt	40.000–50.000
bei erreichen der Geschlechtsreife	20.000
Anteil der befruchtungsfähigen Eizellen im Leben einer Frau	400–450
Verhältnis der befruchtungsfähigen Eizellen zu den bei der Geburt vorhanden Eizellen	1/1000
Zeugungsfähige Jahre der Frau	bis zu 40 Jahren
Anzahl der Follikel (Eizellen) die normalerweise pro Zyklus (28 Tage) zur Ausreifung kommen	1

Angaben zur Entwicklung des Follikels und zum Eisprung	
Primordialfollikel,	
Durchmesser der Eizelle	40 µm
Durchmesser insgesamt	50 µm
Sekundärfollikel	
Durchmesser insgesamt	200 µm
Durchmesser der Eizelle	80 µm
Tertiärfollikel	
Durchmesser insgesamt	5.000–10.000 µm
Durchmesser der Eizelle	110–140 µm
Graaf-Follikel (kurz vor dem Eisprung)	
Durchmesser insgesamt	24.000–28.000 µm
Durchmesser der Eizelle	110–140 µm
Eisprung (Ovulation)	14. Tag des Zyklus
Dauer des Eisprungs	3–5 Minuten
Zeit nach dem Eisprung, in der die Eizelle befruchtungsfähig bleibt	maximal 24 Stunden

Tabelle 1.13.9 Der Eileiter und die Gebärmutter

In den paarig angelegten Eileitern (Tuba uterina) findet die Befruchtung der Eizelle statt. Die befruchtete Eizelle (Zygote) wird im Eileiter zur Gebärmutter transportiert.

Die Gebärmutter (Uterus) ist ein weibliches Geschlechtsorgan. Hier wächst der Keim bis zur Geburt heran. Sie besteht aus zwei Abschnitten: dem Gebärmutterkörper (Corpus uteri) mit der Gebärmutterhöhle (Cavum uteri) und dem Gebärmutterhals (Cervix uteri) mit dem Gebärmuttermund (Portio vaginalis). Während der Schwangerschaft kommt es zur Größenzunahme der Gebärmutter. Die Gebärmutter erfüllt während dieser Zeit ihre Aufgabe als Fruchthalter. Bei der Geburt dient sie durch die Tätigkeit der Muskulatur als Austreibungsorgan des Kindes.

Leonhardt 1990; Junqueira, Carneiro, Gratzl 2004; Schmidt, Lang, Thews 2005

Angaben zur Anatomie des Eileiters (Tuba uterina)	
Länge eines Eileiters	10–18 cm
Trichterförmige Erweiterung des Eileiters (Tube)	
Länge der Fransen der Tubenöffnung (Fimbrien)	1–2 cm
Ampulle im Eileiter (Ampulla tubae uterinae)	
Länge	7 cm
Dicke	4–10 mm
Engste Stelle im Eileiter (Isthmus tubae uterinae)	
Länge / Dicke	3 cm / 1–3 mm
Dauer der Tubenwanderung der Eizelle	4–5 Tage
Sekretion der Schleimhaut	
erste Zyklushälfte	0,5 ml/Tag
Zyklusmitte	1,5 ml/Tag

Angaben zur Anatomie der Gebärmutter (Uterus)	
Länge	
Gesamtlänge	7–8 cm
Corpus uteri	5 cm
Gebärmutterhals (Cervix uteri)	3 cm
Breite	3–4 cm
Dicke	2–3 cm
Gewicht	
normal	50–80 g
Schwangerschaftsende	1.000–1.200 g
Dicke der Muskelwand (Myometrium) in der Schwangerschaft	bis zu 2 cm
Länge der glatten Muskelzellen des Myometriums	
normal	50 µm
Schwangerschaftsende	500 µm
Winkel	
Corpus-Cervix (Anteflexio)	70–90°
Cervix-Vagina (Anteversio)	90°
Lumenweite des Hohlraums der Gebärmutter	3–5 mm

Tabelle 1.13.10 Die Plazenta und die Zottenbäume

Die Plazenta wird im Volksmund auch Mutterkuchen genannt, weil sie die Nahrungsquelle des Ungeborenen darstellt. Sie gewährleistet die Versorgung des Fetus mit Nährstoffen und Blutgasen. Gleichzeitig werden Stoffwechselendprodukte aus dem fetalen Blut abtransportiert. Die Plazenta wird kurz nach der Geburt des Kindes als Nachgeburt geboren.

Die Zottenbäume werden vom Mutterkuchen (Plazenta) für den Stoffaustausch zwischen Mutter und Kind gebildet. Der Synzytiotrophoblast bildet einen zusammenhängenden Zytoplasmaschlauch ohne Zellgrenzen und bedeckt den gesamten Zottenbaum. Der Zytotrophoblast besteht aus einzelnen Zellen und kommt teilweise zwischen dem Synzytiotrophoblast und den Zotten vor.

Mörike, Betz, Mergenthaler 2001;Junqueira, Carneiro, Gratzl 2004; Schiebler, Schmidt, Zilles 2005

Angaben zu Anatomie und Physiologie der Plazenta	
Dicke der scheibenförmigen Plazenta	ca. 3 cm
Durchmesser der scheibenförmigen Plazenta	ca. 20 cm
Gewicht der ausgewachsenen Plazenta	ca. 500 g
Blutgehalt des Raumes zwischen den Zotten	200–250 ml
Durchblutungsrate	150 ml/min/kg Fetus
Zeit, in der das Blut ausgetauscht wird	30 Sekunden
Blutdruck im Zottenraum	60–70 mmHg
Anzahl der Versorgungsarterien der Mutter	ca. 200

Angaben zu Entwicklung und Gliederung der Zottenbäume	
Die Entwicklung der Zotten in der Plazenta	
Primärzotten (bestehen aus Zytotrophoblast und Synzytiotrophoblast)	13.–14. Tag
Sekundärzotten (Bindegewebe wächst ein)	15.–18. Tag
Bildung der Tertiärzotten (Blutgefäße kommen hinzu)	ab dem 19. Tag
Durchmesser bis zur 4. Woche	100–150 µm
Die Gliederung eines Zottenbaumes einer reifen Plazenta	
Anzahl der Zottenbäume	ca. 200
davon voll entwickelt	60–70
Durchmesser der verschiedenen Abschnitte des Zottenbaums	
Stammzotten	
Trunki chorii	1–2 mm
Rami chorii	0,5–1 mm
Ramuli chorii	60–500 µm
Endverzweigungen	
Intermediärzotten	50–200 µm
Endzotten	50 µm
Zahl der gabeligen Aufteilungsschritte des voll entwickelten Zottenbaums	11
Oberfläche für den Stoffaustausch zwischen Mutter und Kind	12–14 m^2

Tabelle 1.13.11 Der Menstruationszyklus

Frauen erreichen ihre Fortpflanzungsfähigkeit während der Pubertät mit der ersten Regelblutung (Menarche) und verlieren sie in den Wechseljahren (Menopause). Bei einer reifen Frau dauert der Menstruationszyklus zwischen 24 und 31 (im Durchschnitt 28) Tage. Gewisse Schwankungen sind häufig und durchaus normal.

Der Menstruationszyklus beginnt mit dem 1. Tag der Regelblutung. Zu der Regelblutung kommt es durch die Abstoßung eines Teils der Gebärmutterschleimhaut in der Desquamationsphase. In der ersten Zyklushälfte (Proliferationsphase) wird unter Einfluss des im Eierstock gebildeten Östrogens in der Gebärmutter eine Schleimhautschicht aufgebaut. Parallel reift im Eierstock die Eizelle in einem Follikel heran.

Der Eisprung findet durchschnittlich am 14. Tag statt. Anschließend wird der Follikel zum progesteronproduzierenden Gelbkörper (Corpus luteum). Kommt es nicht zur Befruchtung der Eizelle, geht der Gelbkörper im Eierstock zugrunde.

Der Abfall der Progesteronproduktion führt zur Abstoßung der in der Proliferationsphase aufgebauten Schleimhaut der Gebärmutter. Mit der Regelblutung beginnt der neue Menstruationszyklus.

Leonhardt 1990; Junqueira, Carneiro, Gratzl 2004; Schiebler, Schmidt, Zilles 2005

Angaben zum Menstruationszyklus und seinen Phasen	
Der Menstruationszyklus	
Dauer des Zyklus insgesamt	28 Tage
erster Zyklus der Frau (Menarche)	mit 12–15 Jahren
letzter Zyklus der Frau (Menopause)	mit 45–50 Jahren
Proliferationsphase (östrogene Phase)	
Zeitdauer im Zyklus	5.–14. Tag
Dauer insgesamt	10 Tage
Dicke der Uterusschleimhaut	
am Anfang	1 mm
am Ende	5 mm
Ovulation (Eisprung)	
Zeitpunkt im Zyklus	14. Tag
Dauer insgesamt	3–5 min
Sekretionsphase (gestagene Phase)	
Zeitdauer im Zyklus	15.–28. Tag
Dauer insgesamt	14 Tage
Dicke der Uterusschleimhaut	5–8 mm
Beginn der Rückbildung des Gelbkörpers	22. Tag
Ischämische Phase	
Zeitpunkt im Zyklus	28. Tag
Dauer	einige Stunden
Dicke der Uterusschleimhaut	3–4 mm
Menstruation (Desquamationsphase, Regelblutung)	
Zeitdauer im Zyklus	1.–4. Tag
Dauer insgesamt	4 Tage
durchschnittlicher Blutverlust pro Regelblutung	35–50 ml

Tabelle 1.13.12 Die Befruchtung

Die Befruchtung (Konzeption) ist der Augenblick, in dem die Samenzelle (Spermium) mit der Eizelle (Ovum) verschmilzt. Dieser Vorgang dauert ca. 24 Stunden.

Beim Geschlechtsverkehr werden über das Ejakulat 200–400 Samenzellen in den äußeren Muttermund der Gebärmutter eingebracht. Lediglich einige Hundert schaffen den Aufstieg bis in den Eileiter. Hier kommt es dann typischerweise zur Befruchtung der Eizelle kurz nach dem Eisprung (Ovulation).

Die männliche Samenzelle bleibt bis zu 3 Tage lang befruchtungsfähig. Somit beginnt der ideale Zeitpunkt für einen Geschlechtsverkehr, um ein Kind zu zeugen, drei Tage vor dem Eisprung und ist am Tag der Ovulation beendet.

Schiebler, Schmidt, Zilles 2005

Angaben zur Wanderung der Spermien, zur Einnistung der Zygote und zu Zellteilungen in der Zygote

Spermienwanderung und Befruchtung	
Anzahl der Spermien, die mit dem Ejakulat zum äußeren Muttermund der Gebärmutter gebracht werden	200–400 Mio.
Anzahl der Spermien, die den Aufstieg bis in den Eileiter schaffen (Ort der Befruchtung)	200–400
in Prozent	0,00001 %
Wanderungsgeschwindigkeit der Spermien beim Aufstieg	2–3 mm/min
Durchschnittliche Zeitdauer des Aufstieges	40–60 min
Zeitdauer, in der ein Spermium befruchtungsfähig bleibt	1–3 Tage
Dauer des Befruchtungsvorgangs (Spermium verschmilzt mit der Eizelle)	24 Stunden
Anzahl der Chromosomen	
Eizelle	23
Spermium	23
befruchtete Eizelle (Zygote)	46
Zellteilungen (Furchungen) der Zygote	
Durchmesser der Eizelle beim Eisprung	130–150 µm
Erreichen des 2-Zellen-Stadiums (erste Zellteilung)	nach 30 Stunden
Durchmesser	150 µm
Erreichen des 4-Zellen-Stadiums	nach 40–50 Stunden
Durchmesser	150 µm
Erreichen des 16-Zellen-Stadiums (Morula)	nach 3 Tagen
Durchmesser	150 µm
Erreichen des 50/60-Zellen-Stadiums (Blastozyste)	nach 4 Tagen
Durchmesser	2–3 mm
Wanderung und Einnistung der Zygote	
Aufenthaltszeit der Zygote im Eileiter	3–4 Tage
Erreichen der Gebärmutter	nach 4 Tagen
Einnistung in die Gebärmutterschleimhaut (Implantation)	nach 6 Tagen
Vollständiges Eindringen des Keims in die Uterusschleimhaut	11. Tag

Tabelle 1.13.13   Die Entwicklung des Embryos

Die Schwangerschaft dauert von der Befruchtung bis zur Geburt durchschnittlich 266 Tage. Die Entwicklung der menschlichen Frucht lässt sich in 3 Phasen unterteilen. Die zelluläre Phase (Blastogenese) reicht von der Befruchtung bis zum 15. Tag. Die Embryonalperiode erstreckt sich vom 16. bis zum 60. Gestationstag. Die Fetalperiode schließt sich der Embryonalperiode am 61. Gestationstag an und reicht bis zur Geburt. In der 40. Schwangerschaftswoche sind die Reifezeichen des Fetus vollständig nachweisbar.

Die Tabelle gibt einen Überblick über die wichtigsten Entwicklungsschritte des Fetus in der Embryonal- und Fetalperiode. Altersangaben: In der Embryologie und in der Geburtshilfe wird in Lunarmonaten gerechnet: 1 Lunarmonat = 28 Tage (Abkürzung: L-Monat). Längenangaben: Im ersten Lunarmonat hat sich der Embryo noch nicht gekrümmt, sodass man die Gesamtlänge messen kann. Im zweiten Lunarmonat wird die Scheitel-Steiß-Länge gemessen: Körperlänge von der Scheitelbeuge bis zur Schwanzkrümmung. Ab dem dritten Lunarmonat wird die Scheitel-Fersen-Länge gemessen. Da sich der Fetus gestreckt hat, kann die ganze Strecke von der Scheitelbeuge bis zur Ferse gemessen werden.

Lebensfähigkeit von Frühgeborenen: Die Erfahrung zeigt, dass ein Frühgeborenes mit einem Gewicht unter 500 g oder einem Befruchtungsalter von weniger als 22 Wochen gewöhnlich nicht lebensfähig ist.

Bei der Zeitangabe sind Tage nach der Befruchtung gemeint.

Flügel 1986; Schiebler, Schmidt, Zilles 2005

Angaben zur zeitlichen Entwicklung, zur Länge und zum Gewicht des Embryos

Gesamtlänge im ersten Lunarmonat

6 Tage	Implantation (Einnistung in die Uterusschleimhaut)	
14 Tage	Entwicklung der Blutgefäße beginnt	–
18 Tage	Neuralplatte entwickelt sich, Herzanlage entsteht	1,5 mm
20 Tage	Entwicklung des Neuralrohres und der Schilddrüse beginnt	
22 Tage	Herz beginnt zu schlagen	–
24 Tage	Hypophyse entsteht	
25 Tage	Ohrgrube entwickelt sich	2,5 mm
27 Tage	Armknospen treten auf	

Scheitel-Steiß-Länge im zweiten Lunarmonat

28 Tage	Armknospen sind flossenähnlich, Beinknospen treten auf, Ohrbläschen vorhanden	4 mm
30 Tage	Augenbecher, Linsenbläschen und Nasengrube bilden sich aus	–
32 Tage	Handplatte, Linsengrube und Augenbecher sind ausgebildet	–
33 Tage	Nasengruben sind zu sehen	7 mm
35 Tage	Beinknospen sind ausgebildet	8 mm
36 Tage	Mund und Nasenhöhle verbinden sich	–
37 Tage	Fußplatte ist ausgebildet	9 mm

Fortsetzung nächste Seite

Fortsetzung Tabelle 1.13.13 Die Entwicklung des Embryos

Angaben zur zeitlichen Entwicklung, zur Länge und zum Gewicht des Embryos/Fetus

39 Tage	Oberlippe ist ausgebildet, Pigment der Retina ist zu erkennen, Ohrwülste treten auf		10 mm
42 Tage	Fingerstrahlen bilden sich, Hirnbläschen treten hervor		13 mm
43 Tage	Augenlider entstehen		16 mm
45 Tage	Nasenspitze und Brustwarzen werden sichtbar, Zehenstrahlen treten auf, erste Knochenkerne werden gebildet, Furchen zwischen den Fingerstrahlen		17 mm
49 Tage	Finger sind erkennbar, Furchen zwischen den Zehenstrahlen bilden sich		18 mm
51 Tage	Weibliche bzw. männliche Gonade sind differenziert, die äußeren Genitale noch nicht		–
52 Tage	Finger sind getrennt, Zehen sind zu erkennen		–
56 Tage	Alle wesentlichen Organe sind angelegt, Schwanzwirbel sind verschmolzen		30 mm

Scheitel-Fersen-Länge und Gewicht ab dem dritten Lunarmonat

3. L–Monat 56.–83. Tag	Gesicht erkennbar, erste Haare, Finger und Zehennägel werden angelegt, erste Bewegungen, Augenlider verkleben, äußere Genitale differenzieren sich, Dünndarm aus dem Nabelstrang in den Bauchraum	7–9 cm	8–45 g
4. L–Monat 84.–111. Tag	Wollhaarkleid bedeckt den Fetus, Kopf richtet sich auf, Muskelreflexe sind auslösbar, Ohren stehen vom Kopf ab	16 cm	45–320 g
5. L–Monat 112.–139. Tag	Mutter empfindet Kindsbewegungen, Herztöne können abgehört werden	25 cm	320–630 g
6. L–Monat 140.–167. Tag	Haut runzlig und rot, Augenbrauen und Wimpern werden ausgebildet	30 cm	630–1000 g
7. L–Monat 168.–195. Tag	Ausbildung der Gehirnwindungen, Lunge atmungsfähig, verklebte Augenlider werden gelöst	35 cm	1.000–1.700 g
8. L–Monat 196.–223. Tag	Zehennägel ausgebildet, Körper wird fülliger, Fingernägel reichen bis zu den Kuppen, Haut rosig und glatt	40 cm	1.700–2.100 g
9. L–Monat 224.–251. Tag	Wollhaare (Lanugo) fallen aus	45 cm	2.100–2.900 g
10. L–Monat 252.–280. Tag	Zehennägel reichen bis zu den Kuppen, Fingernägel reichen über die Kuppen hinaus, Hoden im Leistenkanal oder im Hodensack	50 cm	2.900–3.400 g

Tabelle 1.13.14 Scheide, Kitzler und weibliche Harnröhre

Die Scheide (Vagina) dient dem Kind als Geburtskanal. Der Kitzler (Clitoris) ist der dem Penis des Mannes entsprechende erektile Teil des weiblichen Geschlechts. Er ist mit vielen Nervenendigungen ausgestattet und somit berührungsempfindlich.

Leonhardt 1990; Junqueira, Carneiro, Gratzl 2004; Schiebler, Schmidt, Zilles 2005

Angaben zur Anatomie von Scheide, Kitzler und Harnröhre der Frau	
Die Scheide (Vagina)	
Länge der Scheide	8–12 cm
Breite der Scheide	2–3 cm
Dicke der Scheidenwand	3 mm
Dicke des Epithels	150–200 µm
pH-Wert in der Scheide	4–5
Der Kitzler (Clitoris)	
Länge	3–4 cm
Anzahl der Nervenendigungen	ca. 8.000
Anzahl der Schwellkörper	2
Die weibliche Harnröhre (Urethra feminina)	
Länge	3–5 cm
weitester Durchmesser	7–8 mm

Tabelle 1.13.15 Die Gewichtszunahme während der Schwangerschaft

Die durchschnittliche Zunahme der Masse von Mutter und Kind am Ende der Schwangerschaft beträgt 11,2 kg. Die Gewichtszunahme ist jedoch abhängig vom Ernährungszustand der Schwangeren.

So kommt es bei untergewichtigen Frauen (BMI<19,8) zu einer Gewichtszunahme von 12,7-18,2 kg, bei übergewichtigen Frauen (BMI>26,1) zu einer Gewichtszunahme von lediglich 6,8 bis 11,4 kg. Zwillingsschwangerschaften gehen mit einer Gewichtszunahme von 15,9–20,4 kg einher.

Flügel, Greil, Sommer 1986; Frauenklinik Jena 2006

Kind	Masse	Mutter	Masse
Körpermasse	3,0 kg	Uterus	1,0 kg
Plazenta, Eihäute, und Nabelschnur	0,6 kg	Brüste	0,6 kg
		Blut	1,0 kg
Fruchtwasser	1,0 kg	Gewebswasser	4,0 kg
Summe	4,6 kg	Summe	6,6 kg

Tabelle 1.13.16 Die Geburt

Bei der Geburt wird der Fetus unter Wehentätigkeit aus dem mütterlichen Uterus herausgedrückt. Die Geburt beginnt mit der Eröffnungsphase, in der der Gebärmutterhals langsam erweitert und zurückgezogen wird, und endet eine halbe Stunde nach der Geburt des Kindes mit der Nachgeburt, bei der der Mutterkuchen mit den Eihüllen erscheint.

Schmidt, Lang, Thews 2005; Schiebler, Schmidt, Zilles 2005

Allgemeine Angaben zur Schwangerschaft	
Dauer der Schwangerschaft	
vom Tag der Befruchtung (Durchschnitt)	266 Tage
vom ersten Tag der letzten Menstruationsblutung	280 Tage
Anteil der Geburten, die vom 256.– 294. Tag erfolgen	75 %
Anteil verschiedener Lagen des Kindes	
Schädellage (Kopf tritt zuerst aus)	96 %
Beckenlage	3 %
Querlage	1 %
Durchschnittlicher Kopfdurchmesser	11–12 cm
Engste Stelle im Geburtskanal	11 cm
Angaben zum Geburtsvorgang	
Eröffnungsperiode	
Dauer bei Erstgebärenden	10–14 Stunden
Dauer bei Mehrgebärenden	6–8 Stunden
Weite des Muttermunds beim Blasensprung	6 cm
Weite des Muttermunds am Ende der Eröffnungsperiode	10 cm
Austreibungsphase	
Dauer bei Erstgebärenden	45–60 Minuten
Dauer bei Mehrgebärenden	20–30 Minuten
Abstand der Wehen	3–5 Minuten
Nachgeburtsperiode	
Dauer	30 Minuten
Gebährmutterhals (Cervix) schließt sich	innerhalb von 10 Tagen
Die Uterusrückbildung erfolgt	nach 6–8 Wochen
Angaben zu Störungen der Schwangerschaftsdauer	
Als eine Fehlgeburt (Abort) wird ein Abbruch der Schwangerschaft bezeichnet	bis zur 28. Woche
Geburtstermin, der laut Definition als Frühgeburt anzusehen ist	28.–38. Schwangerschaftswoche
Anteil der Frühgeborenen an den während der Geburt verstorbenen Neugeborenen	50–75 %
Geschätztes Verhältnis von normalen Geburten zu Fehlgeburten	2–4 zu 1

Tabelle 1.13.17 Mehrlingsgeburten und die Häufigkeit von Missbildungen

Weltweit liegt die Häufigkeit für Zwillingsgeburten bei ca. 1,2 %. Aber es gibt einige interessante Ausnahmen, zum Beispiel ein Dorf namens Linha Sao Pedro im Süden von Brasilien, in dem Bundesstaat Rio Grande do Sul. Dort leben die Nachkommen von deutschen Aussiedlern aus dem 19. Jahrhundert. Die Häufigkeit von Zwillingsgeburten liegt dort bei ca. 16 %. In bestimmten Regionen von Nigeria liegt die Häufigkeit bei ca. 4 %. Bei eineiigen Zwillingen teilt sich die Zygote in zwei Embryonalanlagen. Somit haben beide Zwillinge das identische Erbgut. Bei zweieiigen Zwillingen werden zwei verschiede Eizellen, die während des Zyklus ausgereift sind, von zwei Spermien befruchtet. Somit haben beide Zwillinge unterschiedliche Erbanlagen.

Schiebler 2004; Tariverdian, Buselmaier 2004

Angaben zu Mehrlingsgeburten und der Häufigkeit von Missbildungen	
Anteil an der Gesamtzahl der Geburten	
Zwillingsgeburten	1,2 % (jede 85. Geburt)
Drillingsgeburten	0,013 % (jede 7.225. Geburt)
Vierlingsgeburten	0,000.16 % (jede 61.4125. Geburt)
Anteil an allen Zwillingsgeburten	
zweieiige Zwillinge	75 %
eineiige Zwillinge	25 %
Anteil von Missbildungen an der Gesamtzahl der Lebendgeborenen	2–3 %

Tabelle 1.13.18 Die Häufigkeit monogener Erbleiden

Monogene Erkrankungen sind gekennzeichnet durch Veränderungen in einem einzelnen Gen. Sie werden entweder durch ein Elternteil übertragen oder sie entstehen in den Keimzellen oder in der sehr frühen Embryonalentwicklung durch Neumutation und liegen somit in sämtlichen Körperzellen vor.

Monogene Erkrankungen lassen sich in drei Gruppen einteilen: 1. autosomal dominant erbliche Krankheiten, 2. autosomal rezessiv erbliche Krankheiten und 3. X-chromosomale Krankheiten. Jeder Mensch besitzt 22 autosomale Chromosomenpaare und zwei geschlechtsbestimmende (gonosomale) Chromosomen. Die autosomen Chromosomenpaare bestehen zur Hälfte aus den mütterlichen und zur anderen Hälfte aus den vom Vater erebten Chromosomen. Somit hat jedes Chromosom und damit jedes Gen einen dazugehörigen Partner. Jedes Gen liegt also in zwei Kopien, auch Allele genannt, vor. Bei der Ausprägung von Merkmalen kann das eine Allel das andere überdecken, es ist dann dominant. Das Allel, das nicht als Merkmal in Erscheinung tritt, wird als rezessiv bezeichnet. Gegenwärtig sind über 6000 Gene bekannt, deren Mutationen zu verschiedenen monogenetischen Erbleiden führen. Davon sind derzeit an die 1.000 verschiedene Erkrankungen einer molekulargenetischen Analyse zugänglich. Routinemäßig sind in den genetischen Instituten in Deutschland über 200 verschiedene Erbleiden diagnostizierbar.

Knußmann 1996; Tariverdian, Buselmaier 2004

Fortsetzung nächste Seite

Fortsetzung Tabelle 1.13.18 Die Häufigkeit monogener Erbleiden

Die Häufigkeit von Fehlbildungen (Körperanomalien)

Autosomal dominant
    erblicher Veitstanz (Chorea Huntington)   1:20.000
    Neurofibromatose Typ 1   1:3.000
    Neurofibromatose Typ 2   1:35.000
    Tuberöse Hirnsklerose   1:15.000
    Familiäre Polyposis coli   1:10.000
    Polyzystische Nieren (adulter Typ)   1:1.000
    Retinoblastom   1:20.000
    familiäre Hypercholesterinämie   1:500
    Kartilaginäre Exostose   1:50.000
    Marfansyndrom   1:25.000
    Achondroplasie   1:10.000–1:30.000
    myotone Dystrophie   1:10.000
    von Hippel-Lindau   1:36.000
    Apert-Syndrom   1:10.000
    kongenitale Sphärozytose   1:5.000
    Spalthand   1:90.000

Autosomal rezessiv
    Alpha-1-Antitrypsin-Mangel   1:4.000
    klassisches androgenitales Syndrom   1:5.000
    Albinismus   1:30.000
    Ataxia Telangiectasia   1:40.000
    Friedreich-Ataxie   1:27.000
    Galaktosämie   1:50.000
    Homozystinurie   1:45.000–1:200.000
    M. Gaucher   1:25.000
    M. Krabbe   1:50.000
    M. Wilson   1:35.000
    Zystische Fibrose   1:2.000
    Tay-Sachs   1:3.000
    Spinale Muskelatrophie   1:20.000
    Phenylketonurie   1:5.000–1:10.000

X-chromosomal rezessiv
    Albinismus (okuläre Form)   1:55.000
    Charcot-Marie-Tooth   1:32.000
    Chronische Granulomatose   selten
    Hämophilie A   1:10.000
    Hämophilie B   1:25.000
    Lesch Nyhan Syndrom   1:300.000
    Fragiles X-Syndrom   1:4.000
    Muskeldystrophie Typ Duchenne   1:3.000
    Testikuläre Feminisierung   1:2.000–1:20.000

Tabelle 1.13.19 Chromosomeninstabilitätssyndrome

Chromosomeninstabilitätssyndrome gehen mit einer erhöhten Chromosomenbruchrate einher. Sie werden in aller Regel autosomal rezessiv vererbt. Die Chromosomenbrüche können spontan auftreten oder in der Gewebekultur mit bestimmten Reagenzien induziert werden.

Lentze, Schaub, Schulte 2003

Syndrom	Häufigkeit	Leitsymptom
Fanconi-Anämie	1:100.000	Pantytopenie, Minderwuchs, Radiusaplasie
Ataxia teleangiectatica	1:100.000	Immundefekt, zerebelläre Ataxie, Leukämierisiko
Bloom-Syndrom	1:100.000	Minderwuchs, Immundefekt, UV-Sensitivität
Xeroderma pigmentosum	1:200.000	Erythem, Keratose, Tumoren
Nijmegen-Breakage-Syndrom	1:500.000	Mikrozephalie, Immundefekt, Leukämierisiko
Roberts-Syndrom	1:100.000	Reduktionsfehlbildung der Gliedmaßen
ICF-Syndrom	1:500.000	Immunglobulinmangel, faziale Dysmorphien, mentale Retardierung

Tabelle 1.13.20 Die Häufigkeit von Mutanten in Keimzellen bei monogenen Erbleiden

Monogene Erbleiden werden entweder durch die Chromosomen der Eltern an die Nachkommen vererbt oder entstehen durch Neumutationen. In dieser Tabelle wird die Häufigkeit von krankheitsauslösenden Mutationen pro 100.000 Keimzellen angegeben.

Knußmann 1980

Monogene Erbleiden	Mutanten auf 100.000 Keimzellen
Autosomal-dominant	
Kugelzellenanämie (Sphärozytose)	$2 \cdot 10^{-5}$
Störung der Knorpelbildung (Chondrodystrophie)	$1 \cdot 10^{-5}$
Gelenkkontrakturen (Arachnodaktylie)	$0,1 \cdot 10^{-5}$
Wachstumsstörung mit spitzem Kopf und verwachsenen Fingern (Akrozephalosyndaktylie)	$0,3 \cdot 10^{-5}$
Glasknochenkrankheit (Osteogenesis imperfecta)	$0,7 \cdot 10^{-5}$
Netzhauttumor (Retinoblastom)	$0,7 \cdot 10^{-5}$
Veitstanz mit Hypotonie der Muskulatur (Chorea Huntington)	$0,5 \cdot 10^{-5}$
Tumor in der Haut, der von Nervenzellen ausgeht (Neurofibromatose)	$10 \cdot 10^{-5}$
Hauttumore (Tuberöse Sklerose)	$0,8 - 1 \cdot 10^{-5}$
Pigmentfleckenpolyposis	$2 \cdot 10^{-5}$

Fortsetzung nächste Seite

Fortsetzung Tabelle 1.13.20 Die Häufigkeit von Mutanten in Keimzellen bei monogenen Erbleiden

Monogene Erbleiden	Mutanten auf 100.000 Keimzellen
Autosomal-rezessiv	
totaler Albinismus	$2{,}8 \cdot 10^{-5}$
Phenylketonurie	$2{,}5 \cdot 10^{-5}$
Achromatopsie	$0{,}8 \cdot 10^{-5}$
X-chromosomal-rezessiv	
Hämophilie A	$5{,}0 \cdot 10^{-5}$
Hämophilie B	$0{,}3 \cdot 10^{-5}$
Muskeldystrophie	$4\text{–}9 \cdot 10^{-5}$

Tabelle 1.13.21 Polygene (multifaktorielle) Vererbung am Beispiel ausgewählter Erkrankungen

Eine polygene Vererbung ist im Gegensatz zur monogenen Vererbung dann gegeben, wenn die Ausprägung eines Merkmales nicht durch ein Gen, sondern durch die Kombination vieler Gene bestimmt ist.

Der Begriff polygen bezieht sich auf das Zusammenwirken vieler Gene, der Begriff multifaktoriell auf das Zusammenwirken mehrerer Gene mit Umweltfaktoren. Hier spielt für die Ausprägung eines Merkmals oder einer Erkrankung nicht nur die genetische Konstellation, sondern auch der Einfluss der Umwelt eine Rolle.

Das Wiederholungsrisiko kann nicht aus dem Erbgang berechnet, sonder nur empirisch bestimmt werden.

Koletzko 2003

Art der Fehlbildung	Empirisches Wiederholungsrisiko
Lippen-Kiefer-Gaumen-Spalte (Häufigkeit 0,1–0,2 %)	
nach einem erkrankten Kind (Eltern gesund)	3,0 %
nach zwei erkrankten Kindern (Eltern gesund)	9,0 %
wenn ein Elternteil erkrankt ist	3,0 %
wenn ein Elternteil und ein Kind erkrankt ist	11,0 %
Spina bifida	
nach einem erkrankten Kind (Eltern gesund)	4,0 %
nach zwei erkrankten Kindern (Eltern gesund)	10,0 %
wenn ein Elternteil erkrankt ist	4,5 %
wenn ein Elternteil und ein Kind erkrankt ist	12,0 %

Fortsetzung nächste Seite

Fortsetzung Tabelle 1.13.21 Polygene (multifaktorielle) Vererbung am Beispiel ausgewählter Erkrankungen

Art der Fehlbildung	Empirisches Wiederholungsrisiko
Ventrikelseptumdefekt (Häufigkeit 0,1%)	
nach einem erkrankten Kind (Eltern gesund)	2–4 %
nach zwei erkrankten Kindern (Eltern gesund)	5–8 %
wenn ein Elternteil erkrankt ist	4
Klumpfuß (Häufigkeit 0,1%)	
nach einem erkrankten Kind	3 %
Pylorusstenose	
wenn Mutter betroffen oder nach erkrankter Tochter	
für Knaben	20 %
für Mädchen	7 %
wenn Vater betroffen oder nach erkranktem Sohn	
für Knaben	5 %
für Mädchen	2,5 %
Angeborene Hüftluxation	
nach erkrankter Tochter	
für Knaben	0,6 %
für Mädchen	6,25 %
nach erkranktem Sohn	
für Knaben	0,9 %
für Mädchen	6,9 %
Morbus Hirschsprung	
nach erkrankter Tochter	
für Knaben	10 %
für Mädchen	4 %
nach erkranktem Sohn	
für Knaben	6 %
für Mädchen	2 %
Schizophrenie (Häufigkeit 1 %)	
Eltern gesund, 1 Kind erkrankt	9 %
1 Elternteil erkrankt	13 %
1 Elternteil und 1 Kind erkrankt	15 %
beide Eltern und 1 Kind erkrankt	45 %
Manisch-depressive Psychose (Häufigkeit 0,4–2,5 %)	
Eltern gesund, 1 Kind erkrankt	10–20 %
1 Elternteil erkrankt	10–20 %
Diabetes Mellitus Typ 1 (Häufigkeit 0,2 %)	
Eltern gesund, 1 Kind erkrankt	3–6 %
Fieberkrämpfe (Häufigkeit 2–7 %)	
Eltern gesund, 1 Kind erkrankt	8–29 %
Idiopathische Epilepsie (Häufigkeit 0,5 %)	
1 Elternteil erkrankt	4 %

Tabelle 1.13.22 Die Erbbedingtheit von Körpermaßen

Die angegebenen Zahlen für die prozentualen Erbanteile an der Variabilität in der Bevölkerung stellen Durchschnittswerte dar. Diese stammen aus varianzstatistischen Untersuchungen von gemeinsam aufgewachsenen eineiigen Zwillingen (EZ) gegenüber zweieiigen Zwillingen (ZZ) sowie gegenüber einer Kontrollgruppe (K) von getrennt aufgewachsenen Nichtverwandten.

Abkürzungen: EZ / ZZ = eineiige Zwillinge gegenüber zweieiigen Zwillingen
EZ / K = eineiige Zwillinge gegenüber Kontrollgruppe

Knußmann 1996

Körpermaße	Erbanteil in % EZ / ZZ	EZ / K	Körpermaße	EZ / ZZ	EZ / K
Körperhöhe	86	97	Größter Unterarmumfang	67	86
Stammhöhe	79	93	Radioulnarbreite	80	86
Beinlänge	84	95	Bimalleolarbreite	81	87
Armlänge	84	94	Kopflänge	67	89
Oberschenkellänge	71	90	Kopfbreite	73	87
Unterarmlänge	74	88	Morphologische Gesichtshöhe	72	89
Fußlänge	83	94	Kleinste Stirnbreite	60	87
Handlänge	82	–	Jochbogenbreite	66	85
Körpergewicht	70	89	Unterkieferwinkelbreite	72	90
Schulterbreite	52	84	Nasenhöhe	76	91
Brustumfang	59	92	Nasenbreite	60	82
Taillenumfang	43	86	Fettschichtdicke an mehreren Körperstellen	41	77
Beckenbreite	59	87			
Größter Unterschenkelumfang	68	90			

Tabelle 1.13.23 Das Down-Syndrom

Die Trisomie 21 (Down-Syndrom) tritt sporadisch mit einer Häufigkeit von ca. 1,2 pro 1000 Geburten auf. Die Diagnose wird über eine Karyoanalyse gestellt.

Lentze, Schaub, Schulte 2003

Kopf- u. Gesichtssmerkmale	Häufigkeit	Andere Merkmale	Häufigkeit
Brachyephalie	75 %	Geistige Behinderung	100 %
Mongoloiede Lidachsen	80 %	Muskuläre Hypotonie	100 %
Epikanthus	60 %	Verzögerte Reflexe	80 %
Brushfield Spots	55 %	Infertilität (Mann)	100 %
Blepharitis	30 %	Kurze Hände	65 %
Flache breite Nasenwurzel	70 %	Brachydaktylie	60 %
Gefurchte Zunge	55 %	Vierfingerfurche	55 %
Dysplastische Ohren	50 %	Hüftdysplasie	70 %
Überschüssige Nackenhaut	80 %	Herzgeräusch	70 %

Tabelle 1.13.24 Die Häufigkeit von Chromosomenanomalien

Chromosomenaberrationen sind Mutationen, die im Lichtmikroskop beobachtet werden können. Sie lassen sich einteilen in numerische Aberrationen (Veränderung der Chromosomenzahl) und strukturelle Aberrationen (Veränderung der Chromosomenstruktur infolge von Chromosomenbrüchen).

Ein höheres Alter der Mutter ist ein Risikofaktor für numerische Chromosomenaberrationen. Der klinische Schweregrad kann von Letalität bis hin zum asymptomatischen Status (Fehlen von Symptomen) reichen. Wenn Symptome auftreten, sind sie aber oft schon im frühen Kindesalter vorhanden.

Knußmann 1996; Lentze, Schaub, Schulte 2003

Autosomale Anomalien	
1. Numerische Aberrationen (Veränderung der Chromosomenzahl)	
Autosomale Trisomien insgesamt	1:700
Trisomie 21 (Down-Syndrom)	1:800
Trisomie 18 (Edwards-Syndrom)	1:6.000
Trisomie 13 (Pätau-Syndrom)	1:12.000
2. Strukturelle Aberrationen	
Katzenschreisyndrom (Le-Jeune-Syndrom)	1:50.000

Gonosomale Anomalien			
Karyotyp weiblich	Häufigkeit	Karyotyp männlich	Häufigkeit
X0 (Turner)	1:2.500	XY (normal)	
XX (normal)		XYY (Y-Syndrom)	1:800
XXX	1:800	XXY (Klinefelter)	1:800
XXXX	<1:15.000	XXYY	1:25.000
XXXXX	<1:20.000	XXXY	<1:15.000
		XXXXY	<1:10.000

Tabelle 1.13.25 Ursachen des Schwachsinns (Oligophrenie)

Zu den Krankheitsbildern multifaktorieller Natur zählt die geistige Retardierung (Oligophrenie, Schwachsinn). Hier kommen endogene und exogene Ursachen zum Tragen.

Kriterien für die geistige Retardierung sind Intelligenzminderung und unzulängliches adaptives Sozialverhalten. Die schwere Form ist durch einen IQ von 20–49 (Häufigkeit 0,5 % der Bevölkerung), die leichte Form durch einen IQ von 50–70 (Häufigkeit 2 % der Bevölkerung) definiert.

Tariverdian, Buselmaier 2004

Fortsetzung nächste Seite

Fortsetzung Tabelle 1.13.25   Ursachen des Schwachsinns (Oligophrenie)

Ursachen	Leichte geistige Behinderung	Schwere geistige Behinderung
Pränatale Ursachen	23 %	55 %
exogen	8 %	8 %
Fehlbildungen	10 %	12 %
monogen	1 %	6 %
chromosomal	4 %	29 %
Perinatale Ursachen	18 %	15 %
Postnatale Ursachen	2 %	11 %
Psychosen	2 %	1 %
Unbekannte Ursachen	55 %	18 %
familiär	29 %	4 %
sporadisch	26 %	14 %

Tabelle 1.13.26   Meilensteine der kindlichen Entwicklung

Die verschiedenen Stadien der Entwicklung bei Kindern weisen normalerweise die gleiche Abfolge auf. Jedoch kommt es individuell zu unterschiedlichen Ausprägungen der jeweiligen Verhaltensweisen.

Bei Abweichung der kindlichen Entwicklung von der Norm darf nicht zwangsläufig auf eine Hirnfunktionsstörung geschlossen werden. Jedoch bedarf eine abweichende Entwicklung einer sorgfältigen Beobachtung und gegebenenfalls auch weiterer diagnostischer Maßnahmen, um zugrunde liegende Erkrankungen frühzeitig zu erkennen und zu behandeln.

Bei Frühgeborenen bezieht man das Entwicklungsalter auf den regulären Geburtstermin.
Unter „palmarem Greifen" versteht man das Greifen mit der flachen Hand.

Koletzko 2003

Zeitliche Angaben zur kindlichen Entwicklung in Monaten			
Beziehungsverhalten/Selbstständigkeit			
Aufnahme von Blickkontakt	1–3	versucht selbstständig zu essen	ab 12
soziales Lächeln	1–3	selbstständig Essen und Trinken	ab 18
fremdelt	6–9	zieht Kleidungsstücke aus	ab 18
verteidigt Besitz	ab 21	zieht Kleidungsstücke an	ab 21
benutzt seinen Namen	ab 21	tagsüber trocken und sauber	ab 24
spricht in der „Ich-Form"	ab 21		
Motorische Entwicklung			
dreht sich auf den Bauch	6–8	Hände in Mund	0–6
krabbelt	8–11	Hände betrachten	0–6
sitzt frei	6–9	Hände betasten	2–6

Fortsetzung nächste Seite

Fortsetzung Tabelle 1.13.26 Meilensteine der kindlichen Entwicklung

	**Zeitliche Angaben zur kindlichen Entwicklung in Monaten**
setzt sich auf	8–12	beidhändiges palmares Greifen	4–10
geht an Möbeln entlang	9–12	einhändiges palmares Greifen	6–9
steht frei	10–14	Scherengriff	7–11
geht frei	11–16	Pinzettengriff	9–13
Entwicklung des Spiels			
orales Explorieren	3–15	funktionelles Spiel	9–24
manuelles Erkunden	3–24	repräsentatives Spiel	12–24
visuelles Erkunden	ab 6	sequentielles Spiel	ab 27
Inhalt-Behälter Spiel	9–21	vertikales Bauen	15–30
Sprachentwicklung			
Nachamen von Lauten	7–12	Präpositionen (in, auf, unter)	14–22
Mama und Papa	10–18	erste 3 Worte	15–30
Zweiwortsätze	19–30	benutzt eigenen Vornamen	18–36
Sprechen in „Ich-Form"	24–45		
Essen			
selbständiges Trinken aus einer Tasse	12–18	erste Versuche, mit einem Löffel zu essen	12–18
Kauen von Speisen	16–25	selbständiges Essen mit einem Löffel	15–21

1.14 Die Zusammensetzung des Körpers

Ein Organismus besteht aus Materie, die einen bestimmten Raum einnimmt und eine bestimmte Masse besitzt. Diese Materie im Organismus setzt sich aus etwa 25 von 92 bekannten Elementen zusammen, wobei 96 % von Kohlenstoff, Sauerstoff, Wasserstoff und Stickstoff gebildet werden.

Der menschliche Körper ist aus 10–100 Billionen Zellen aufgebaut. Er besteht aus organischen und anorganischen Substanzen. Wasser (H_2O) ist mit 50–60 % der Hauptbestandteil des menschlichen Körpers. Sauerstoff ist das Hauptelement. Durchschnittlich macht es 63 % der Körpermasse aus. Die Zusammensetzung der unterschiedlichen Gewebe kann sehr stark variieren, wie ein Vergleich zwischen dem Wassergehalt des Glaskörpers des Auges und dem des Zahnschmelzes in der Tabelle unten zeigt.

Tabelle 1.14.1 Zahlen zum Staunen

Literatur siehe nachfolgende Tabellen

Ausgewählte Angaben aus den nachfolgenden Tabellen	
Anteil an der festen Substanz	
beim Mann	40 %
bei der Frau	50 %
beim Säugling	25 %
Anteil des Gesamtkörperwassers	
beim Mann	60 %
bei der Frau	50 %
beim Säugling	75 %
Anteil verschiedener Elemente im Körper	
Sauerstoff	63 %
Kohlenstoff	20 %
Wasserstoff	10 %
Stickstoff	63 %
Anteil verschiedener Organe im Körper	
Muskulatur (quergestreift)	31,56 %
Skelett	14,84 %
Fettgewebe	13,36 %
Haut	7,18 %
Lunge	4,15 %
Gehirn und Rückenmark	3,52 %
Höchster Wassergehalt	
im Glaskörper des Auges	99 %
Niedrigster Wassergehalt	
im Zahnschmelz eines Zahnes	0,2 %

Tabelle 1.14.2 Die Zusammensetzung des Körpers in Prozent der Körpermasse

Wasser ist der Hauptbestandteil des menschlichen Körpers. Die festen Substanzen unterteilen sich in organische und anorganische Bestandteile. Bei organischen Substanzen handelt es sich um kohlenstoffhaltige (C) Verbindungen. Die Atome des Elements Kohlenstoff haben die Fähigkeit, durch Bindung ketten- oder ringförmige Moleküle zu bilden. Damit erklärt sich auch die ungeheure Vielzahl der bislang bekannten organischen Verbindungen: nahezu 20 Millionen hat man bisher charakterisiert und näher untersucht.

Die Werte sind angenähert und beziehen sich bei Erwachsenen auf ein Körpergewicht von etwa 70 kg.

Documenta Geigy 1975

Substanzen im Körper	Männer	Frauen	Säuglinge
Feste Substanzen	40 %	50 %	25 %
Organische Bestandteile	35 %	45 %	–
Mineralische Bestandteile	5 %	5 %	–
Gesamtkörperwasser	60 %	50 %	75 %
In den Zellen (intrazellulär)	40 %	30 %	40 %
Außerhalb der Zellen (extrazellulär)	20 %	20 %	35 %
In den Gefäßen (intravasal)	4 %	4 %	5 %
Zwischen den Zellen (interstitiell)	16 %	16 %	30 %

Tabelle 1.14.3 Die Zusammensetzung des Körpers nach Alter und Geschlecht

Flügel, Greil, Sommer 1986

Alter in Jahren	Körperhöhe	Körpermasse	Fettfreie Körper-M.	Körperfett	Zellmasse	Mineralien
Männer						
17–28	173 cm	64,3 kg	53,9 kg	10,4 kg	35,6 kg	3,8 kg
30–39	173 cm	69,5 kg	57,7 kg	11,6 kg	39,4 kg	4,1 kg
40–49	171 cm	68,5 kg	56,4 kg	12,1 kg	38,9 kg	3,9 kg
50–59	171 cm	69,9 kg	54,1 kg	15,9 kg	36,7 kg	3,8 kg
60–72	172 cm	65,7 kg	48,8 kg	16,9 kg	31,2 kg	3,4 kg
Frauen						
16–27	163 cm	58,6 kg	42,8 kg	15,8 kg	28,1 kg	3,0 kg
30–40	160 cm	61,5 kg	43,7 kg	17,8 kg	28,3 kg	3,1 kg
45–60	158 cm	58,3 kg	40,5 kg	17,8 kg	25,9 kg	2,8 kg
61–77	155 cm	61,0 kg	39,5 kg	21,5 kg	24,5 kg	2,8 kg

Tabelle 1.14.4   Die Zusammensetzung des Körpers nach ausgewählten Elementen

Die Werte beziehen sich auf einen Erwachsenen mit einem Körpergewicht von 70 kg.

Flindt 2000 nach Heidermanns 1957, Kleiber 1967

Element	Masse	Anteil am Körpergewicht in %
Sauerstoff (O)	44 kg	63
Kohlenstoff (C)	14 kg	20
Wasserstoff (H)	7 kg	10
Stickstoff (N)	2,1 kg	3
Kalzium (Ca)	1 kg	1,5
Phosphor (P)	700 g	1
Kalium (K)	170 g	0,25
Schwefel (S)	140 g	0,2
Chlor (Cl)	70 g	0,1
Natrium (Na)	70 g	0,1
Magnesium (Mg)	30 g	0,04
Eisen (Fe)	3 g	0,004
Kupfer (Cu)	300 mg	0,0005
Mangan (Mn)	100 mg	0,0002
Jod (J)	30 mg	0,00004

Tabelle 1.14.5   Der Wassergehalt verschiedener Organe

Der durchschnittliche Wassergehalt eines Mannes beträgt 60 %, einer Frau 50 %. Die verschiedenen Gewebe unterscheiden sich bezüglich ihres Wassergehaltes jedoch deutlich. Die Werte sind Durchschnittswerte, die sich auf einen erwachsenen Menschen beziehen.

Altmann, Dittmer 1973; Schenck, Kolb 1990

Organ/Gewebe	%	Organ/Gewebe	%
Glaskörper des Auges	99	Knorpel	75
Lymphe	96	Herz	74
Blutplasma	90	Leber	72
Hoden	85	Rückenmark	71
Gehirn, graue Substanz	84	Gehirn, weiße Substanz	70
Lunge	84	Linse des Auges	68
Blut	80	Peripherer Nerv	66
Milz	79	Erythrozyten	65
Niere	79	Knochen	13
Darmmukosa	77	Zahnbein	10
Thymus	76	Haare	4
Hornhaut des Auges	75–80	Zahnschmelz	0,2

Tabelle 1.14.6 Die Zusammensetzung verschiedener Organe des Körpers nach dem Anteil ausgewählter Stoffe

Flindt 2000 nach Mitchell 1945

Organ/Gewebe	Anteil am Körpergewicht in %	Fett in %	Eiweiß in %	Asche in %
Haut	7,81	13,00	22,10	0,68
Skelett	14,84	17,18	18,93	28,91
Zähne	0,06	0,00	23,00	70,90
Muskulatur (querg.)	31,56	3,35	16,50	0,93
Gehirn, Rückenmark	2,52	12,68	12,06	1,37
Leber	3,41	10,35	16,19	0,88
Herz	0,69	9,26	15,88	0,80
Lunge	4,15	1,54	13,38	0,95
Milz	0,19	1,19	17,81	1,13
Nieren	0,51	4,01	14,69	0,96
Bauchspeicheldrüse	0,16	13,08	12,69	0,93
Darm	2,07	6,24	13,19	0,86
Fettgewebe	13,63	42,44	7,06	0,51
Übrige Gewebe	13,63	12,39	16,06	1,01
Blut, Lymphe	3,79	0,17	5,68	0,94
Gesamt	100,00	12,51	14,39	4,84

Tabelle 1.14.7 Spurenelemente in Organen und Geweben

Spurenelemente sind wie Mineralstoffe anorganische Nährstoffe. Essentielle Spurenelemente sind lebensnotwendig und müssen über die Nahrung, allerdings nur in Spuren, zugeführt werden. Zu den essentiellen Spurenelementen gehören: Eisen, Jod, Kupfer, Zink, Mangan, Cobalt, Molybdän, Selen, Chrom, Nickel, Zinn, Fluor und Vanadium. Diese Spurenelemente sind zum Beispiel Bestandteile von Enzymen, Vitaminen und Hormonen oder wirken als Coenzyme. Ein Fehlen von essentiellen Spurenelementen führt zu Mangelerscheinungen.

Schenck, Kolb 1990

Spurenelement	Leber	Niere	Lunge	Gehirn	Bauchspeicheldrüse	Skelettmuskel
Fluor (µg)	40–100	20–200	90–170	60–70	140–200	20–120
Jod (µg)	5–7	5–7	5–7	2–3	3–5	3–5
Cobalt (µg)	2,5–5	2,5–10	2–3	2–4	20–35	0,5–1
Kupfer (µg)	300–900	100–400	50–250	200–400	100–400	50–150
Mangan (µg)	100–400	100–200	40–100	30–50	100–250	20–50
Zink (mg)	4–8	3–5	1–2	0,5–1,5	2–3	2–4
Eisen (mg)	10–40	8–20	2–20	2–4	2–5	10–20

Tabelle 1.14.8 Das Eisen – ein Spurenelement im Körper

Das Eisen ist ein Spurenelement. Es kommt im Körper in 2- und 3-wertiger Form vor, wobei nur die 2-wertige Form im Darm resorbiert werden kann. Der Tagesbedarf eines erwachsenen Menschen beträgt ungefähr 20 mg. 67 % des Körpereisens sind in dem Blutfarbstoff Hämoglobin gebunden und dienen so dem Sauerstofftransport. Lediglich 27 % sind in den Geweben gespeichert. Blutverluste führen zu erheblichen Verlusten von Eisen (Eisenmangelanämie).

Psyrembel 2004; Schmidt, Lang, Thews 2005

Angaben zum Bestand an Eisen und zu den Eigenschaften von Eisen im Körper	
Körpergesamtbestand an Eisen	4–5 g
Der Körperbestand teilt sich auf	
Hämoglobin	2.500 mg (67 %)
Myoglobin	130 mg (3,5 %)
Eisenhaltige Enzyme	8 mg (0,2 %)
Transferrin (Serumeisen)	80 mg (2,2 %)
Gewebespeicher (Ferritin und Hämosiderin)	1.000 mg (27 %)
Biologische Halbwertszeit im Körper	800 Tage
Resorption im Duodenum (je nach Bedarf)	10–40 % des Nahrungseisens
Eisenausscheidung	
im Stuhl	0,5–1 mg/Tag
durch Menstruationsblut	20 mg/Monat
Eisentransfer während der gesamten Schwangerschaft von der Mutter zum Fetus	300 mg

Tabelle 1.14.9 Der Cholesteringehalt von Geweben

Cholesterin gehört zu den Lipiden. Es wird sowohl mit der Nahrung aufgenommen, als auch im Körper gebildet, vor allem in der Leber. Es ist ein wichtiger Bestandteil der Zellmembranen. Cholesterin stellt aber auch die Vorstufe der Gallensäuren und Steroidhormone dar. Auf Grund seiner schlechten Wasserlöslichkeit wird Cholesterin im Blut an Lipoprotein gebunden transportiert. Steigt die Menge an Cholesterin im Blut, kann es zu Fettablagerungen in der Gefäßwand kommen. Der Cholesteringehalt des menschlichen Körpers beträgt etwa 150 g.

Schenck, Kolb 1990

Gewebe	Gesamtgehalt	Pro Frischmasse
Gehirn	30 g	2,3 g/100 g Frischmasse
Skelettmuskel	30 g	0,12 g/100 g Frischmasse
Haut	15 g	0,3 g/100 g Frischmasse
Blut	9 g	0,25 g/100 g Frischmasse
Leber	5 g	0,3 g/100 g Frischmasse
Nebennieren	0,5 g	5,0 g/100 g Frischmasse
Sonstige Gewebe	40–60 g	–

Tabelle 1.14.10 Die Zusammensetzung von Gehirn und Nerven nach ausgewählten anorganischen Bestandteilen

Das zentrale Nervensystem besteht aus dem Gehirn und dem Rückenmark. Hier wird zwischen der grauen Substanz (Nervenzellkörper) und der weißen Substanz (Nervenfasern) unterschieden. Davon abzugrenzen ist das periphere Nervensystem.

Die Angaben beziehen sich auf 1 kg Frischgewicht

Werte aus Documenta Geigy 1975

Organ oder Gewebe	Alter	H_2O in g	N mval	Na mval	K mval	Cl mval	Mg mval	Ca mval
Gesamtes Gehirn	Fötus, 14. Woche	914	9,6	97,5	49,6	72,1	–	–
	Fötus, 20. Woche	922	8,4	91,7	52,0	72,6	8,4	4,9
	Neugeborene	897	9,3	80,9	58,2	66,1	7,9	4,8
	Erwachsene	774	17,1	55,2	84,6	40,5	11,4	4,0
Graue Substanz	Erwachsene	843	17,2	83,9	58,4	48,6	16,3	5,2
Weiße Substanz	Erwachsene	706	17,5	68,6	59,4	41,2	21,6	7,1
Rückenmark	Erwachsene	644	16,0	87,4	92,2	42,8	31,6	9,0

Tabelle 1.14.11 Zusammensetzung von Gehirn und Nerven nach ausgewählten organischen Bestandteilen

Die Angaben beziehen sich auf 1 kg Frischgewicht.

Documenta Geigy 1975

Organ oder Gewebe	Gesamt-lipoid-P in g/kg	Cerebro-side in g/kg	Gesamt-lipide in g/kg	Gesamt-protein in g/kg
Gesamtes Gehirn	250,0	–	104,0	100–110
Graue Substanz	30,8	6,3±2,9	57,9	73–82
Weiße Substanz	78,2	49,0	179,0	77–92
Rückenmark	51–105,0	12,9–19,6	–	90

Tabelle 1.14.12 Frei austauschbarer Anteil wichtiger Elektrolyte

Unter den frei austauschbaren Elektrolyten versteht man die Elektrolyte, die frei zwischen den verschiedenen Flüssigkeitsräumen diffundieren können. Nicht frei austauschbare Elektrolyte sind fest gebunden. So ist im menschlichen Körper 99 % des vorhandenen Kalziums fest im Knochen gebunden. Nur 1 % des Körperkalziums ist somit frei austauschbar.

Schmidt, Lang, Thews 2005

Elektrolyte	Gesamtkörpermenge in mmol	in mmol/kg	Frei austauschbarer Anteil in mmol/kg	in % der Gesamtmenge
Natrium	4.200	60	42	70
Kalium	3.800	54	48	70
Kalzium	37.000	530	5	1
Magnesium	1.000	15	7,5	50
Chlorid	2.100	40	32	80
Bikarbonat	700	10	700	100

Tabelle 1.14.13 Verteilung wichtiger Ionen in der extrazellulären und der intrazellulären Flüssigkeit

Biologische Membranen sind für Ionen (geladene Teilchen) nicht durchlässig. Für die einzelnen Ionen existieren hochspezifische Transportkanäle. Die Konzentrationsgradienten der verschiedenen Ionen werden über energieverbrauchende Transportpumpen vermittelt. So pumpt die Natrium-Kalium-ATPase pro gespaltenes ATP-Molekül drei Na^+-Ionen aus und zwei K^+-Ionen in die Zelle.

Schmidt, Lang, Thews 2005

Elemante	Verteilung der austauschbaren Gesamtmenge extrazellulär	intrazellulär	Tägliche Zufuhr, die der Ausscheidung entspricht (Mittelwerte in Klammern)	
Natrium	98 %	2 %	50–250 (100)	mmol/d
Kalium	2 %	98 %	50–150 (100)	mmol/d
Kalzium	1 %	< 1 %	10–80 (40)	mmol/d
Magnesium	35 %	65 %	10–30 (20)	mmol/d
Chlorid	98 %	2 %	50–250 (100)	mmol/d
Bikarbonat	75 %	25 %	–	
Phosphor	1 %	99 %	(800)	mg /d

Tabelle 1.14.14 Ionenkonzentration in den Flüssigkeitskompartimenten des Körpers

Die Osmolalität gibt die Anzahl der gelösten, osmotisch aktiven Teilchen pro kg Lösungsmittel an. Der osmotische Druck ist somit unabhängig von der Größe oder Art der Teilchen, ausschließlich die Anzahl ist entscheidend. Die Verteilung der unterschiedlichen Ionen unterscheidet sich zwischen den verschiedenen Räumen, die Osmolalität (Anzahl aller osmotisch aktiven Teilchen) ist jedoch gleich.

Thews, Mutschler, Vaupel 1999; Pschyrembel 2004

	Blutplasma		Interstitielle Flüssigkeit		Intrazellulare Flüssigkeit	
	mmol/l	mval/l	mmol/l	mval/l	mmol/l	mval/l
Kationen						
Natrium	142	142	144	144	12	12
Kalium	4	4	4	4	150	150
Kalzium	2,5	5	1,3	2,6	1	2
Magnesium	1	2	0,7	1,4	13	26
Summe	149,5	153	150	152	176	190
Anionen						
Chlorid	104	104	115	115	4	4
Bikarbonat	24	24	27	27	12	12
Phosphat	1,5	2,5	1,5	2,5	30	50
Proteinate	1,5	16	0	0,5	6	54
Sonstige	6	6,5	6,5	7	65	70
Summe	137	153	150	152	117	190
Osmolalität	290 mosmol/kg		290 mosmol/kg		290 mosmol/kg	

Tabelle 1.14.15 pH-Werte verschiedener Körperflüssigkeiten

Der pH-Werte unterliegen einem Tag-Nacht-Rhythmus. So ist der Harn um Mitternacht stärker sauer als tagsüber.

Werte aus Documenta Geigy 1975, 1977

Körperflüssigkeit	pH-Wert
Gehirn-Rückenmarks-Flüssigkeit	7,31
Kniegelenksflüssigkeit	7,43
Blut	7,36–7,44
Lymphe	7,40
Speichel	6,40

Fortsetzung nächste Seite

Fortsetzung Tabelle 1.14.15 pH-Werte verschiedener Körperflüssigkeiten

Körperflüssigkeit	pH-Wert
Magensaft	
Männer	1,92
Frauen	2,59
Fruchtwasser	7,10–7,32
Galle	
Lebergalle	7,15
Blasengalle	7,00
Harn	4,50–8,20
Tränen	7,30–7,50
Kammerwasser des Auges	7,32
Bauchspeicheldrüsensekret	7,70
Fäzes	7,15
Schweiß	4,00–6,80
Sperma	7,19
Zum Vergleich	
Zitronensaft	2,40
Cola	2–3,00
Kaffee	5,00
Mineralwasser	6,00
Seife	9–10,00

2 Gesundheit

2.1 Ernährung und Nahrungsmittel

Tabelle 2.1.1 Essgewohnheiten im Überblick

Dem Essverhalten von Menschen, besonders von Kindern und Jugendlichen, wird grundlegende Bedeutung beigemessen, weil eine gesunde Ernährung in der Kindheits- und Jugendphase optimale Bedingungen für den Gesundheitsstatus, das Wachstum und die intellektuelle Entwicklung schafft. Da Ernährungsverhalten und Körpergewicht von vielfältigen und komplizierten Bedingungskonstellationen geprägt sind, können diese Zusammenhänge in diesem Unterkapitel nur exemplarisch angerissen werden.

Die geschätzten Werte beziehen sich auf die Lebenszeit von Durchschnittspersonen unter Berücksichtigung entsprechender Ernährungsgewohnheiten.

Die Angabe „Sack" ist ein altes Hohlmaß mit einem Inhalt von ca. 127 kg.

Die Angabe „Stück" bezieht sich bei Schlachttieren auf die Fleischverwertung.

McCutcheon 1991, Schenck u. Kolb 1990

Das isst ein Durchschnitts-Europäer im Leben			
Rinder (Stück)	3	Butter (Stück)	ca. 6.000
Schweine (Stück)	10	Margarine (kg)	ca. 750
Kälber (Stück)	2	Speiseöl (Liter)	einige 100
Schafe (Stück)	2	Torten/Kuchen (Stück)	ca. 100
Hühner (Stück)	einige 100		
Fische (Stück)	ca. 2.000	Kohlenhydrate (kg)	14.000
Eier (Stück)	ca. 10.000	Fettstoffe (kg)	2.500
Käse (kg)	ca. 1.000	Eiweißstoffe (kg)	2.800
Kartoffeln (Säcke)	ca. 100		
Mehl/Zucker (Säcke)	ca. 80	Gesamtenergie	ca. 90 Mill. Kcal =
Brote (Stück)	ca. 5.000		ca. 377 Mio. kJ
Das isst und trinkt ein Durchschnitts-Nordamerikaner im Leben			
Rindfleisch (Tonnen)	4	Käse (Tonnen)	0,5
Tomaten (Tonnen)	4	Scheiben Brot	10.800
Frisches Gemüse (Tonnen)	4	Sodawasser (Liter)	101.000
Frisches Obst (Tonnen)	3	Milch (Liter)	7.600
Hühner (Tonnen)	2	Bier (Liter)	6.800
Fisch (Tonnen)	0,5	Tee (Liter)	3.300
Eier (Stück)	2.000	Wein (Liter)	1.100
Zucker (Tonnen)	3,5	Kaffee (Tassen)	80.000
Essgewohnheiten weltweit			
	Anzahl an Mahlzeiten		ca. 100.000
	Messer + Gabel benutzen		45 % aller Menschen
	Hand + Gabel benutzen		11 % aller Menschen
	Stäbchen benutzen		36 % aller Menschen
	Hände benutzen		8 % aller Menschen

Tabelle 2.1.2 Körpergröße, Körpergewicht und Körpermassenindex (BMI) nach Altersgruppen in Deutschland 2003

Der Körpermassenindex (Body-Mass-Index = BMI) hat sich international zur Beurteilung des relativen Körpergewichts bei Erwachsenen durchgesetzt. Er korreliert relativ eng mit dem Körperfettgehalt und ist definiert als: BMI = Körpergewicht [kg] dividiert durch das Quadrat der Körpergröße [m²]. Die Einheit des BMI ist demnach kg/m².
Dies bedeutet, eine Person mit einer Körpergröße von 180 cm und einem Körpergewicht von 80 kg hat einen BMI = 80 kg : (1,8 m)² = 24,7 kg/m².
Der Body-Mass-Index (BMI) wird in Grade eingeteilt und den Altersstufen werden nach Geschlechtern getrennt, wünschenswerte BMI-Grade zugeordnet.

Klassifikation	BMI männl.	BMI Weibl.	Alter	BMI
Untergewicht	<20	<19	19–24 Jahre	19–24
Normalgewicht	20–25	19–24	25–34 Jahre	20–25
Übergewicht	25–30	24–30	35–44 Jahre	21–26
Fettleibigkeit	30–40	30–40	45–54 Jahre	22–27
Massive Fettleibigkeit	>40	>40	55–64 Jahre	23–28
			>64 Jahre	24–29

Fettleibigkeit (Adipositas) muss auf jeden Fall behandelt werden, da ein erhöhtes Risiko für Diabetes und Herzerkrankungen besteht! Sehr sportliche Personen haben häufig einen BMI um 25. Diese Werte ergeben sich auf Grund des Muskelaufbaus und sind nicht als Übergewicht zu interpretieren.

Leben und Arbeiten in Deutschland-Mikrozensus 2003, Statistisches Bundesamt 2005

Altersstufe	Körpergröße m	Körpergewicht kg	Body-Mass Index kg/m²	Davon mit einem Body-Mass-Index von			
				unter 18,5	18,5 bis 25	25 bis 30	30 und mehr
				Prozent			
18–20	1,74	67,0	22,1	9,4	75,6	12,3	2,6
20–25	1,74	69,5	22,8	7,0	72,5	16,5	4,0
25–30	1,74	72,2	23,9	4,0	64,6	24,7	6,7
30–35	1,74	74,0	24,5	2,6	59,7	29,7	8,1
35–40	1,73	74,7	24,8	2,3	56,5	31,3	9,8
40–45	1,73	75,6	25,3	1,6	51,9	34,8	11,7
45–50	1,72	76,2	25,9	1,4	45,7	38,3	14,5
50–55	1,71	76,7	26,3	1,3	40,2	42,2	16,3
55–60	1,70	77,0	26,5	1,1	37,5	44,1	17,3
60–65	1,70	77,0	26,7	0,8	35,7	45,1	18,3
65–70	1,69	76,7	27,0	0,9	32,0	47,0	20,1
70–75	1,67	75,1	26,8	0,9	33,5	46,5	19,2
75 u. mehr	1,65	69,4	25,5	2,8	45,1	40,1	12,0
Insge-samt	1,71	74,4	25,4	2,3	48,4	36,3	12,9

Tabelle 2.1.3 Körpergröße, Körpergewicht und Körpermassenindex (BMI) bei Männern und Frauen nach Altersgruppen in Deutschland 2003

Zwischen den Geschlechtern lässt sich bei Jugendlichen nach Kromeyer-Hausschild et al. 2001 ein statistisch signifikanter Unterschied feststellen. Jungen haben häufiger Übergewicht, Mädchen sind häufiger untergewichtig.

Leben und Arbeiten in Deutschland-Mikrozensus 2003, Statistisches Bundesamt 2005

Alters-stufe	Körper-größe m	Körper-gewicht kg	Body-Mass-Index kg/m²	Davon mit einem Body-Mass-Index von			
				unter 18,5	18,5 bis 25	25 bis 30	30 und mehr
				Prozent			
Männlich							
18–20	1,80	73,4	22,6	6,3	76,4	14,4	2,9
20–25	1,80	76,4	23,4	3,4	71,8	20,5	4,2
25–30	1,80	80,0	24,7	1,1	59,2	32,6	7,1
30–35	1,80	81,9	25,4	0,8	50,9	39,3	9,0
35–40	1,79	82,9	25,7	0,4	46,7	41,6	11,2
40–45	1,79	83,5	26,1	0,5	41,7	44,6	13,2
45–50	1,78	84,2	26,6	0,4	35,1	48,4	16,0
50–55	1,77	84,0	26,9	0,5	31,2	50,8	17,5
55–60	1,76	83,8	27,1	0,5	28,9	52,0	18,5
60–65	1,75	83,5	27,1	0,3	28,2	52,5	19,1
65–70	1,74	82,7	27,3	0,4	25,9	53,3	20,4
70–75	1,73	80,9	27,0	0,5	29,3	51,6	18,7
75 u. mehr	1,72	76,5	25,9	1,2	38,8	48,9	11,1
Insge-samt	1,77	81,8	26,0	0,9	41,4	44,1	13,6
Weiblich							
18–20	1,67	60,3	21,5	12,7	74,9	10,1	2,3
20–25	1,68	62,2	22,0	10,7	73,3	12,3	3,7
25–30	1,67	64,0	22,8	7,1	70,3	16,4	6,2
30–35	1,67	65,5	23,4	4,5	69,2	19,3	7,1
35–40	1,67	66,0	23,7	4,3	67,0	20,4	8,3
40–45	1,66	66,9	24,2	2,7	63,0	24,2	10,1
45–50	1,65	68,0	24,9	2,3	56,7	27,9	13,0
50–55	1,65	69,4	25,5	2,0	49,2	33,7	15,1
55–60	1,65	70,1	25,8	1,6	46,2	36,0	16,1
60–65	1,64	70,5	26,1	1,4	43,3	37,8	17,6
65–70	1,64	71,2	26,5	1,3	37,7	41,2	19,9
70–75	1,63	70,2	26,5	1,3	37,0	42,1	19,6
75 u. mehr	1,61	65,6	25,2	3,7	48,4	35,4	12,4
Insge-samt	1,65	67,3	24,7	3,6	55,2	28,9	12,3

Tabelle 2.1.4 Körpermassenindex (BMI) Grenzwerte bei Jungen und Mädchen in Deutschland im Alter von 12 bis 16 Jahren

Perzentile werden üblicherweise für Gewicht, Body-Mass-Index (BMI) und die Körpergröße angegeben. Die Angabe in Perzentilen bedeutet, dass das Körpergewicht in Bezug zu Altersgenossen angeben wird. Ein Körpergewicht auf die 50. Perzentile bedeutet, dass 50 % der Kinder gleichen Alters und gleichen Geschlechts schwerer als das betreffende Kind sind.
Erläuterungen zum Körpermassenindex (BMI) siehe Tab 2.1.2 .

Hurrelmann, Klocke, Melzer, Ravens-Sieber: Jugendgesundheitssurvey 2003

Gewichtsstatus (Perzentile)	BMI für 12-jährige Mädchen	Jungen	BMI für 14-jährige Mädchen	Jungen	BMI für 16-jährige Mädchen	Jungen
Extremes Untergewicht (P3)	14,45	14,50	15,65	15,50	16,60	16,57
Untergewicht (P10)	15,43	15,41	16,71	16,48	17,69	17,60
Untergewicht (P 25)	16,60	16,50	17,97	17,65	18,96	18,83
Normalgewicht (P50)	18,19	17,99	19,64	19,26	20,64	20,48
Normalgewicht (P75)	20,18	19,93	21,71	21,30	22,67	22,55
Übergewicht (P90)	22,48	22,25	24,05	23,72	24,91	24,92
Fettleibigkeit (P97)	25,47	24,44	27,01	26,97	27,65	27,99

Tabelle 2.1.5 Energiegewinnung bei unterschiedlichen Anteilen von Kohlenhydraten und Fetten in der Nahrung

Das Verhältnis des bei der Verbrennung gebildeten CO_2 zum dabei verbrauchten O_2 wird als Respiratorischer Quotient (RQ) bezeichnet.
Beispiel: Bei der Verbrennung von 1 mol Glukose werden 6 mol CO_2 gebildet und 6 mol O_2 verbraucht. Der RQ ist demnach 1.

Schenck u. Kolb 1990

Anteile in der Nahrung		Energiegewinnung durch Verbrennung		
Kohlenhydrate in %	Fette in %	kcal je l O_2	kJ je l O_2	RQ
0,0	100,0	4,69	19,64	0,70
15,6	84,4	4,74	19,85	0,75
33,4	66,6	4,80	20,10	0,80
50,7	49,3	4,86	20,35	0,85
57,5	42,5	4,89	20,47	0,87
67,5	32,5	4,92	20,60	0,90
84,0	16,0	4,99	20,89	0,95
100,0	0,0	5,05	21,14	1,00

Tabelle 2.1.6 Fettsucht und Krankheiten

Bei Übergewicht liegt eine Gewichtszunahme um 10 % vor. Von Fettsucht spricht man bei mehr als 20 % Gewichtszunahme über dem wünschenswerten Normalgewicht.
Exogene Fettsucht beruht auf übermäßiger Nahrungszufuhr. Endogene Fettsucht ist durch Drüsenfehlfunktionen begründet.

Holtmeier 1986

Vergleichende Angaben zu Normal-, Unter- und Übergewicht	
Zahl der Schlaganfälle auf je 100.000 Personen	
Magere Menschen	112
Normalgewichtige	212
Fettleibige	397
Zahl der Zuckerkranken auf 1.000 Personen	
10 % Untergewicht	selten
Normalgewicht	6,2
10–19 % Übergewicht	9,3
20–29 % Übergewicht	20,0
30–39 % Übergewicht	16,2
40–49 % Übergewicht	40,0
Über 50 % Übergewicht	43,1

Tabelle 2.1.7 Extremes Gewicht

Guinness Buch der Rekorde 2006

Angaben zu Menschen mit extremem Gewicht	
Der schwerste Mann war *Jon Brower Minoch*, USA (1941-1983):	
Gewicht im März 1978	635 kg
Nach zwei Jahren Diät	216 kg
Die schwerste Frau war *Rosalie Bradford*, geb.1944:	
Gewicht 1987	544 kg
Gewicht 1992	142 kg
Der leichteste Mensch war *Lucia Xarate* (1863-89) aus Mexiko:	
Gewicht bei der Geburt	1,1 kg
Gewicht mit 17 Jahren	2,1 kg
Gewicht mit 20 Jahren	5,9 kg
Gewicht bei der Geburt	
Am leichtesten war *Marian Taggart* GB	283 g
Die leichtesten Zwillinge waren *Roshan* und *Melanie Gray* (AUS)	860 g
Die leichtesten Drillinge waren *Peyton, Jackson* und *Blake Coffey* (USA)	1.385 g
Das schwerste Neugeborene war von *Anna Bates* (USA)	10,8 kg
Die schwersten Zwillinge waren *Patricia* und *John Haskin* (USA)	12,6 kg
Die schwersten Drillinge waren von *Mary McDermott* (GB)	10,9 kg
Die schwersten Vierlinge waren von *Tina Saunders* (GB)	10,4 kg

Tabelle 2.1.8 Täglicher Energiebedarf des Menschen

Der Grundumsatz ist diejenige Energiemenge, die der Körper pro Tag bei völliger Ruhe, bei Indifferenztemperatur (28°C) und nüchtern zur Aufrechterhaltung seiner Funktion z.B. während des Schlafens benötigt. Er ist von Faktoren wie Geschlecht, Alter, Gewicht, Körpergröße, Muskelmasse, Wärmedämmung durch Kleidung und dem Gesundheitszustand, z. B. Fieber, abhängig. Frauen haben einen um etwa 10 Prozent niedrigeren Grundumsatz als Männer und im Alter verringert sich der Grundumsatz ebenfalls um ca. 10 Prozent.

Einen großen Einfluss auf den Energieverbrauch hat der Grad der Bewegung. Je nach beruflicher Belastung kann sich der Grundumsatz um das 1,2-fache bis 2,0-fache erhöhen.

Schenck u. Kolb 1990; Deutsche Gesellschaft für Ernährung 2006; www.dge.de

Durchschnittlicher Energiebedarf pro Tag nach Körpermasse					
Alter / Geschlecht	Mittlere Körpermasse in kg	Energiebedarf pro Tag			
		kcal/kg	kJ/kg	kcal	kJ
1–2 Monate	5,3	115	480	609	2.544
3–6 Monate	6,8	110	460	748	3.128
6–9 Monate	8,4	100	420	840	3.528
9–12 Monate	9,8	97	405	950	3.969
3 Jahre	15,3	95	395	1.453	6.043
5 Jahre	18,1	90	375	1.629	6.787
10 Jahre	31,3	74	310	2.316	9.703
15 Jahre	55,4	53	222	2.936	12.298
18 Jahre	65,5	49	205	3.209	13.427
Mann	60	42	175	2.310	9.700
	70	42	175	2.940	12.300
Frau	60	36	150	2.160	9.000
	70	36	150	2.520	10.500

Durchschnittlicher Energiebedarf pro Tag nach Alter und Geschlecht				
Altersstufe	Energiebedarf pro Tag			
	Männer kcal	Männer kJ	Frauen kcal	Frauen kJ
1–3 Jahre	1.100	4.605	1.000	4.187
4–6 Jahre	1.500	6.280	1.400	5.861
7–9 Jahre	1.900	7.955	1.700	7.118
10–12 Jahre	2.300	9.630	2.000	8.374
13–14 Jahre	2.700	11.304	2.200	9.211
15–18 Jahre	2.500	10.467	2.000	8.374
19–24 Jahre	2.500	10.467	1.900	7.955
25–50 Jahre	2.400	10.048	1.900	7.955
51–65 Jahre	2.200	9.211	1.800	7.536
Älter als 65	2.000	8.374	1.600	6.699

Tabelle 2.1.9 Empfehlungen zur Deckung des täglichen Bedarfs an ausgewählten Nährstoffen

Die Deutsche Gesellschaft für Ernährung e.V. (DGE), die Österreichische Gesellschaft für Ernährung (ÖGE), die Schweizerische Gesellschaft für Ernährungsforschung (SGE) sowie die Schweizerische Vereinigung für Ernährung (SVE) haben sich auf gemeinsame Referenzwerte für die Nährstoffzufuhr geeinigt. Umfangreiche Erweiterungen und genaue Erläuterungen der Angaben sind über das Internet abrufbar.

Abkürzung Ess. = Essentielle Fettsäuren, die der Körper nicht selbst aufbauen kann.

Deutsche Gesellschaft für Ernährung 2006; www.dge.de

	Protein in g	Fett als Energie in %	Ess.-Fettsäuren in %	Kalium in mg	Calcium in mg	Phosphor in mg	Chlorid in mg	Natrium in mg	Magnesium in mg	Eisen in mg
Säuglinge										
0–3 Monate	10	40–45	4,0	400	220	120	200	100	24	0,5
4–11 Monate	10	35–45	3,5	650	400	300	270	180	60	8
Kinder im Alter von Jahren										
1–3 männl.	14	30–40	3,0	1.000	600	500	450	300	80	8
weiblich	13	30–40	3,0	1.000	600	500	450	300	80	8
4–6 männl.	18	30–35	2,5	1.400	700	600	620	410	120	8
weiblich	17	30–35	2,5	1.400	700	600	620	410	120	8
7–9 männl.	24	30–35	2,5	1.600	900	800	690	460	170	10
weiblich	24	30–35	2,5	1.600	900	800	690	460	170	10
10–12 männl.	34	30–35	2,5	1.700	1.100	1.250	770	510	230	12
weiblich	35	30–35	2,5	1.700	1.100	1.250	770	510	230	12
13–14 männl.	46	30–35	2,5	1.900	1.200	1.250	830	550	310	12
weiblich	45	30–35	2,5	1.900	1.200	1.250	830	550	310	15
Jugendliche und Erwachsene im Alter von Jahren										
15–18 männl.	60	30	2,5	2.000	1.200	1.250	830	–	400	12
weiblich	46	30	2,5	2.000	1.200	1.250	830	550	350	15
19–24 männl.	59	30	2,5	2.000	1.000	700	830	–	400	10
weiblich	48	30	2,5	2.000	1.000	700	830	550	310	15
25–50 männl.	59	30	2,5	2.000	1.000	700	830	–	350	10
weiblich	47	30	2,5	2.000	1.000	700	830	550	300	15
51–64 männl.	58	30	2,5	2.000	1.000	700	830	–	350	10
weiblich	46	30	2,5	2.000	1.000	700	830	550	300	10
65 Jahre und älter										
männlich	54	30	2,5	2.000	1.000	700	830	550	350	10
weiblich	44	30	2,5	2.000	1.000	700	830	550	300	10
Schwangere	58	30–35	2,5	–	1.000	800	–	–	310	30
Stillende	63	30–35	2,5	–	1.000	900	–	–	390	20

Tabelle 2.1.10 Empfehlungen zur Deckung des täglichen Wasserbedarfs

Die tägliche Wasseraufnahme des Menschen setzt sich zusammen aus flüssigen Getränken sowie den Wasseranteilen der festen Nahrung.
Zusätzlich wird im Körper in den unzähligen Stoffwechselprozessen der Zellen Oxidationswasser gebildet.
Deutsche Gesellschaft für Ernährung 2006; www.dge.de

	Wasserzufuhr durch			Gesamtwasser im Körper	
	Getränke	Feste Nahrung	Getränke und feste Nahrung	Oxidationswasser	Gesamtwasseraufnahme
	ml/Tag	ml/Tag	ml/kg u.Tag	ml/Tag	ml/Tag
Säuglinge					
0–3 Monate	620	–	130	60	680
4–11 Monate	400	500	110	100	1.000
Kinder im Alter von Jahren					
1–3 männlich	820	350	95	130	1.300
weiblich	820	350	95	130	1.300
4–6 männlich	940	480	75	180	1.600
weiblich	940	480	75	180	1.600
7–9 männlich	970	600	60	230	1.800
weiblich	970	600	60	230	1.800
10–12 männlich	1.170	710	50	270	2.150
weiblich	1.170	710	50	270	2.150
13–14 männlich	1.330	810	40	310	2.450
weiblich	1.330	810	40	310	2.450
Jugendliche und Erwachsene im Alter von Jahren					
15–18 männlich	1.530	920	40	350	2.800
weiblich	1.530	920	40	350	2.800
19–24 männlich	1.470	890	35	340	2.700
weiblich	1.470	890	35	340	2.700
25–50 männlich	1.410	860	35	330	2.600
weiblich	1.410	860	35	330	2.600
51–64 männlich	1.230	740	30	280	2.250
weiblich	1.230	740	30	280	2.250
65 Jahre und älter					
männlich	1.310	680	30	260	2.250
weiblich	1.310	680	30	260	2.250
Schwangere	1.470	890	35	340	2.700
Stillende	1.710	1.000	45	390	3.100

Tabelle 2.1.11 Empfehlungen zur Deckung des täglichen Bedarfs an ausgewählten Vitaminen

Die Deutsche Gesellschaft für Ernährung e.V. (DGE), die Österreichische Gesellschaft für Ernährung (ÖGE), die Schweizerische Gesellschaft für Ernährungsforschung (SGE) sowie die Schweizerische Vereinigung für Ernährung (SVE) haben sich auf gemeinsame Referenzwerte für die Vitaminzufuhr geeinigt. In der Tabelle sind nur die wichtigsten Vitamine aufgelistet.
A = Vitamin A (Retinol), B_6 = Vitamin B_6 (Pyridoxin), B_{12} = Vitamin B_{12} (Cobalamine), C = Vitamin C (Ascorbinsäure), D = Vitamin D (Calciferole), E = Vitamin E (Tocopherole), Thia = Vitamin B_1 (Thiamin), Ribo = Vitamin B_2 (Roboflavin), Fol = Folsäure/Folat, Pant = Vitamin B_5 (Pantothensäure).

Deutsche Gesellschaft für Ernährung 2006; www.dge.de

	A mg	B_6 mg	B_{12} µg	C mg	D µg	E mg	Thia mg	Ribo mg	Fol µg	Pant mg
Säuglinge										
0–3 Monate	0,5	0,1	0,4	50	10	3	0,2	0,3	60	2
4–11 Monate	0,6	0,3	0,8	55	10	4	0,4	0,4	80	3
Kinder im Alter von Jahren										
1–3 männl.	0,6	0,4	1,0	60	5	6	0,6	0,7	200	4
weiblich	–	–	–	–	–	5	0,6	0,7	–	–
4–6 männl.	0,7	0,5	1,5	70	5	8	0,8	0,9	300	4
weiblich	–	–	–	–	–	8	0,8	0,9	–	–
7–9 männl.	0,8	0,7	1,8	80	5	10	1,0	1,1	300	5
weiblich	–	–	–	–	–	9	1,0	1,1	–	–
10–12 männl.	0,9	1,0	2,0	90	5	13	1,2	1,4	400	5
weiblich	–	–	–	–	–	11	1,0	1,2	–	–
13–14 männl.	1,1	1,4	3,0	100	5	14	1,4	1,6	400	6
weiblich	1,0	–	–	–	–	12	1,1	1,3	–	–
Jugendliche und Erwachsene im Alter von Jahren										
15–18 männl.	1,1	1,6	3,0	100	5	15	1,3	1,5	400	6
weiblich	0,9	1,2	–	–	–	12	1,0	1,2	–	–
19–24 männl.	1,0	1,5	3,0	100	5	15	1,3	1,5	400	6
weiblich	0,8	1,2	–	–	–	12	1,0	1,2	–	–
25–50 männl.	1,0	1,5	3,0	100	5	14	1,2	1,4	400	6
weiblich	0,8	1,2	–	–	–	12	1,0	1,2	–	–
51–64 männl.	1,0	1,5	3,0	100	5	13	1,1	1,3	400	6
weiblich	0,8	1,2	–	–	–	12	1,0	1,2	–	–
65 Jahre und älter										
männlich	1,0	1,4	3,0	100	10	12	1,0	1,2	400	6
weiblich	0,8	1,2	–	–	–	11	1,0	1,2	–	–
Schwangere	1,1	1,9	3,5	110	5	13	1,2	1,5	600	6
Stillende	1,5	1,9	4,0	150	5	17	1,4	1,6	600	6

Tabelle 2.1.12 Vitamingehalt von Früchten, Fruchtsäften, Gemüse und Salaten

Werte aus Documenta Geigy 1975 und 1977

100 g essbare Substanz enthalten	A	B₆	C	E	Panthothensäure	Folsäure
	I.E.	mg	mg	mg	mg	µg
Früchte, Fruchtsäfte						
Äpfel, süß	90	0,03	5	0,3	0,1	3
Bananen	190	0,32	10	0,2	0,2	12
Birnen	20	0,02	4	–	0,05	4
Brombeeren	200	0,05	21	–	0,25	12
Erdbeeren	60	0,04	60	–	0,26	5
Grapefruitsaft	10	0,014	45	–	0,16	1
Holunderbeeren	600	0,25	18	–	0,18	17
Johannisbeeren, rot	120	0,05	41	–	0,06	–
Johannisbeeren, schw.	220	0,08	136	–	–	–
Kirschen	1.000	0,05	10	–	0,08	6
Orangen	200	0,03	50	0,23	0,2	5
Pfirsiche, frisch	880	0,02	7	–	0,12	2
Pfirsiche in Dosen	430	0,02	4	–	0,05	11
Pflaumen	250	0,05	6	–	0,13	0,1
Preiselbeeren	30	0,012	12	–	0,1	–
Trauben	100	0,1	4	–	0,08	4
Wassermelonen	590	0,033	7	–	0,3	2
Zitronen	20	0,06	45	–	0,2	7
Gemüse, Salate						
Blumenkohl	60	0,2	78	–	1,0	32
Bohnen	600	0,14	19	–	0,2	39
Erbsen, grün	640	0,18	27	–	0,82	–
Gartenkresse	9.300	–	69	–	–	–
Gurken	300	0,04	8	–	0,3	10
Karotten	11.000	0,12	2–10	0,45	0,27	8
Kartoffeln	5	0,2	20	0,06	0,3	6
Kopfsalat	970	0,07	8	0,6	0,1	20
Kürbisse	1.600	–	9	–	–	8
Linsen	60	0,49	–	–	1,5	–
Mais	400	0,22	12	–	0,89	27
Petersilie	8.500	0,2	172	–	0,03	40
Spargel	900	0,14	33	2,5	0,62	110
Spinat	8.100	0,2	51	2,5	0,3	75
Tomaten	900	0,1	23	0,27	0,31	8
Weißkohl	70	0,11	46	0,7	0,26	80
Zwiebeln	40	0,1	10	0,26	0,17	10

Tabelle 2.1.13 Inhaltsstoffe ausgewählter Nahrungsmittel: Protein-, Fett-, Kohlenhydrat-, Ballaststoff- und Energiegehalt

Die Angaben sind jeweils auf 100 Gramm der angegebenen Lebensmittel bezogen und entsprechen dem Bundeslebensmittelschlüssel (BLS).

Bundesforschungsanstalt für Ernährung und Lebensmittel 2005; www.symplygoing.de

	Energie kcal	Energie kJ	Protein mg	Fette mg	Kohlenhydrate mg	Ballaststoffe mg
Schwein Bratenfleisch, frisch	187	785	19.615	12.195	–	–
Rind Bratenfleisch, frisch	187	784	18.880	12.516	–	–
Schwein/Rind, Hackfleisch	230	965	18.537	17.489	183	–
Frankfurter Würstchen	286	1.196	15.034	25.286	204	59
Leberwurst, fein	357	1.494	15.898	32.338	1.523	138
Putenbrust, frisch	107	446	24.100	990	–	–
Forelle, frisch Fischzuschnitt	113	474	20.550	3.360	–	–
Aal, geräuchert	290	1.215	15.697	25.638	–	–
Hühnerei, Vollei	154	646	12.900	11.200	700	–
Kuhmilch, Trinkmilch fettarm	48	203	3.400	1.600	4.900	–
Schlagsahne	288	1.207	2.500	30.000	3.200	–
Butter	741	3.101	670	83.200	600	–
Margarine	709	2.970	200	80.000	400	–
Joghurt, teilentrahmt	46	193	3.400	1.500	4.100	–
Emmentaler Käse	383	1.604	28.700	30.000	–	–
Camembert	288	1.204	21.000	22.800	–	–
Weißbrot/Weizenbrot	239	1.001	7.426	1.341	48.500	2.837
Graubrot/Roggenbrot	211	884	6.042	946	43.818	5.483
Reis	349	1.460	6.830	620	77.730	1.390
Mais	331	1.385	8.540	3.800	64.660	9.200
Hafer	353	1.478	11.690	7.090	59.800	5.570
Kartoffeln, geschält frisch	71	298	2.040	11	14.810	2.251
Mohrrübe (Karotte), frisch	26	108	980	200	4.800	3.634
Blattspinat, frisch	17	73	2.520	300	550	2.580
Blattkohl, frisch	14	57	1.190	300	1.190	1.900
Tomaten, frisch	17	73	950	210	2.600	950
Erbsen grün, frisch	82	342	6.650	480	12.300	5.000
Bohnen grün, frisch	25	106	2.390	240	3.200	3.000
Champignon, frisch	15	64	2.740	240	560	2.030
Apfel, frisch	52	217	340	400	11.430	2.000
Pfirsich, frisch	41	170	800	100	8.900	2.300
Orange, frisch	47	197	1.000	200	9.190	2.200
Zitrone, frisch	56	235	700	600	8.080	1.300
Honig	306	1.283	380	–	75.070	–
Milchschokolade	536	2.245	9.200	31.500	54.100	1.360
Gummibonbons	188	789	1.000	–	45.000	–

Tabelle 2.1.14   Inhaltsstoffe ausgewählter Nahrungsmittel: Wasser-, Mineralstoff-, Na-, K-, Ca- und Fe-Gehalt

Die Angaben sind jeweils auf 100 Gramm der angegebenen Lebensmittel bezogen und entsprechen dem Bundeslebensmittelschlüssel (BLS).

Bundesforschungsanstalt für Ernährung und Lebensmittel 2005; www.symplygoing.de

	Wasser mg	Mineralstofffe mg	Natrium mg	Kalium mg	Calcium mg	Eisen µg
Schwein, Bratenfleisch	67.282	908	72	277	9	1.725
Rind, Bratenfleisch	67.659	945	48	274	4	2.165
Schwein/Rind, Hackfleisch	62.773	1.018	52	320	4	1.305
Frankfurter Würstchen	56.062	3.240	989	255	12	860
Leberwurst, fein	47.025	2.960	814	215	14	7.362
Putenbrust, frisch	73.710	1.200	46	330	13	1.000
Forelle, frisch Fischzuschnitt	74.770	1.320	63	413	12	690
Aal, geräuchert	57.733	932	68	180	19	562
Hühnerei, Vollei	74.099	1.101	144	147	56	2.100
Kuhmilch, Trinkmilch fettarm	89.160	730	50	150	120	50
Schlagsahne	63.800	500	30	100	80	110
Butter	15.320	110	5	16	13	90
Margarine	19.000	400	101	7	10	60
Joghurt, teilentrahmt	89.450	750	50	160	130	50
Emmentaler Käse	36.921	3.879	300	100	1.100	300
Camembert	52.032	3.898	700	150	500	300
Weißbrot/Weizenbrot	37.863	1.782	517	124	18	1.570
Graubrot/Roggenbrot	41.641	1.881	441	218	19	2.059
Reis	12.900	530	6	103	6	600
Mais	12.271	1.299	6	330	15	1.500
Hafer	12.752	2.848	8	355	80	5.800
Kartoffeln, geschält frisch	79.159	1.020	3	411	6	403
Mohrrübe (Karotte), frisch	89.266	860	60	290	41	2.100
Blattspinat, frisch	91.792	1.508	65	633	126	4.100
Blattkohl, frisch	94.371	649	19	144	40	600
Tomaten, frisch	94.291	609	6	242	14	500
Erbsen grün, frisch	74.470	920	2	304	24	1.840
Bohnen grün, frisch	88.651	719	2	248	57	830
Champignon, frisch	93.280	1.020	8	422	11	1.186
Apfel, frisch	85.070	300	3	144	7	480
Pfirsich, frisch	86.880	450	1	176	7	480
Orange, frisch	85.701	480	1	177	42	400
Zitrone, frisch	83.896	500	3	149	11	450
Honig	24.324	220	7	47	5	1.300
Milchschokolade	1.401	2.199	58	471	214	2.300
Gummibonbons	51.402	2.098	60	360	360	4.200

Tabelle 2.1.15   Inhaltsstoffe ausgewählter Nahrungsmittel: Vitamingehalt

Die Angaben sind jeweils auf 100 Gramm der angegebenen Lebensmittel bezogen und entsprechen dem Bundeslebensmittelschlüssel (BLS).

Bundesforschungsanstalt für Ernährung und Lebensmittel 2005; www.symplygoing.de

	Vitamin A µg	Vitamin B1 µg	Vitamin B6 µg	Vitamin B12 µg	Vitamin C µg	Vitamin D µg	Vitamin E µg
Schwein, Bratenfleisch	6	852	537	1	–	–	428
Rind, Bratenfleisch	3	85	169	4	–	–	427
Schwein/Rind, Hackfl.	1	47	460	–	–	–	900
Frankfurter Würstchen	4	576	353	1	22.922	–	286
Leberwurst, fein	5.305	420	452	14	23.401	–	382
Putenbrust, frisch	1	47	460	–	–	–	900
Forelle, frisch	19	84	230	5	3.600	18	1.669
Aal, geräuchert	702	149	216	1	1.190	22	7.931
Hühnerei, Vollei	278	100	120	2	–	2	2.022
Trinkmilch, fettarm	14	40	50	–	1.000	–	37
Schlagsahne	360	30	30	–	1.000	1	900
Butter	653	5	5	–	200	1	2.022
Margarine	608	7	3	–	100	2	16.000
Joghurt, teilentrahmt	22	30	45	–	1.000	–	40
Emmentaler Käse	343	50	90	2	–	–	534
Camembert	362	45	220	1	1	–	500
Weißbrot/Weizenbrot	4	99	126	–	1	–	344
Graubrot/Roggenbrot	–	158	189	–	–	–	553
Reis	–	60	150	–	–	–	184
Mais	185	360	400	–	–	–	2.014
Hafer	–	520	960	–	–	–	841
Kartoffeln, geschält frisch	1	110	307	–	17.000	–	53
Mohrrübe (Karotte), frisch	1.574	69	93	–	7.000	–	465
Blattspinat, frisch	781	110	220	–	52.000	–	1.367
Blattkohl, frisch	71	30	110	–	26.000	–	240
Tomaten, frisch	84	57	100	–	24.543	–	813
Erbsen grün, frisch	72	300	160	–	25.000	–	257
Bohnen grün, frisch	56	81	280	–	20.000	–	132
Champignon, frisch	2	100	65	–	4.900	1	116
Apfel, frisch	8	30	50	–	12.000	–	490
Pfirsich, frisch	73	27	25	–	10.000	–	965
Orange, frisch	15	79	50	–	50.000	–	240
Zitrone, frisch	3	51	60	–	53.000	–	400
Honig	–	3	159	–	2.400	–	–
Milchschokolade	59	110	110	–	–	–	250
Gummibonbons	–	–	–	–	–	–	–

Tabelle 2.1.16 Die Menge ausgewählter Nahrungsmittel mit vergleichbarem Energiegehalt

Wie viel von einem Nahrungsmittel muss bei vorgegebenen Energiewerten gegessen werden?

Holtmeier 1986

Energie	Nahrungsmittelgruppen und Sorten	Menge in g	Eiweiß in g	Fett in g	Vitamin C in mg
25–35 kcal = 105–145 kJ	Gemüse				
	Gurken	250	3,3	–	3,0
	Tomaten	200	6,6	–	48,0
	Kopfsalat	200	4,0	–	26,0
	Spargel	150	4,4	–	32,0
30–40 kcal = 125–165 kJ	Sahne und Kondensmilch				
	Sahne, 10 % Fett	30	0,9	3,2	–
	Kondensmilch, 4 % Fett	30	2,4	1,2	–
	Kondensmilch, 7,5 % Fett	25	1,6	1,9	–
	Sahne, 30 % Fett	10	0,2	3,2	–
30–50 kcal = 125–210 kJ	Gemüse				
	Spinat	200	6,9	–	104,0
	Kohlrabi	150	6,7	–	80,0
	Blumenkohl	150	5,9	–	105,0
	Rotkohl	150	11,9	–	100,0

		Menge in g	Eiweiß in g	Fett in g	Kohlenhydrate in g
	Partyhappen				
35–50 kcal = 145–210 kJ	Salzgurken	250	2,0	–	7,0
	Mixed Pickles	100	–	–	8,0
	Oliven	30	–	4,0	1,0
	Erdnüsse, geröstet	6	2,0	3,0	1,0
40–50 kcal = 165–210 kJ	Pilze				
	Champignons	200	6,0	–	10,0
	Pfifferlinge	200	6,0	–	12,0
	Steinpilze	150	7,3	–	5,0

		Menge in g	Alkohol in g	Fett in g	Kohlenhydrate in g
	Alkoholische Getränke				
50–70 kcal = 210–290 kJ	Whisky (schottisch)	20	7,0	–	–
	Cognac (Durchschnitt)	20	7,0	–	–
	Liköre (Durchschnitt)	20	5,0	–	6,0
	Obstwässer (Durchschnitt)	20	10,0	–	–
50–70 kcal = 210–290 kJ	Alkoholfreie Getränke				
	Tomatensaft	300	–	–	11,7
	Apfelsaft	150	–	–	17,4
	Cola (Koffein: 17,7 mg)	150	–	–	16,5

Fortsetzung nächste Seite

Fortsetzung Tabelle 2.1.16   Die Menge ausgewählter Nahrungsmittel mit vergleichbarem Energiegehalt

Energie	Nahrungsmittelgruppen und Sorten	Menge in g	Kohlenh. in g	Fett in g	Eiweiß in g	Vitamin C in mg
50–70 kcal = 210–290 kJ	Süßigkeiten, Schokolade Eiscreme Konfitüre (Durchschnitt) Bonbons (Durchschnitt) Vollmilchschokolade Pralinen (mit Alkohol)	30 20 15 10 8	6,1 14,0 14,1 5,5 2,0	3,5 – – 3,3 2,0	– – – – –	– – – – –
50–75 kcal 210–315 kJ	Gemüse Möhren (Karotten) Broccoli Grüne Bohnen Artischocken Erbsen, grün	200 200 200 100 75	14,5 8,8 10,0 12,2 9,5	– – – – –	– – – – –	11 228 39 8 19
50–75 kcal = 210–315 kJ	Meeresfrüchte u.a. Miesmuscheln Weinbergschnecken Froschschenkel Austern Hummer	100 100 100 75 75	– – – – –	3,9 0,8 0,3 0,9 –	9,8 15,0 16,5 6,8 11,9	– – – – –
60–80 kcal = 250–330 kJ	Exotische Früchte Mango Kiwi Litchi Feigen Avocado	125 125 100 100 30	18,8 13,8 16,0 18,0 –	– – – – 6,0	– – – – –	81 375 30 5 6
80–100 kcal = 330–420 kJ	Frisches Obst Erdbeeren Orangen Äpfel Weintrauben Bananen	250 175 150 125 100	18,7 21,0 18,9 21,0 23,3	– – – – –	– – – – –	160 88 18 5 12
80–100 kcal = 335–420 kJ	Käsesorten Magerquark Speisequark, 40 % F.i.Tr. Camembert, 30 % F.i.Tr. Schmelzkäse, 45 % F.i.Tr. Emmentaler, 45 % F.i.Tr. Roquefort	120 55 40 30 20 20	– – – – – –	0,3 6,7 5,3 7,1 6,1 7,0	16,2 6 6 8,8 4,3 5,5 4,6	– – – – – –

Fortsetzung nächste Seite

Fortsetzung Tabelle 2.1.16 Die Menge ausgewählter Nahrungsmittel mit vergleichbarem Energiegehalt

Energie	Nahrungsmittelgruppen und Sorten	Menge in g	Fette in g	Essent. Fettsäuren in g	Cholesterin in mg
70–90 kcal = 290–375 kJ	Fette				
	Mayonnaise, 50 % F.	15	8	4,6	12
	Butter	10	8	0,2	28
	Schweineschmalz	8	8	0,8	8
	Mayonnaise, 80 % F.	10	8	4,9	14
	Sonnenblumenöl	8	8	5,1	–
	Olivenöl	8	8	0,6	–

		Menge in g	Fette in g	Kohlenhydrate in g	
80–100 kcal = 335–420 kJ	Trockenobst				
	Äpfel	30	–	19,4	
	Aprikosen	30	–	21,1	
	Feigen	30	–	18,5	
	Pflaumen	30	–	20,8	
	Rosinen	30	–	19,3	

		Menge in g	Fette in g	Kohlenhydrate in g	Alkohol in g
80–100 kcal = 335–420 kJ	Alkoholische Getränke				
	Apfelwein	200	–	–	10,0
	Bier	200	–	–	5,2
	Weißwein	125	–	–	10,5
	Rotwein	125	–	–	9,8
	Sekt	100	–	–	8,9
	Erdbeerbowle	80	–	–	4,0

		Menge in g	Eiweiß in g	Kohlenhydrate in g	Vitamin B1 in mg
120–140 kcal = 500–585 kJ	Brot und Backwaren				
	Käsekuchen, einfach	70	7,1	16,3	0,04
	Obstkuchen, einfach	60	3,1	24,9	0,04
	Roggenvollkornbrot	50	3,7	23,2	0,09
	Brötchen	50	3,4	28,8	0,04
	Weißbrot	50	4,1	25,0	0,04
	Hefegebäck	40	3,2	21,0	0,04
	Knäckebrot	35	3,5	27,0	0,07
	Zwieback	30	3,0	22,7	0,03
	Kekse, trocken	30	4,4	21,0	–
	Biskuitplätzchen	30	2,6	24,5	–

Tabelle 2.1.17 Verbrauch von Nahrungsmitteln in Deutschland 1995–2004

Seit 1995 wird eine geänderte Berechnungsmethodik angewendet und ab 2002/2003 wird nur nach Marktobstbau erfasst. Vorjahreszahlen sind deshalb nicht voll vergleichbar.

Statistisches Taschenbuch Gesundheit 2005, Bundesministerium für Gesundheit 2006; www.bmg.bund.de

Pflanzliche Erzeugnisse	Verbrauch in kg je Einwohner und Jahr					
	1995/96	1997/98	2000/01	2001/02	2002/03	2003/04
Getreide insgesamt	74,6	74,9	76,0	83,7	88,3	89,3
Mehl	67,4	68,1	68,3	74,0	77,0	77,1
sonst. Getreideerzeugnisse	7,2	6,8	7,7	9,7	11,3	12,2
Reis	2,5	3,0	3,7	3,3	3,9	3,7
Hülsenfrüchte	0,9	1,5	1,2	0,7	0,6	0,7
Kartoffeln, Kartoffelstärke	73,4	73,2	70,8	69,1	67,7	67,4
Zucker, Honig, Kakao	34,8	35,6	39,0	38,0	39,1	39,9
Gemüse	86,7	87,7	94,0	95,4	94,7	93,3
Obst, Trockenobst	89,3	90,9	113,3	100,3	79,6	82,5
Zitrusfrüchte	29,8	31,5	40,1	42,8	41,1	41,1
Schalenfrüchte (z.B. Nüsse)	3,5	3,5	3,9	3,8	3,7	3,3
Tierische Erzeugnisse Öle und Fette	Verbrauch in kg je Einwohner und Jahr					
	1995/96	1997/98	2000/01	2001/02	2002/03	2003/04
Fleischerzeugnisse insgesamt	92,0	90,0	90,7	87,9	88,2	90,8
Rind-, Kalbfleisch	16,6	14,5	14,0	9,9	12,0	12,8
Schweinefleisch	54,9	53,8	54,2	54,0	54,0	55,1
Schaf-, Ziegenfleisch	1,1	1,1	1,2	1,1	1,0	1,0
Pferdefleisch	0,1	0,1	0,1	0,1	0,1	0,1
Innereien	4,5	4,3	3,8	3,0	2,5	2,3
Geflügelfleisch	13,4	14,8	16,0	18,2	17,2	18,2
Wild, Kaninchen, u.a.	1,4	1,4	1,4	1,6	1,4	1,4
Fische u. Fischerzeugnisse	13,5	13,0	13,7	15,3	14,0	14,4
Frischmilcherzeugnisse	91,0	87,7	89,9	90,9	90,9	96,0
Sahne und Kondensmilch	12,9	12,8	12,9	13,2	12,7	11,9
Milchpulver	1,7	2,0	1,8	1,6	2,4	1,7
Ziegenmilch	0,1	0,1	0,1	0,1	0,1	0,1
Käse	19,8	20,4	21,2	21,5	21,7	21,7
Öle und Fette insgesamt	28,4	29,7	29,7	27,5	27,6	27,7
Tierische Fette	11,2	11,1	10,8	10,6	10,6	10,8
Pflanzliche Fette	17,2	18,6	18,9	16,9	17,0	17,0
Eier und Eiererzeugnisse	13,7	14,0	13,8	13,6	13,5	13,1

Tabelle 2.1.18 Verbrauch von Gemüse und Zitrusfrüchten in Deutschland 1995–2004

Seit 1995 wird eine geänderte Berechnungsmethodik angewendet und ab 2002/2003 wird nur nach Marktobstbau erfasst. Vorjahreszahlen sind deshalb nicht voll vergleichbar.

Statistisches Taschenbuch Gesundheit 2005, Bundesministerium für Gesundheit 2006; www.bmg.bund.de

Gemüsearten	Verbrauch in kg je Einwohner und Jahr					
	1995/96	1997/98	2000/01	2001/02	2002/03	2003/04
Weißkohl, Rotkohl	6,1	5,8	5,7	5,2	4,5	5,5
Wirsingkohl	2,7	2,8	2,7	2,2	2,3	2,2
Grünkohl, Blumenkohl	2,8	2,9	2,4	2,0	2,3	2,5
Rosenkohl	0,4	0,5	0,5	0,4	0,4	0,5
Möhren, Karotten, Rote Rüben	5,6	5,4	6,6	6,6	6,5	6,6
Sellerie	0,6	0,6	0,7	0,6	0,6	0,6
Porree	1,1	1,2	1,1	1,1	1,0	1,0
Spinat	0,8	1,1	0,8	0,9	0,9	0,9
Spargel	1,3	1,3	1,4	1,4	1,4	1,4
Erbsen	1,2	1,1	1,2	1,5	1,3	1,2
Bohnen	2,3	2,1	2,0	2,3	2,0	1,9
Kopfsalat	2,8	2,6	2,3	2,0	2,0	1,8
Speisezwiebeln	6,3	5,4	6,5	6,6	6,3	6,0
Tomaten	17,0	17,3	19,1	19,6	21,1	19,9
Gurken	6,7	6,3	6,0	6,0	6,5	6,4
Champignons	2,1	1,9	2,2	2,4	2,2	2,3
Sonstige Gemüse	17,5	19,8	22,5	24,5	23,5	23,2
Gemüse über den Markt	77,3	78,1	83,7	85,4	84,9	83,9
Gemüse Selbstversorger	9,4	9,6	10,3	10,0	9,8	9,4
Gemüse insgesamt	86,7	87,7	94,0	95,4	94,7	93,3

Zitrusfrüchte	Verbrauch in kg je Einwohner und Jahr					
	1995/96	1997/98	2000/01	2001/02	2002/03	2003/04
Apfelsinen	6,7	6,4	7,0	6,0	6,5	6,8
Clementinen u.a.	4,9	5,2	4,2	3,6	4,2	3,7
Zitronen	1,6	1,5	1,6	1,7	1,6	1,6
Pampelmusen u.a.	1,2	1,0	1,1	1,0	1,0	0,9
Zitrusfrüchte insgesamt	14,4	14,1	13,9	12,3	13,3	13,0
Eingeführte Zitruserzeugnisse.	15,4	17,4	26,2	30,5	27,8	28,1
Insgesamt	29,8	31,5	40,1	42,8	41,1	41,1

Tabelle 2.1.19 Verbrauch von Getränken in Deutschland 1995–2004

Reiner Alkohol unter Zugrundelegung von 4 % Alkohol bei Bier, 10 % bei Wein und Schaumwein sowie 33 % bei Spirituosen.
Trinkwein einschließlich Wermut- und Kräuterwein; Schaumwein wurde aus der Verbrauchssteuerstatistik errechnet.
Mineralwasser einschließlich Quell-, Tafel- und aromatisierte Wasser. Erfrischungsgetränke ohne Getränke aus Konzentrat, Sirup und Getränkepulver, einschließlich Teegetränke.
Fruchtsäfte einschließlich Fruchtnektar und Gemüsesäfte; bei anderen Säften Schwarze Johannisbeere, Sauerkirsche und sonstige Multisäfte/Nektar.
Bohnenkaffee unter Zugrundelegung von 35 Gramm Röstkaffee pro Liter.
Schwarzer Tee einschließlich Grüntee (9 Gramm Tee pro Liter).
Milch einschließlich Konsummilch, Buttermilch, Sauermilch und Milchmischgetränke.

Statistisches Taschenbuch Gesundheit 2005, Bundesministerium für Gesundheit 2006; www.bmg.bund.de

Getränke	Verbrauch in kg je Einwohner und Jahr					
	1995/96	1997/98	2000/01	2001/02	2002/03	2003/04
Alkoholgetränke	165,0	160,6	155,7	152,9	152,1	147,3
Bier	135,9	131,3	125,7	123,0	121,9	117,0
Trinkwein	17,8	18,3	20,1	20,2	20,4	20,2
Schaumwein	4,8	4,9	4,1	4,2	3,9	3,8
Spirituosen	6,5	6,1	5,8	5,8	5,9	5,9
Reiner Alkohol	9,6	9,4	9,1	9,0	9,0	8,9
Alkoholfreie Getränke	230,6	239,9	253,1	261,5	271,7	291,4
Mineralwasser	98,1	100,0	106,8	114,0	118,5	135,0
Erfrischungsgetränke	91,8	98,7	105,7	107,0	112,8	115,0
Fruchtsäfte	40,7	41,2	40,6	40,5	40,4	42,0
Apfelsaft	11,8	12,2	12,1	12,1	12,2	13,1
Orangensaft	9,8	10,2	9,5	9,5	9,5	9,7
Traubensaft	1,2	1,3	1,3	1,3	1,3	1,3
Gemüsesaft	0,9	0,9	1,0	1,0	1,0	1,0
Zitrusnektar	8,6	8,3	7,8	7,7	7,7	7,8
andere Säfte	8,4	8,3	8,9	8,9	8,7	9,1
Sonstige Getränke	272,7	288,8	335,9	336,8	334,7	337,2
Bohnenkaffee	164,6	160,0	158,9	159,0	156,1	153,5
Kaffeemittel	4,2	3,4	3,0	3,0	3,1	–
Schwarzer Tee	–	24,8	26,7	26,2	26,2	26,0
Kräuter-/Früchtetee	–	–	44,5	44,6	45,8	49,8
Milch	91,0	87,8	89,9	90,6	90,9	96,0
Kondensmilch	5,4	5,0	5,1	5,4	5,1	4,5
Sahne	7,5	7,8	7,8	8,0	7,5	7,4
Insgesamt	668,3	689,3	744,7	751,2	758,5	775,9

Tabelle 2.1.20 Aufwendungen für Nahrungsmittel, Getränke und Tabakwaren je Haushalt und Monat in Deutschland 1993 und 1998 im Vergleich

Ohne Haushalte mit einem Nettoeinkommen von 17.895 € und mehr und ohne Personen in Anstalten und Gemeinschaftsunterkünften.

Die Daten sind in Einkommens- und Verbrauchsstichproben erhoben worden. Die Ergebnisse von 1993 sind an die Systematik der Erhebung von 1998 angepasst. Neuere Daten aus der Erhebung 2003 lagen 2006 noch nicht vor.

Statistisches Taschenbuch Gesundheit 2005, Bundesministerium für Gesundheit 2006; www.bmg.bund.de

	Aufwendungen je Haushalt und Monat in €					
	Deutschland		Früheres Bundesgebiet		Neue Länder und Berlin-Ost	
	1993	1998	1993	1998	1993	1998
Nahrungsmittel, Getränke u. Tabakwaren	282,4	262,0	288,5	264,8	268,6	251,1
Nahrungsmittel u. alkoholfreie Getränke	232,3	222,7	237,2	224,8	215,1	213,5
Nahrungsmittel	202,0	194,6	206,1	196,2	188,0	186,4
Brot- u. Getreideerzeugn.	35,4	36,4	36,7	37,3	30,5	32,1
Fleisch u. Fleischwaren	55,6	49,7	56,4	49,1	54,5	50,4
Fischwaren	8,4	5,9	8,6	6,1	7,8	5,5
Molkereiprodukte u. Eier	30,8	30,5	31,9	31,6	26,5	27,0
Speisefette u. Öle	6,5	6,5	6,4	6,3	7,3	7,3
Obst	18,9	19,1	19,0	18,8	18,8	20,1
Gemüse, Kartoffeln	19,1	22,3	19,5	22,6	17,0	21,3
Zucker, Konfitüre, Schokolade und Süßwaren	19,6	15,9	19,7	16,0	19,1	15,4
Sonstige Nahrungsmittel	7,8	8,2	8,1	8,5	6,5	7,1
Alkoholfreie Getränke	30,2	28,2	31,1	28,6	27,1	27,1
Kaffee, Tee, Kakao	12,1	10,6	12,4	10,7	11,5	10,9
Tabakwaren	18,1	17,6	18,7	17,9	15,6	16,2
Alkoholische Getränke und Tabakwaren	50,2	39,3	51,3	40,0	53,5	37,6
Alkoholische Getränke	32,7	24,9	32,9	24,6	40,0	25,9
Tabakwaren	17,4	14,4	18,5	15,4	13,5	11,7
Verzehr von Speisen und Getränken außer Haus, warme Fertiggerichte	77,6	83,2	83,8	86,7	57,8	64,0
Erfasste Haushalte (Anzahl)	16.148	12.939	13.129	10.257	3.019	2.682
Hochgerechnete Haushalte x 1.000	35.563	36.725	28.886	29.908	6.657	6.817

2.2 Kreislauferkrankungen und Sport

Tabelle 2.2.1 Daten im Überblick

Die Todesursachenstatistik umfasst alle im Berichtsjahr Gestorbenen ohne die Totgeborenen, die nachträglich beurkundeten Kriegssterbefälle und die gerichtlichen Todeserklärungen.
Der Vergleich der Todesursachen wurde nach der ICD-Klassifikation durchgeführt.
Erläuterungen siehe Tabellen 2.2.2 und 2.2.8

Statistisches Bundesamt 2006; Focus 38/1995; Deutsches Grünes Kreuz 2005, www.dgk.de

Kreislauferkrankungen 2004	
Anteil von Kreislauferkrankungen als Todesursache bei allen Gestorbenen (fast jeder zweite Sterbefall)	45 %
Anteil von über 65 Jährigen an den Gestorbenen mit Todesursache Kreislauferkrankungen	90 %
Sterbefälle auf Grund von Kreislauferkrankungen 2004 in Deutschland	368.472
Männer	152.468
Frauen	216.004
davon mit der häufigsten Diagnose ischämische Herzkrankheiten	178.650
Männer	84.591
Frauen	94.059
davon Krankheiten des Hirnblutsystems (zerebrovaskulär)	68.498
Männer	25.170
Frauen	43.328
davon Akuter Myokardinfarkt	61.736
Männer	33.348
Frauen	28.388

Beurteilung von Sportarten (Note 0 = schlecht, Note 5 = gut)	
Beurteilung von Sportarten nach der Gesundheit	
höchste Bewertung: Rudern / Triathlon und Fünfkampf	Note 3,2/2,9
niedrigste Bewertung: Bungee-Jumping und Segelfliegen	Note 0,2
Beurteilung von Sportarten nach der Fitness	
höchste Bewertung: Leichtathletik 5-Kampf und Squash	Note 3,8
niedrigste Bewertung: Bungee-Jumping / Segelfliegen	Note 0,7/0,9
Beurteilung von Sportarten nach der Schnelligkeit	
höchste Bewertung: Basketball, Squash, Volleyball, Karate/Teakwondo	Note 5,0
niedrigste Bewertung: Eisstockschießen, Bungee-Jumping, Paragliding, Drachenfliegen, Segelfliegen	Note 0

Tabelle 2.2.2 Ausgewählte Krankheiten des Kreislaufsystems, Sterbefälle je 100.000 Einwohner in Deutschland 1990–2005

Die Daten des Bundes-Gesundheitssurveys 1998 erlauben Aussagen über die Verbreitung von Herz-Kreislauf-Risikofaktoren in der erwachsenen deutschen Wohnbevölkerung.
- Ein Drittel der Männer/Frauen haben einen höheren Cholesterinwert als 250 mg/100 ml.
- Fast jede/jeder Fünfte ist schwer übergewichtig (Body-Mass-Index > 30 kg/m^2).
- 18 % der Männer/Frauen leiden unter "mittelschwerem" bis "schwerem" Bluthochdruck.
- 20 % der 20- bis 49-jährigen Männer rauchen ≥ 20 Zigaretten pro Tag.
- Nur ein Drittel aller 18- bis 79-Jährigen haben keinen der Risikofaktoren;
- Etwa 40 % weisen einen Risikofaktor auf, ca. 20 % zwei Risikofaktoren.

Die Verbreitung der Risikofaktoren zeigt eine starke Abhängigkeit von der sozialen Schicht, zu der die Erfassten gehören.

In der Tabelle sind bei Krankheiten der Arterien auch Krankheiten der Arteriolen und der Kapillaren eingeschlossen.

Unter Krankheiten des Hirnblutsystems werden Krankheiten des zerebrovaskulären Systems verstanden.

Daten des Gesundheitswesens 1999; Todesursachen in Deutschland, Statistisches Bundesamt 2005; www.destatis.de

Jahr	Insgesamt	Bluthochdruck	Herzkrankheiten	Akuter Herzinfarkt	Lungenembolie	Krankheiten d.Hirnblutsyst.	Krankheiten der Arterien	Arterienverkalkung
1990								
männl.	503,8	17,7	221,9	127,6	6,0	98,9	47,3	34,7
weibl.	657,5	34,2	209,7	89,5	8,7	165,1	72,6	62,4
insges.	583,4	26,2	215,6	107,9	7,4	133,1	60,4	49,0
1995								
männl.	449,3	10,7	221,2	123,1	6,1	91,2	26,5	14,2
weibl.	598,4	22,2	227,7	92,6	9,0	154,6	38,7	28,3
insges.	525,8	16,6	224,6	107,4	7,6	123,7	32,8	21,5
1997								
männl.	428,8	11,5	211,4	114,1	5,9	83,9	24,6	12,8
weibl.	581,1	24,9	223,6	88,6	8,5	142,9	36,5	26,3
insges.	506,9	18,4	217,7	101,0	7,2	114,1	30,7	19,7
2004								
männl.	377,9	19,8	181,7	82,6	–	62,4	–	22,6
weibl.	512,5	42,2	188,3	67,3	–	102,8	–	30,8
insges.	446,6	31,3	185,0	74,8	–	83,0	–	26,8

Tabelle 2.2.3 Ausgewählte Krankheiten des Kreislaufsystems, Sterbefälle je 100.000 Einwohner im früheren Bundesgebiet von 1965–1997

Nach dem Bundes-Gesundheitssurvey 1998 haben in der Bevölkerung (18-79 Jahre) 15,5 % der Männer und 17,3 % der Frauen jemals im Laufe ihres Lebens einen Schlaganfall erlitten. Bei Frauen ist ein starker Anstieg ab 60 Jahren, bei Männern ab 50 Jahren zu beobachten. Krankheiten der Arterien einschließlich Arteriolen und Kapillaren; Krankheiten des Hirnblutsystems sind solche des zerebrovaskulären Systems.

Daten des Gesundheitswesens 1999; Statistisches Bundesamt 2005; www.destatis.de

Jahr	Früheres Bundesgebiet (Sterbefälle je 100.000 Einwohner)							
	Insgesamt	Bluthochdruck	Herzkrankheiten	Akuter Herzinfarkt	Lungenembolie	Krankheiten d.Hirnblutsyst.	Krankheiten der Arterien	Arterienverkalkung
1965								
männl.	504,3	15,4	168,0	–	2,3	165,3	33,2	26,4
weibl.	476,2	26,0	81,2	–	2,6	198,1	34,7	29,1
insges.	489,6	21,0	122,5	–	2,5	182,5	34,0	27,8
1970								
männl.	531,6	14,5	214,7	148,6	3,1	155,5	28,6	15,8
weibl.	536,9	26,2	137,1	71,8	3,9	194,6	30,3	20,0
insges.	534,4	20,6	174,0	108,3	3,5	176,0	29,5	18,0
1980								
männl.	556,4	15,5	246,1	174,9	4,3	136,9	29,1	18,0
weibl.	609,1	30,3	177,6	101,7	5,4	193,0	33,4	25,9
insges.	583,9	23,3	210,4	136,7	4,9	166,2	31,3	22,1
1990								
männl.	476,9	8,7	223,8	136,8	5,6	99,6	30,6	16,3
weibl.	615,3	19,1	210,2	98,9	8,5	164,6	43,0	31,3
insges.	548,4	14,1	216,8	117,2	7,1	133,2	37,0	24,0
1993								
männl.	445,7	9,9	211,4	121,3	5,3	89,3	28,8	15,6
weibl.	593,5	21,5	206,8	90,4	7,7	152,2	42,2	31,1
insges.	521,4	15,8	209,0	105,5	6,5	121,5	35,7	23,5
1995								
männl.	419,7	11,1	200,3	109,3	5,9	80,2	24,3	11,5
weibl.	562,1	24,1	203,9	85,9	8,7	133,4	34,8	23,5
insges.	492,7	17,7	202,2	97,3	7,3	107,5	29,7	17,7
1997								
männl.	420,0	11,1	200,3	109,3	5,9	80,2	24,3	11,5
weibl.	562,6	24,1	203,9	85,9	8,7	133,4	34,8	23,5
insges.	493,1	17,8	202,2	97,3	7,3	107,5	29,7	17,7

Tabelle 2.2.4 Ausgewählte Krankheiten des Kreislaufsystems im internationalen Vergleich zu Deutschland

Im Bundes-Gesundheitssurvey 1998 wurde untersucht, wie viele Patienten als Hypertoniker (Blutdruck > 160/95 mmHg und antihypertensive Therapie) im internationalen Vergleich behandelt werden müssen.

Bei den erfassten Daten ist jedoch zu berücksichtigen, dass die Erhebungsmethoden in den verschiedenen Ländern zum Tei variieren. Grundlage der Erhebungen ist die internationale Klassifikation der Krankheiten ICD-10.

Verglichen wurden 5 europäische Länder (Deutschland, England, Italien, Schweden und Spanien) und 2 nordamerikanischen Länder (USA und Kanada).

Von den 35- bis 64-Jährigen galten bei einem Grenzwert von 160/95 mmHg als Hypertoniker: in den USA 66 %, in Kanada 49 % und in Europa 23 % – 38 %, in Deutschland 25 %).

Krankheiten des Hirnblutsystems (zerebrovaskuläres System) betreffen die Blutgefäße des Gehirns und damit auch die Durchblutung.

Daten des Gesundheitswesens 1999; Statistisches Bundesamt 2005; www.destatis.de

Land	Bezugsjahr	Sterbefälle je 100.000 Einwohner				
		Krankheiten des Kreislaufsystems	Herz-Krankheiten	Bluthochdruck	Akuter Herzinfarkt	Krankheiten des Hirnblutsystems
Belgien	1992	384,3	110,8	5,6	77,6	98,9
Dänemark	1995	477,2	242,7	6,6	117,1	106,1
Deutschland	1997	506,9	217,7	18,4	101,0	114,1
Finnland	1995	459,8	267,7	7,0	166,4	121,3
Frankreich	1994	289,6	80,2	10,2	49,3	75,0
Griechenland	1995	491,5	121,4	10,0	88,1	182,0
Großbritannien und Nordirland	1995	477,7	263,3	5,7	148,7	119,5
Irland	1993	412,4	227,1	5,0	168,1	88,0
Italien	1993	422,9	129,2	28,6	68,2	130,1
Luxemburg	1994	377,9	115,5	12,3	44,7	118,4
Niederlande	1994	336,5	133,9	5,0	101,3	80,2
Österreich	1995	540,0	211,6	15,8	105,7	122,5
Portugal	1994	443,4	92,6	7,7	68,4	238,8
Schweden	1995	527,9	273,0	7,7	165,6	113,2
Spanien	1992	330,6	91,1	9,6	62,8	104,0

Tabelle 2.2.5 Das Risiko, durch einen erhöhten Blutdruck an Herzkranzkrankheiten zu erkranken: Häufigkeit der Blutdruckklassen in der Bevölkerung

Bluthochdruck (Hypertonie) ist eine krankhafte Steigerung des Drucks in den Arterien. Ein idealer Blutdruck liegt bei 120/80 mmHg.

Das Risiko an Bluthochdruck zu erkranken, ist bei Männern mit knapp 30 % höher als bei Frauen (26,9 %) und im Osten von Deutschland jeweils höher als im Westen. Seit 1991 ist ein Anstieg der Häufigkeit im Westen und eine Abnahme im Osten zu beobachten, was offensichtlich zu einer Annäherung der Werte der beiden Regionen führt.

Risikoklassen nach Empfehlungen der Welt-Gesundheits-Organisation (WHO):
- Normal: Systole < 140 mmHg und/oder Diastole < 90 mmHg
- Grenzwertig: Systole < 140 –159 mmHg und/oder Diastole < 90 – 94 mmHg
- Bluthochdruck: Systole > 140 mmHg und/oder Diastole > 90 mmHg
- Kontrolliert: Systole < 160 mmHg und Diastole < 95 mmHg sowie Einnahme von Antihypertonika (Arzneimittel zur Senkung eines pathologisch erhöhten Blutdrucks)

Repräsentative Stichproben des Nationalen Gesundheits-Surveys von 1998 in Deutschland.
Daten des Gesundheitswesens 1999; Statistisches Bundesamt 2005; www.destatis.de

	Zahl der Stichproben	Häufigkeit in % der Stichproben 1998			
		Normaler Blutdruck	Grenzwertiger Blutdruck	Bluthochdruck	Kontrollierter Bluthochdruck
Gesamt:					
Insgesamt	7.100	53,9	15,9	22,9	7,3
Männer	3.455	49,7	19,5	24,5	6,3
Frauen	3.645	57,9	12,5	21,5	8,1
Männer:					
18–19 Jahre	98	84,5	14,9	0,0	0,6
20–29 Jahre	558	76,5	18,5	4,4	0,6
30–39 Jahre	792	64,8	18,4	15,2	1,6
40–49 Jahre	649	52,5	19,5	26,3	1,7
50–59 Jahre	596	32,5	2,5	36,1	8,8
60–69 Jahre	505	22,9	21,1	40,1	15,9
70–79 Jahre	257	16,9	16,2	43,9	23,0
Frauen:					
18–19 Jahre	94	96,2	2,8	0,5	0,5
20–29 Jahre	536	93,1	4,1	2,3	0,5
30–39 Jahre	763	83,8	7,8	7,1	1,3
40–49 Jahre	632	66,6	12,9	15,7	4,8
50–59 Jahre	607	42,3	19,1	29,7	8,9
60–69 Jahre	560	22,4	20,1	41,4	16,1
70–79 Jahre	453	17,7	13,2	45,1	24,0

Tabelle 2.2.6 Das Risiko, durch erhöhte Cholesterinwerte an Kreislauferkrankungen zu erkranken: Gesamtserumcholesterinspiegel und HDL-Cholesterin, Risikoklassen

Obwohl die Grenzwerte der Hypercholesterinämie unter Experten heftig diskutiert werden, sind erhöhte Cholesterinwerte als Risikofaktor für Herz-Kreislauf-Krankheiten unumstritten. Die unten angegebenen Empfehlungen der europäischen Gesellschaften für Kardiologie, Artheriosklerose und Hypertonie können als Richtwerte nur dann praxisgerecht sein, wenn das Gesamtrisikoprofil eines Patienten einschließlich seiner familiären Belastung bei der Risikobeurteilung mit einbezogen wird. Es gilt als gesichert, dass hohe HDL-Cholesterinwerte ein vermindertes Risiko anzeigen.

Repräsentative Stichproben (6.737 Fälle) des Nationalen Gesundheits-Survey 1998.
Risikoklassen (Empfehlungen der European Atherosclerosis Society, EAS).

Normal:	Gesamt-Chol.:< 200 mg/dl	HDL-Chol.:> 35 mg/dl
Risikoverdächtig:	Gesamt-Chol.: 200 bis 250 mg/dl	HDL-Chol.:≥ 35 mg/dl
Erhöhtes Risiko:	Gesamt-Chol.: ≥ 250 mg/dl	HDL-Chol.:
Stark erhöhtes Risiko:	Gesamt-Chol.: ≥ 300 mg/dl	HDL-Chol.:

Daten des Gesundheitswesens 1999; Statistisches Bundesamt 2005; www.destatis.de

	Häufigkeit in % der Bevölkerung 1998					
	Gesamtcholesterin				HDL-Cholesterin	
	Normal	Risikoverdächtig	Erhöhtes Risiko	Stark erh. Risiko	Normal	Risikoverdächtig
Gesamt						
Insgesamt	26,2	40,2	24,8	8,8	90,4	9,6
Männer	27,4	40,4	23,9	8,3	84,1	15,9
Frauen	25,1	40,0	25,7	9,2	96,4	3,6
Männer						
18–19 Jahre	84,0	15,2	0,8	0,0	81,5	18,5
20–29 Jahre	58,5	32,2	7,6	1,7	84,6	15,4
30–39 Jahre	29,9	45,0	19,9	5,2	84,6	15,4
40–49 Jahre	16,3	42,7	29,5	11,5	82,7	17,3
50–59 Jahre	14,3	42,7	33,2	9,8	84,9	15,1
60–69 Jahre	13,1	42,6	31,5	12,8	86,2	13,8
70–79 Jahre	19,2	36,3	29,8	14,7	79,3	20,7
Frauen						
18–19 Jahre	73,6	21,0	5,4	0,0	91,3	8,7
20–29 Jahre	46,6	41,4	11,3	0,7	98,1	1,9
30–39 Jahre	38,5	46,3	11,8	3,4	94,9	5,1
40–49 Jahre	26,0	47,9	21,6	4,5	97,4	2,6
50–59 Jahre	10,1	39,0	37,6	13,3	97,7	2,3
60–69 Jahre	5,8	29,4	43,4	21,4	97,5	2,5
70–79 Jahre	9,1	34,4	38,9	17,6	93,7	6,3

Tabelle 2.2.7 Beurteilung ausgewählter Trendsportarten nach sportmedizinischen Gesichtspunkten

Sport kann Symptome von Krankheiten lindern oder durch die allgemeine Verbesserung der körperlichen Konstitution den Heilungsverlauf begünstigen. Allerdings ist nicht jede Sportart für jeden geeignet. In der Tabelle werden Sportarten unter medizinischen Gesichtspunkten bewertet. Die Sportarten werden in den einzelnen Kategorien mit 0 bis maximal 3 Punkten bewertet.

Trendsportarten im Vergleich; Deutsches Grünes Kreuz 2005; www.dgk.de

	Muskeltraining					Bewegungsanteil		Herz-Kreislauf
	Kraft	Schnelligkeit	Ausdauer	Koordination	Flexibilität	statisch	dynamisch	
Aerobic	1	3	2	2	3	3	2	2
Badminton	3	3	3	3	1	1	3	2
Ballett/Tanz	1	1	3	3	2	3	2	2
Basketball	3	2	2	3	1	2	3	3
Bodybuilding	3	2	3	2	1	3	1	1
Bungee-Jumping	1	1	–	2	1	2	2	1
Eislauf	2	3	2	3	2	2	2	2
Fechten	3	3	2	3	2	2	2	1
Freeclimbing	3	1	3	3	2	3	1	2
Fußball	2	2	2	3	1	2	3	2
Golf	1	2	1	3	1	1	1	1
Gymnastik	1	2	2	3	3	3	1	1/2
Handball	3	3	2	3	1	2	3	2
Inline-Skating	2	2	3	3	1	2	3	3
Joggen	1	2	3	2	1	1	3	3
Judo/Karate	3	3	2	2	3	3	1	1
Kegeln/Bowling	2	2	1	3	1	1	1	1
Klettern	3	2	3	2	2	3	1	2
Mountainbiking	3	2	3	3	1	3	3	2
Paragliding	1	1	2	2	1	3	1	1
Radfahren	2	3	3	3	1	3	3	3
Reiten	2	1	2	3	1	2	1	1
Rudern	3	2	3	2	1	2	3	3
Schwimmen	2	1	3	3	1	2	3	3
Segeln	2	1	2	3	1	3	1	1
Ski alpin	2	2	2	3	1	3	2	1
Ski-Langlauf	3	1	3	2	1	2	3	3
Snowboarding	2	2	3	3	1	3	2	1
Surfen	3	1	3	3	1	2	2	1
Squash	3	3	3	3	1	1	3	2
Tauchen	2	1	1	3	1	2	1	3
Tennis	3	2	3	3	1	1	3	1
Tischtennis	1	2	2	3	2	3	2	2
Turnen	3	3	2	3	3	3	2	2
Volleyball	2	3	2	3	2	1	2	2
Wasserski	3	1	2	3	1	3	1	1

Tabelle 2.2.8 Gesamtbeurteilung ausgewählter Sportarten

Die Angaben beruhen auf Analysen entsprechender Fachliteratur und ergänzenden Untersuchungen am Institut für Sportwissenschaften der Universität in Wien unter der Leitung von Prof. R. Sobotka. Die Sportarten werden in den einzelnen Kategorien mit den Noten 0 = schlecht bis 5 = gut bewertet.
Bei der Note Fitness werden die in der Tabelle 2.2.8 zusammengefassten sportmedizinischen Kriterien berücksichtigt, wobei Ausdauer und Koordination höher gewertet werden als Gelenkigkeit und Schnelligkeit.
Die Note Sicherheit setzt sich aus dem Verletzungsrisiko und der Schwere der auftretenden Verletzungen zusammen, die Note Gesundheit wird aus den Noten für Fitness und Sicherheit mit unterschiedlicher Gewichtung berechnet.
In der Note Umwelt sind die Kriterien aus der Tabelle 2.2.9 zusammengefasst.

Focus 38/1995

		Fitness (1)	Sicherheit (2)	Gesundheit (3)	Umwelt (4)	Gesamt (3+4)
1	Triathlon	3,6	3,3	2,9	4,2	7,1
2	Rudern	3,7	4,0	3,2	3,7	6,9
3	Leichtathletik (Fünfkampf)	3,8	3,0	2,9	3,7	6,6
4	Gelände-, Orientierungslauf	3,6	2,7	2,6	3,9	6,5
5	Radfahren	3,0	3,3	2,4	3,9	6,3
6	Tischtennis	2,3	4,3	2,1	4,2	6,3
7	Skilanglauf	2,9	4,0	2,5	3,7	6,2
8	Turnen (Boden-Gymnastik)	3,2	2,7	2,3	3,9	6,2
9	Jogging	2,4	3,7	2,0	4,2	6,2
10	Skateboard	2,4	2,7	1,7	4,4	6,1
11	Schwimmen	3,1	4,3	2,8	3,2	6,0
12	Aikido	2,7	3,3	2,1	3,9	6,0
13	Badminton	2,4	3,3	1,9	4,1	6,0
14	Inline-Skating/Rollschuhe	2,2	2,7	1,6	4,4	6,0
15	Basketball	3,1	2,7	1,9	3,9	5,8
16	Volleyball	2,7	2,7	1,9	3,9	5,8
17	Eisstockschießen	1,8	4,3	1,7	4,1	5,8
18	Tennis	3,0	2,7	2,1	3,6	5,7
19	Squash	3,8	2,3	1,8	3,9	5,7
20	Fitneß/Aerobic	2,9	4,0	2,5	3,1	5,6
21	Handball	3,4	2,3	1,6	3,9	5,5
22	Tanzen	1,9	3,7	1,6	3,9	5,5
23	Judo/Jiu-Jitsu	3,3	2,3	1,5	3,9	5,4
24	Karate/Teakwondo	3,1	2,3	1,4	3,9	5,3
25	Kegeln/Bowling	1,4	4,3	1,3	3,8	5,1
26	Wandern	2,7	2,7	1,9	3,1	5,0
27	Wasserski	2,1	3,3	1,7	3,2	4,9
28	Mountainbiking	3,0	2,3	1,4	3,5	4,9
29	Fußball	3,2	1,3	0,9	4,0	4,9
30	Eislaufen	1,9	3,3	1,5	3,2	4,7

Fortsetzung nächste Seite

Fortsetzung Tabelle 2.2.8

		Fitness (1)	Sicherheit (2)	Gesundheit (3)	Umwelt (4)	Gesamt (3+4)
31	Boxen	3,5	1,0	0,7	3,9	4,6
32	Golf	2,3	4,3	2,1	2,4	4,5
33	Krafttraining/Bodybuilding	2,0	2,7	1,4	3,1	4,5
34	Reiten	2,2	3,3	1,7	2,6	4,3
35	Windsurfen	2,3	2,7	1,6	2,7	4,3
36	Bungee-Jumping	0,7	1,7	0,2	4,0	4,2
37	Eishockey	3,5	1,3	1,1	3,0	4,1
38	Skitouren	3,6	2,0	1,4	2,5	3,9
39	Klettern	3,6	1,3	1,0	2,9	3,9
40	Kanusport/Wildwasser	3,5	1,7	1,2	2,5	3,7
41	Segeln	1,9	2,7	1,3	2,1	3,4
42	Skilaufen	2,4	3,3	1,9	1,4	3,3
43	Rafting	1,7	2,0	0,7	2,5	3,2
44	Paragliding	1,5	0,7	0,2	2,9	3,1
45	Tauchen	1,5	1,7	0,5	2,4	2,9
46	Drachenfliegen	2,1	0,7	0,3	2,4	2,7
47	Skifahren abseits der Piste	2,7	2,3	1,3	1,2	2,5
48	Snowboard	2,4	2,0	1,0	1,4	2,4
49	Fallschirmspringen	1,3	1,3	0,3	1,5	1,8
50	Segelfliegen	0,9	1,3	0,2	1,2	1,4

Tabelle 2.2.9   Beurteilung ausgewählter Sportarten nach der Umweltverträglichkeit

Erläuterungen siehe Tabelle 2.2.8. Bewertung nach Noten: 0 = schlecht, 5 = gut.
Unter Abfall werden auch Emissionen und Abwässer einbezogen. Die Gefährdung bezieht sich auf eine Gefährdung von Mensch und Natur.

Focus 38/1995

		Energieverbrauch (1)	Ressourcenverbr.(2)	Landschaftsverbr.(3)	Abfall (4)	Gefährdung (5)	Umwelt (1–5)
1	Triathlon	1	1	0	1	0	4,2
2	Rudern	1	2	1	1	1	3,7
3	Fünfkampf	2	1	2	1	0	3,7
4	Geländelauf	2	1	0	1	1	3,9
5	Radfahren	1	2	0	1	1	3,9
6	Tischtennis	1	1	0	1	0	4,2
7	Skilanglauf	2	1	1	1	1	3,7

Fortsetzung nächste Seite

Fortsetzung Tabelle 2.2.9

		Energie-verbrauch (1)	Ressourcen-verbr. (2)	Landschafts-verbr. (3)	Abfall (4)	Gefährdung (5)	Umwelt (1–5)
8	Turnen (Gymnastik)	2	1	1	1	0	3,9
9	Jogging	1	1	0	1	0	4,2
10	Skateboard	1	1	0	1	0	4,4
11	Schwimmen	2	2	1	2	1	3,2
12	Aikido	2	1	1	1	0	3,9
13	Badminton	1	1	1	1	0	4,1
14	Inline-Skating	1	1	0	1	0	4,4
15	Basketball	2	1	1	1	0	3,9
16	Volleyball	2	1	1	1	0	3,9
17	Eisstockschießen	1	1	1	1	0	4,1
18	Tennis	2	1	1	2	0	3,6
19	Squash	2	1	1	1	0	3,9
20	Fitneß/Aerobic	3	2	1	2	0	3,1
21	Handball	2	1	1	1	0	3,9
22	Tanzen	2	1	1	1	0	3,9
23	Judo/Jiu-Jitsu	2	1	1	1	0	3,9
24	Karate/Teakwondo	2	1	1	1	0	3,9
25	Kegeln/Bowling	2	2	1	1	0	3,8
26	Wandern	3	1	1	2	2	3,1
27	Wasserski	3	2	1	1	1	3,2
28	Mountainbiking	1	2	1	1	3	3,5
29	Fußball	1	1	2	1	0	4,0
30	Eislaufen	2	2	2	2	0	3,2
31	Boxen	2	1	1	1	0	3,9
32	Golf	3	2	4	3	1	2,4
33	Krafttraining	3	2	1	2	0	3,1
34	Reiten	2	3	1	3	2	2,6
35	Windsurfen	3	3	1	2	1	2,7
36	Bungee-Jumping	1	1	0	1	0	4,0
37	Eishockey	2	3	2	2	0	3,0
38	Skitouren	3	2	2	2	4	2,5
39	Klettern	3	2	1	2	2	2,9
40	Kanu/Wildwasser	4	2	1	2	3	2,5
41	Segeln	3	4	1	3	2	2,1
42	Skilaufen	5	3	4	3	3	1,4
43	Rafting	4	2	1	2	3	2,5
44	Paragliding	3	2	1	2	2	2,9
45	Tauchen	3	3	1	3	2	2,4
46	Drachenfliegen	4	3	1	2	2	2,4
47	Tiefschneefahren	5	3	4	3	4	1,2
48	Snowboard	5	3	4	3	3	1,4
49	Fallschirmspringen	5	3	3	4	1	1,5
50	Segelfliegen	5	4	3	4	1	1,2

Tabelle 2.2.10 Veränderung biochemischer Parameter im Blut vor und nach einem 800-m-Lauf

Die Angaben stellen Mittelwerte am Beispiel einer aus 25 untrainierten Mädchen bestehenden Altersgruppe von 8 - 9 Jahren dar.

Abkürzungen: BE = Basenüberschusswerte (base-excess); Hb = Hämoglobinwerte

Klimt 1992

	In Ruhe	Nach Laufende	Nach einer Erholungsphase von			
			3 min	10 min	20 min	30 min
pH-Wert	7,42	7,21	7,22	7,28	7,34	7,38
Kohlenstoffdioxid-partialdruck pCO_2 [Torr]	35,17	31,29	30,41	29,46	30,52	32,27
BE voll oxidiert [mVal/l]	−1,29	−14,92	−14,83	−11,97	−7,79	−4,79
HCO_3^- [mVal/l] standardisiert	23,35	13,53	13,52	15,44	18,30	20,56
Hb [g/100ml]	13,53	14,05	13,96	13,74	13,65	13,53
Sauerstoffpartial-druck pO_2 [Torr]	89,03	94,20	97,88	90,79	86,04	84,13
Sauerstoffsätti-gungswert sO_2 [%]	96,85	95,63	96,37	96,06	96,17	96,27
Laktat [mmol/l]	1,24	11,45	11,05	9,16	6,50	4,56
Glukose [mmol/l]	5,64	6,65	7,13	6,50	5,56	5,16

Tabelle 2.2.11 Sportliche Leistungen bei Frauen und Männern im Vergleich

GR = Geschlechterrelation (bei Zeitangaben reziproke Werte). GR 93,7 bedeutet: Frauen erbringen 93,7 % der Leistung der Männer.

Als Vergleichsdaten wurden die Weltrekordleistungen von 1990 herangezogen.

Knußmann 1996

Disziplin	Frauen	Männer	GR
100 m-Lauf	10,49 s	9,83 s	93,7
200 m-Lauf	21,34 s	19,72 s	92,4
400 m-Lauf	47,60 s	43,29 s	90,9

Fortsetzung nächste Seite

Fortsetzung Tabelle 2.2.11

Disziplin	Frauen	Männer	GR
800 m-Lauf	1:53,28 min	1:41,73 min	89,8
1.500 m-Lauf	3:52,50 min	3:29,46 min	90,1
10.000 m-Lauf	30:13,7 min	27:08,2 min	89,8
Marathon-Lauf	2:21:06 h	2:06:56 h	90,0
400 m-Hürden	52,96 s	47,02 s	88,8
Hochsprung	2,09 m	2,43 m	86,0
Weitsprung	7,52 m	8,90 m	84,5
100 m-Freistilschwimmen	54,73 s	48,42 s	88,5
200 m-Freistilschwimmen	1:57,55 min	1:46,49 min	90,8
400 m-Freistilschwimmen	4:03,85 min	3:46,95 min	93,1

Tabelle 2.2.12 Trainingsempfehlungen nach Altersstufen und Geschlecht

Bei „vorsichtigem Trainingsbeginn" wird von 1–2, bei „gesteigertem Training" von 2–5 maligem wöchentlichen Training ausgegangen.

Klimt 1992 nach Grosser 1986

		Altersstufen in Jahren			
		Vorsichtiger Beginn	Gesteigertes Training	Hochleistungstraining	Fortlaufendes Training
Maximalkraft	männlich	14–16	16–18	18–20	ab 20
	weiblich	12–14	14–16	16–18	ab 18
Schnellkraft	männlich	12–14	14–16	16–18	ab 18
	weiblich	10–12	12–14	14–16	ab 16
Kraftausdauer	männlich	14–16	16–18	18–20	ab 20
	weiblich	12–14	14–16	16–18	ab 18
Aerobe Ausdauer	männlich	8–12	12–16	16–18	ab 18
	weiblich	8–12	12–16	16–18	ab 18
Anaerobe Ausdauer	männlich	14–16	16–18	18–20	ab 20
	weiblich	12–14	14–16	16–18	ab 18
Reaktionsschnelligkeit	männlich	8–12	12–16	16–18	ab 18
	weiblich	8–12	12–16	16–18	ab 18
Azyklische Schnelligkeit	männlich	12–14	14–16	16–18	ab 18
	weiblich	10–12	12–16	16–18	ab 18
Zyklische Schnelligkeit	männlich	12–14	14–16	16–18	ab 18
	weiblich	10–12	12–16	16–18	ab 18
Gelenkigkeit	männlich	–	5–12	12–14	ab 14
	weiblich	–	5–12	12–14	ab 14

2.3 Alkohol, Tabak, illegale Drogen und Medikamente

Tabelle 2.3.1 Alkohol – Konsum und Folgen

Mit Alkohol bezeichnet man im allgemeinen Sprachgebrauch den Äthylalkohol, der durch Vergärung von Zucker aus unterschiedlichen Grundstoffen gewonnen wird und berauschende Wirkung hat. Der Begriff geht auf das arabische Wort „al-kuhl" zurück und wurde aus dem Spanischen in der Bedeutung „feines Pulver" übernommen, wobei damit die flüchtigen (feinen) Bestandteile des Weines gemeint waren.

Der Erwerb, Besitz und Handel mit Alkohol als Suchtmittel ist für Erwachsene legal.

Jahrbuch Sucht 2006; Suchtmedizinische Reihe Bd.1 Deutsche Hauptstelle für Suchtfragen; www.dhs.de

Alkohol in Deutschland	
Riskanter Alkoholkonsum bei Männern	ab 30 g reinem Alkohol pro Tag 1 Glas Wein 0,2 Liter = 16 g Alkohol 1 Glas Bier 0,33 Liter = 13 g Alkohol
Riskanter Alkoholkonsum bei Frauen	ab 20 g reinem Alkohol pro Tag 1 Glas Sherry 0,1 Liter = 16 g Alkohol 1 Glas Whisky 0,02 Liter = 7 g Alkohol 1 Glas Likör 0,02 Liter = 5 g Alkohol
Abstinenz in der Bevölkerung	7–12 %

Risikoarme Menge Alkohol (nach DHS)
    Männer
    Frauen
	
	weniger als 30 g/Tag
	weniger als 20 g/Tag

Risikoarmer Konsum in der Bevölkerung
    über 14-Jährige
    18–59-Jährige
	
	~ 40,8 Millionen
	~ 36,3 Millionen

Riskanter Konsum in der Bevölkerung
    über 14-Jährige
    18–59 Jährige
    Verhältnis Männer zu Frauen
	
	~ 8,3 Millionen
	~ 5,0 Millionen
	2–3 mal mehr Männer als Frauen

Schädlicher Konsum	2,8 Millionen

Geschätzte Zahl behandlungsbedürftiger Alkoholabhängiger in Deutschland
    davon Jugendliche
    davon Frauen
	2.500.000
	
	~10 %
	~33 %

Zahl der Straftaten unter Alkoholeinfluss	~ 238.000/Jahr
Verkehrsunfälle unter Alkoholeinfluss dabei getötete Personen	~ 33.000/Jahr ~ 1.500/Jahr
Arbeitsunfähigkeit wegen Alkohol	92.000 Fälle/Jahr
Volkswirtschaftlicher Schaden durch Alkoholkonsum	~ 20 Milliarden €

Tabelle 2.3.2 Alkohol im Körper

Gesundheitsrisiken durch den Konsum psychoaktiver Substanzen wie Alkohol, illegale Drogen, bestimmte Medikamente und Tabak haben große gesellschaftliche Auswirkungen. Verschärft wird das Problem bei Mehrfachgebrauch wie z.B. Alkohol mit Tabak oder mit Heroin oder Kokain.

Die Gruppe der Personen mit einem riskanten Umgang mit Alkohol ohne eine Abhängigkeitsdiagnose ist sehr viel größer als die Gruppe der Alkoholabhängigen. Schwere körperliche Erkrankungen wie Leberschäden und soziale Folgeschäden sind zu beobachten.

Suchtmedizinische Reihe Bd.1 Deutsche Hauptstelle für Suchtfragen 2003; www.dhs.de

Alkohol im Körper	
Aufnahme in den Körper	
Zölffingerdarm und Krummdarm	90 %
Magen	10 %
Erreichen der maximalen Blutalkoholkonzentration	nach 45–75 Minuten
Abbau, Abgabe von Alkohol	
Abgabe über Niere, Lunge, Haut	2–5 %
Enzymatischer Abbau	95–98 %
Abbau pro kg Körpergewicht und Stunde	120–150 mg
Abbau bei einem Normalgewichtigen	10g / Stunde
Alkoholeliminationsrate in Promille pro Stunde	~ 0,15 ‰ (0,1–0,2 ‰)
Natürlicher Blutalkoholgehalt (hervorgerufen durch Stoffwechselvorgänge im Körper)	Ø 0,03 ‰

Blutalkoholgehalt in Promille und seine Folgen	
Enthemmung setzt ein, Einengung des Blickfeldes	ab 0,3 ‰
Relative Fahruntüchtigkeit	von 0,3 ‰ bis 1,09 ‰
Verlangsamung der Reaktionsfähigkeit, Rotsehschwäche, doppeltes Unfallrisiko	ab 0,5 ‰
Reaktionszeit verlängert sich, dreifaches Unfallrisiko	ab 0,5 ‰
Neigung zur Risikofreudigkeit, Fahr- und Verkehrsuntüchtigkeitsgrenze, vierfaches Unfallrisiko	ab 0,8 ‰
Achtfaches Unfallrisiko	ab 1,0 ‰
Absolute Fahruntüchtigkeit	ab 1,1 ‰
Leichter Rausch, zehnfaches Unfallrisiko	0,8–1,3 ‰
Mittlerer Rausch	ab 1,3 ‰
Absolute Fahruntüchtigkeit von Fahrradfahrern, Inline-Skatern	ab 1,6 ‰
Vollrausch, Erinnerungsvermögen setzt aus, teilweise schwere Vergiftungen	ab 2,0 ‰
Gesundheitliche Schäden (Koma!), Eintritt des Todes wird wahrscheinlich	ab 4,0 ‰
Alkoholintoxikation (letale, d.h. tödliche Dosis)	ab 5,0 ‰

Tabelle 2.3.3   Häufigkeit von Fehlbildungen bei Kindern, die durch mütterliche Alkoholkrankheit bedingt sind

Unter Alkoholembryopathie (Fetales Alkoholsyndrom) werden Fehlbildungsmuster mit unterschiedlich schwerer Ausprägung und körperlichen, geistigen und seelischen Folgeschäden zusammengefasst, die auf übermäßigen und dauerhaften Alkoholkonsum der Mutter während der Schwangerschaft zurückzuführen sind. Da alle Zellen und Organe geschädigt werden, sind Kinder in ihrer Gesamtheit betroffen. Die körperliche und die geistig intellektuelle Entwicklung sowie die soziale Reifung sind beeinträchtigt. Der Grad der Schädigung ist von vielen Umständen, wie dem Alter der Mutter, ihrem Stoffwechsel sowie von der Menge und der Art des alkoholischen Getränks abhängig.

Mehr als 80 % der Mütter trinken in der Schwangerschaft Alkohol, nur 6 % der Frauen bleiben vollständig abstinent. In Deutschland erkranken jährlich ca. 2.200 Neugeborene an Alkoholembryopathie. Die Inzidenz liegt bei 1:300 Neugeborenen pro Jahr.

Jahrbuch Sucht 1996; Löser,H: Alkoholembryopathie und Alkoholeffekte, 1995; www.dhs.de

Körperliche Veränderungen und Kennzeichen	Häufigkeit des Vorkommens
Minderwuchs und Untergewicht (vor- und nachgeburtlich)	88 %
Kleinköpfigkeit (Mikrozephalie)	84 %
Geistige und Gleichgewichtsbewegungen betreffende Entwicklungsverzögerung sowie zentralnervöse Störungen	89 %
Sprachstörungen	80 %
Hörstörungen	ca. 20 %
Ess- und Schluckstörungen (bei Säuglingen)	ca. 30 %
Muskelhypotonie (herabgesetzter Ruhetonus)	58 %
Hyperaktivität/Verhaltensstörungen	72 %
Feinmotorische Dysfunktion/Koordinationsstörung	ca. 80 %
Emotionale Instabilität	ca. 30 %
Krampfanfälle	6 %
Gesichtsveränderungen	95 %
Herzfehler (meist Scheidewanddefekte)	29 %
Genitalfehlbildungen	46 %
Nierenfehlbildungen	ca. 10 %
Augenfehlbildungen	> 50 %
Extremitäten- und Skelettfehlbildungen:	
Verkürzung und Beugung des Kleinfingers	51 %
Verwachsungen von Elle und Speiche (Supinationshemmung)	14 %
Hüftluxation	11 %
Kleine Zähne	31 %
Trichterbrust	12 %
Kielbrust	6 %
Gaumenspalte	7 %
Wirbelsäulenfehlbildung/Skoliose	5 %
Weitere Fehlbildungen:	
Steißbeingrübchen	44 %
Leistenbruch	12 %
Blutschwämme (Hämangiome)	10 %

Tabelle 2.3.4 Promillegrenzen in Europa

In einigen Staaten gilt ein absolutes Alkoholverbot für Kraftfahrer ("Null-Toleranz-Prinzip"). Das ist unter Verkehrssicherheitsaspekten fraglos die beste Lösung.

In anderen Ländern – so auch in der Bundesrepublik Deutschland – ist Alkoholgenuss bei Kraftfahrern dagegen erst bei Überschreitung bestimmter Grenzwerte mit Sanktionen bedroht.

Die Höhe dieses Schwellenwertes (Promillegrenze) ist in den einzelnen Ländern unterschiedlich festgelegt worden, wobei nach verkehrsmedizinischen Erkenntnissen bereits ab einer Blutalkoholkonzentration von 0,3 ‰ (Promille) die Möglichkeit einer alkoholbedingten Beeinträchtigung der Verkehrstüchtigkeit eines Kraftfahrers grundsätzlich in Betracht zu ziehen ist.

ADAC-Reise Tipps 2006; http://www.bads.de/Alkohol/alkoholgrenzwerte.htm

Land	Promillegrenze
Estland, Kroatien, Litauen, Rumänien, Slowakei, Tschechien, Ungarn	0,0 ‰
Norwegen, Polen, Schweden	0,2 ‰
Belgien, Bulgarien, Dänemark, Deutschland, Finnland, Frankreich, Griechenland, Italien, Jugoslawien, Lettland, Mazedonien, Niederlande, Österreich, Portugal, Schweiz, Slowenien, Spanien, Türkei	0,5 ‰
Großbritannien, Irland, Luxemburg	0,8 ‰

Tabelle 2.3.5 Gesamter Alkoholkonsum in reinem Alkohol pro Einwohner der Bevölkerung in Deutschland 1900–2004

Bis einschließlich 1990 beziehen sich die Angaben auf den Gebietsstand der Bundesrepublik Deutschland und Berlin (West).

Jahrbuch Sucht 2006, Deutsche Hauptstelle für Suchtfragen; www.dhs.de

Konsum von reinem Alkohol pro Einwohner				
Jahr	Liter	Jahr	Liter	Veränderungen gegenüber Vorjahr
1900	10,1	1995	11,1	–4,3 %
1913	7,5	1996	11,0	–0,9 %
1929	5,2	1997	10,8	–1,8 %
1950	3,2	1998	10,6	–1,9 %
1960	7,8	1999	10,6	0,0 %
1970	11,2	2000	10,5	–0,9 %
1975	12,7	2001	10,4	–1,0 %
1980	12,9	2002	10,4	0,0 %
1985	12,1	2003	10,2	–1,9 %
1990	12,1	2004	10,1	–0,1 %

Tabelle 2.3.6 Rangfolge der EU-Staaten und ausgewählter Länder hinsichtlich des Spirituosenkonsums (in reinem Alkohol) pro Kopf der Bevölkerung

Die Rangplätze beziehen sich auf einen Vergleich von 58 Staaten, die von der „Comission for Distilled Spirits" erfasst wurden. Bei diesen internationalen Vergleichen ergeben sich Ungenauigkeiten, die auf die unterschiedlichen Erhebungsmethoden und Verbrauchergewohnheiten zurückzuführen sind.

Die Rangfolge in der Auflistung der Länder ergibt sich aus den Daten für 2003.

Jahrbuch Sucht 2006, Deutsche Hauptstelle für Suchtfragen; www.dhs.de

	Land	Spirituosen in Liter reinen Alkohols pro Kopf der Bevölkerung				Veränderung 1970–2003 in %
		2000	2001	2002	2003	
1	Russische Föderation	6,5	6,3	6,2	6,2	63,6
2	Lettland	5,6	5,5	5,7	6,1	–
3	Zypern	2,6	3,1	4,3	3,9	160,0
4	Tschechien	3,7	3,7	3,7	3,8	61,0
5	Japan	2,9	3,2	3,3	3,6	232,7
6	Ungarn	3,4	3,5	3,4	3,5	29,6
7	Slowakei	3,9	3,7	3,5	3,5	56,3
10	Spanien	2,4	2,4	2,4	2,4	4,3
11	Frankreich	2,4	2,4	2,4	2,4	2,2
13	Bulgarien	2,4	2,2	2,1	2,1	–12,6
14	Finnland	2,0	2,0	2,1	2,1	19,0
15	Deutschland	1,9	1,9	2,0	2,0	–33,6
16	Irland	2,4	2,4	2,5	2,0	37,0
17	Rumänien	1,8	4,1	2,5	2,0	–16,7
18	Vereinigte Staaten	2,0	1,9	1,9	1,9	–32,4
21	Großbritannien	1,6	1,6	1,7	1,8	91,5
23	Griechenland	1,9	1,9	1,8	1,6	–
24	Luxemburg	1,6	1,6	1,6	1,6	–7,5
25	Schweiz	1,5	1,6	1,6	1,6	–17,5
26	Niederlande	1,7	1,7	1,7	1,5	–26,5
29	Österreich	1,4	1,4	1,4	1,4	–
30	Belgien	1,2	1,2	1,2	1,4	3,0
32	Portugal	1,5	1,4	1,4	1,4	180,0
33	Estland	1,1	1,1	1,4	1,3	–
34	Polen	2,0	1,7	1,7	1,3	–60,6
36	Australien	1,2	1,2	1,2	1,2	13,7
37	Dänemark	1,2	1,1	1,1	1,1	–11,8
39	Schweden	1,0	1,0	1,0	0,9	–65,2
40	Norwegen	0,8	0,8	0,8	0,8	–48,1
42	Malta	1,1	1,0	0,8	0,7	–
47	Italien	0,5	0,4	0,4	0,4	–77,8

Tabelle 2.3.7 Rangfolge der EU-Staaten und ausgewählter Länder hinsichtlich des Bierkonsums

Die Rangfolge in der Auflistung der Länder ergibt sich aus den Daten für 2003. Nicht erfasst sind Schwarzbrennen, Schwarzmarkt, Touristen- und Grenzverkehr.

Deutschland nimmt für das Jahr 2003, wie in den Jahren zuvor, beim Bierverbrauch den dritten Platz ein. Beim Weinverbrauch ist es weiterhin die Position 14 (Tabelle 2.3.8).
Während Deutschland beim Gesamtalkoholverbrauch auf dem mittleren Rang 15 liegt, nimmt es beim reinen Alkohol mit Rang 5 nach wie vor eine Spitzenposition ein (Tabelle 2.3.5).
Nur beim Spirituosenverbrauch hat sich eine Veränderung ergeben. Deutschland nimmt mit Platz 7 gegenüber dem Vorjahr einen höheren Rang ein.

Jahrbuch Sucht 2006, Deutsche Hauptstelle für Suchtfragen; www.dhs.de

	Land	Liter Bier pro Kopf der Bevölkerung				Veränderung 1970–2003 in %
		2000	2001	2002	2003	
1	Tschechien	160,3	158,1	155,0	157,0	12,2
2	Irland	152,2	150,8	147,1	141,2	40,4
3	Deutschland	125,3	122,4	121,5	117,5	−16,7
4	Österreich	107,7	107,4	108,5	110,6	12,1
5	Luxemburg	108,2	101,2	108,2	101,6	−20,0
6	Großbritannien	95,4	99,0	100,6	101,5	−1,5
7	Belgien	98,2	97,1	96,0	96,2	−27,3
8	Dänemark	99,7	98,6	96,7	96,2	−11,4
9	Australien	95,0	93,0	92,4	91,5	−23,4
10	Slowakei	88,9	88,2	92,3	88,4	−15,7
12	Vereinigte Staaten	84,1	83,2	82,0	81,6	16,6
13	Finnland	78,4	80,2	81,2	80,2	69,2
14	Polen	66,2	65,8	70,7	79,0	150,0
15	Niederlande	82,4	80,5	79,2	78,7	37,1
16	Spanien	71,6	75,7	73,4	78,3	103,4
17	Estland	64,0	67,0	71,0	75,0	–
19	Ungarn	72,5	71,0	70,9	72,2	21,5
21	Rumänien	55,5	54,4	59,0	67,0	210,2
22	Zypern	57,3	58,0	55,0	60,0	277,4
23	Portugal	62,3	61,3	58,6	58,7	341,4
24	Schweiz	57,8	57,4	55,5	58,1	−26,0
27	Schweden	56,4	55,3	55,9	54,2	−5,7
28	Norwegen	51,8	50,8	51,6	50,5	37,4
32	Griechenland	40,0	39,0	39,0	40,4	329,8
34	Malta	43,2	41,5	40,3	39,7	–
35	Lettland	36,0	35,0	36,0	36,6	–
37	Frankreich	36,2	36,1	34,8	35,5	−13,9
38	Russische Föderation	28,4	30,0	31,1	32,8	87,4
39	Italien	28,1	28,9	28,2	30,1	166,4
41	Japan	40,9	36,1	32,6	27,3	−3,0

Tabelle 2.3.8 Rangfolge der EU-Staaten und ausgewählter Länder hinsichtlich des Weinkonsums

Die Rangfolge in der Auflistung der Länder ergibt sich aus den Daten für 2003. Weine einschließlich Schaumweine ohne Schwarzbrennen, Schwarzmarkt, Touristen- und Grenzverkehr.

Einer der wichtigsten Bestimmungsfaktoren für den Kauf von Alkoholgetränken ist der Preis. Gegenüber dem Referenzjahr 2000 sind die Preise für alkoholische Getränke 2003 insgesamt um 0,6 % weniger gestiegen als die der gesamten Lebenshaltung. Die relativen Preise für Spirituosen und Wein sind dabei im Jahr 2003 weiter gesunken, während die Bierpreise leicht gestiegen sind.

Jahrbuch Sucht 2006, Deutsche Hauptstelle für Suchtfragen; www.dhs.de

	Land	Liter Wein pro Kopf der Bevölkerung				Veränderung 1970–2003 in %
		2000	2001	2002	2003	
1	Luxemburg	63,5	64,4	59,1	66,1	78,6
2	Frankreich	57,0	56,9	56,0	48,5	–55,6
3	Italien	51,0	50,0	51,0	47,5	–58,2
4	Portugal	50,2	47,0	43,0	42,0	–42,1
5	Schweiz	43,5	43,1	41,8	40,9	–2,4
6	Ungarn	34,0	35,1	36,0	37,4	–0,8
8	Griechenland	34,0	34,0	33,9	33,8	–15,5
10	Dänemark	30,9	31,2	32,0	32,6	451,6
11	Spanien	32,0	30,0	29,6	30,6	–50,2
12	Österreich	30,5	28,5	29,8	29,8	–13,9
13	Finnland	20,6	21,9	23,5	26,3	699,4
14	Deutschland	23,1	24,0	24,2	23,6	47,5
15	Belgien	21,0	22,0	24,0	23,0	62,0
16	Rumänien	23,2	25,5	25,3	23,0	–0,4
17	Malta	19,6	19,3	20,5	22,3	–
18	Bulgarien	21,4	21,4	21,3	21,3	1,9
19	Australien	19,7	20,0	20,6	20,4	129,2
20	Großbritannien	16,9	18,2	19,6	20,1	595,5
21	Niederlande	18,8	18,9	19,0	19,6	280,6
24	Zypern	16,3	16,1	16,9	17,8	117,1
25	Tschechien	16,4	16,5	16,5	16,8	15,1
26	Schweden	15,3	15,5	16,0	16,6	160,6
27	Irland	10,7	11,8	14,2	15,2	360,6
28	Slowakei	12,4	13,6	13,9	13,0	–19,3
29	Norwegen	10,9	11,0	11,0	12,4	429,9
31	Polen	11,9	10,5	11,2	11,9	108,8
33	Vereinigte Staaten	8,6	8,8	8,8	9,5	91,5
24	Russische Föderation	7,2	7,7	8,0	8,6	–43,4
36	Lettland	4,9	4,0	4,0	3,6	–
37	Estland	3,1	2,7	2,7	3,4	–
38	Japan	2,2	2,1	2,8	2,9	806,3

Tabelle 2.3.9 Verbrauch alkoholischer Getränke pro Einwohner der Bevölkerung in Deutschland 1950–2004

Bis einschließlich 1990 beziehen sich die Angaben auf den Gebietsstand der Bundesrepublik Deutschland und Berlin (West) vor dem 3.10.1990.
Von der vom Bundesministerium für Gesundheit ins Leben gerufenen Arbeitsgruppe „Schätzverfahren und Schätzwerte zu alkoholinduzierten Störungen" wurden 1999 folgende Umrechnungsfaktoren festgelegt: Reiner Alkoholgehalt bei Bier 4,8 Vol.-%, Wein/Sekt 11 Vol.-%, Spirituosen 33 Vol.-%.
Für Bier lag der Pro-Kopf-Verbrauch 1900 bei 125,1 Liter, 1929/30 bei 90,0 Liter und 1938/39 bei 69,9 Liter.

Jahrbuch Sucht 2006, Deutsche Hauptstelle für Suchtfragen; www.dhs.de

Getränke	Konsum je Einwohner in Liter							
	1960	1970	1980	1990	2000	2002	2003	2004
Bier	94,7	141,1	145,9	142,7	125,5	121,5	117,5	115,8
Wein	10,8	15,3	21,4	21,9	19,0	20,3	19,8	20,1
Schaumwein	1,9	1,9	4,4	5,1	4,1	3,9	3,8	3,8
Spirituosen	4,9	6,8	8,0	6,2	5,8	5,9	5,9	5,8
Insgesamt	111,0	165,1	179,7	176,0	154,4	151,6	147,0	145,5

Tabelle 2.3.10 Einnahmen aus alkoholbezogenen Steuern

Spirituosen werden in Deutschland mit 13,03 €, Schaumweine mit 13,60 € je Liter reinen Alkohol besteuert. Die Biersteuer wird von den Bundesländern erhoben und ist mit durchschnittlich 1,97 € viel niedriger. Wein wird seit Jahrzehnten praktisch überhaupt nicht besteuert.

Im Juli 2004 ist das „Gesetz zur Verbesserung des Schutzes junger Menschen vor den Gefahren des Alkohol- und Tabakkonsums" in Kraft getreten. Das Gesetz regelt die Kennzeichnung von Alkopops (siehe Tabelle 2.3.11) und belegt sie mit einer Sondersteuer zwischen 0,80 und 0,90 € pro handelsüblicher Flasche. Diese Steuermittel sollen Präventionsmaßnahmen im Zusammenhang mit alkoholbedingten Folgeschäden zufließen.

Jahrbuch Sucht 2006, Deutsche Hauptstelle für Suchtfragen; www.dhs.de

Steuern für	Steuereinnahmen in Millionen €							
	1997	1998	1999	2000	2001	2002	2003	2004
Bier	869	850	846	844	828	812	786	787
Schaumwein	560	526	546	478	457	420	432	436
Branntwein	2.413	2.298	2.268	2.185	2.174	2.179	2.232	2.222
Alkoholsteuer insgesamt	3.842	3.674	3.660	3.507	3.457	3.411	3.450	3.445

Tabelle 2.3.11 Alkoholkonsum von Schülern nach Klassenstufe und Geschlecht

„Alcopops" sind süß, süffig, farbig und frech gestaltet, um gezielt ein jugendliches Publikum anzusprechen". Nach einer Untersuchung der Bundeszentrale für gesundheitliche Aufklärung (BZgA) im Jahr 2003 sind sie als Partygetränk bei Jugendlichen beliebter als Bier und Wein.

Als Alcopops werden Limonaden oder andere Süßgetränke bezeichnet, die mit Alkohol gemischt sind und pro Flasche einen Alkoholgehalt von durchschnittlich fünf bis sechs Volumenprozent haben. Da der Alkoholgeschmack durch Zucker und künstliches Aroma überlagert wird, werden Jugendliche in immer jüngerem Alter zum Trinken von Alkohol verführt.

Die Angaben in der Tabelle beziehen sich auf Befragungen von Schülern in einer HBSC-Studie (Health Behaviour in School-aged Children), die 2001 durchgeführt wurde.

Hurrelmann, Klocke, Melzer, Ravens-Sieberer, Jugendgesundheitssurvey 2003;
Alcopops, Deutsche Hauptstelle für Suchtfragen DHS, 2003;www.dhs.de; http://hbsc-germany.de

	Gesamt		5. Klasse		7. Klasse		8. Klasse	
	männl.	weibl.	männl.	weibl.	männl.	weibl.	männl.	weibl.
Gesamtalkoholindex (Angaben in %)								
Kein Alkohol	53,2	56,9	78,8	88,5	54,2	55,9	20,9	21,6
Gelegentlicher Konsum	30,9	32,4	18,8	12,1	34,5	35,6	42,1	53,8
Regelmäßiger Konsum	15,9	10,7	2,4	0,6	11,3	8,5	37,0	24,6
Einzelne Getränkesorten bei regelmäßigem Konsum (Angaben in %)								
Bier	13,9	7,9	1,7	0,2	9,0	5,9	33,8	18,8
Wein/Sekt	3,1	3,5	0,9	0,4	3,3	2,3	5,7	8,2
Spirituosen	5,6	3,3	1,3	–	5,0	2,8	11,7	7,6
Alcopops	10,6	6,7	3,6	1,1	8,2	5,4	22,1	14,7

Tabelle 2.3.12 Alkohol im Straßenverkehr, Deutschland 2004

Jahrbuch Sucht 2006, Deutsche Hauptstelle für Suchtfragen; www.dhs.de

	2000	2001	2002	2003	2004
Alkoholunfälle	27.375	25.690	25.333	24.245	22.548
dabei Getötete	1.022	909	932	817	704
Alkoholisierte Beteiligte	27.749	26.023	25.071	24.554	22.849
darunter Frauen	2.696	2.459	2.637	2.472	2.366
darunter Männer	24.987	23.517	23.023	22.032	20.429
darunter Pkw-Fahrer	17.555	16.156	15.975	14.665	13.778

Tabelle 2.3.13 Unfälle unter Alkoholeinfluss mit Personenschäden in Deutschland 2004

Das Problem Alkohol und Fahren trägt eindeutige alters- und geschlechtsspezifische Züge. Die Unfähigkeit, Trinken und Fahren zu trennen, ist in erster Linie ein Problem von Männern. Die Unfallursache Alkohol tritt bei Männern mit Abstand am häufigsten in der Altersgruppe von 21 bis 24 Jahren auf. Trink-/Fahrkonflikte nehmen ab dem Alter von 35 Jahren aufwärts kontinuierlich ab. Bei Frauen ist eine Abnahme erst ab 45 Jahren zu beobachten.
Abkürzung: BAK = Blutalkoholwert

Jahrbuch Sucht 2006, Deutsche Hauptstelle für Suchtfragen; www.dhs.de

Alkoholisierte je 1.000 an Unfällen beteiligte Pkw-Fahrer 2004					
Alter	Männer	Frauen	Alter	Männer	Frauen
18–20	65,1	13,8	45–54	35,6	11,0
21–24	75,9	12,2	55–64	24,6	8,7
25–34	54,3	11,0	65–74	15,2	3,7
35–44	42,0	13,5	75 +	7,2	3,2

Alkoholisierte beteiligte Pkw-Fahrer					
BAK in ‰	Männer	Frauen	BAK in ‰	Männer	Frauen
< 0,5	847	119	1,7 bis <2,0	1.855	255
0,5 bis <0,8	1.163	148	2,0 bis <2,5	1.737	253
0,8 bis <1,1	1.470	204	2,5 bis <3,0	569	96
1,1 bis <1,4	1.831	228	>3,0	206	41
1,4 bis <1,7	1.976	288			

Alkoholisierte beteiligte männliche Pkw-Fahrer in zwei Altersgruppen 2004					
Blutalkoholwert in ‰	18–20 Jahre	40–44 Jahre	Blutalkoholwert in ‰	18–20 Jahre	40–44 Jahre
< 0,5	156	67	1,7 bis <2,0	250	158
0,5 bis <0,8	250	77	2,0 bis <2,5	147	225
0,8 bis <1,1	336	114	2,5 bis <3,0	22	87
1,1 bis <1,4	379	128	>3,0	3	40
1,4 bis <1,7	346	157			

Prozentuale Verteilung von Alkoholunfällen auf Wochentage 2004					
Montag	9,2 %	Donnerstag	12,4 %	Sonntag	22,2 %
Dienstag	9,1 %	Freitag	14,8 %		
Mittwoch	9,4 %	Samstag	22,9 %		

Prozentuale Verteilung von Alkoholunfällen auf die Tageszeit 2004					
0–2 Uhr	12,2 %	8–10 Uhr	2,5 %	16–18 Uhr	9,2 %
2–4 Uhr	11,3 %	10–12 Uhr	2,5 %	18–20 Uhr	12,6 %
4–6 Uhr	9,1 %	12–14 Uhr	3,9 %	20–22 Uhr	12,5 %
6–8 Uhr	5,0 %	14–16 Uhr	5,4 %	22–24 Uhr	13,9 %

Tabelle 2.3.14   Rauchen – Konsum und Kosten in Deutschland

Die Tabakpflanze wurde vor rund 500 Jahren von Seefahrern aus der neue Welt nach Europa gebracht. Das Pfeiferauchen war zunächst ein Privileg der sozialen Oberschichten. Im 18.Jahrhundert kam das Tabakschnupfen in Mode. Zu Beginn des 19.Jahrhunderts wurden die ersten Zigarren geraucht und weitere 50 Jahre später die ersten Zigaretten. Ab 1950 nahm das Rauchen in den westlichen Industriestaaten stetig zu. In Deutschland wurden im Jahre 2004 rund 111,7 Mrd. Zigaretten geraucht.

Die Folgen des Rauchens zeigen sich in einer zusammenfassenden Beurteilung, die davon ausgeht, dass jährlich mit 110.000 bis 140.000 tabakbedingten Todesfällen zu rechnen ist. Davon entfallen auf Krebserkrankungen 39,1 %, auf Kreislauferkrankungen 33,6 % und auf Atemwegserkrankungen 18,2 %. Die volkswirtschaftlichen Kosten dieser tabakbedingten Krankheiten und Todesfälle wurden für 1993 mit 17,3 Mrd. € ermittelt (Welte et al.,2000).

Jahrbuch Sucht 2006, Deutsche Hauptstelle für Suchtfragen; www.dhs.de
Leben und Arbeiten in Deutschland-Mikrozensus 2003, Statistisches Bundesamt 2004

	2000	2001	2002	2003	2004
Pro-Kopf-Verbrauch (Stück)	1.699	1.733	1.761	1.607	1.354
Tabakwarenverbrauch					
Zigaretten (Mio.Stück)	139.625	142.546	145.145	132.603	111.716
Zigarren/Zigarillos (Mio.Stück)	2.557	2.511	3.068	3.116	3.637
Feinschnitt (Tonnen)	14.611	16.273	15.473	18.603	24.258
Pfeifentabak (Tonnen)	909	925	847	870	884
Veränderungen zum Vorjahr					
Zigaretten	+3,9 %	+2,0 %	+1,8 %	–8,6 %	–15,8 %
Zigarren/Zigarillos	+10,5 %	–1,8 %	+18,7 %	+1,6 %	+16,7 %
Feinschnitt	+11,1 %	+10,2 %	–4,9 %	+20,2 %	+30,4 %
Pfeifentabak	–7,5 %	+1,7 %	–8,4 %	+2,7 %	+1,6 %
Ausgaben für Tabakwaren (€)	20,1 Mrd.	21,6 Mrd.	23,3 Mrd.	23,2 Mrd.	22,9 Mrd.
Direkte Werbeausgaben (€)	~ 63 Mio.	~ 59 Mio.	~ 59 Mio.	~ 52 Mio.	~ 52 Mio.
Tabaksteuer (€)	11,5 Mrd.	12,1 Mrd.	13,8 Mrd.	14,1 Mrd.	13,6 Mrd.

Steuersätze ab 01.09.2005	Spezifischer Anteil	Wertanteil
Zigaretten	8,27 Cent/Stück	25,3 %
Zigarren/Zigarillos	1,40 Cent/Stück	1,5 %
Feinschnitt	34,06 €/kg	19,0 %
Pfeifentabak	15,66 €/kg	13,5 %

Anteil in der Bevölkerung	Insgesamt	Männer	Frauen
Nichtraucher in der Bevölkerung	73 %	67 %	78 %
Raucher in der Bevölkerung	27 %	33 %	22 %
Davon regelmäßige Raucher	88 %	90 %	86 %
Davon gelegentliche Raucher	12 %	10 %	14 %

Tabelle 2.3.15 Anteil der Raucher nach Alter und Geschlecht, Mikrozensus Deutschland 2003

Der Mikrozensus 2003 ist mit einem Stichprobenumfang von 1 % der Bevölkerung die mit Abstand größte Erhebung zum Rauchen in Deutschland. 27 % der Bevölkerung insgesamt bezeichnen sich als Raucher, 33 % der Männer und 22 % der Frauen.

Seit 1992 ging der Raucheranteil bei Männern um 3,6 Prozentpunkte zurück, bei Frauen stieg er um 0,6 Prozentpunkte. Der Raucheranteil erreicht bei den 20- bis 24-jährigen Männern und Frauen jeweils den höchsten Anteil und nimmt mit zunehmendem Alter wieder ab. In jeder Altersklasse rauchen mehr Männer als Frauen.

Nach dem Bundes-Gesundheitssurvey 1998 geben insgesamt 55 % der Nichtraucher an, dass sie unfreiwillig Tabakrauch einatmen müssen. 21 % berichten über eine Rauchbelastung am Arbeitsplatz, 13 % müssen zu Hause und 43 % an anderen Orten Tabakrauch einatmen.

Jahrbuch Sucht 2006, Deutsche Hauptstelle für Suchtfragen; www.dhs.de

Altersgruppe	Raucheranteil Männer	Raucheranteil Frauen	Altersgruppe	Raucheranteil Männer	Raucheranteil Frauen
15–19	27 %	23 %	50–54	35 %	25 %
20–24	46 %	35 %	55–59	31 %	19 %
25–29	43 %	31 %	60–64	23 %	13 %
30–34	43 %	32 %	65–69	17 %	9 %
35–39	42 %	33 %	70–74	16 %	6 %
40–44	42 %	33 %	75+	11 %	4 %
45–49	40 %	31 %			

Tabelle 2.3.16 Raucher-Ausstiegsquote in Deutschland 2004

In der Tabelle wird der Exraucher-Anteil auf die Summe der Raucher plus der Exraucher, also auf alle, die jemals geraucht haben, bezogen. Die Aussteigerquote, die man so erhält, liegt im Mittel bei 36 % bis 43 %. Naturgemäß steigen die Anteile der „Aussteiger" mit dem Alter an.

Jahrbuch Sucht 2006, Deutsche Hauptstelle für Suchtfragen; www.dhs.de

	Anteil der Exraucher an der Summe von Rauchern und Exrauchern in %					
	Männer			Frauen		
Altersgruppe	Gesamt	West	Ost	Gesamt	West	Ost
18–19 Jahre	17,7	17,9	18,2	20,3	20,8	18,8
20–29 Jahre	22,2	19,3	33,7	25,3	24,3	32,7
30–39 Jahre	32,4	31,8	35,2	38,6	36,8	48,7
40–49 Jahre	41,7	41,1	44,4	41,4	42,1	38,3
50–59 Jahre	54,1	53,5	56,9	49,4	48,6	54,0
60–69 Jahre	68,6	68,0	71,4	57,5	56,7	64,0
70 Jahre und älter	79,3	78,8	82,4	78,4	80,2	67,7
Insgesamt	46,0	45,2	50,0	44,3	44,0	46,1

Tabelle 2.3.17 Rauchgewohnheiten nach Alter und Geschlecht, Mikrozensus Deutschland 2003

Statistische Jahrbuch 2005, Statistisches Bundesamt; www.destasis.de

	Insgesamt	15–40	40–65	65–85	85 u. mehr
Männliche Befragte	60.164	11.226	12.333	5.276	271
Nichtraucher	43.656	6.673	8.051	4.474	250
Raucher	16.508	4.553	4.282	802	21
Raucher in %, standardisiert					
insgesamt	27,6 %	41,2 %	34,8 %	14,5 %	7,8 %
gelegentliche R.	3,2 %	4,5 %	3,2 %	1,8 %	1,5 %
regelmäßige R.	24,4 %	36,8 %	31,6 %	12,7 %	6,3 %
Zigarettenraucher					
insgesamt	13.873	3.898	3.616	608	11
bis 20 täglich	11.616	3.286	2.692	516	9
mehr als 20 täglich	2.258	613	924	86	3
Weibliche Befragte	29.105	10.833	12.367	7.108	751
Nichtraucherinnen	19.449	7.478	9.339	6.652	740
Raucherinnen	9.658	3.355	3.028	455	12
Raucherinnen in %,					
insgesamt	34,0 %	31,3 %	24,4 %	6,2 %	1,6 %
gelegentliche R.	3,5 %	4,5 %	3,0 %	1,0 %	0,3 %
regelmäßige R.	30,5 %	26,7 %	21,5 %	5,2 %	1,3 %
Zigarettenraucherinnen					
insgesamt	8.135	2.791	2.575	363	8
bis 20 täglich	6.509	2.530	2.234	333	6
mehr als 20 täglich	1.626	261	341	26	–

Tabelle 2.3.18 Tabakkonsum von Schülern

Die Angaben in der Tabelle beziehen sich auf Befragungen von Schülern in einer HBSC-Studie (Health Behaviour in School-aged Children), die 2001 durchgeführt wurde.

Hurrelmann, Klocke, Melzer, Ravens-Sieberer: Jugendgesundheitssurvey 2003;

	Tabakkonsum (Angaben in % der Schüler je Klassenstufe)							
	Gesamt		5. Klasse		7.Klasse		9.Klasse	
	männl.	weibl.	männl.	weibl.	männl.	weibl.	männl.	weibl.
Jemals geraucht	46,6	45,8	22,9	14,1	52,7	53,5	70,1	74,2
Tabakkonsum aktuell								
Nichtraucher	79,2	78,0	93,1	96,6	78,1	76,5	62,8	58,2
Gelegentliche R.	5,5	6,3	3,6	2,3	8,3	8,9	5,0	8,1
Regelmäßiger R.	15,3	15,7	3,3	1,1	13,6	14,6	32,2	33,7
darunter täglich	11,7	12,4	1,5	0,3	10,2	10,1	26,3	28,7

Tabelle 2.3.19 Ausgaben für Tabakwaren und Tabaksteuereinnahmen in Deutschland 1995–2004

Die Tabaksteuer ist das wichtigste Instrument zur Eindämmung des Rauchens, da der Zusammenhang zwischen Konsumverhalten und Tabaksteuer erwiesen ist. Besonders im Jugendalter, das im Zusammenhang mit dem Rauchen eher durch das Sozialverhalten als durch Überlegungen zur Gesundheit bestimmt wird, können die Kosten für Tabakwaren von großer Bedeutung sein.

Eine weitere Möglichkeit, das Nichtrauchen zum Normalfall zu machen, sieht man in schrittweise eingeführten Verboten gegen die Tabakwerbung. Dem aktuell erkennbaren politischen Willen widerspricht jedoch die Klage Deutschlands gegen eine entsprechende Richtlinie des EU-Ministerrates von 1998. Der EU-Ministerrat hat mit einer neuen Regelung zur Eindämmung der Tabakwerbung gegen die Stimmen Deutschlands und Großbritanniens geantwortet. Die Bundesregierung hat 2003 auch dagegen Klage beim Europäischen Gerichtshof eingereicht. Diese Klage wurde jedoch im Juni 2006 abgewiesen.

Jahrbuch Sucht 2006, Deutsche Hauptstelle für Suchtfragen; www.dhs.de

	Ausgaben und Steuereinnahmen				
	1997	1999	2001	2003	2004
Zigaretten					
Verbrauch (Mio.)	17.665	19.579	19.861	21.078	19.961
Veränderung Vorjahr	+3,5 %	+6,8 %	–1,5 %	–2,3 %	–5,3 %
Tabaksteuer (Mio.€)	10.237	11.154	11.432	13.353	12.540
Veränderung Vorjahr	+2,5 %	+6,6 %	5,0 %	+1,1 %	–6,1 %
Zigarren/Zigarillos					
Verbrauch (Mio.)	343	469	499	569	653
Veränderung Vorjahr	+17,8 %	+15,4 %	+3,6 %	+0,6 %	+14,6 %
Tabaksteuer (Mio.€)	28	35	39	45	56
Veränderung Vorjahr	+21,9 %	+11,3 %	+3,9 %	–1,3 %	+23,3 %
Feinschnitt					
Verbrauch (Mio.)	1.004	923	1.140	1.472	2.217
Veränderung Vorjahr	–1,9 %	–13,1 %	+15,2 %	+39,1 %	+50,7 %
Tabaksteuer (Mio.€)	512	440	570	676	1.007
Veränderung Vorjahr	–3,2 %	–18,2 %	11,1 %	+39,2 %	+49,1 %
Pfeifentabak					
Verbrauch (Mio.)	99	98	95	91	94
Veränderung Vorjahr	+2,2 %	+0,3 %	+2,5 %	+4,8 %	+4,0 %
Tabaksteuer (Mio.€)	25	24	22	21	23
Veränderung Vorjahr	+1,6 %	–2,6 %	–1,7 %	–1,1 %	+10,6 %

Tabelle 2.3.20 Illegale Drogen – Konsum und Verkehrsunfälle

Zusätzlich zu den legalen und in unserem Kulturkreis schon seit Jahrhunderten verbreiteten „Alltagsdrogen" (Tabak und Alkohol) hat sich das Angebot an psychoaktiven Substanzen in den letzten vier Jahrzehnten erheblich erweitert.

Der Konsum illegaler Drogen stieg gegen Ende der 60er Jahre in Deutschland sprunghaft an, um dann, trotz kurzzeitiger Schwankungen, auf etwa gleich hohem Niveau zu bleiben. Das deutet darauf hin, dass die Anzahl der gelegentlichen Konsumenten illegaler Drogen, die nach ein- oder mehrmaligem Probieren den Konsum wieder einstellen, zunimmt, während der Umfang regelmäßiger Konsumenten in etwa konstant bleibt.

Cannabis wird in Deutschland von Jugendlichen am häufigsten und als erste illegale Droge konsumiert. Heute hat über ein Viertel der 12- bis 25-jährigen Jugendlichen bereits Erfahrungen mit Cannabis gemacht, wobei nur noch geringe Unterschiede zwischen West- und Ostdeutschland existieren. Obwohl Cannabis von den meisten Jugendlichen nur gelegentlich geraucht wird und sehr viele es später ganz aufgeben, steigt die Zahl derer, die Cannabis exzessiv konsumieren, stetig an.

Jahrbuch Sucht 2006, Deutsche Hauptstelle für Suchtfragen; www.dhs.de
Hurrelmann, Klocke, Melzer, Ravens-Sieberer: Jugendgesundheitssurvey 2003

Drogenkonsum in Deutschland		
Erste Erfahrung mit Drogen im Alter von		16,4 Jahren
Erste Erfahrung Jugendlicher mit Cannabis im Alter von		16,5 Jahren
Anteil der 18–59-Jährigen mit Erfahrung beim Umgang mit illegalen Drogen		
Missbrauch insgesamt 145.000	Anteil	0,3 %
	Anteil Männer	0,5 %
	Anteil Frauen	0,1 %
Abhängigkeit insgesamt 290.000	Anteil	0,6 %
	Anteil Männer	0,9 %
	Anteil Frauen	0,4 %
Drogenabhängige in der Wohnbevölkerung	West	2,5 Mio. (6,5 %)
	Ost	0,5 Mio. (4,9 %)
Mit Konsum von Cannabis	West	(6,2 %)
	Ost	(4,9 %)
Mit Konsum anderer illegaler Drogen	West	(1,3 %)
	Ost	(1,3 %)

Verkehrsunfälle mit Personenschäden (P) auf Grund berauschender Mittel					
Jahr	Unfälle (P) insgesamt	Unfälle (P) Drogen	Jahr	Unfälle (P) insgesamt	Unfälle (P) Drogen
1995	388.000	608	2000	383.000	1.015
1996	378.000	611	2001	375.000	1.081
1997	381.000	611	2002	362.000	1.263
1998	377.000	730	2003	354.000	1.408
1999	397.000	880	2004	339.000	1.521

Tabelle 2.3.21 Rauschgiftdelikte und Rauschgiftsicherstellung in Deutschland 1995-2004

Im Jahr 2004 stiegen die Fallzahlen für Rauschgiftdelikte um 11 % an. Der Anteil an der Gesamtkriminalität liegt wie in den Jahren seit 2000 stabil bei ca. 4 %.
Angaben in Delikte pro 100.000 Einwohner, nach der polizeilichen Kriminalstatistik und der Falldatei Rauschgift. Synthetische Drogen wie z.B. Amphetamin und Methamphetamin.
Abk. KE = Konsumeinheit (meist in Tablettenform).

Jahrbuch Sucht 2006, Deutsche Hauptstelle für Suchtfragen; www.dhs.de

Jahr	Rauschgiftdelikte	Sicherstellung Heroin (kg)	Sicherstellung Kokain (kg)	Synthetische Drogen (kg)	Sicherstellung Ecstasy (KE)
1995	132.389	933	1.846	138	380.858
1996	158.477	898	1.373	160	692.397
1997	187.022	722	1.721	234	694.281
1998	205.099	686	1.133	310	419.329
1999	216.682	796	1.979	360	1.470.507
2000	226.563	796	913	271	1.634.683
2001	244.336	836	1.288	263	4.576.504
2002	246.518	520	2.136	362	3.207.099
2003	255.575	626	1.009	484	1.257.676
2004	283.708	775	969	556	2.052.158

Tabelle 2.3.22 Rauschgiftdelikte in den Bundesländern 2004

In den einzelnen Bundesländern verlief die Entwicklung der Rauschgiftdelikte 2004 uneinheitlich. Während im Bundesdurchschnitt die Deliktbelastung bei 344 lag, waren die Stadtstaaten Hamburg, Bremen weit stärker belastet.
Angaben in Delikte pro 100.000 Einwohner, nach der polizeilichen Kriminalstatistik.

Jahrbuch Sucht 2006, Deutsche Hauptstelle für Suchtfragen; www.dhs.de

Bundesländer	Rauschgiftdelikte	Bundesländer	Rauschgiftdelikte
Baden-Württemberg	367	Niedersachsen	302
Bayern	327	Nordrhein-Westfalen	353
Berlin	407	Rheinland-Pfalz	432
Brandenburg	257	Saarland	314
Bremen	635	Sachsen	215
Hamburg	774	Sachsen-Anhalt	279
Hessen	327	Schleswig-Holstein	302
Mecklenburg-Vorpommern	264	Thüringen	323

Tabelle 2.3.23 Rauschgiftdelikte in den Großstädten ab 200.000 Einwohner und in den Landeshauptstädten 2003 und 2004

Beim Vergleich der Städte untereinander ist zu beachten, dass das Anzeigeverhalten sehr unterschiedlich sein kann und dass bei der Berechnung der Häufigkeit nur die amtlich gemeldete Wohnbevölkerung berücksichtigt wird.

Als Häufigkeit werden Fälle pro 100.000 Einwohner angegeben.

Polizeiliche Kriminalstatistik 2004, Bundeskriminalamt; www.bka.de

Stadt	Fälle Insges.	Häufigkeit 2004	Häufigkeit 2003	Stadt	Fälle Insges.	Häufigkeit 2004	Häufigkeit 2003
Aachen	1.272	496	431	Karlsruhe	1.127	399	318
Augsburg	2.033	784	650	Kiel	1.362	584	598
Berlin	13.788	407	397	Köln	5.681	588	565
Bielefeld	801	244	262	Krefeld	661	277	241
Bochum	1.559	403	295	Leipzig	1.814	365	350
Bonn	2.084	670	677	Lübeck	935	439	441
Braunschweig	799	326	375	Magdeburg	719	316	278
Bremen	3.571	655	580	Mainz	767	413	396
Chemnitz	1.010	404	322	Mannheim	2.054	666	512
Dortmund	1.939	329	292	Mönchengladbach	1.403	535	458
Dresden	1.033	214	276	München	5.582	447	401
Duisburg	1.592	314	303	Münster	984	365	318
Düsseldorf	3.712	648	586	Nürnberg	2.302	466	384
Erfurt	854	424	307	Oberhausen	895	407	295
Essen	2.229	378	380	Potsdam	409	282	323
Frankfurt a. M.	6.927	1.077	653	Rostock	300	151	158
Freiburg i. Br.	1.016	478	454	Saarbrücken	1.193	656	535
Gelsenkirchen	764	280	291	Schwerin	386	395	329
Hagen	595	297	278	Stuttgart	4.452	756	583
Halle	789	329	307	Wiesbaden	796	293	259
Hamburg	13.428	774	729	Wuppertal	713	197	253
Hannover	4.268	827	820				

Tabelle 2.3.24 Rauschgifttote (Mortalität) 1999–2004

Die häufigsten Todesursachen waren wie in den Vorjahren Überdosierungen von Heroin und Mischintoxikationen.

Jahrbuch Sucht 2006, Deutsche Hauptstelle für Suchtfragen; www.dhs.de

	1995	2000	2001	2002	2003	2004
gesamt	1.565	2.030	1.835	1.513	1.477	1.385
männlich	1.293	1.712	1.537	1.263	1.231	1.156
weiblich	254	318	289	237	231	203

Tabelle 2.3.25 Erstauffällige Konsumenten harter Drogen in Deutschland 1995–2004 und nach Rauschgiftart 2004

Erstauffällige Konsumenten harter Drogen sind Personen, die erstmals der Polizei oder dem Zoll in Verbindung mit dem Missbrauch von harten Drogen bekannt werden.

Die Anzahl der erstauffälligen Konsumenten ist im Vergleich zum Vorjahreszeitraum um 18 % auf 21.100 registrierte Personen angestiegen. Dieser Anstieg bezieht sich auf synthetische Drogen (Amphetamin +40 %, Ecstasy +17 %) sowie auf Kokain (+11 %). Der Rückgang bei Heroin setzte sich im Jahr 2004, wenn auch abgeschwächt (-2 %), fort.

Insgesamt nimmt in der Bundesrepublik Deutschland die Bedeutung von Amphetamin, Crack und Cannabisprodukten zu, während Kokain stagniert und Heroin sowie Ecstasy an Bedeutung verlieren.

Polizeiliche Kriminalstatistik 2004, Bundeskriminalamt; www.bka.de

	Erstauffällige Konsumenten harter Drogen						
Jahr	gesamt	männlich	weiblich	Rauschgiftart 2004	gesamt	männlich	weiblich
1995	15.229	12.814	2.415	Heroin	5.324	4.328	996
1996	17.197	14.554	2.643	Kokain	4.802	4.049	753
1997	20.594	17.326	3.268	Amphetamin	9.220	7.564	1.674
1998	20.943	17.519	3.424	Ecstasy	3.907	3.167	740
1999	20.573	17.162	3.411	LSD	151	129	22
2000	22.584	18.975	3.609	Sonstige	186	158	28
2001	22.551	18.688	3.863				
2002	20.230	16.832	3.398				
2003	17.937	14.702	3.234				
2004	21.100	17.385	3.715				

Tabelle 2.3.26 Deutsche und nichtdeutsche Tatverdächtige nach dem Betäubungsmittelgesetz in Deutschland 2004

Allgemeine Verstöße richten sich gegen das Betäubungsmittelgesetz § 29.

Polizeiliche Kriminalstatistik 2004, Bundeskriminalamt; www.bka.de

	Tatverdächtige		Nichtdeutsche Tatverdächtige in % Anteilen					
Straftaten	Insges.	Nichtdeutsche	illegal	Touristen	Studenten	Arbeitnehmer	Gewerbetreibende	Asylbewerber
Rausgiftdelikte	232.502	46.994	2,7	14,2	5,8	18,3	1,1	11,3
Allgem. Verstöße	171.251	29.436	1,8	10,5	7,1	19,7	1,0	8,4
Heroin	18.563	3.619	2,7	2,7	1,1	19,1	0,8	12,9
Kokain	11.991	3.285	3,1	5,5	1,3	19,5	2,3	11,0
Illegaler Handel	62.131	16.813	3,8	15,7	4,2	16,0	1,1	17,8
Heroin	8.729	3.253	7,7	3,8	0,8	11,9	0,6	27,8
Kokain	7.070	3.728	6,8	4,0	1,0	12,9	1,7	31,8

Tabelle 2.3.27 Trends der Prävalenz des Konsums illegaler Drogen bei 18- bis 24-Jährigen und bei 18- bis 39-Jährigen in Deutschland

Die Prävalenz ist eine absolute Größe und sagt hier als Kennzahl aus, auf wie viele Personen einer bestimmten Altersgruppe der angegebene Drogenkonsum zutrifft. In der Tabelle werden die Werte auf die Lebenszeit bezogen.

Im Gegensatz zu den Prävalenzen bei Tabak und Alkohol steigen die Lebenszeit-Prävalenzen bei den meisten illegalen Drogen in Deutschland kontinuierlich an. Sowohl in Deutschland als auch europaweit ist Cannabis die am weitesten verbreitete illegale Droge.

Jahrbuch Sucht 2006, Deutsche Hauptstelle für Suchtfragen; www.dhs.de

Jahr	illegale Drogen	Cannabis	Amphetamine	Ecstasy	Opiate	Kokain/Crack
Prävalenz des Konsums illegaler Drogen unter den 18- bis 24-Jährigen						
1980	15,4	14,6	2,7	–	1,5	0,6
1986	14,0	13,3	2,6	–	1,4	0,8
1990	18,2	17,7	3,0	–	1,3	1,5
1995	26,4	24,9	6,7	6,2	3,7	5,1
1997	26,9	24,0	2,7	5,5	1,1	2,4
2000	38,4	38,3	4,8	5,5	1,4	4,0
2003	44,2	43,6	6,0	5,4	2,1	4,4
Prävalenz des Konsums illegaler Drogen unter den 18- bis 39-Jährigen						
1990	14,6	14,0	2,8	–	1,4	1,3
1995	19,0	18,2	3,6	2,5	2,2	3,2
1997	18,9	17,6	2,1	2,8	1,1	2,0
2000	27,7	27,2	3,0	2,8	1,4	3,7
2003	33,8	33,1	4,6	4,3	1,9	4,8

Tabelle 2.3.28 Arzneimittel – Konsum und Suchtpotenzial

Arzneimittel sind Medikamente, Mittel zur Diagnose von Erkrankungen und Impfstoffe. Arzneimittel können neben ihrer heilenden Wirkung gegen Krankheiten auch schädigende Wirkungen haben. Paracelsus, ein deutscher Arzt und Chemiker im 16.Jahrhundert, der gegen den Zeitgeist davon ausging, dass Krankheiten durch körperfremde Substanzen verursacht und durch chemische Substanzen bekämpft werden können, hat dies durch den Satz „Die Dosis macht das Gift" zum Ausdruck gebracht.

In Deutschland sind zurzeit ca. 50.000 verschiedene Arzneimittel auf dem Markt. Von den häufig verordneten Arzneimitteln besitzen 4–5 % ein eigenes Missbrauchs- und Abhängigkeitspotenzial, das zur Sucht führen kann. Bei sachgerechter Verordnung und Anwendung wird dies vermieden.

Zu den am häufigsten eingenommenen psychotropen Medikamenten gehören Schlaf- und Beruhigungsmittel wie Hypnotika, Sedativa, Tranquilizer vom Benzodiazepin- und Barbitursäure-Typ. Darüber hinaus sind die Anregungsmittel, Appetitzügler (Stimulanzien), Schmerz- und Betäubungsmittel (peripher und zentral wirkende Analgetika) von Bedeutung. Sie sind alle rezeptpflichtig, werden aber oft (30–35 %) zu lange und in zu hoher Dosis nicht wegen akuter Probleme, sondern zur Bedienung der Sucht und zur Vermeidung von Entzugserscheinungen verordnet.

Jahrbuch Sucht 2006, Deutsche Hauptstelle für Suchtfragen; DHS-Info Medikamente, Deutsche Hauptstelle für Suchtfragen 2003; www.dhs.de

Arzneimittelmarkt nach Endverbraucherpreisen im Jahr 2004			
Rezeptpflichtige Arzneimittel	26,72 Mrd.€	–1 % zu 2003	Anteil 81 %
Verordnete rezeptfreie Arzneimittel	1,54 Mrd.€	–45 % zu 2003	Anteil 5 %
Selbstmedikation mit rezeptfreien Arzneimitteln aus der Apotheke	4,34 Mrd.€	+10 % zu 2003	Anteil 13 %
Selbstmedikation mit rezeptfreien Arzneimitteln außerhalb der Apotheke	0,29 Mrd.€	–4 % zu 2003	Anteil 1 %
Gesamt	32,89 Mrd.€	–4 % zu 2003	Anteil 100 %

Arzneimittelmarkt nach Packungsmengen im Jahr 2004			
Rezeptpflichtige Arzneimittel	666 Mio.	–9 % zu 2003	Anteil 45 %
Verordnete rezeptfreie Arzneimittel	155 Mio.	–42 % zu 2003	Anteil 10 %
Selbstmedikation mit rezeptfreien Arzneimitteln aus der Apotheke	581 Mio.	+ 4 % zu 2003	Anteil 39 %
Selbstmedikation mit rezeptfreien Arzneimitteln außerhalb der Apotheke	82 Mio.	–1 % zu 2003	Anteil 6 %
Gesamt	1.490 Mio.	–9 % zu 2003	Anteil 100 %

Einnahme von Medikamenten mit Suchtpotenzial mindestens 1x wöchentlich			
Männer	13,3 % der Befragten	18–20-Jährige (insg.)	12,5 % der Befragten
Frauen	20,4 % der Befragten	50–59-Jährige (insg.)	24,6 % der Befragten
Problematischer Gebrauch von Medikamenten		2000	3,3 % der Befragten
		2003	4,3 % der Befragten

Tabelle 2.3.29 Die meistverkauften Arzneimittel in Deutschland 2004

Beim Pro-Kopf-Umsatz musste in Deutschland im Jahr 2004 für ca. 18 Arzneimittel-Packungen etwa 423 € ausgegeben werden. Davon entfielen auf verordnete Mittel etwa 353 € und 70 € auf Arzneimittel, die im Zuge einer Selbstmedikation selbst bezahlt wurden. Das bedeutet, dass jeder Einwohner in Deutschland statistisch gesehen etwa 1.100 Tabletten, Kapseln, Zäpfchen oder andere Dosierungen geschluckt hat.

Beim Konsum zeigt sich eine starke Geschlechts- und Altersabhängigkeit. Frauen und ältere Menschen konsumieren im Vergleich zu den Durchschnittswerten 2- bis 3-mal so viele Arzneimittel (siehe Tabelle 2.3.28). Dies zeigt sich besonders beim Verbrauch von verschriebenen Arzneimitteln.

Im Vergleich zum Vorjahr 2003 wurden 5,1 % weniger Packungen verkauft, mit denen jedoch ein um 4,1 % höherer Industrieumsatz erwirtschaftet wurde.

Im internationalen Vergleich liegt Deutschland mit den Ausgaben für Arzneimittel auf Rang 3 nach den USA und Frankreich. Auf den Rängen mit geringeren Ausgaben folgen Japan, Italien, Österreich und Spanien.

Abkürzungen: Selbstm. = vor allem Selbstmedikation, nicht rezeptpflichtig; Rezept = rezeptpflichtig

Jahrbuch Sucht 2006, Deutsche Hauptstelle für Suchtfragen; www.dhs.de

Rang	Arzneimittel	Anwendungsgebiet	Umsatz in Millionen Packungen	Verordnung
1	Paracetamol-ratiopharm	Schmerzen, Fieber	19,5	Selbstm.
2	Nasenspray ratiopharm	Schnupfen	17,6	Selbstm.
3	Thomapyrin(coffeinhaltig)	Schmerzen	15,7	Selbstm.
4	Olynth	Schnupfen	15,2	Selbstm.
5	Bepanthen	z.B. Wundheilung	14,6	Selbstm.
6	ACC Hexal	Hustenlöser	14,1	Selbstm.
7	Aspirin	Schmerzen	13,7	Selbstm.
8	ASS ratiopharm	Schmerzen	12,7	Selbstm.
9	Voltaren	Rheumatische Beschwerden	11,2	Rezept
10	Aspirin plus C	Schmerzen	11,1	Selbstm.
11	Voltaren Schmerzgel	Rheumatische Beschwerden	10,6	Selbstm.
12	Dolormin	Schmerzen	9,6	Selbstm.
13	Mucosolvon	Hustenlöser	9,0	Selbstm.
14	L-Thyroxin Henning	Schilddrüsenhormone	7,8	Rezept
15	Otriven	Schnupfen	7,6	Selbstm.
16	Sinupret	Erkältung/Nebenhöhlenentzündung	7,2	Selbstm.
17	Umckaloabo	Pflanzliches „Antibiotikum"	6,9	Selbstm.
18	Dulcolax	Abführmittel	6,8	Selbstm.
19	Diclofenac-ratiopharm	Rheumatische Beschwerden	6,4	Rezept
20	Grippostad C	Grippale Infekte	5,6	Selbstm.
	Gesamtmenge an verkauften Packungen 2004:		1.492	

Tabelle 2.3.30   Die umsatzstärksten Arzneimittel in Deutschland 2004

Im Jahr 2004 ist durch die Einführung der Praxisgebühr die Zahl der Arztbesuche und damit auch die Menge der verordneten und der selbst gekauften Medikamente gegenüber 2003 um ca. 9 % gesunken. Da im gleichen Zeitraum der Durchschnittspreis eines verordneten Medikaments um 8 % gestiegen ist, wurde auf dem Arzneimittelmarkt insgesamt 4 % weniger ausgegeben. Am stärksten sanken mit 45 % die Ausgaben für verordnete nicht verschreibungspflichtige Mittel, wie Galle- und Lebermittel, angeblich durchblutungsfördernde Mittel, Magenmittelkombinationen, Mittel gegen Nervenschäden oder pflanzliche Mittel gegen die Parkinson-Krankheit.

Für chronische Krankheiten wie Bluthochdruck, Diabetes oder Hypercholesterinämie werden die umsatzstärksten Arzneimittel verschrieben. Auf die 20 in der Tabelle genannten Hochumsatzprodukte entfallen knapp 14 % des gesamten Umsatzes.

Im Jahre 2004 stand der Cholesterin-Senker Sortis an Platz 1. Im Jahre 2005 wird es diesen Platz allerdings verlieren, weil im Streit um die Festbeträge in der gesetzlichen Krankenversicherung die Herstellerfirma den Preis des Mittels nicht absenken wollte und dadurch empfindliche Absatzeinbußen hinnehmen musste.

Abkürzungen: Selbstm. = vor allem Selbstmedikation, nicht rezeptpflichtig; Rezept = rezeptpflichtig; BTM = nur auf Betäubungsmittel-Rezept.

Jahrbuch Sucht 2006, Deutsche Hauptstelle für Suchtfragen; www.dhs.de

Rang	Arzneimittel	Anwendungsgebiet	Industrie-Umsatz in Mio. €	Verordnung
1	Sortis (Pfizer)	zu hohe Cholesterinwerte	372	Rezept
2	Durogesic(Janssen/Cilag)	bei starken Schmerzen	234	(BTM)
3	Pantozol (Altana)	z.B. Magen-Darm-Geschwüre	196	Rezept
4	Nexium Mups (Astra)	z.B. Magen-Darm-Geschwüre	191	Rezept
5	Plavix (Sanofi)	Thrombose	175	Rezept
6	Iscover (BMS)	Thrombose	146	Rezept
7	Rebif (Serono)	Multiple Sklerose	134	Rezept
8	Viani (Glaxo)	Asthma	132	Rezept
9	Glivec	Krebsarzneimittel	127	Rezept
10	Zyprexa	Atypisches Neuroleptikum	125	Rezept
11	Omep (Hexal)	z.B. Magen-Darm-Geschwüre	118	Rezept
12	Betaferon (Schering)	Multiple Sklerose	116	Rezept
13	Enbrel	Rheumatoide Arthritis	109	Rezept
14	Symbicort	bei Asthma	108	Rezept
15	Omeprazol-ratiopharm	z.B. Magen-Darm-Geschwüre	104	Rezept
16	Fosamax (MSD)	bei Osteoporose	103	Rezept
17	Lantus	Zuckerkrankheit	96	Rezept
18	Spiriva	Chronische Lungenerkrankung	91	Rezept
19	Simvahexal	zu hohe Cholesterinwerte	90	Rezept
20	Avonex	Multiple Sklerose	88	Rezept
Gesamtumsatz der Pharmaindustrie 2004:			20.660	

Tabelle 2.3.31 Veränderungen im Verbrauch der Benzodiazepin-Mengen der vergangenen 10 Jahre

Benzodiazepin-Derivate gehören in der Bundesrepublik zu den meistverordneten Arzneimitteln. Es sind Tranquilizer und Hypnotika, die dämpfend wirken und bei Angst- und Spannungszuständen sowie Schlafstörungen eingesetzt werden. Sie werden im Körper sehr unterschiedlich abgebaut. Die Halbwertszeit, zu der die Hälfte der Substanz abgebaut ist, kann zwischen 2,5 und 8 Stunden liegen. Bei Schlafmitteln ist eine mit mittlere Wirkdauer sinnvoll, um Nachwirkungen („hang-over"-Effekte) am nächsten Morgen zu vermeiden.
Auf Grund des hohen Risikos einer Benzodiazepin-Abhängigkeit werden zur Substitution Neuroleptika und Antidepressiva verordnet.

Jahrbuch Sucht 2006, Deutsche Hauptstelle für Suchtfragen; www.dhs.de

Durchschnittlicher Verbrauch 1993–1996			Durchschnittlicher Verbrauch 2001–2004		
Rang	Substanz	kg/Jahr	Rang	Substanz	kg/Jahr
1	Oxazepam	3.302,90	1	Oxazepam	2.228,50
2	Diazepam	1.211,00	2	Diazepam	1.055,00
3	Flurazepam	902,80	3	Temazepam	813,20
4	Bromazepam	758,13	4	Bromazepam	671,95
5	Temazepam	723,80	5	Flurazepam	391,80
6	Medazepam	503,00	6	Medazepam	263,40
7	Nitrazepam	414,50	7	Nitrazepam	185,00
8	Clobazam	189,00	8	Lorazepam	149,80
9	Lorazepam	92,90	9	Clobazam	129,70
10	Flunitrazepam	84,75	10	Lormetazepam	57,60
11	Lormetazepam	79,70	11	Flunitrazepam	35,20
12	Alprazolom	14,96	12	Alprazolom	16,10
13	Triazolam	2,80	13	Triazolam	1,40

2.4 Aids, Krebs und andere ausgewählte Krankheiten

Tabelle 2.4.1 HIV/AIDS-Daten und Trends weltweit

HIV = Abkürzung von englisch "Human Immune (deficiency) Virus".
Bei HIV-Infizierten sind HIV-Antikörper in der Latenzphase serologisch nachweisbar, Krankheitssymptome sind nicht erkennbar, die Ansteckung anderer Personen ist jedoch möglich. Umgangssprachlich wird eine HIV-Infektion als AIDS (acquired immunodeficiency syndrome) bezeichnet; medizinisch korrekt ist die Bezeichnung AIDS jedoch nur für das Vollbild der Symptome bei der HIV-Infektion.

An der Immunschwächekrankheit AIDS sind seit ihrem Bekannt werden 1981 mehr als 25 Millionen Menschen gestorben. Sie ist damit zu einer der gefährlichsten Epidemien in der Geschichte der Menschheit geworden.

In den letzten zwei Jahren ist die Zahl der HIV-Positiven in fast allen Regionen der Welt gestiegen. Im südlichen Afrika, das mit etwa 25,8 Millionen (2/3 aller HIV-Positiven) die am stärksten betroffene Region ist, stieg die Zahl der HIV-Positiven seit 2003 um ungefähr 1 Million. Auch in Osteuropa, Zentralasien und Ostasien breitet sich die Epidemie weiter aus. In Osteuropa und Zentralasien stieg die Zahl der HIV-Positiven seit 2003 um ein Viertel an und die Zahl der AIDS-Toten verdoppelte sich.

Die Zahlen in Klammern geben den Schwankungsbereich der Angaben an.

UNAIDS/Weltgesundheitsorganisation (WHO), 2005; www.unaids.org

Die weltweite HIV-AIDS-Epidemie, Stand Dezember 2005	
HIV-positive Menschen 2005	
Gesamt	40,3 Mio. (36,7–45,3 Mio.)
Erwachsene	38,0 Mio. (34,5–42,6 Mio.)
Frauen	17,5 Mio. (16,2–19,3 Mio.)
Kinder unter 15 Jahren	2,3 Mio. (2,1–2,8 Mio.)
Zum Vergleich: mit HIV infizierte Menschen 1999	33,6 Mio.
Erwachsene	32,4 Mio.
Frauen	14,8 Mio.
Kinder unter 15 Jahren	1,2 Mio.
HIV-Neuinfektionen 2005	
Gesamt	4,9 Mio. (4,3–6,6 Mio.)
Erwachsene	4,2 Mio. (3,6–5,8 Mio.)
Kinder unter 15 Jahren	700.000 (630.000–820.000)
damit haben sich insgesamt täglich infiziert:	~13.424
AIDS-Tote 2005	
Gesamt	3,1 Mio. (2,8–3,6 Mio.)
Erwachsene	2,6 Mio. (2,3–2,9 Mio.)
Kinder unter 15 Jahren	570.000 (510.000–670.000)
Gesamtzahl der AIDS-Todesfälle seit Beginn	Über 25 Mio.

Tabelle 2.4.2 Chronik der AIDS-Epidemie

Lage-Stehr, 1994; AIDS-Nachrichten 4/93, AIDS-Zentrums des Bundesgesundheitsamtes; www.wdr.de

Vorgeschichte und Verlauf der AIDS-Epidemie	Jahr
Erster retrospektiv mutmaßlicher AIDS-Fall (USA).	1952
Weiterer retrospektiv mutmaßlicher AIDS-Fall (Kanada).	1958
Erstes HIV-positives Serum (Kinshasa, Zaire).	1959
Erster retrospektiv gesicherter AIDS-Fall in Manchester (GB).	1959/60
Mutmaßliche AIDS-Fälle bei Wanderarbeitern in Südafrika.	1963/65
Erste retrospektiv gesicherte HIV-Infektionen in Norwegen.	1966
Erster retrospektiv gesicherter AIDS-Fall in St. Louis (USA).	1968
Zahlreiche mutmaßliche AIDS-Fälle in Israel, USA und Afrika; Aggressives Kaposi-Sarkom in Afrika.	1969
HIV-positive Seren bei Drogenabhängigen in New York.	1971/72
Erster AIDS-Fall in Frankreich.	1972
Mutmaßlicher AIDS-Fall in Uganda.	1973
Fälle des aggressiven Kaposi-Sarkoms nehmen in den USA zu.	1975
Erster AIDS-Fall in Deutschland (Köln) und Dänemark, 3 AIDS-Patienten versterben in Norwegen.	1976
Erster AIDS-Fall in Belgien.	1977
Zweiter AIDS-Fall in Deutschland.	1978
Erster retrospektiv gesicherter AIDS-Fall durch HIV-2 bei einem Portugiesen, der von 1956 bis 1966 in Guinea-Bissau lebte.	1979/80
Die AIDS-Epidemie wird sichtbar: zunehmend Fälle des aggressiven Kaposi-Sarkoms bei homosexuellen Männern (USA); erster Bericht über AIDS in einer deutschen Wochenzeitschrift.	1981
Die Krankheit wird als infektiös erkannt und bekommt den Namen: "AIDS" (acquired immune deficiency syndrome); erste AIDS-Fälle bei deutschen Blutern und bei Säuglingen.	1982
Der AIDS-Erreger wird am Pariser Pasteur-Institut isoliert.	1983
Erstes Bild eines AIDS-Virus wird im Mai in Science veröffentlicht.	1983
Erste Antikörpertests.	1984
Erste dokumentierte Übertragung durch Nadelstiche.	1984
Erste AIDS-Fälle unter Drogenabhängigen in Deutschland.	1984
Erste durch heterosexuelle Übertragung erworbene AIDS-Erkrankung in Deutschland (Lebenspartnerin eines Bluters).	1984
Das HIV-Genom wird am Pasteur-Institut entziffert.	1984
Erster AIDS-Fall nach Bluttransfusion in Deutschland.	1985
Vakzine (Impfstoffe) gegen HIV werden in den USA getestet.	1987
Erste Tests mit dem Impfstoff "gag-PR-deltaRT AAV" in Deutschland.	2004

Tabelle 2.4.3   HIV/AIDS – in den Regionen der Welt

Bei HIV-Infizierten sind HIV-Antikörper in der Latenzphase serologisch nachweisbar, Krankheitssymptome sind nicht erkennbar. AIDS-Fälle zeigen die Symptome der Krankheitsphase.

Die „Prävalenz bei Erwachsenen" ist eine epidemiologische Kennzahl und sagt aus, wie hoch der Prozentsatz der Erwachsenen ist, die in der angegebenen Population HIV-positiv sind.

UNAIDS/WHO – 2005; www.unaids.org

Region	HIV-Positive	Neu-infektionen	Prävalenz bei Erwachs. (%)	AIDS-Tote
Welt gesamt				
2005	40,3 Mio.	4,9 Mio.	1,1	3,1 Mio.
2003	37,5 Mio.	4,6 Mio.	1,1	2,8 Mio.
Südliches Afrika				
2005	25,8 Mio.	3,2 Mio.	7,2	2,4 Mio.
2003	24,9 Mio.	3,0 Mio.	7,3	2,1 Mio.
Nordafrika u. Naher Osten				
2005	510.000	67.000	0,2	58.000
2003	500.000	62.000	0,2	55.000
Asien gesamt				
2005	8,3 Mio.	1,1 Mio.	0,4	520.000
2003	7,1 Mio.	940.000	0,4	420.000
Süd- und Südostasien				
2005	7,4 Mio.	990.000	0,7	480.000
2003	6,5 Mio.	840.000	0,6	390.000
Ostasien				
2005	870.000	140.000	0,1	41.000
2003	690.000	100.000	0,1	22.000
Ozeanien				
2005	74.000	8.200	0,5	3.600
2003	63.000	8.900	0,4	2.000
Lateinamerika				
2005	1,8 Mio.	200.000	0,6	66.000
2003	1,6 Mio.	170.000	0,6	59.000
Karibik				
2005	300.000	30.000	1,6	24.000
2003	300.000	29.000	1,6	24.000
Osteuropa u. Zentralasien				
2005	1,6 Mio.	270.000	0,9	62.000
2003	1,2 Mio.	270.000	0,7	36.000
West- und Mitteleuropa				
2005	720.000	22.000	0,3	12.000
2003	700.000	20.000	0,3	12.000
Nordamerika				
2005	1,2 Mio.	43.000	0,7	18.000
2003	1,1 Mio.	43.000	0,7	18.000

Tabelle 2.4.4 HIV – in Europa 2000–2004

Nach der Definition der WHO (Welt-Gesundheits-Organisation) werden der Region Europa 52 Länder zugeordnet. Die Daten entsprechen dem Stand 31.12.2004. Als Überwachungsinstrument der HIV-Epidemie in Europa sind die Berichte über AIDS-Fälle, die die Symptome der Erkrankung zeigen, durch Berichte über HIV-Neuinfektionen seit 1996 abgelöst worden.

Trends wurden auf der Basis von 20 Ländern, die zur Europäischen Union (Abkürzung EU) gehören, aus den letzten 4 Jahren ermittelt. Danach hat die Gesamtzahl der HIV-Neuinfektionen um 23 % zugenommen. Die Zahl der Fälle über die berichtet wurde, nahm in England um 69 % zu, in den übrigen Ländern von Westeuropa um 20 % und in Zentraleuropa um 17 %. Für die Baltischen Staaten war eine Abnahme der HIV-Neuinfektionen von 49 % zu beobachten.

Seit dem Jahr 2000 nimmt in der EU insgesamt die Zahl der AIDS-Diagnosen langsam aber kontinuierlich pro Jahr um etwa 7 % ab. In Polen war entgegen diesem Trend 2003 ein Anstieg um 22 % und 2004 ein Anstieg um 32 % zu beobachten. In den Baltischen Staaten nahm die Zahl der AIDS-Fälle zwischen 2000 und 2004 um rund 405 pro Jahr zu.

HIV/AIDS Surveillance in Europe, EuroHIV 2005; www.eurohiv.org

	HIV-Neuinfektionen und Raten pro 1Million Einwohner der Bevölkerung						
	2000		2003		2004		
	Insgesamt	pro 1 Million	insgesamt	pro 1 Million	insgesamt	pro 1 Million	Gesamtzahl
Westeuropa	14.792		21.486		20.229		219.374
Österreich EU	428	52,8	423	52,1	470	57,9	2.817
Belgien EU	950	92,7	1.048	101,6	984	95,2	16.781
Dänemark EU	260	48,9	270	50,3	292	54,3	4.254
Finnland EU	146	28,2	134	25,7	128	24,5	1.753
Frankreich EU	–	–	3.081	–	2.697	–	5.778
Deutschland EU	1.707	20,7	1.912	23,2	1.979	24,0	23.722
Griechenland EU	505	46,3	433	39,4	434	39,5	7.134
Island	10	35,4	10	34,5	5	17,1	176
Irland EU	290	75,9	399	100,9	356	89,0	3.764
Israel	289	47,8	297	46,2	315	48,0	4.309
Italien EU	1.174	70,0	1.104	65,8	–	–	5.896
Luxemburg EU	44	101,1	47	103,7	60	130,7	652
Malta EU	–	–	–	–	17	42,9	17
Monako	–	–	–	–	–	–	–
Niederlande EU	363	22,8	1.613	99,9	1.169	72,0	10.371
Norwegen	169	37,8	225	49,6	–	–	2.755
Portugal EU	4.127	412,1	2.272	225,8	2.825	280,5	25.968
San Marino	3	112,1	4	144,9	–	–	43
Spanien EU	–	–	–	–	–	–	–
Schweden EU	242	27,3	365	41,1	426	47,9	6.704
Schweiz	586	81,7	773	107,8	779	108,7	27.889
England EU	3.499	59,6	7.076	119,4	7.258	122,1	68.556

Fortsetzung nächste Seite

Fortsetzung Tabelle 2.4.4 HIV – in Europa 2000–2004

	HIV-Neuinfektionen und Infektionsraten pro 1Million Einwohner der Bevölkerung						
	2000		2003		2004		
	insgesamt	pro 1 Million	insgesamt	pro 1 Million	insgesamt	pro 1 Million	Gesamtzahl
Mitteleuropa	1.415		1.475		1.597		23.321
Albanien	10	3,2	21	6,6	29	9,1	148
Bosnien-Herzegowina	2	0,5	12	2,9	31	7,4	101
Bulgarien	49	6,1	63	8,0	–	–	465
Kroatien	33	7,4	45	10,2	55	12,5	470
Zypern EU	29	37,0	24	29,9	25	31,0	441
Tschechische Republik EU	57	5,6	61	6,0	76	7,4	737
Ungarn	47	4,7	63	6,4	71	7,2	1.175
Mazedonien	7	3,5	1	0,5	6	2,9	70
Polen	630	16,3	610	15,8	656	17,0	9.151
Rumänien	290	12,9	244	10,9	293	13,2	6.213
Serbien-Montenegro	71	6,7	107	10,2	105	10,0	1.967
Slowakei	19	3,5	13	2,4	15	2,8	216
Slowenien	13	6,5	14	7,1	25	12,6	245
Türkei	158	2,3	197	2,8	210	2,9	1.922
Osteuropa total	66.591		49.882		49.929		391.075
Armenien	29	9,3	29	9,5	49	16,1	288
Aserbaidschan	64	7,8	116	13,9	121	14,3	718
Belarus	527	52,5	713	72,1	778	79,0	6.263
Estland	390	285,3	840	634,9	743	567,8	4.442
Georgien	79	15,0	100	19,5	163	32,1	638
Kasachstan	347	22,2	747	48,4	699	45,4	4.696
Kirgisien	16	3,3	130	25,3	157	30,1	651
Lettland	466	196,4	403	174,7	323	141,3	3.033
Litauen	65	18,6	110	31,9	135	39,5	980
Moldawien	176	41,1	258	60,5	360	84,4	2.305
Russland	58.786	403,7	36.379	254,0	33.969	238,6	294.601
Tadschikistan	7	1,1	42	6,7	198	31,4	317
Turkmenistan	0	0,0	0	0,0	0	0,0	2
Ukraine	5.485	110,4	8.179	168,6	10.218	212,2	66.529
Usbekistan	154	6,2	1.836	70,4	2.016	76,1	5.612
Europäische Union gesamt	15.451		22.315		21.164		204.587
Europa gesamt	82.798		72.843		71.755		633.770

Tabelle 2.4.5   HIV/AIDS – Deutschland und Bundesländer 2005

In Deutschland hat die Zahl der neu erkannten HIV-Infektionen 2005 gegenüber 2004 um 20 % zugenommen. Den größten Anteil daran haben mit nahezu 60 Prozent Männer mit gleichgeschlechtlichen Sexualkontakten. Das Risiko, sich mit HIV zu infizieren, ist für diese Betroffenengruppe zurzeit so hoch wie nie zuvor in den letzten 12 Jahren.

Die Wahrnehmung der HIV-Epidemie führte zunächst zu einer schockartigen Reduktion von Partnerzahlen, um dann nach einer Adaptionszeit wieder zuzunehmen.

Erläuterungen zu HIV und AIDS siehe Tabelle 2.4.1

HIV/AIDS-Eckdaten, Robert Koch-Institut 2006; www.rki.de

	HIV/AIDS-Eckdaten für das Jahr 2005				Gesamtzahl seit Beginn der E.		
	HIV-Infizierte	Neuinfektionen	AIDS-Erkrankungen	Todesfälle	AIDS Erkrankungen	HIV-Infizierte	Todesfälle
Deutschland							
Gesamt	~ 49.000	~ 2.600	~ 850	~ 750	~ 31.500	~ 75.000	~ 26.000
Männer	~ 39.500	~ 2.250	~ 680	–	~ 27.000	–	–
Frauen	~ 9.500	~ 350	~ 170	–	~ 4.300	–	–
Kinder	~ 300	~ 20	< 5	–	~ 200	–	–
Baden-Württemberg							
Gesamt	~ 5.800	~ 300	~ 100	~ 80	~ 3.200	~ 8.500	~ 2.700
Männer	~ 4.400	~ 250	~ 70	–	~ 2.500	–	–
Frauen	~ 1.500	~ 50	~ 30	–	~ 675	–	–
Kinder	~ 30	< 5	~ 1	–	~ 20	–	–
Bayern							
Gesamt	~ 6.800	~ 425	~ 100	~ 90	~ 4.300	~ 10.400	~ 3.600
Männer	~ 5.500	~ 375	~ 80	–	~3.800	–	–
Frauen	~ 1.300	~ 40	~ 20	–	~ 525	–	–
Kinder	~ 40	< 5	~ 1	–	~ 30	–	–
Berlin							
Gesamt	~ 7.100	~ 450	~ 100	~ 100	~ 5.600	~ 11.200	~ 4.100
Männer	~ 6.200	~ 400	~ 90	–	~ 5.000	–	–
Frauen	~ 925	~ 40	~ 20	–	~ 625	–	–
Kinder	~ 40	< 5	~ 1	–	~ 30	–	–
Brandenburg							
Gesamt	~ 350	~ 30	< 10	< 10	~ 125	~ 425	~ 70
Männer	~ 275	~ 20	< 10	–	~ 100	–	–
Frauen	~ 80	< 10	< 5	–	~ 20	–	–
Kinder	< 5	~ 1	0	–	< 5	–	–

Fortsetzung nächste Seite

Fortsetzung Tabelle 2.4.5 HIV/AIDS – Deutschland und Bundesländer 2005

	HIV/AIDS-Eckdaten für das Jahr 2005				Gesamtzahl seit Beginn der E.		
	HIV-Infizierte	Neuinfektionen	AIDS-Erkrankungen	Todesfälle	AIDS Erkrankungen	HIV-Infizierte	Todesfälle
Bremen							
Gesamt	~ 925	~ 40	~ 20	~ 20	~ 675	~ 1.500	~ 575
Männer	~ 700	~ 30	< 10	–	~ 550	–	–
Frauen	~ 225	~ 10	~ 10	–	~ 125	–	–
Kinder	< 10	0	0	–	< 5	–	–
Hamburg							
Gesamt	~ 3.800	~ 200	~ 60	~ 50	~ 2.700	~ 5.900	~ 2.100
Männer	~ 3.100	~ 200	~ 50	–	~ 2.500	–	–
Frauen	~ 625	~ 20	< 10	–	~ 250	–	–
Kinder	~ 20	~ 2	0	–	~ 20	–	–
Hessen							
Gesamt	~ 5.100	~ 200	~ 125	~ 100	~ 3.900	~ 8.300	~ 3.300
Männer	~ 4.000	~ 175	~ 90	–	~ 3.400	–	–
Frauen	~ 1.100	~ 30	~ 30	–	~ 550	–	–
Kinder	~ 30	< 5	~ 1	–	~ 30	–	–
Mecklenburg-Vorpommern							
Gesamt	~ 350	~ 30	< 10	~ 5	~ 70	~ 400	~ 60
Männer	~ 275	~ 20	< 10	–	~ 60	–	–
Frauen	~ 80	~ 5	< 5	–	< 10	–	–
Kinder	< 5	~ 1	0	–	< 5	–	–
Niedersachsen							
Gesamt	~ 3.200	~ 125	~ 60	~ 50	~ 2.100	~ 4.900	~ 1.700
Männer	~ 2.500	~ 90	~ 50	–	~ 1.800	–	–
Frauen	~ 675	~ 20	~ 10	–	~ 300	–	–
Kinder	~ 20	~ 1	0	–	~ 10	–	–
Nordrhein-Westfalen							
Gesamt	~ 10.500	~ 550	~ 175	~ 150	~ 6.100	~ 16.100	~ 5.600
Männer	~ 8.500	~ 475	~ 150	–	~ 5.300	–	–
Frauen	~ 2.000	~ 70	~ 40	–	~ 850	–	–
Kinder	~ 60	< 5	~ 1	–	~ 40	–	–

Fortsetzung nächste Seite

Fortsetzung Tabelle 2.4.5 HIV/AIDS – Deutschland und Bundesländer 2005

	HIV/AIDS-Eckdaten für das Jahr 2005				Gesamtzahl seit Beginn der E.		
	HIV-Infizierte	Neuinfektionen	AIDS-Erkrankungen	Todesfälle	AIDS Erkrankungen	HIV-Infizierte	Todesfälle
Rheinland-Pfalz							
Gesamt	~ 1.900	~ 90	~ 30	~ 30	~ 1.100	~ 2.800	~ 925
Männer	~ 1.400	~ 80	~ 30	–	~ 900	–	–
Frauen	~ 450	~ 20	< 10	–	~ 200	–	–
Kinder	~ 10	~ 1	0	–	< 10	–	–
Saarland							
Gesamt	~ 500	~ 20	< 10	~ 10	~ 375	~ 800	~ 300
Männer	~ 400	~ 10	< 10	–	~ 325	–	–
Frauen	~ 100	< 5	< 5	–	~ 50	–	–
Kinder	< 5	0	0	–	< 5	–	–
Sachsen							
Gesamt	~ 825	~ 60	< 10	< 10	~ 150	~ 925	~ 125
Männer	~ 650	~ 50	< 10	–	~ 125	–	–
Frauen	~ 175	< 10	< 5	–	~ 30	–	–
Kinder	< 5	0	0	–	< 5	–	–
Sachsen-Anhalt							
Gesamt	~ 550	~ 30	< 10	< 10	~ 100	~ 625	~ 90
Männer	~ 400	~ 20	< 10	–	~ 80	–	–
Frauen	~ 150	< 10	< 5	–	~ 20	–	–
Kinder	< 5	0	0	–	< 5	–	–
Schleswig-Holstein							
Gesamt	~ 1.200	~ 50	~ 40	~ 30	~ 900	~ 2.000	~ 750
Männer	~ 1.000	~ 50	~ 30	–	~ 800	–	–
Frauen	~ 175	< 5	< 10	–	~ 100	–	–
Kinder	< 10	~ 1	0	–	< 10	–	–
Thüringen							
Gesamt	~ 250	~ 2200	< 5	< 5	~ 70	~ 300	~ 60
Männer	~ 200	< 5	< 5	–	~ 60	–	–
Frauen	~ 60	0	0	–	~ 10	–	–
Kinder	<5	–	0	–	0	–	–

Tabelle 2.4.6 HIV und AIDS in Deutschland – Eckdaten nach dem Infektionsrisiko 2005

Bei HIV-Infizierten sind HIV-Antikörper in der Latenzphase serologisch nachweisbar, Krankheitssymptome sind nicht erkennbar, die Ansteckung anderer Personen ist jedoch möglich. AIDS-Fälle zeigen die Symptome der Krankheitsphase.

Die Eckdaten sind Schätzungen des Robert Koch-Instituts über die Anzahl von Personen, die Ende 2005 in Deutschland mit HIV/AIDS lebten. Die Schätzungen werden jährlich aktualisiert, stellen aber keine Fortschreibung früher publizierter Schätzungen dar.

Die höchsten HIV-Infektionszahlen sind in den Industriestaaten bei der Betroffenengruppe „Männer, die Sex mit Männern haben (MSM)" zu beobachten. Der Grund dafür liegt in einem seit dem Ende der 90er Jahre veränderten sexuellen Risikoverhalten. Eine wachsende Gruppe von MSM verzichtet immer öfter auf einen wirksamen Schutz vor HIV-Übertragungen und die Zahl wechselnder Sexualpartner wird immer größer.

Personen, die aus so genannten Hochprävalenzregionen stammen, haben sich überwiegend in ihren Herkunftsländern über heterosexuelle Kontakte infiziert. Diese Angaben sind mit der höchsten Unsicherheit behaftet.

Bei Hämophilen und Bluttransfusionsempfängern erfolgte die Infektion über kontaminierte Blutkonserven und Konzentrate mit Gerinnungsfaktoren überwiegend in der Zeit vor 1986.

HIV/AIDS-Eckdaten, Robert Koch-Institut 2006; www.rki.de

	HIV/AIDS-Verteilung nach Infektionsrisiko					
	Männer, die mit Männern Sex haben	Heterosexuelle Kontakte	Personen aus sog. Hochprävalenzregionen	Drogenverbraucher (intravenös)	Hämophile u. Bluttransfusionsempfänger	Mutter-Kind Transmission
Deutschland	~ 31.000	~ 5.500	~ 5.500	~ 6.000	~ 600	~ 300
Baden-Württemberg	~ 2.800	~ 950	~ 875	~ 1.100	~ 70	~ 40
Bayern	~ 4.400	~ 825	~ 850	~ 575	~ 90	~ 50
Berlin	~ 5.300	~ 500	~ 275	~ 975	~ 40	~ 30
Brandenburg	~ 225	~ 50	~ 60	~ 20	< 5	< 5
Bremen	~ 400	~ 125	~ 70	~ 325	< 10	< 5
Hamburg	~ 2.800	~ 325	~ 325	~ 325	~ 40	< 10
Hessen	~ 3.200	~ 575	~ 425	~ 800	~40	~ 40
Mecklenburg-Vorpommern	~ 125	~ 40	~ 150	~ 10	0	~ 5
Niedersachsen	~ 1.700	~ 375	~ 375	~ 575	~ 80	~ 20
Nordrhein-Westfalen	~ 6.800	~ 1.200	~ 1.300	~ 975	~ 150	~ 70
Rheinland-Pfalz	~ 1.200	~ 275	~ 175	~ 250	~ 30	< 10
Saarland	~ 275	~ 60	~ 80	~ 70	~ 10	< 5
Sachsen	~ 500	~ 80	~ 200	~ 40	0	< 5
Sachsen-Anhalt	~ 175	~ 60	~ 275	~ 20	0	< 5
Schleswig-Holstein	~ 875	~ 125	~ 60	~ 100	~ 30	~ 5
Thüringen	~ 125	~ 50	~ 50	~ 10	0	0

Tabelle 2.4.7   HIV und AIDS in Deutschland – nach Altersgruppen und Geschlecht

Bei HIV-Infizierten sind HIV-Antikörper in der Latenzphase serologisch nachweisbar, Krankheitssymptome sind nicht erkennbar, die Ansteckung anderer Personen ist jedoch möglich. AIDS-Fälle zeigen die Symptome der Krankheitsphase.

Die berichteten AIDS-Fälle und die bestätigten positiven HIV-Antikörpertests geben den Stand vom 31.12.2004 wieder.

Epidemiologisches Bulletin A/2005, Robert Koch-Institut; www.rki.de

	AIDS				HIV			
	männlich		weiblich		männlich		weiblich	
	Fälle	Anteil	Fälle	Anteil	Fälle	Anteil	Fälle	Anteil
< 1 Jahr	9	0,0 %	14	0,4 %	17	0,1 %	12	0,2 %
1–4 Jahre	24	0,1 %	29	0,9 %	39	0,2 %	34	0,7 %
5–9 Jahre	22	0,1 %	10	0,3 %	19	0,1 %	30	0,6 %
10–12 Jahre	8	0,0 %	5	0,2 %	12	0,1 %	11	0,2 %
13–14 Jahre	19	0,1 %	0	0,0 %	9	0,1 %	9	0,2 %
15–19 Jahre	86	0,4 %	23	0,7 %	340	1,9 %	236	4,7 %
20–24 Jahre	518	2,5 %	186	5,9 %	1.415	8,1 %	835	16,6 %
25–29 Jahre	2.286	11,1 %	664	21,1 %	3.091	17,7 %	1.307	26,0 %
30–39 Jahre	8.395	40,8 %	1.415	45,0 %	7.020	40,1 %	1.676	33,4 %
40–49 Jahre	5.605	27,3 %	484	15,4 %	3.046	17,4 %	429	8,5 %
50–59 Jahre	2.820	13,7 %	194	6,2 %	1.507	8,6 %	215	4,3 %
60–69 Jahre	666	3,2 %	91	2,9 %	526	3,0 %	86	1,7 %
> 69 Jahre	105	0,5 %	30	1,0 %	87	0,5 %	28	0,6 %
Keine Angaben	0	0,0 %	0	0,0 %	383	2,2 %	115	2,3 %
Gesamt	20.563	100 %	3.145	100 %	17.511	100 %	5.023	100 %

Tabelle 2.4.8   Ausbruch des AIDS-Vollbildes nach dem ersten Auftreten von Antikörpern

Das erste Auftreten von Antikörpern wird als Serokonversion bezeichnet.
Die Inzidenz (auf 1 Million Einwohner bezogen) beschreibt die Neuerkrankungen in einem bestimmten Zeitraum und wird nur auf Risikopersonen bezogen. Sie ist ein Maß für die Ausbreitungsgeschwindigkeit der Krankheit und für die Wahrscheinlichkeit, dass eine Person die Krankheit bekommt.

Werte aus Bundschuh 1992, Hurrelmann 1993

Nach Serokonversion	Kumulative AIDS-Inzidenz (je 1 Million Einwohner)
1. Jahr	0,3 %
2. Jahr	0,6 %
3. Jahr	3,5 %
4. Jahr	7,5 %
5. Jahr	10,2 %

Tabelle 2.4.9 Klinische Erstmanifestation von AIDS-Fällen am Beispiel der Jahre 1987–1999

Erläuterungen zur Erstmanifestation:

Opportunistische Infektion	Eine Reihe von Infektionskrankheiten, die nur bei Menschen mit Immunschwäche auftreten.
Kaposi-Sarkom	Bösartiger Tumor, der von den Gefäßendothelien ausgeht. Häufigstes Manifestationsorgan ist die Haut oder die Schleimhaut.
Lymphome	Bösartige Erkrankung des lymphatischen Systems (weiße Blutkörperchen).
Zervixkarzinom	Bösartige Geschwulst des Gebärmutterhalses.
Interstitielle Pneumonie	Das Spektrum der Lungenerkrankungen bei HIV-infizierten Patienten umfasst HIV-typische Komplikationen wie Tuberkulose, bakterielle Pneumonien, akute Bronchitis, Asthma.
Wasting-Syndrom	Ungewollte Gewichtsabnahme von mindestens 10 % des ursprünglichen Körpergewichts, die mit andauerndem Durchfall und/oder Fieber auftritt und nicht durch eine Infektion bedingt wird.
	Die Diagnose des Wasting-Syndroms muss häufig zurückgenommen werden, weil sich bei genauerer Untersuchung doch spezifische Erreger für die Symptome finden lassen.

AIDS/HIV Halbjahresbericht 1/99; Robert Koch-Institut; www.rki.de

Klinische Erstmanifestation	Zeitraum der Diagnose				Verstorben gemeldet
	Bis Ende 1987	Juli 97– Juni 98	Juli 98– Juni 99	Gesamt	
Opportunistische Infektion	1.369	458	233	12.900	8.141
	67,7 %	71,1 %	71,0 %	70,7 %	63,1 %
Opportunistische Infektion und Kaposi-Sarkom	138	25	8	849	648
	6,8 %	3,9 %	2,4 %	4,7 %	76,3 %
Kaposi-Sarkom	390	38	23	2.203	1.449
	19,3 %	5,9 %	7,0 %	12,1 %	65,8 %
Lymphome	62	59	29	820	564
	3,1 %	9,2 %	8,8 %	4,5 %	68,8 %
Wasting-Syndrom	15	34	17	725	431
	0,7 %	5,3 %	5,2 %	4,0 %	59,4 %
Neurologische Symptomatik	39	28	15	703	413
	1,9 %	4,3 %	4,6 %	3,9 %	58,7 %
Zervixkarzinom	–	1	3	17	4
	–	0,2 %	0,9 %	0,1 %	23,5 %
Pneumonie	8	1	0	22	8
	0,4 %	0,2 %	0,0 %	0,1 %	36,4 %
Gesamt	2.021	644	328	18.239	11.658
	100 %	100 %	100 %	100 %	63,9 %

Tabelle 2.4.10   Krebs – Daten und Trends in Deutschland

Krebsregister werden in der Regel 3 Jahre nach Ende des Diagnosejahrgangs veröffentlicht. Unter Krebs werden alle bösartigen Neubildungen verstanden.

Für 2002 geht man von ca. 424.250 bösartigen Neuerkrankungen aus (218.250 bei Männern und 206.000 bei Frauen). Die Anzahl der Krebssterbefälle für das Jahr 2002 wird auf insgesamt 209.576 geschätzt (109.631 Männer und 99.945 Frauen). Das mittlere Erkrankungsalter lag bei Männern und Frauen bei etwa 69 Jahren. Das mittlere Sterbealter an Krebs lag für Männer bei knapp 71 Jahren, für Frauen bei knapp 76 Jahren.

Bei der statistischen Erfassung von Erkrankungen spielen die Begriffe Inzidenz, Prävalenz und Mortalität eine wichtige Rolle.

Die Inzidenz gibt die Neuerkrankungen einer Bevölkerungsgruppe (z.B. pro 100.000 der Deutschen) einer bestimmten Krankheit während eines bestimmten Zeitraumes (normalerweise pro Jahr) an. Die Prävalenz sagt aus, wie viele Individuen einer Bevölkerungsgruppe (z.B. aller Deutschen) an einer bestimmten Erkrankung erkrankt sind. Somit steigt die Prävalenz einer Erkrankung bei gleich bleibender Inzidenz (Neuerkrankungen pro Jahr), wenn die Patienten nach Diagnosestellung z.B. durch neue Therapiemöglichkeiten länger überleben. Die Mortalität (Sterberate) beschreibt die Zahl der in einem bestimmten Zeitraum (z.B. ein Jahr) an einer Krankheit Gestorbenen einer Bevölkerungsgruppe.

Krebs in Deutschland, Robert Koch-Institut 2006, www.rki.de/Krebs

Die häufigsten Krebserkrankungen in Deutschland 2002			
Männer		Frauen	
Krebsneuerkrankungen – Prozentuale Anteile (Männer 218.250, Frauen 206.000)			
1 Prostata	22,3 %	1 Brustdrüse	26,8 %
2 Dick- und Mastdarm	16,3 %	2 Dick- und Mastdarm	17,4 %
3 Lunge	14,9 %	3 Lunge	6,1 %
4 Harnblase	8,6 %	4 Gebärmutterkörper	5,5 %
5 Magen	5,1 %	5 Eierstöcke	4,8 %
6 Nieren	4,7 %	6 Magen	4,0 %
7 Mundhöhle und Rachen	3,6 %	7 Malig. Melanom der Haut	3,7 %
8 Bauchspeicheldrüse	2,8 %	8 Harnblase	3,5 %
9 Malig. Melanom der Haut	2,8 %	9 Bauchspeicheldrüse	3,2 %
10 Non-Hodgkin-Lymphome	2,7 %	10 Gebärmutterhals	3,2 %
Sterbefälle – Prozentuale Anteile (Männer 109.631, Frauen 99.945)			
1 Lunge	26,3 %	1 Brustdrüse	17,8 %
2 Dick- und Mastdarm	12,8 %	2 Dick- und Mastdarm	14,9 %
3 Prostata	10,4 %	3 Lunge	10,4 %
4 Magen	6,0 %	4 Bauchspeicheldrüse	6,7 %
5 Bauchspeicheldrüse	5,6 %	5 Eierstöcke	5,9 %
6 Nieren	3,5 %	6 Magen	5,8 %
7 Mundhöhle und Rachen	3,4 %	7 Leukämie	3,4 %
8 Leukämie	3,2 %	8 Non-Hodgkin-Lymphome	2,7 %
9 Speiseröhre	3,2 %	9 Gebärmutterkörper	2,7 %
10 Harnblase	3,1 %	10 Nieren	2,6 %

Tabelle 2.4.11 Krebs bei Kindern in Deutschland

Krebserkrankungen bei unter 15-jährigen Kindern werden am deutschen Kinderkrebsregister seit 1980 (seit 1991 auch für die neuen Bundesländer) registriert. Dabei werden alle bösartigen Erkrankungen sowie gutartige Hirntumoren erfasst.

Die häufigste Einzeldiagnose bei Kindern ist die akute lymphatische Leukämie (bösartige Erkrankung der weißen Blutkörperchen). Sie ist unter 4-Jährigen doppelt so häufig wie in den anderen Altersgruppen. Die Ursachen für Leukämie im Kindesalter sind weitgehend unklar. Während früher eher Umweltfaktoren wie ionisierende Strahlung oder Pestizide genannt wurden, liegt der Verdacht heute eher auf infektiösen Erregern. Man geht davon aus, dass vor allem Kinder mit einem im Säuglingsalter unzureichend angeregten Immunsystem ein höheres Leukämierisiko haben.

Die häufigsten malignen Lymphome (bösartige Erkrankung der weißen Blutkörperchen mit Lymphknotenvergrößerungen) sind bei Kindern die Non-Hodgkin-Lymphome und der Morbus Hodgkin. Letztere Erkrankung hat die höchste Überlebenschance in der Onkologie. Ein erhöhtes Risiko besteht für Kinder mit einer angeborenen oder erworbenen Immundefizienz (Mangelkrankheit, die zu inadäquaten Immunantworten führt).

Mit Inzidenz sind Erkrankungen pro Jahr in einer definierten Bevölkerung gemeint.

Krebs in Deutschland, Robert Koch-Institut 2006, www.rki.de/Krebs

Krebserkrankungen bei Kindern unter 15 Jahren in Deutschland	
Zahl der jährlich an Krebs erkrankten Kinder	1.800
Jährliche Inzidenz (pro 100.000 Kinder)	14
Veränderungen der Erkrankungsrate	keine
Anteil krebskranker Kinder an allen Krebskranken	unter 1 %
Rang der Krebserkrankungen bei den Todesursachen für Kindern	2. Rang
Überlebensrate bei Kindern mit Krebs insgesamt:	
5 Jahre nach Diagnosestellung	80 %
10 Jahre nach Diagnosestellung	77 %
Die häufigste Einzeldiagnose ist die akute lymphatische Leukämie:	27,5 %
Häufigstes Auftreten der akuten lymphatischen Leukämie nach dem Alter der Kinder	bei 1–4 jährigen Kindern

Häufigkeit unterschiedlicher Krebserkrankungen bei Kindern 2003	
1. Leukämien	33,2 %
2. Tumoren des zentralen Nervensystems	21,1 %
3. Lymphome	12,4 %
4. Tumoren des sympathischen Nervensystems	8,4 %
5. Weichteiltumoren	6,6 %
6. Nierentumoren	6,0 %
7. Knochentumoren	4,6 %
8. Keimzellentumoren	3,4 %
9. Sonstige	4,4 %

Tabelle 2.4.12 Überlebenswahrscheinlichkeit für Krebsdiagnosen bei Kindern unter 15 Jahren in Deutschland

Inzidenz bezieht sich auf 100.000 Kinder unter 15 Jahren pro Jahr. Erfassungszeitraum 1994–2003. Die Überlebenswahrscheinlichkeit gibt den prozentualen Anteil der noch Lebenden nach einer definierten Zeit nach Diagnosestellung an.
Krebs in Deutschland, Robert Koch-Institut 2006, www.rki.de/Krebs

Diagnosen	Inzidenz	Überlebenswahrscheinlichkeit		
		3 Jahre	5 Jahre	10 Jahre
Akute lymphatische Leukämie	3,9	90	87	83
Akute nicht-lymphatische Leukämie	0,7	62	59	57
ZNS-Tumoren	2,9	76	73	67
Non-Hodgkin-Lymphom	0,8	88	87	86
Morbus Hodgkin	0,7	97	96	95
Neuroblastom	1,3	80	75	72
Nephroblastom	0,9	91	90	89
Keimzelltumoren	0,5	95	93	91
Knochentumoren	0,6	78	70	65
Rhabdomyosarkom	0,5	71	67	64

Tabelle 2.4.13 Geschätzte Zahl der Krebsneuerkrankungen in Deutschland 2002

Krebsregister werden in der Regel 3 Jahre nach Ende des Diagnosejahrgangs veröffentlicht. Unter Krebs insgesamt werden alle bösartigen Neubildungen verstanden. Der „nicht-melanotische Hautkrebs" findet in dieser Aufstellung keine Berücksichtigung.
Krebs in Deutschland, Robert Koch-Institut 2006, www.rki.de/Krebs

Absolute Anzahl der Krebsneuerkrankungen 2002 in Deutschland					
	männl.	weibl.		männl.	weibl.
Mundhöhle, Rachen	7.800	2.600	Prostata	48.650	–
Speiseröhre	3.700	1.050	Hoden	4.350	–
Magen	11.200	8.250	Harnblase	18.850	7.100
Darm	35.600	35.800	Niere	10.300	6.400
Bauchspeicheldrüse	6.050	6.600	Schilddrüse	1.300	2.800
Kehlkopf	2.800	6.600	Non-Hodgkin-Lymphome	5.850	6.250
Lunge	32.550	12.450	Hodgkin-Lymphome	900	850
Malig. Melanom Haut	6.000	7.700	Leukämien	5.500	4.750
Brustdrüse	–	55.150			
Gebärmutterhals	–	6.500	Alle bösartigen Neubildungen	218.250	206.000
Gebärmutterkörper	–	11.350			
Eierstöcke	–	9.950			

Tabelle 2.4.14 Inzidenz und Mortalität bei ausgewählten Krebserkrankungen nach Alter und Geschlecht in Deutschland 2002

Die aktuelle Schätzung des Robert Koch-Institutes weist für das Jahr 2002 etwa 424.250 Krebsneuerkrankungen aus. Das sind etwa 29.600 Erkrankungsfälle mehr als im Jahr 2000. Diese höheren Neuerkrankungsraten werden durch neue diagnostische Verfahren oder den flächendeckenden Einsatz bereits etablierter Diagnoseverfahren zur Früherkennung bösartiger Erkrankungen beeinflusst. Durch den konsequenten Einsatz dieser Diagnostika können bösartige Erkrankungen früher erkannt werden. Beispiele dafür sind die Mammographie bei Brustkrebs (7.600 Erkrankungen mehr gegenüber 2000) und die PSA-Bluttestung von Prostatakrebs (8.000 Erkrankungen mehr gegenüber 2000). Eine ähnliche Entwicklung nehmen die Erkrankungszahlen zum Darmkrebs (Zunahme um 4.600 Erkrankungen) und zum Malignen Melanom der Haut (Zunahme um 2.000 Erkrankungen).

Inzidenz: Anzahl der Neuerkrankungen pro 100.000 der Bevölkerung im Jahr 2002. Mortalität: Anzahl der Gestorbenen pro 100.000 der Bevölkerung im Jahr 2002.

Krebs in Deutschland, Robert Koch-Institut 2006, www.rki.de/Krebs

	unter 45 Jahre		45–60 Jahre		60–75 Jahre		75 und älter	
	männl.	weibl.	männl.	weibl.	männl.	weibl.	männl.	weibl.
Insgesamt								
Inzidenz	54,4	82,7	444,8	504,1	1.722,1	1.002,5	3.036,5	1.759,1
Mortalität	12,5	14,4	207,3	157,5	796,9	449,5	1.999,3	1.208,0
Mund und Rachen; 5-Jahres-Überlebensrate: männl. = 46 %, weibl. = 60 %								
Inzidenz	2,0	1,1	41,0	10,1	51,0	12,5	39,3	15,1
Mortalität	0,8	0,1	18,9	3,2	25,3	4,8	20,8	8,4
Speiseröhre; 5-Jahres-Überlebensrate männl. = 19 %, weibl. = 27 %								
Inzidenz	0,4	0,1	13,7	2,9	31,0	6,1	25,5	8,2
Mortalität	0,3	0,1	11,9	2,4	27,7	5,1	34,1	11,2
Magen; 5-Jahres-Überlebensrate männl. = 27 %, weibl. = 29 %								
Inzidenz	2,1	1,3	22,9	12,8	78,7	38,3	196,7	97,8
Mortalität	0,8	0,7	11,3	6,5	45,2	21,5	135,7	83,4
Darm; 5-Jahres-Überlebensrate männl. = 56 %, weibl. = 56 %								
Inzidenz	4,3	4,0	69,1	52,4	300,3	175,5	501,3	423,8
Mortalität	1,0	0,8	20,5	12,9	103,0	56,1	286,5	225,2
Bauchspeicheldrüse; 5-Jahres-Überlebensrate männl. = 5 %, weibl. = 4 %								
Inzidenz	0,6	0,4	13,7	7,5	47,4	31,7	90,2	85,3
Mortalität	0,5	0,3	13,2	6,7	47,4	33,0	96,4	87,3
Kehlkopf; 5-Jahres-Überlebensrate männl. = 60 %, weibl. = 65 %								
Inzidenz	0,5	0,1	10,7	2,4	22,0	2,6	20,1	1,7
Mortalität	0,2	0,0	4,9	0,7	10,5	1,0	13,7	1,7
Lunge; 5-Jahres-Überlebensrate männl. = 12 %, weibl. = 14 %								
Inzidenz	2,6	2,4	77,9	37,5	276,3	73,6	408,7	85,3
Mortalität	1,8	1,4	60,7	25,9	241,3	56,6	409,7	92,5

Fortsetzung nächste Seite

Fortsetzung Tabelle 4.2.14 Inzidenz und Mortalität bei ausgewählten Krebserkrankungen nach Alter und Geschlecht in Deutschland 2002

	unter 45 Jahre		45–60 Jahre		60–75 Jahre		75 und älter	
	männl.	weibl.	männl.	weibl.	männl.	weibl.	männl.	weibl.
Malignes Melanom der Haut; 5-Jahres-Überlebensrate männl. = 81 %, weibl. = 89 %								
Inzidenz	5,2	10,1	18,6	20,8	36,6	31,6	47,9	34,7
Mortalität	0,4	0,4	3,1	2,1	6,9	4,5	17,7	11,7
Brustdrüse der Frau; 5-Jahres-Überlebensrate weibl. = 79 %								
Inzidenz	–	27,0	–	219,7	–	281,2	–	268,2
Mortalität	–	3,9	–	43,9	–	84,3	–	172,4
Gebärmutterhals; 5-Jahres-Überlebensrate weibl. = 67 %								
Inzidenz	–	10,3	–	26,7	–	15,7	–	21,4
Mortalität	–	1,0	–	5,9	–	7,2	–	12,8
Gebärmutterkörper; 5-Jahres-Überlebensrate weibl. = 77 %								
Inzidenz	–	1,4	–	30,9	–	75,7	–	73,8
Mortalität	–	0,1	–	3,0	–	12,7	–	35,0
Eierstock; 5-Jahres-Überlebensrate weibl. = 41 %								
Inzidenz	–	5,0	–	24,4	–	49,7	–	77,1
Mortalität	–	0,8	–	10,6	–	33,3	–	60,7
Prostata; 5-Jahres-Überlebensrate männl. = 82 %								
Inzidenz	0,0	–	65,8	–	429,9	–	809,6	–
Mortalität	0,0	–	5,2	–	62,0	–	366,1	–
Hoden; 5-Jahres-Überlebensrate männl. = 98 %								
Inzidenz	15,3	–	6,4	–	2,0	–	1,3	–
Mortalität	0,4	–	0,4	–	0,5	–	1,6	–
Niere; 5-Jahres-Überlebensrate männl. = 66 %, weibl. = 67 %								
Inzidenz	2,2	1,0	30,1	11,9	85,3	41,0	97,2	53,7
Mortalität	0,3	0,2	6,7	2,3	29,3	12,6	68,8	33,5
Harnblase; 5-Jahres-Überlebensrate männl. = 57 %, weibl. = 53 %								
Inzidenz	0,7	0,9	35,4	12,9	148,4	38,4	326,8	73,5
Mortalität	0,1	0,1	2,9	1,0	19,3	6,3	100,5	34,6
Schilddrüse; 5-Jahres-Überlebensrate männl. = 79 %, weibl. = 88 %								
Inzidenz	1,3	3,8	5,0	11,2	6,9	10,9	7,4	6,8
Mortalität	0,0	0,0	0,5	0,5	1,9	2,5	3,8	6,9
Morbus Hodgkin; 5-Jahres-Überlebensrate männl. = 79 %, weibl. = 89 %								
Inzidenz	2,0	2,3	2,4	1,3	2,8	1,6	2,4	2,4
Mortalität	0,1	0,1	0,3	0,2	1,0	0,6	2,1	1,9
Non-Hodgkin-Lymphome; 5-Jahres-Überlebensrate männl. = 53 %, weibl. = 61 %								
Inzidenz	3,6	2,3	16,1	13,6	37,8	34,1	66,2	51,2
Mortalität	0,6	0,5	5,6	3,0	18,8	12,8	50,5	35,1
Leukämien; 5-Jahres-Überlebensrate männl. = 46 %, weibl. = 44 %								
Inzidenz	4,1	3,0	11,8	9,2	33,5	23,3	72,9	38,9
Mortalität	1,1	0,9	4,8	3,4	23,6	14,2	67,4	43,5

Tabelle 2.4.15 Ausgewählte Krankheiten – Erreger und Inkubationszeiten

Die Inkubationszeit beschreibt die Zeit zwischen der Infektion eines Menschen mit einem Krankheitserreger und dem Auftreten der ersten Krankheitssymptome.
Viele Infektionskrankheiten können bereits in der Inkubationsphase ansteckend sein. Als aktuelles Beispiel führt die lange Inkubationszeit des HI-Virus zu einer weltweiten nicht beherrschbaren Epidemie.

Wiesmann 1978, Pschyrembel 1999

Krankheit	Erreger	Inkubationszeit
Adenoviren-Infektion	Adenoviren	7–11 Tage
Amöbenruhr	*Entamoeba histolytica* (Darmprotozooen)	1–3 Wochen
Bakterienruhr (Dysenterie)	*Shigella spec.* (Stäbchenbakterien)	1–7 Tage
Bang-Krankheit (Brucellosen)	*Brucellus abortus* (Bakterien)	5–30 Tage
Bartonellose übertragen durch Schmetterlingsmücken	*Bartonella bacilliformis* (gramnegative Bakterien)	15–40 Tage
Blastomykosen	*Blastomyces dermatitidis* (Fungi imperfecti)	1–4 Wochen
Botulismus (meist Lebensmittelvergiftung durch Toxine des Erregers)	*Clostridium botulinum* (Stäbchenbakterien)	6–72 Stunden
Candidosen (Sammelbezeichnung)	*Candida spec.* (hefeartig sprossende Fungi imperfecti)	2 Tage
Chagas-Krankheit (Südamerika, Übertragung durch Raubwanzen)	*Trypanosoma cruci* (einzellige Flagellaten)	5–14 Tage
Cholera nostras (einheimische Cholera)	*Vibrio cholerae* (kommaförmige Bakterien u. Enroviren)	Stunden bis 5 Tage
Coxsackie-Viren-Infektion	RNA-Viren (Enteroviren)	2–14 Tage
Dengue-Fieber (durch Mücken übertragen)	Arboviren (Überträger *Aedes aegypti*)	2–8 Tage
Dermatophytien (Onycho-mykose an Fußnägeln)	*Tinea unguium* u.a. (Dermatophyten)	3–16 Tage
Diphtherie	*Corynebacterium diphteriae* (Stäbchenbakterien)	2–5 Tage
Dyspepsie-Coli-Enteritis (Ernährungsstörung bei Kindern)	*Escherichia coli* (Stäbchenbakterien)	3–12 Tage
Einschlusskörperchenkonjunktivitis	Zytomegalie-Virus (Herpesviren)	7–19 Tage
Exanthema subitum (Dreitagefieber)	HHV-6 (humanes Herpesvirus Typ 6)	3–17 Tage

Fortsetzung nächste Seite

Fortsetzung Tabelle 2.4.15 Ausgewählte Krankheiten – Erreger und Inkubationszeiten

Krankheit	Erreger	Inkubationszeit
Felsengebirgsfieber (Amerikanisches Zeckenfieber)	*Rickettsia rickettsii* (unbewegliche Stäbchen- u. Kugelbakterien)	3–12 Tage
Fleckfieber (Übertragung durch Kleiderläuse)	*Rickettsia prowazekii* (siehe oben)	10–14 Tage
Frambösie (Kinder in feuchtwarmen Regionen)	*Treponema partenue* (Stäbchenbakterien)	Einige Wochen
Fünftagefieber (Übertragen durch Kleiderläuse)	*Rickettsia quintana* (Stäbchen- und Kugelbakterien)	3–6 Tage
Gasbrand (Gasödemerkrankung)	*Clostridium perfringens* (Sporenbildende Stäbchenbakterien)	1–5 Tage
Gelbfieber (Ochropyra)	*Charon evagatus* (Arboviren)	3–6 Tage
Gonorrhö (Tripper)	*Neisseria gonorrhoeae* (in Paaren angeordnete Bakterien)	2–5 Tage
Hepatitis infectiosa (epidemische Gelbsucht)	Noch nicht klassifizierte Hepatitisviren	2–6 Wochen
Hepatitis A	HCV (Hepatitis-A-Virus)	15–50 Tage
Hepatitis C	HCV (Hepatiti-C-Virus)	20–60 Tage
Hepatitis B	HBV (Hepatitis-B-Virus)	4–25 Wochen
Herpangina	Coxsackie-Virus Typ A	2–6 Tage
Histoplasma Mykose (auch opportunistisch bei HIV)	*Histoplasma capsulatum* (hochinfektiöser Pilz)	5–10 Tage
Influenza (Grippe)	Viren (Orthomyxoviridae)	wenige Stunden bis 3 Tage
Kala-Azar (viszerale Leishmaniase)	*Leishmania donovani* (Flagellaten)	wenige Wochen bis Monate
Keuchhusten (Pertussis)	*Bordetella pertussis* (kurze Stäbchenbakterien)	7–21 Tage
Kokzidioidomykose	*Coccidio ides immitis* (Sporozoen)	wenige Tage bis 3 Wochen
Kokzidiose	*Isospora belli* (Sporozoen)	6–10 Tage
Lambliasis	*Giardia lamblia* (Flagellaten)	6–15 Tage
Leishmaniasis (Hautleishmaniose)	*Leishmania tropica* (Flagellaten)	14–21 Tage
Lepra	*Mycobacterium leprae* (Stäbchenbakterien)	Monate bis Jahre
Lymphopatia venerea (seltene Geschlechtskrankheit)	*Chlamydia trachomatis* (bakterienähnliche Erreger)	7–35 Tage
Malaria quartana	*Plasmodium malariae* (Sporozoen)	15–30 Tage
Malaria tertiana	*Plasmodium vivax* (Sporozoen)	8–27 Tage
Malaria tropica	*Plasmodium falciparum* (Sporoz.)	8–25 Tage

Fortsetzung nächste Seite

Fortsetzung Tabelle 2.4.15 Ausgewählte Krankheiten – Erreger und Inkubationszeiten

Krankheit	Erreger	Inkubationszeit
Maltafieber	*Brucella melitensis* (ellipsoide Stäbchenbakterien)	7–21 Tage
Masern	Viren	10–14 Tage
Maul- und Klauenseuche	Viren aus der Fam. Picornaviridae	3–6 Tage
Meningitis epidemica	Meningokokken und andere Bakterien	1–4 Tage
Milzbrand	*Bacillus anthracis* (aerobe Stäbchenbakterien)	12 Stunden bis 5 Tage
Mononucleose (Pfeiffer-Drüsenfieber)	Epstein-Barr-Virus	7–21 Tage
Mumps (Parotitis epidemica)	Mumps-Viren	12–25 Tage
Ornithose (Papageien-krankheit)	*Chlamydia psittaci* (bakterienähnliche Erreger)	7–14 Tage
Pappataci-Fieber (Sandfliegenfieber)	Sandfliegen-Viren	3–6 Tage
Parainfluenza	Viren	1–5 Tage
Paratyphus	*Salmonella paratyphi* A, B od. C (Stäbchenbakterien)	1–10 Tage
Pest (Übertragung durch Flöhe von Nagern)	*Yersinia pestis* (Stäbchenbakterien)	3–5 Tage
Pferdeenzephalomyelitis	*Alphavirus* der *Togaviridae*	5–10 Tage
Pocken (Variola major)	*Orthopoxvirus variola* (Viren)	8–18 Tage
Polyomyelitis	Polypmyelitis-Viren	7–14 Tage
Q-Fieber (Balkan-Grippe)	*Rickettsia burnettii* (bakterienähnliche Erreger)	14–21 Tage
Rattenbisskrankheit	*Spirillum minus* (Spirochäten)	meist 1–2 Wochen
Reiter-Krankheit	Gramnegative Bakterien	6–10 Tage
Röteln	Viren	14–21 Tage
Rotlauf	*Erysipelothrix rhusiopathiae* (Stäbchenbakterien)	1–5 Tage
Rotz	*Pseudomonas mallei* (Stäbchenbakterien)	4–8 Tage
Rückfallfieber	Borillien (schraubenförmige Bakterien)	5–7 Tage
Scharlach	*Streptococcus pyogenes* (Kugelbakterium)	2–5 Tage
Schlafkrankheit (Trypanosomiasis)	*Trypanosoma brucei gambiense* (Flagellaten)	14–21 Tage
Sporotrichose (Sporothrix-Mykose)	*Sporothrix schenckii* (Pilze)	1 Woche und länger

Fortsetzung nächste Seite

Fortsetzung Tabelle 2.4.15 Ausgewählte Krankheiten – Erreger und Inkubationszeiten

Krankheit	Erreger	Inkubationszeit
Syphilis (Harter Schanker)	*Treponema pallidum* (spiralförmige Bakterien)	14–28 Tage
Tetanus (Wundstarrkrampf)	*Clostridium tetani* (Stäbchenbakterien)	2–50 Tage
Tollwut	RNA-Virus	10–60 Tage
Toxoplasmose	*Toxoplasma gondii* (Einzellige Sporozoen)	3 Tage
Trachom (Körnerkrankheit)	*Chlamydia trachomatis* (bakterienähnliche Erreger)	5–7 Tage
Trichomoniasis (Infekt von Harnblase und Vagina)	*Trichomonas urogenitalis* (Flagellaten)	4–7 Tage
Tsutsugamushi-Fieber (Milben-Fleckfieber)	*Rickettsia tsutsugamushi* (bakterienähnliche Erreger)	6–21 Tage
Tuberkulose	*Mycobacterium tuberculosis* (Stäbchenbakterien)	mehrere Wochen
Typhus abdominalis (Unterleibstyphus)	*Salmonella typhi* (Stäbchenbakterien)	7–14 Tage
Ulcus molle (syn. weicher Schanker)	*Haemophilus ducreyi* (Stäbchenbakterien)	1–2 Tage
Viruspneumonie (Lungenentzündungen durch Viren)	Viren	1–5 Tage
Windpocken	DNA-Viren (*Varicella-Zoster*-Virus)	14–21 Tage

Tabelle 2.4.16   Meldepflichtige Infektionserkrankungen in Deutschland 2003 und 2004

Meldepflichtige Infektionserkrankungen werden durch das Infektionsschutzgesetz festgelegt.
Robert Koch-Institut, 2005; www.rki.de

	Meldepflichtige Infektionserkrankungen					
	2003			2004		
	Gesamt	männlich	weiblich	Gesamt	männlich	weiblich
Akute infektiöse Darmerkrankungen	217.093	103.529	113.447	234.991	109.537	125.335
Cholera	1	1	0	3	2	1
Thyphus abdominalis	66	37	29	82	42	40

Fortsetzung nächste Seite

Fortsetzung Tabelle 4.2.16 Meldepflichtige Infektionserkrankungen in Deutschland 2003 und 2004

Meldepflichtige Infektionserkrankungen						
	2003			2004		
	Gesamt	männlich	weiblich	Gesamt	männlich	weiblich
Parathyphus	74	39	35	106	61	45
Salmonellose	63.066	30.677	32.352	56.947	27.653	29.263
Shigellose	793	363	428	1.149	584	564
EHEC-Darminfekte	1.137	583	554	927	453	474
E.-coli-Enteritis	5.475	2.897	2.577	5.586	2.840	2.741
Campylobacter E.	47.906	25.451	22.437	55.745	29.355	26.377
Yersinien Enteritis	6.573	3.459	3.111	6.182	3.352	2.829
Botulismus	8	3	5	6	4	2
Giardiasis	3.216	1.802	1.409	4.621	2.495	2.122
Kryptosporidiose	885	445	440	935	456	479
Rotavirus-Enteritis	46.095	23.585	22.486	37.755	19.127	18.605
Norovirus-Gastroent.	41.716	14.142	27.550	64.893	23.093	41.759
HUS/TTP	82	48	34	54	20	34
Tuberkulose	7.192	4.434	2.758	6.583	3.922	2.657
Brucellose	27	15	12	32	25	7
Leptospirose	37	29	8	58	44	14
Listeriose	256	139	117	295	150	145
Meningokokken-Erkr.	771	442	329	599	317	282
Haemophilus-Erkr.	77	46	31	68	40	27
Legionellose	395	271	124	475	314	161
Syphilis	2.934	2.641	272	3.345	3.013	320
Ornithose	41	31	10	15	10	5
Q-Fieber	386	213	173	114	74	40
Creutzfeldt-Jakob	75	32	43	78	38	40
FSME	276	187	89	274	182	92
Denguefieber	128	62	66	121	66	55
Hantavirus-Erkr.	144	110	34	242	167	75
Sonstige VHF	7	3	4	0	0	0
Masern	777	382	395	121	61	60
Akute Virushepatitis	9.531	5.840	3.780	12.251	7.350	4.892
Hepatitis A	1.368	775	593	1.932	1.039	893
Hepatitis B	1.307	902	404	1.260	857	402
Hepatitis C	6.914	4.129	2.775	8.998	5.413	3.577
sonstige	42	34	8	61	41	20
Adenovirus	397	184	213	652	482	168
Malaria	820	552	235	707	483	202
Influenza	8.483	4.419	4.064	3.484	1.842	1.641
Sonstige	116	58	56	127	58	64

Tabelle 2.4.17 Entwicklung der Tuberkuloseerkrankungen in Deutschland seit 1991

Die Tuberkulose ist weltweit die wichtigste Infektionskrankheit. Etwa ein Drittel der Weltbevölkerung ist mit Tuberkuloseerregern infiziert. Knapp neun Millionen Menschen erkranken und etwa 1,7 Millionen sterben an der Erkrankung pro Jahr.
In Deutschland geht die Anzahl der Neuerkrankungen pro Jahr stetig zurück.

Robert Koch-Institut, 2005; www.rki.de

Jahr	Anzahl	Jahr	Anzahl	Jahr	Anzahl
1991	13.474	1996	11.814	2001	7.566
1992	14.113	1997	11.463	2002	7.682
1993	14.161	1998	10.440	2003	7.166
1994	12.982	1999	9.974	2004	6.583
1995	12.198	2000	9.064		

Tabelle 2.4.18 Anzahl und Inzidenz der Tuberkuloseerkrankungen nach Bundesländern 2002–2004

Anzahl: Neuerkrankungen insgesamt pro Bundesland und Jahr.
Inzidenz: Neuerkrankungen pro 100.000 Bewohner des Bundeslandes pro Jahr

Robert Koch-Institut, 2005; www.rki.de

	2002		2003		2004	
	Anzahl	Inzidenz	Anzahl	Inzidenz	Anzahl	Inzidenz
Baden-Württemberg	899	8,4	894	8,4	796	7,4
Bayern	1.112	9,0	1.015	8,2	934	7,5
Berlin	383	11,3	365	10,8	398	11,8
Brandenburg	189	7,3	198	7,7	148	5,8
Bremen	84	12,7	72	10,9	68	10,3
Hamburg	218	12,6	215	12,4	206	11,9
Hessen	709	11,6	623	10,2	556	9,1
Mecklenburg-Vorpommern	144	8,3	155	9,0	122	7,1
Niedersachsen	619	7,8	566	7,1	454	5,7
Nordrhein-Westfalen	1.951	10,8	1.789	9,9	1.734	9,6
Rheinland-Pfalz	322	7,9	366	9,0	295	7,3
Saarland	107	10,1	110	10,4	113	10,7
Sachsen	296	6,8	267	6,2	259	6,0
Sachsen-Anhalt	284	11,1	231	9,2	198	7,9
Schleswig-Holstein	212	7,5	153	5,4	166	5,9
Thüringen	152	6,4	142	6,0	135	5,7

Tabelle 2.4.19 Resistente Tuberkuloseerreger 2001–2004 und Auftreten nach dem Geburtsland der Erkrankten

Die Tuberkulose hat eine Inkubationszeit von 4–6 Wochen. Sie kann grundsätzlich alle Organe des Menschen befallen, wird aber meistens durch Tröpfcheninfektion (offen Tuberkulose) der Lunge übertragen. Die vorliegenden Daten zeigten eine Zunahme resistenter Erreger.

Jegliche Resistenz: Resistenz der Tuberkelbakterien gegen mindestens eines der 5 Standardmedikamente. Multiresistenz: Resistenz gegen Isoniazid, Rifampicin u.a.

Robert Koch-Institut, 2005; www.rki.de

Art der Resistenz	Anteil resistenter Tuberkulose 2001–2004				Anteil resistenter Tuberkulose nach Geburtsland der Erkrankten		
	2001	2002	2003	2004	Deutschland 2004	Neue unabhäng. Staaten 2004	Andere Staaten 2004
Multi-Resistenz	2,3 %	2,0 %	2,1 %	2,5 %	0,4 %	14,3 %	1,6 %
Jegliche Resistenz	11,1 %	12,1 %	13,2 %	13,9 %	8,2 %	38,3 %	14,6 %

Tabelle 2.4.20 Zeitlicher Verlauf von Anzahl und Inzidenz der Tuberkulose nach Geschlecht und Altersgruppe

Das Risiko, an Tuberkulose zu erkranken, ist bei Männern 1,5 mal höher als bei Frauen. Die Altersverteilung zeigt Häufigkeitsgipfel in den mittleren Altersgruppen. Inzidenz Neuerkrankungen pro 100.000 Einwohner in Deutschland pro Jahr.

Robert Koch-Institut, 2005; www.rki.de

Altersgruppe	Gemeldete Tuberkulosefälle (Inzidenz in Klammern)					
	2002		2003		2004	
	männlich	weiblich	männlich	weiblich	männlich	weiblich
> 5 Jahre	63(3,2)	86(4,6)	75(3,9)	70(3,9)	83(4,4)	66(3,7)
5–9	61(3,0)	53(2,7)	39(1,9)	24(1,2)	34(1,7)	36(1,9)
10–14	42(1,8)	36(1,6)	41(1,8)	38(1,7)	24(1,1)	26(1,2)
15–19	128(5,3)	94(4,1)	124(5,1)	95(4,1)	101(4,1)	72(3,1)
20–24	249(10,1)	190(8,0)	218(8,8)	187(7,8)	196(7,9)	200(8,3)
25–29	332(13,9)	246(10,7)	321(13,4)	247(10,7)	284(11,8)	233(10,0)
30–39	771(11,3)	471(7,3)	677(10,3)	406(6,5)	581(9,3)	424(7,1)
40–49	809(12,6)	345(5,5)	808(12,2)	376(5,9)	701(10,3)	348(5,3)
50–59	669(13,6)	303(6,2)	655(13,2)	288(5,8)	570(11,3)	281(5,6)
60–69	728(14,6)	357(6,7)	655(13,0)	321(6,0)	590(11,7)	338(6,3)
> 69 Jahre	880(24,9)	765(12,2)	797(22,0)	704(11,2)	754(19,9)	635 10,0)
unbekannt	1(0,0)	3(0,0)	0(0,0)	0(0,0)	0(0,0)	2(0,0)
alle	4.733(11,7)	2.949(7,0)	4.410 (10,9)	2.756(6,5)	3.918(9,7)	2.661(5,2)

Tabelle 2.4.21 Inkubationszeiten und Krankheitsbilder der durch Zecken übertragenen Frühsommer-Hirnhautentzündung (FSME) und der Lyme-Borreliose

Die Frühsommer-Hirnhautentzündung (Meningoenzephalitis oder FSME) ist eine infektiöse Viruserkrankung, die auch auf das Gehirn übergreifen kann. Die Erreger (FSME-Virus) werden hauptsächlich durch den Biss der Zecke (Ixodes ricinus) übertragen. Ein Infektionsrisiko besteht vor allem in Baden-Württemberg, Bayern und Südhessen (0,1–4 % der Zecken sind infiziert). Lediglich 10–30 % der Infizierten zeigen Krankheitssymptome. Von diesen symptomatischen Patienten treten nur 10 % in die gefährliche 3. Krankheitsphase ein.

Die Lyme-Borreliose, die 1976 zum ersten Mal in Lyme (USA) beobachtet wurde, wird durch das Bakterium Borrelia burgdorferi verursacht und wird ebenfalls durch Zeckenbisse übertragen. 90 % aller Infektionen heilen nach dem ersten Stadium der Erkrankung ab. Tödliche Fälle sind die Ausnahme.

Die ständige Impfkommission am Robert Koch-Institut empfiehlt die FSME-Schutzimpfung für alle Personen, die sich in den Risikogebieten aufhalten und dabei gegenüber den Zecken exponiert sind. In Baden-Württemberg liegt der FSME-Durchimpfungsgrad bei 12 %, in Bayern bei 16 %.

Immuno 1995; Epidemiologisches Bulletin Nr.12, Robert Koch-Institut 2006; www.rki.de

Frühsommer-Hirnhautentzündung (FSME)	
Inkubationszeit	2–28 Tage
Fälle mit schwerem Verlauf	5–18 %
Fälle mit tödlichem Verlauf	0,3 %
Erkrankungsphase I: grippeähnliche Symptome	
Dauer	ca. 2–4 Tage
Anteil der Infizierten mit Krankheitssymptomen	10–30 %
Beschwerdefreie Phase:	ca. 4–6 Tage
Erkrankungsphase II: Meningoenzephalitische Phase mit Kopfschmerzen, hohes Fieber, Doppelbilder, psychische Veränderungen, Krämpfe, Lähmungen	
Anteil der Patienten mit Krankheitssymptomen, die in die Krankheitsphase II eintreten	10 %
Aktive und passive Immunisierung möglich	

Lyme-Borreliose	
Inkubationszeit	8 Tage bis 3 Monate
Stadium 1: fortschreitende Rötung der Haut (Erythema chronicum migrans), ev. Fieber, Kopfschmerzen	4–6 Wochen
Ausheilung nach Stadium 1	90 %
Stadium 2: Hirnhautentzündung, Gehirnentzündung, Entzündung des Herzmuskels	nach mehreren Wochen
Stadium 3: Schmerzen, Gesichtslähmung, Hautentzündungen, Gelenkentzündungen	nach bis zu 15 Jahren
Schutzimpfungen nicht möglich	

Tabelle 2.4.22 Das Auftreten von Frühsommer-Hirnhautentzündung (FSME) in Süddeutschland sowie Empfehlungen zum Verhalten nach dem Zeckenbiss

Für das Vorkommen der Frühsommer-Hirnhautentzündung (FSME) in Baden-Württemberg und Bayern müssen bestimmte geobiologische Bedingungen gegeben sein.
Jahresisotherme: mindestens 8°C; mittlere Tages-Lufttemperatur: 10°C an 150 Tagen; Isotherme im Monat April: mindestens 7°C. Experten geben als Ursache für die extreme Zunahme an FSME in Bayern im Jahr 2005 die deutlich gestiegene Anzahl von Zecken an, die sich aufgrund des warmen und feuchten Sommers sehr gut vermehren konnten.

Nach einem Biss sollte die Zecke möglichst schnell mit einer Zeckenpinzette herausgehoben werden. Wenn der Kopf der Zecke in der Haut bleibt, stellt dies kein zusätzliches Infektionsrisiko dar, da die Erreger der FSME und der Borreliose aus dem Darm der Zecke kommen.

Vom Versuch, die Zecken mit Hilfe von Öl oder Klebstoff zu ersticken, wird abgeraten. Im Todeskampf sondert das vollständige Tier vermehrt Speichel ab, so dass Erreger in das Blut des Menschen gelangen.

Immuno 1984, Süss 1995; www.lgl.bayern.de

	Bayern	Baden-Württemberg
FSME-Fälle:		
1982	65	32
1983	21	8
1984	32	18
1991	10	34
1992	22	120
1993	31	87
1994	50	239
2001	–	116
2002	–	115
2003	–	117
2004	102	130
2005	204	164
Saisonale Häufigkeit in %:		
Januar	–	–
Februar	–	–
März	–	–
April	1,5 %	–
Mai	5,0 %	2,0 %
Juni	11,5 %	21,5 %
Juli	23,5 %	39,0 %
August	20,5 %	17,0 %
September	12,0 %	13,0 %
Oktober	22,0 %	5,5 %
November	4,0 %	–
Dezember	–	2,0 %

2.5 Todesursachen und Unfälle

Tabelle 2.5.1 Sterbefälle nach ausgewählten Todesursachen in Deutschland 1990-2004

Im Jahr 2004 sank die Zahl der Gestorbenen um 4,2 %. Bei fast jedem zweiten Verstorbenen war die Todesursache eine Erkrankung des Kreislaufsystems (45 %). Bei jedem vierten Sterbefall war die Todesursache eine Krebserkrankung. Krankheiten des Atmungssystems hatten einen Anteil von 6,4 %, Krankheiten des Verdauungssystems von 5,2 % und 4,1 % starben auf Grund eines unnatürlichen Todes.

Für die Reihenfolge der Häufigkeit der Todesursachen wurde das zuletzt angegebene Jahr berücksichtigt. In Klammern sind Sterbefälle je 100.000 Einwohner angegeben.

Statistisches Jahrbuch 2005; Gesundheitswesen,Todesursachen in Deutschland; Statistisches Bundesamt 2005; www.destatis.de

Todesursache	Sterbefälle = Anzahl (Sterbefälle je 100.000 Einwohner)			
	1990	1995	2003	2004
Insgesamt, alle Ursachen	921.445	884.588	853.946	818.271
1. Krankheiten des Kreislauf- systems	462.992 (583,4)	429.407 (525,8)	396.622 (480,6)	368.472 (446,6)
2. Bösartige Neubildungen	210.712 (265,5)	218.597 (267,7)	209.255 (253,6)	209.328 (253,7)
3. Krankheiten des Atmungssystems	57.616 (72,7)	53.898 (66,0)	58.014 (70,3)	52.500 (63,6)
4. Krankheiten des Verdauungssystems	41.782 (52,6)	41.821 (51,2)	42.263 (51,2)	42.213 (51,2)
5. Verletzungen und Vergiftungen	50.963 (57,9)	39.367 (48,2)	34.606 (41,9)	33.309 (40,4)
6. Drüsen-, Ernährungs- und Stoffwechselkrankheiten	22.035 (27,8)	26.323 (32,2)	27.191 (33,0)	27.041 (32,8)
7. Symptome und nicht zu klassifizierende Befunde	27.596 (34,8)	22.756 (27,9)	21.739 (26,3)	20.682 (25,1)
8. Krankheiten des Nervensystems	12.547 (15,8)	14.675 (18,0)	18.452 (22,4)	17.675 (21,4)
9. Krankheiten der Harn- und Geschlechtsorgane	11.073 (14,0)	9.876 (12,1)	13.181 (16,0)	13.246 (16,1)
10. Infektiöse und parasitäre Krankheiten	7.314 (9,2)	8.129 (10,0)	10.891 (13,2)	11.062 (13,4)
11. Psychische- und Verhaltensstörungen	9.941 (12,5)	11.383 (13,9)	8.535 (10,3)	9.516 (11,5)
12. Krankheiten des Blutes und der blutbildenden Organe	2.352 (3,0)	1.612 (2,0)	2.029 (2,5)	2.054 (2,5)

Tabelle 2.5.2 Sterbeziffern nach ausgewählten Todesursachen in Deutschland nach Alter und Geschlecht 2004

90 % aller infolge von Kreislauferkrankungen 2004 verstorbenen Menschen waren älter als 65 Jahre. In den mittleren Lebensjahren waren bösartige Neubildungen die bedeutendste Todesursache, an der 209 329 Personen starben.

Bei Männern waren die bösartigen Neubildungen der Verdauungsorgane (35.936 Gestorbene) und der Atmungsorgane (30.427 Gestorbene) die häufigsten Krebsarten. Bei Frauen waren neben der Gruppe der bösartigen Neubildungen der Verdauungsorgane (32.539 Gestorbene) die bösartigen Neubildungen der Brustdrüse (17.592 Gestorbene) die häufigsten Krebsarten.

33.309 Personen starben 2004 in Folge eines Unfalls oder einer vorsätzlichen Selbstbeschädigung.

Gesundheitswesen, Todesursachen in Deutschland, Statistisches Bundesamt 2005; www.destatis.de

	Sterbefälle je 100.000 Einwohner 2004 im Alter bis 45 Jahre									
	< 1	1–5	5–10	10–15	15–20	20–25	25–30	30–35	35–40	40–45
Insgesamt										
Männl.	449,9	21,5	10,6	12,1	48,5	69,3	68,3	81,1	120,7	211,1
Weibl.	375,8	19,9	8,6	8,4	22,6	26,7	27,1	36,3	59,7	103,9
Zusam.	413,9	20,7	9,6	10,3	35,9	48,3	48,0	59,2	91,0	158,8
1. Krankheiten des Kreislaufsystems										
Männl.	3,9	1,4	0,6	0,8	2,5	4,4	5,0	10,1	20,3	47,4
Weibl.	5,2	1,4	0,8	0,6	1,9	2,8	3,1	5,2	9,4	16,0
Zusam.	4,5	1,4	0,7	0,7	2,2	3,6	4,1	7,7	15,0	32,1
2. Bösartige Neubildungen										
Männl.	3,9	3,1	2,5	2,1	3,7	4,3	6,3	9,8	17,6	40,3
Weibl.	3,2	3,0	1,9	1,8	3,4	3,4	5,5	12,0	22,6	46,0
Zusam.	3,5	3,0	2,2	2,0	3,6	3,8	5,9	10,9	20,0	43,1
3. Krankheiten des Atmungssystems										
Männl.	5,0	1,4	0,2	0,5	0,6	0,8	1,1	1,2	1,9	4,6
Weibl.	3,5	1,2	0,3	0,4	0,5	0,5	0,6	0,8	1,0	2,6
Zusam.	4,3	1,3	0,3	0,5	0,5	0,6	0,9	1,0	1,5	3,6
4. Krankheiten des Verdauungssystems										
Männl.	1,1	0,3	-	0,2	0,4	0,6	1,7	3,8	11,7	25,1
Weibl.	1,7	0,3	0,1	0,1	0,3	0,5	0,6	2,1	4,1	9,5
Zusam.	1,4	0,3	0,1	0,2	0,3	0,5	1,1	3,0	8,0	17,5
5. Verletzungen und Vergiftungen										
Männl.	9,7	5,9	2,9	4,2	33,6	47,9	39,8	37,8	40,1	47,8
Weibl.	7,3	5,0	2,3	2,4	10,9	13,1	10,1	8,2	11,4	12,8
Zusam.	8,5	5,4	2,6	3,3	22,6	30,8	25,2	23,3	26,1	30,7
6. Drüsen-, Ernährungs- und Stoffwechselkrankheiten										
Männl.	7,2	1,3	0,6	0,5	0,4	0,6	1,2	1,4	2,8	4,8
Weibl.	2,9	1,0	0,3	0,3	0,7	0,7	0,8	1,0	1,0	2,0
Zusam.	5,1	1,1	0,5	0,4	0,6	0,7	1,0	1,2	1,9	3,5

Fortsetzung nächste Seite

Fortsetzung Tabelle 2.5.2 Sterbeziffern nach ausgewählten Todesursachen in Deutschland nach Alter...

	Sterbefälle je 100.000 Einwohner 2004 im Alter bis 45 Jahre									
	< 1	1–5	5–10	10–15	15–20	20–25	25–30	30–35	35–40	40–45
7. Symptome und nicht zu klassifizierende Befunde										
Männl.	73,2	1,6	0,4	0,8	2,4	3,8	4,3	5,8	7,9	14,6
Weibl.	46,6	1,9	0,5	0,4	1,4	1,7	1,7	1,6	3,0	4,3
Zusam.	60,2	1,7	0,4	0,6	1,9	2,8	3,0	3,7	5,5	9,6
8. Krankheiten des Nervensystems										
Männl.	9,1	2,2	1,2	1,2	2,3	1,9	2,3	2,4	3,8	6,1
Weibl.	7,0	2,0	0,9	0,9	1,4	1,5	1,2	1,2	2,4	3,1
Zusam.	8,1	2,1	1,1	1,1	1,8	1,7	1,8	1,8	3,1	4,7
9. Krankheiten der Harn- und Geschlechtsorgane										
Männl.	–	0,1	0,1	–	0,1	0,2	0,4	0,3	0,6	0,8
Weibl.	–	0,1	–	–	0,1	0,1	0,2	0,1	0,2	0,5
Zusam.	–	0,1	0,1	–	0,1	0,1	0,3	0,2	0,4	0,7
10. Infektiöse und parasitäre Krankheiten										
Männl.	4,1	1,0	0,2	0,2	0,6	0,8	1,0	2,6	3,7	5,4
Weibl.	5,2	1,1	0,3	0,2	0,3	0,5	0,8	1,5	1,4	2,4
Zusam.	4,7	1,1	0,3	0,2	0,5	0,7	0,9	2,0	2,6	3,9
11. Psychische und Verhaltensstörungen										
Männl.	–	–	–	0,0	0,4	3,0	4,5	4,7	8,6	12,1
Weibl.	–	–	–	–	0,4	0,7	0,7	1,2	2,0	3,0
Zusam.	–	–	–	0,0	0,4	1,9	2,7	3,0	5,3	7,6
12. Krankheiten des Blutes										
Männl.	1,1	0,2	0,0	0,2	0,1	0,2	0,2	0,3	0,4	0,4
Weibl.	1,5	0,2	0,1	0,1	0,1	0,1	0,1	0,1	0,1	0,1
Zusam.	1,3	0,2	0,1	0,2	0,1	0,1	0,1	0,2	0,3	0,2

	Sterbefälle je 100.000 Einwohner 2004 im Alter von 45–90 Jahren									
	45–50	50–55	55–60	60–65	65–70	70–75	75–80	80–85	85–90	>90
Insgesamt										
Männl.	357	570	844	1.320	2.046	3.388	5.417	9.162	14.611	21.293
Weibl.	193	288	436	624	981	1.753	3.221	6.298	11.567	22.112
Zusam.	276	429	639	966	1.488	2.487	4.068	7.151	12.341	21.925
1. Krankheiten des Kreislaufsystems										
Männl.	90,0	150,4	233,7	405,1	712,5	1.339	2.352	4.506	7.777	12.398
Weibl.	32,2	47,7	78,9	138,6	294,9	663	1.472	3.397	6.984	14.472
Zusam.	61,6	99,0	156,1	269,6	493,8	967	1.812	3.728	7.186	13.999
2. Bösartige Neubildungen										
Männl.	92,7	189,3	327,6	533,7	786,2	1.167	1.618	2.166	2.649	2.640
Weibl.	92,0	148,6	233,0	317,6	435,6	622	874	1.191	1.484	1.805
Zusam.	92,4	168,9	280,1	423,8	602,6	866	1.161	1.481	1.781	1.996

Fortsetzung nächste Seite

Gesundheit

Fortsetzung Tabelle 2.5.2   Sterbeziffern nach ausgewählten Todesursachen in Deutschland nach Alter...

	Sterbefälle je 100.000 Einwohner 2004 im Alter von 45–90 Jahren									
	45–50	50–55	55–60	60–65	65–70	70–75	75–80	80–85	85–90	>90
3. Krankheiten des Atmungssystems										
Männl.	8,4	17,3	33,9	63,4	122,7	254,0	473,3	842,8	1466,1	2163,7
Weibl.	5,7	10,2	17,5	28,6	47,4	98,2	189,0	378,3	725,5	1479,9
Zusam.	7,1	13,7	25,7	45,7	83,3	168,2	298,7	516,7	913,8	1635,8
4. Krankheiten des Verdauungssystems										
Männl.	45,8	65,4	76,8	97,6	124,6	162,8	223,8	334,7	492,9	743,1
Weibl.	19,0	25,9	34,1	41,5	53,8	88,7	159,0	289,4	505,6	818,5
Zusam.	32,6	45,6	55,4	69,1	87,5	122,0	184,0	302,9	502,4	801,3
5. Verletzungen und Vergiftungen										
Männl.	51,2	56,2	54,4	59,2	65,5	84,4	132,3	219,8	370,8	584,8
Weibl.	15,8	17,3	17,8	21,2	27,3	42,0	70,7	141,6	250,2	463,7
Zusam.	33,8	36,7	36,0	39,9	45,5	61,1	94,5	164,9	280,9	491,3
6. Drüsen-, Ernährungs- und Stoffwechselkrankheiten										
Männl.	7,5	13,3	20,5	32,2	57,8	101,8	146,8	265,5	445,7	574,0
Weibl.	3,5	5,3	9,7	16,2	31,5	70,2	132,3	276,8	498,4	823,3
Zusam.	5,5	9,3	15,1	24,1	44,0	84,4	137,9	273,4	485,0	766,5
7. Symptome und nicht zu klassifizierende Befunde										
Männl.	22,1	27,3	34,3	43,8	49,8	60,3	79,6	122,4	249,2	576,9
Weibl.	7,5	10,3	13,3	14,2	20,1	31,5	55,2	107,5	246,5	772,8
Zusam.	14,9	18,8	23,8	28,8	34,3	44,4	64,6	112,0	247,2	728,1
8. Krankheiten des Nervensystems										
Männl.	7,5	10,9	14,8	22,3	34,9	66,6	134,3	240,2	344,7	371,9
Weibl.	5,2	7,1	10,2	13,9	20,9	40,5	81,2	154,9	238,3	314,6
Zusam.	6,4	9,0	12,5	18,0	27,5	52,2	101,7	180,3	265,3	327,7
9. Krankheiten der Harn- und Geschlechtsorgane										
Männl.	1,6	3,1	5,8	9,4	21,8	45,2	89,3	187,3	368,8	587,7
Weibl.	1,1	2,2	3,2	5,9	12,1	28,4	63,8	128,5	241,7	411,5
Zusam.	1,3	2,7	4,5	7,6	16,7	35,9	73,6	146,1	274,0	451,6
10. Infektiöse und parasitäre Krankheiten										
Männl.	7,2	8,0	10,7	17,2	26,1	46,2	73,7	120,2	172,3	197,1
Weibl.	2,9	3,7	6,0	9,0	14,7	30,7	53,6	92,0	125,0	204,6
Zusam.	5,1	5,9	8,3	13,0	20,1	37,6	61,4	100,4	137,1	202,9
11. Psychische und Verhaltensstörungen										
Männl.	19,7	22,5	22,9	23,1	22,5	22,0	28,4	49,0	107,0	193,5
Weibl.	4,8	5,3	6,8	6,6	6,2	9,2	16,7	44,2	106,7	274,9
Zusam.	12,3	13,9	14,9	14,7	14,0	14,9	21,2	45,6	106,8	256,3
12. Krankheiten des Blutes										
Männl.	0,7	1,0	1,1	2,5	4,6	6,6	13,9	18,6	30,6	51,8
Weibl.	0,5	0,5	1,0	1,9	3,2	4,3	10,7	18,8	28,6	60,3
Zusam.	0,6	0,8	1,1	2,2	3,8	5,4	11,9	18,7	29,1	58,4

Tabelle 2.5.3 Äußere Einwirkungen als Todesursache in Deutschland nach Alter und Geschlecht 2004

Gesundheitswesen,Todesursachen in Deutschland, Statistisches Bundesamt 2005; www.destatis.de

	Sterbefälle je 100.000 Einwohner 2004 im Alter bis 45 Jahre									
	< 1	1–5	5–10	10–15	15–20	20–25	25–30	30–35	35–40	40–45
1. Vorsätzliche Selbstbeschädigung										
Männl.	3,9	1,4	0,6	0,8	2,5	4,4	5,0	10,1	20,3	47,4
Weibl.	5,2	1,4	0,8	0,6	1,9	2,8	3,1	5,2	9,4	16,0
Zusam.	4,5	1,4	0,7	0,7	2,2	3,6	4,1	7,7	15,0	32,1
2. Stürze										
Männl.	3,9	3,1	2,5	2,1	3,7	4,3	6,3	9,8	17,6	40,3
Weibl.	3,2	3,0	1,9	1,8	3,4	3,4	5,5	12,0	22,6	46,0
Zusam.	3,5	3,0	2,2	2,0	3,6	3,8	5,9	10,9	20,0	43,1
3. Transportmittelunfälle										
Männl.	5,0	1,4	0,2	0,5	0,6	0,8	1,1	1,2	1,9	4,6
Weibl.	3,5	1,2	0,3	0,4	0,5	0,5	0,6	0,8	1,0	2,6
Zusam.	4,3	1,3	0,3	0,5	0,5	0,6	0,9	1,0	1,5	3,6
4. Tätlicher Angriff										
Männl.	1,1	0,3	–	0,2	0,4	0,6	1,7	3,8	11,7	25,1
Weibl.	1,7	0,3	0,1	0,1	0,3	0,5	0,6	2,1	4,1	9,5
Zusam.	1,4	0,3	0,1	0,2	0,3	0,5	1,1	3,0	8,0	17,5
5. Unfälle durch Ertrinken und Untergehen										
Männl.	9,7	5,9	2,9	4,2	33,6	47,9	39,8	37,8	40,1	47,8
Weibl.	7,3	5,0	2,3	2,4	10,9	13,1	10,1	8,2	11,4	12,8
Zusam.	8,5	5,4	2,6	3,3	22,6	30,8	25,2	23,3	26,1	30,7
6. Exposition gegenüber Rauch, Feuer und Flammen										
Männl.	7,2	1,3	0,6	0,5	0,4	0,6	1,2	1,4	2,8	4,8
Weibl.	2,9	1,0	0,3	0,3	0,7	0,7	0,8	1,0	1,0	2,0
Zusam.	5,1	1,1	0,5	0,4	0,6	0,7	1,0	1,2	1,9	3,5

	Sterbefälle je 100.000 Einwohner 2004 im Alter von 45–90 Jahren									
	45–50	50–55	55–60	60–65	65–70	70–75	75–80	80–85	85–90	>90
1. Vorsätzliche Selbstbeschädigung										
Männl.	73,2	1,6	0,4	0,8	2,4	3,8	4,3	5,8	7,9	14,6
Weibl.	46,6	1,9	0,5	0,4	1,4	1,7	1,7	1,6	3,0	4,3
Zusam.	60,2	1,7	0,4	0,6	1,9	2,8	3,0	3,7	5,5	9,6
2. Stürze										
Männl.	9,1	2,2	1,2	1,2	2,3	1,9	2,3	2,4	3,8	6,1
Weibl.	7,0	2,0	0,9	0,9	1,4	1,5	1,2	1,2	2,4	3,1
Zusam.	8,1	2,1	1,1	1,1	1,8	1,7	1,8	1,8	3,1	4,7

Fortsetzung nächste Seite

Fortsetzung Tabelle 2.5.3 Äußere Einwirkungen als Todesursache in Deutschland nach Alter und Geschlecht 2004

	\multicolumn{9}{c	}{Sterbefälle je 100.000 Einwohner 2004 im Alter von 45–90 Jahren}
	45–50	50–55	55–60	60–65	65–70	70–75	75–80	80–85	85–90	>90
3. Transportmittelunfälle										
Männl.	–	0,1	0,1	–	0,1	0,2	0,4	0,3	0,6	0,8
Weibl.	–	0,1	–	–	0,1	0,1	0,2	0,1	0,2	0,5
Zusam.	–	0,1	0,1	–	0,1	0,1	0,3	0,2	0,4	0,7
4. Tätlicher Angriff										
Männl.	4,1	1,0	0,2	0,2	0,6	0,8	1,0	2,6	3,7	5,4
Weibl.	5,2	1,1	0,3	0,2	0,3	0,5	0,8	1,5	1,4	2,4
Zusam.	4,7	1,1	0,3	0,2	0,5	0,7	0,9	2,0	2,6	3,9
5. Unfälle durch Ertrinken und Untergehen										
Männl.	–	–	–	0,0	0,4	3,0	4,5	4,7	8,6	12,1
Weibl.	–	–	–	–	0,4	0,7	0,7	1,2	2,0	3,0
Zusam.	–	–	–	0,0	0,4	1,9	2,7	3,0	5,3	7,6
6. Exposition gegenüber Rauch, Feuer und Flammen										
Männl.	1,1	0,2	0,0	0,2	0,1	0,2	0,2	0,3	0,4	0,4
Weibl.	1,5	0,2	0,1	0,1	0,1	0,1	0,1	0,1	0,1	0,1
Zusam.	1,3	0,2	0,1	0,2	0,1	0,1	0,1	0,2	0,3	0,2

Tabelle 2.5.4 Sterbefälle durch vorsätzliche Selbstbeschädigung in Deutschland 1990–2003

Statistisches Taschenbuch Gesundheit 2005, Bundesministerium für Gesundheit; www.bmg.bund.de

Jahr		\multicolumn{5}{c	}{Sterbefälle je 100.000 Einwohner gleichen Alters}
		insgesamt	unter 25	25–60	60–75	75 u. älter
1990	männlich	24,9	6,8	28,2	35,2	88,2
	weiblich	10,7	2,1	9,7	17,6	29,5
	zusammen	17,5	4,5	19,1	24,8	47,2
1995	männlich	23,0	5,8	26,0	33,3	83,3
	weiblich	8,7	1,7	8,2	13,5	23,9
	zusammen	15,7	3,8	17,3	22,1	41,1
2001	männlich	20,3	5,6	22,7	27,0	59,5
	weiblich	7,0	1,3	6,6	10,3	18,1
	zusammen	13,5	3,5	14,8	18,2	30,7
2002	männlich	20,1	5,6	21,9	27,6	60,2
	weiblich	7,2	1,4	6,7	10,9	18,0
	zusammen	13,5	3,5	14,5	18,8	30,9
2003	männlich	20,3	5,0	22,4	27,7	57,7
	weiblich	7,0	1,5	6,7	9,7	17,9
	zusammen	13,5	3,3	14,7	18,2	30,7

Tabelle 2.5.5 Sterbefälle nach ausgewählten Unfallkategorien, Alter und Geschlecht in Deutschland

Statistisches Taschenbuch Gesundheit 2005, Bundesministerium für Gesundheit; www.bmg.bund.de

Alters-gruppe	Ge-schlecht	Sterbefälle je 100.000 Einwohner					
		Insge-samt	Arbeits-/Schul-unfall	Verkehrs-unfall	Häus-licher Unfall	Sport-/Spiel-unfall	Sonstiger Unfall
0 bis 1	männl.	7,5	0,0	1,3	3,5	0,0	2,7
	weibl.	5,7	0,0	0,8	2,8	0,0	2,0
	zusam.	6,6	0,0	1,1	3,2	0,0	2,3
1 bis 5	männl.	5,5	0,0	1,4	1,9	0,6	1,6
	weibl.	4,9	0,0	2,0	1,6	0,3	0,9
	zusam.	5,2	0,0	1,7	1,8	0,5	1,2
5 bis 15	männl.	4,1	0,0	2,2	0,4	0,6	0,8
	weibl.	2,7	0,0	1,7	0,3	0,2	0,4
	zusam.	3,4	0,0	2,0	0,4	0,4	0,6
15 bis 25	männl.	34,1	0,8	29,2	0,6	0,2	3,3
	weibl.	10,6	0,0	9,4	0,2	0,2	0,8
	zusam.	22,6	0,4	19,5	0,4	0,2	2,1
25 bis 35	männl.	22,0	1,4	14,3	1,0	0,3	5,0
	weibl.	5,3	0,1	3,9	0,2	0,1	1,0
	zusam.	22,6	0,8	9,2	0,6	0,2	3,0
35 bis 45	männl.	21,4	1,7	11,9	2,3	0,3	5,2
	weibl.	5,3	0,0	3,0	0,7	0,1	1,5
	zusam.	13,8	0,9	7,6	1,5	0,2	3,4
45 bis 55	männl.	23,7	2,1	10,6	3,9	0,2	6,9
	weibl.	7,1	0,1	3,1	1,7	0,1	2,1
	zusam.	15,5	1,1	6,9	2,8	0,1	4,5
55 bis 65	männl.	26,1	2,0	9,2	6,2	0,2	8,4
	weibl.	10,3	0,1	3,9	2,9	0,1	3,3
	zusam.	18,1	1,0	6,5	4,5	0,1	5,8
65 bis 75	männl.	39,7	0,9	10,7	12,8	0,2	15,1
	weibl.	20,3	0,0	5,7	7,5	0,0	7,1
	zusam.	29,3	0,4	8,0	10,0	0,1	10,7
75 bis 85	männl.	90,9	0,5	16,8	37,8	0,3	35,6
	weibl.	69,7	0,2	8,3	32,8	0,1	28,4
	zusam.	76,7	0,3	11,1	34,4	0,2	30,8
85 u. älter	männl.	327,4	0,0	20,7	169,8	0,3	136,6
	weibl.	272,5	0,1	9,1	151,5	0,1	111,7
	zusam.	285,6	0,1	11,8	155,9	0,1	117,7
Ins-gesamt	männl.	28,3	1,2	12,4	6,2	0,3	8,2
	weibl.	20,0	0,1	4,6	8,1	0,1	7,1
	zusam.	24,0	0,6	8,4	7,2	0,2	7,6

Tabelle 2.5.6 Verunglückte im Straßenverkehr nach Verkehrsbeteiligung, Alter und Geschlecht 2005

Erhebungspapiere für die Statistik sind die bundeseinheitlichen Durchdrucke, die von den aufnehmenden Polizeibeamten ausgefüllt werden.

Als Verunglückte zählen Personen (auch Mitfahrer), die beim Unfall verletzt oder getötet wurden. Als Getötete gelten Personen, die innerhalb von 30 Tagen an den Folgen des Unfalls starben. Schwerverletzte sind Personen, die unmittelbar für mindestens 24 Stunden zur stationären Behandlung eingewiesen wurden. Leichtverletzte sind alle übrigen Verletzten.

2005 wurden bei Verkehrsunfällen 5.927 Personen getötet. Bei häuslichen Unfällen starben 6.262 Personen, bei Arbeits- und Schulunfällen 491 Personen, bei Sport- und Spielunfällen 159 Personen (vergleiche Tabelle 2.5.5). Verkehrsunfälle sind also nicht die bedeutendste Unfallkategorie.

Zu-/Abn. (= Zunahme/Abnahme) betrifft Veränderungen gegenüber dem Jahr 2004.

Verkehrsunfälle, Statistisches Bundesamt, Wiesbaden 2006; www.destatis.de

Altersgruppe	Insgesamt	Verunglückte Fahrer und Mitfahrer insgesamt 2005			
		Personenkraftwagen	Motorräder	Fahrräder	Fußgänger
Unter 15 Jahre	36.948	12.035	292	13.561	9.273
Zu-/Abnahme	−0,9 %	−2,69 %	−4,99 %	+2,49 %	−4,29 %
Männlich	21.020	5.532	162	9.038	5.399
Zu-/Abnahme	−1,7 %	−4,2 %	−6,9 %	+1,6 %	−5,0 %
Weiblich	15.863	6.455	130	4.518	3.865
Zu-/Abnahme	+0,2 %	−1,3 %	−2,3 %	+4,1 %	−3,0 %
15–18 Jahre	28.742	7.718	5.440	6.326	2.020
Zu-/Abnahme	−4,3 %	−7,9 %	−7,1 %	+5,4 %	−3,4 %
Männlich	17.684	3.177	4.410	3.874	915
Zu-/Abnahme	−5,7 %	−6,8 %	−8,3 %	+2,1 %	−7,1 %
Weiblich	11.034	4.526	1.028	2.450	1.104
Zu-/Abnahme	−2,1 %	−8,8 %	−1,5 %	+11,1 %	−0,1 %
18–21 Jahre	43.930	32.910	3.007	3.666	1.668
Zu-/Abnahme	−5,1 %	−7,8 %	+2,9 %	+9,9 %	+2,6 %
Männlich	24.468	16.991	2.486	2.185	865
Zu-/Abnahme	−7,0 %	−10,2 %	+0,9 %	+7,4 %	−5,3 %
Weiblich	19.428	15.902	518	1.474	799
Zu-/Abnahme	−2,7 %	−5,0 %	+13,6 %	+13,3 %	+12,7 %
21–25 Jahr	43.661	31.890	3.063	4.305	1.784
Zu-/Abnahme	−4,9 %	−7,2 %	+0,9 %	+3,8 %	+4,0 %
Männlich	24.539	16.448	2.606	2.519	1.016
Zu-/Abnahme	−6,1 %	−9,4 %	+0,3 %	+4,1 %	+5,5 %
Weiblich	19.097	15.422	457	1.783	767
Zu-/Abnahme	−3,2 %	−4,6 %	+4,6 %	+3,2 %	+2,5 %

Fortsetzung nächste Seite

Fortsetzung Tabelle 2.5.6 Verunglückte im Straßenverkehr nach Verkehrsbeteiligung, Alter und Geschlecht 2005

Alters- gruppe	Verunglückte Fahrer und Mitfahrer insgesamt				
	Insgesamt	Personen- kraftwagen	Motor- räder	Fahr- räder	Fuß- gänger
25–35 Jahre	72.530	48.181	6.105	9.448	3.045
Zu-Abn.%	−4,3	−6,4	−4,2	+5,1	+0,7
Männlich	41.561	23.889	5.310	6.003	1.749
Zu-/Abnahme	−5,3	−8,3	−3,4	+2,2	−0,4
Weiblich	30.916	24.258	792	3.435	1.292
Zu-/Abnahme	−2,9	−4,6	−9,3	+10,6	+2,2
35–45 Jahre	77.977	46.589	8.666	11.895	3.561
Zu-Abn.%	−1,0	−3,6	−2,0	+7,9	+1,1
Männlich	45.832	22.537	7.446	7.925	2.062
Zu-/Abnahme	−0,6	−3,2	−2,1	+8,5	+0,2
Weiblich	32.100	24.030	1.217	3.958	1.491
Zu-/Abnahme	−1,7	−3,9	−0,3	+6,5	+2,5
45–55 Jahre	56.571	31.957	5.873	10.133	3.305
Zu-Abn.%	+3,7	−0,1	+14,2	+11,8	+2,8
Männlich	32.140	14.948	5.129	6.162	1.738
Zu-/Abnahme	+4,6	+0,2	+12,6	+12,3	+3,8
Weiblich	24.399	16.997	744	3.965	1.557
Zu-/Abnahme	+2,6	−0,3	+26,5	+10,8	+1,4
55–65 Jahre	35.696	19.419	2.102	8.089	2.932
Zu-Abn.%	−1,4	−5,1	+6,2	+3,5	−1,8
Männlich	19.737	9.439	1.959	4.625	1.395
Zu-/Abnahme	0,0	−3,5	+6,8	+2,4	−1,6
Weiblich	15.923	9.959	143	3.456	1.531
Zu-/Abnahme	−3,1	−6,5	−1,4	+5,1	−1,7
65 u. mehr J.	41.944	20.140	981	10.686	6.808
Zu-Abn.%	+4,0	+2,2	+16,1	+10,0	+0,6
Männlich	20.762	9.717	928	5.942	2.335
Zu-/Abnahme	+6,3	+3,8	+15,6	+11,4	+2,7
Weiblich	21.135	10.405	52	4.734	4.459
Zu-/Abnahme	+1,9	+0,6	+23,8	+8,2	−0,3
Zusammen	437.999	250.839	35.529	78.109	34.396
Zu-Abn.%	−1,6	−4,5	+0,7	+6,5	−0,7
Männlich	247.743	122.676	30.436	48.273	17.474
Zu-/Abnahme	−1,9	−5,4	+0,3	+5,7	−1,4
Weiblich	189.895	127.954	5.081	29.773	16.865
Zu-/Abnahme	−1,2	−3,7	+2,9	+7,7	+0,2
Insgesamt (inkl. ohne Angaben)	438.682	250.962	35.552	78.398	34.573
	−1,6	−4,5	+0,7	+6,5	−1,0

Tabelle 2.5.7 Verunglückte im Straßenverkehr nach Straßenart 2004 und 2005

Abkürzung Pers. = Personen; Zu-/Abn. = Zu-/Abnahme als Veränderungen gegenüber 2004.

Verkehrsunfälle, Statistisches Bundesamt, Wiesbaden 2006; www.destatis.de

Verkehrswege	Unfälle mit Pers. Schaden	Zu-/Abn. in %	Getötete	Zu-/Abn. in %	Schwerverletzte	Zu-/Abn. in %	Leichtverletzte	Zu-/Abn. in %
2005								
Autobahn	20.934	−2,4	663	−4,5	5.857	−4,1	26.494	−1,6
Bundesstraßen	68.003	−2,3	1.569	−10,7	17.186	−5,8	77.270	−2,5
innerorts	37.984	−0,5	335	−2,3	6.616	−1,2	42.638	−1,1
außerorts	30.019	−4,5	1.234	−12,7	10.570	−8,5	34.632	−4,2
Landesstraßen	72.707	−2,7	1.506	−10,8	19.907	−6,1	76.562	−2,5
innerorts	38.755	+0,2	326	–	7.680	−0,6	41.006	+0,4
außerorts	33.952	−5,7	1.180	−13,4	12.227	−9,3	35.556	−5,7
Kreisstraßen	33.596	−2,2	742	−10,0	9.260	−8,2	33.957	−2,2
innerorts	17.278	−0,8	153	+2,0	3.480	−7,5	17.804	−0,9
außerorts	16.318	−3,7	589	−12,6	5.780	−8,6	16.153	−3,5
Andere Straßen	141.269	+1,5	879	–	24.745	−1,6	142.085	+1,6
innerorts	131.686	+2,1	654	−1,7	21.490	−0,2	133.099	+2,1
außerorts	9.583	−5,6	225	+5,1	3.255	−10,4	8.986	−5,2
Insgesamt	336.509	−0,8	5.359	−8,3	76.955	−4,8	356.368	−0,8
innerorts	225.703	+1,1	1.468	−1,1	39.266	−1,1	234.547	+1,0
außerorts	110.806	−4,5	3.891	−10,7	37.689	−8,3	121.821	−4,1
2004								
Autobahn	21.458	–	694	–	6.109	–	26.918	–
Bundesstraßen	69.615	–	1.756	–	18.242	–	79.283	–
innerorts	38.187	–	343	–	6.693	–	43.119	–
außerorts	31.428	–	1.413	–	11.549	–	36.164	–
Landesstraßen	74.703	–	1.689	–	21.206	–	78.532	–
innerorts	38.694	–	326	–	7.724	–	40.845	–
außerorts	36.009	–	1.363	–	13.482	–	37.687	–
Kreisstraßen	34.360	–	824	–	10.088	–	34.703	–
innerorts	17.410	–	150	–	3.761	–	17.965	–
außerorts	16.950	–	674	–	6.327	–	16.738	–
Andere Straßen	139.174	–	879	–	25.156	–	139.889	–
innerorts	129.023	–	665	–	21.523	–	130.406	–
außerorts	10.151	–	214	–	3.633	–	9.483	–
Insgesamt	339.310	–	5.842	–	80.801	–	359.325	–
innerorts	223.314	–	1.484	–	39.701	–	232.335	–
außerorts	116.996	–	4.358	–	41.100	–	126.990	–

3 Evolution und Fortschritte

3.1 Die Evolution des Menschen

Tabelle 3.1.1 Unsere Vergangenheit – ein Überblick

Der Mensch gehört systematisch zur Klasse der Säugetiere, der Ordnung der Primaten und der Familie der Hominiden (Hominidae). Wenn die Menschenaffen zu den Hominiden gerechnet werden, dann wird die menschliche Linie als Unterfamilie Homininen (Homoninae) bezeichnet.
Abkürzungen: H = Hirnvolumen in cm^3, K = Körpergröße in cm, G = Gewicht in kg.

Henke 1994; GEO kompakt 4/2005; Johanson, Edgar 2006

Die Gattung Homo, Funde und Alter	
Homo rudolfensis erster Mensch, Kenia, Ost-Afrika; H: 775–788 cm^3, K: 155 cm, G: ~ 45 kg	2,5–1,8 Millionen Jahre
Homo habilis (Geschickter Mensch), Tansania, Ost-Afrika; K: 100–145 cm, G: 25–45 kg	1,9 Millionen Jahre
Homo ergaster/erectus, von Afrika nach Asien und in den nahen Osten; H: 900–1.100 cm^3, K: 165–185 cm, G: bis 65 kg	1,8–0,04 Millionen Jahre
Homo antecessor (Erster „Europäer"), H: 1.100 cm^3, K: 170 cm	> 0,78 Millionen Jahre
Früheste Hinweise zum Gebrauch von Feuer	1,5 Millionen Jahre
Früheste Hinweise zum Gebrauch von Steinwerkzeugen	2,5 Millionen Jahre
Homo heidelbergensis Mauer bei Heidelberg, Griechenland, England, Äthiopien; H: 1.200 cm^3, K: bis 170 cm	0,6–0,2 Millionen Jahre
Homo neanderthalensis Neandertal bei Düsseldorf; H: 1.750 cm^3, K: 166 cm, G: 80 kg	0,2–0,027 Millionen Jahre
Homo floresiensis (Zwergmensch) Insel Flores, Indonesien; H: 420 cm^3, K: 100 cm	0,095–0,013 Millionen Jahre
Homo sapiens (Moderner Mensch) ganze Welt; H: 1.400 cm^3	0,195 Millionen Jahre bis heute
Domestizieren von Pflanzen und Tieren	Seit 10.000 Jahren
Alter des ältesten Toten aus dem Eis (Ötzi), der 1991 im Ötztal entdeckt wurde	5.300 Jahre
Alter der ältesten weiblichen Mumie, die 1989 in der Cheopspyramide entdeckt wurde	2.600 Jahre
Alter der am besten erhaltenen Mumie, die 1944 in Sakkara (Ägypten) entdeckt wurde	2.400 Jahre

Tabelle 3.1.2 Zeittafel zur Evolution des Menschen

Mehr als 30 Millionen Jahre hat die Evolution gebraucht um den heutigen Menschen, den *Homo sapiens,* in der systematischen Ordnung der Herrentiere (Primaten) entstehen zu lassen. Der Mensch stammt also nicht nur vom Affen ab – er ist einer.

Die Entwicklung der Primaten begann vor 80 Millionen Jahren mit einem den heutigen Spitzhörnchen (Tupaia) ähnlichen Säugetier, das am Boden und in den Bäumen Insekten jagte. Die immer bessere Anpassung an das Leben in den Ästen der Bäume führte bei den ersten Primatenvorfahren zur Entwicklung der Greifhand mit abgespreiztem Daumen und Fingernägeln statt Krallen. Vor 58–37 Millionen Jahren hatten sich die Primaten in die Altweltaffen (Afrika) und die Neuweltaffen (Asien) aufgespaltet. Vor 24–20 Millionen Jahren hatten sich die Vorfahren der heutigen Menschenaffen (Orang-Utan, Gorilla, Schimpanse) in viele Gruppen aufgeteilt. *Pierolapithecus catalaunicus* der 2004 in Barcelona gefunden wurde und vor 13 Millionen Jahren lebte, könnte ein solcher Vorfahre sein.

Vor 7 Millionen Jahren entwickelte sich der aufrechte Gang bereits im Lebensraum Baum. Erst nach einer gewissen Perfektionierung konnten die ersten Vormenschen die Waldrandgebiete verlassen und die offene Savanne erobern. Der aufrechte Gang wurde durch eine Reihe von Veränderungen im Skelett ermöglicht: Doppelt S-förmige Wirbelsäule, breites kurzes Becken mit Oberschenkelknochen, die die Knie zusammenrücken lassen, und an das Laufen angepasste Füße, mit parallel gestellter großer Zehe und ausgeprägter Fußwölbung. Das Gewicht des säulenförmigen Körpers wurde so von oben nach unten auf die Füße geleitet.

GEO kompakt 4/2005; Johanson, Edgar 2006

Jahre	Bezeichnung	Vorkommen	Beschreibung
7–2,5 Millionen Jahre: Epoche der Affenmenschen in Afrika			
7 Mio.	*Sabelanthropus tschadensis*	Zentralafrika (Tschad)	Wahrscheinlich aufrecht gehend, Savanne, Allesfresser
6 Mio.	*Orrorin tugenensis*	Kenia	Savanne, Allesfresser
5,5 Mio.	*Ardipithecus ramidus kadabba*	Äthiopien	Bewaldete Gebiete, faserreiche Kost
4,4 Mio.	*Ardipithecus ramidus*	Äthiopien	Bewaldete Gebiete, faserreiche Kost
4,2–3,9 Mio.	*Australopithecus anamensis*	Turkanasee, Ost-Afrika	Savanne, Wälder, guter Kletterer
3,9–3 Mio.	*Australopithecus afarensis*	Äthiopien, Kenia, Tansania	Bewaldete Graslandschaften, nachts in Bäumen („Lucy")
3,3 Mio.	*Australopithecus bahrelghazali*	Nördliches Zentral-Afrika (Tschad)	Sehr ähnlich *A. afarensis*
3,3 Mio.	*Kenyanthropus platyops*	Kenia, Ost-Afrika	Wald- und Graslandschaften, Seerandgebiete
3,0–2,3 Mio.	*Australopithecus africanus*	Süd-Afrika	Lichte Wälder, Grasland
2,6–2,3 Mio.	*Paranthropus aethiopicus*	Kenia, Äthiopien, Ost-Afrika	Riesiges Gebiss lässt auf Pflanzenfresser schließen

Fortsetzung nächste Seite

Fortsetzung Tabelle 3.1.2 Zeittafel zur Evolution des Menschen

Jahre	Bezeichnung	Vorkommen	Beschreibung
2,5–1 Millionen Jahre: Die Gattung „Mensch" verlässt Afrika			
2,5–1,8 Mio.	*Homo rudolfensis*	Kenia, Ost-Afrika	Offene Grassavannen, primitive Steinwerkzeuge
2,1–1,6 Mio.	*Homo habilis*	Tansania, Ost-Afrika	Offene Grassavannen, primitive Steinwerkzeuge
2,1–1,1 Mio.	*Paranthropus boisei*	Ost-Afrika	Gras- und Buschland, riesige Zähne, kleines Gehirn, Pflanzenfresser
2,0–1,5 Mio.	*Paranthropus robustus*	Süd-Afrika	Busch- und Grasland, großes Gebiss, kleines Gehirn, Pflanzenfresser
1,8– 40.000	*Homo ergaster / Homo erectus*	Von Afrika nach Asien	Erfand Faustkeil, benützte Feuer, zuerst Aasfresser, dann Jagd
1 Million bis 200.000 Jahre: Homo erectus und seine Nachfahren leben in Europa			
> 780.000	*Homo antecessor*	Europa	Erster Nachfahre von *Homo erectus*
600.000– 200.000	*Homo heidelbergensis*	Ganz Europa und vereinzelt Afrika	Aus *Homo erectus* und *Homo antecessor* entstanden
200.000 bis 100.000: Homo neanderthalensis und Homo sapiens stoßen im Nahen Osten aufeinander			
200.000– 270.000	*Homo neanderthalensis*	Europa und Vorderasien	Weiterentwicklung von *Homo heidelbergensis*, Jäger
195.000 Jahre bis heute: Homo sapiens erobert die Erde			
95.000– 13.000	*Homo floresiensis*	Insel Flores, Indonesien	Zwergform eines Menschen, wahrscheinlich aus *Homo erectus* entstanden
195.000 bis heute	*Homo sapiens*	Von Afrika aus wird die ganze Welt besiedelt.	Aus afrikanischen Formen von *Homo erectus* (oder *Homo heidelbergensis*) entstanden, verdrängte alle älteren Menschenformen

Tabelle 3.1.3 Bedeutende Funde zur Evolution des Menschen

In der Tabelle sind die Funde nach dem Datum ihrer Entdeckung geordnet.
GEO kompakt 4/2005; Johanson, Edgar 2006

Jahr	Fundort	Fund, Beschreibung	Heutige Zuordnung	Auftreten vor Mio. Jahren
1856	Neandertal bei Düsseldorf (D)	Skelettreste, Schädeldach	Neandertaler *Homo neanderthalensis*	0,2–0,027
1868	Cro-Magnon, Dordogne bei Les Eyzies (F)	5 Skelette "Der alte Mann von Cro-Magnon"	Cro-Magnon-Mensch, *Homo sapiens*	0,195–heute
1886	Spy (Belgien)	Fossile Reste	Neandertaler	0,2–0,027
1891	Trinil (Java)	Unterkiefer Fragment *Pithecanthropus erectus*	Java-Mensch *Homo erectus*	ca. 1,0
1907	Mauer, bei Heidelberg (D)	Fossiler Unterkiefer, *Homo heidelbergensis*	*Homo erectus* (unsicher)	1,8–0,04
1908	Le Moustier (F)	Skelettreste, Gebrauchsgegenstände	Neandertaler *Homo neanderthalensis*	0,2–0,027
1924	Taung (Südafrika)	"Kind von Taung", Australopithecus africanus („Südaffe aus Afrika").	*Australopithecus africanus*	3,0–2,3
1927	Höhle von Zhoukoudian (China)	Backenzahn, *Sinanthropus pekinensis* (Pekingmensch)	*Homo erectus*	1,8–0,04
1933	Steinheim (D)	Schädel ohne Unterkiefer, *Homo steinheimensis*	*Homo erectus*	1,8–0,04
1938	Kromdraai (Südafrika)	Vormenschenschädel mit riesigen Backenzähnen	*Paranthropus robustus*	2,0–1,5
1959	Olduvai-Schlucht (Tansanien)	"Zinj", Schädel, *Zinjanthropus boisei*	*Paranthropus boisei*	2,1–1,1
1960	Olduvai-Schlucht (Tansanien)	Relikte einer unbekannten Hominidenart	*Homo habilis*	2,1–1,6
1972	Turkanasee (Kenia)	Schädel, *Homo habilis*	*Homo rudolfensis*	2,5–1,8
1974	Hadar (Äthiopien)	"Lucy", Teilskelett	*Australopithecus afarensis*	3,9–3,0

Fortsetzung nächste Seite

Fortsetzung Tabelle 3.1.3 Bedeutende Funde zur Evolution des Menschen

Jahr	Fundort	Fund, Beschreibung	Heutige Zuordnung	Auftreten vor Mio. Jahren
1978	Laetoli (Tansania)	Fußspuren aufrecht gehender Vormenschen	Australopithecus afarensis	3,9–3,0
1985	Turkanasee (Nord-Kenia)	Schädel	Australopithecus aethiopicus	2,6–2,3
1991	Uraha (Malawi Südost-Afrika)	Robuster Unterkiefer	Homo rudolfensis	2,5–1,8
1992	Aramis (Äthiopien)	17 Teilskelette	Ardipithecus ramidus	4,4
1994	Turkanasee (Nord-Kenia)	Skelettteile	Australopithecus anamensis	4,2–3,9
1995	Bahr el Ghazal (Tschad nördl. Zentralfrika)	Relikte	Australopithecus bahrelghazali	3,3
1997	Bouri (Äthiopien)	Neue Vormenschenart	Australopithecus garhi	2,5
1999	Lomekwi (Nord-Kenia)	Neue Vormenschenart	Kenyanthropus platyops	~ 3,3
2001	Djurab Wüste (Tschad nördl. Zentralfrika)	Schädel	Sabelanthropus tschadensis	~ 7
2003	Höhle auf der Insel Flores (Indonesien)	Zwergform des asiatischen Homo erectus	Homo floresiensis	0,095–0,013

Tabelle 3.1.4 Zum Vergleich – Anatomische Daten der Menschenaffen

Steitz 1993; Henke 1994; GEO 1/1995; Johanson, Edgar 2006

Bezeichnung	Alter in Jahren	Hirnvolumen in cm^3	Körpergröße in m	Körpergewicht in kg
Gorilla	heute lebend	340–685	bis 1,75	150–300
Orang-Utan	heute lebend	295–575	ca. 1,50	40–100
Schimpanse	heute lebend	320–480	1,30–1,70	40–45

Tabelle 3.1.5 Anatomische Daten zu den Funden

Die Evolution des Menschen ist noch nicht vollständig aufgedeckt. So kann diese Zusammenstellung nur den derzeitigen Stand der Anthropologie wiedergeben.

Steitz 1993; Henke 1994; GEO kompakt 4/2005; Johanson, Edgar 2006

Alter in Jahren	Bezeichnung der Funde	Hirnvolumen in cm³	Körpergröße in cm	Körpergewicht in kg
7 Mio.	Sabelanthropus tschadensis	380	150	–
6 Mio.	Orrorin tugenensis	–	130	–
5,5 Mio.	Ardipithecus ramidus kadabba	–	150	–
4,4 Mio.	Ardipithecus ramidus	–	120	40
4,2–3,9 Mio.	Australopithecus anamensis	–	120	35–55
3,9–3,0 Mio.	Australopithecus afarensis	375–550	100–150	30–70
3,3 Mio.	Australopithecus bahrelghazali	375–550	100–150	30–70
3,3 Mio.	Kenyanthropus platyops	bis 550	–	–
3,0–2,3 Mio.	Australopithecus africanus	bis 550	bis 140	30–60
2,6–2,3 Mio.	Paranthropus aethiopicus	420	–	–
2,5–1,8 Mio.	Homo rudolfensis	775	155	45
2,1–1,6 Mio.	Homo habilis	500–650	130–145	25–45
2,1–1,1 Mio.	Paranthropus boisei	450–545	140	35–50
2,0–1,5 Mio.	Paranthropus robustus	475–530	110–130	30–65
1,8 Mio.–40.000	Homo ergaster	900	185	–
1,8 Mio.–40.000	Homo erectus	1.100	165	65
> 780.000	Homo antecessor	1.100	170	–

Fortsetzung nächste Seite

FortsetzungTabelle 3.1.5 Anatomische Daten zu den Funden

Alter in Jahren	Bezeichnung der Funde	Hirnvolumen in cm³	Körpergröße in cm	Körpergewicht in kg
600.000–200.000	Homo heidelbergensis	1.200	–	–
200.000–270.000	Homo neanderthalensis	1.750	166	80
195.000–heute	Homo sapiens	1.400	–	–
95.000–13.000	Homo floresiensis	420	106	–

Tabelle 3.1.6 Die Evolution des Menschen in einer 24-Stunden-Projektion

Um die schwer vorstellbaren Zeiträume der menschlichen Entwicklung anschaulich darzustellen, wurde die oft verwendete Projektion der Erdgeschichte auf 24 Stunden von A. Sieger auf die Entwicklung des Menschen angewendet. 24 Stunden entsprechen dabei dem Zeitraum von vor 4,5 Millionen Jahren bis heute.

GEO 1/1995; GEO kompakt 4/2005

Vorstufe des heutigen Menschen	Auftreten in einer 24-Stunden-Projektion	Dauer des Auftritts in der 24-Stunden-Projektion
Australopithecus ramidus	00.32–01.36 Uhr	1 Std. 04 Min.
Australopithecus afarensis	02.40–08.00 Uhr	5 Std. 20 Min.
Australopithecus africanus	08.00–13.20 Uhr	5 Std. 20 Min.
Australopithecus aethiopicus	10.08–12.16 Uhr	2 Std. 08 Min.
Australopithecus boisei	12.16–18.40 Uhr	6 Std. 24 Min.
Australopithecus robustus	13.20–18.40 Uhr	5 Std. 20 Min.
Homo rudolfensis	11.12–14.24 Uhr	3 Std. 12 Min.
Homo habilis	11.44–15.28 Uhr	3 Std. 44 Min.
Homo erectus	14.24–22.56 Uhr	8 Std. 32 Min.
Archaischer Homo sapiens	21.52–23.28 Uhr	1 Std. 36 Min.
Homo neanderthalensis	22.56–23.50 Uhr	54 Min.
Homo sapiens	23.28–24.00 Uhr	32 Min.

Tabelle 3.1.7 Vergleich der Zahl der Aminosäuren zwischen dem Menschen und anderen Organismen am Beispiel des Cytochrom c

Cytochrome (auch: Zytochrom) sind farbige Hämoproteine, die bei der Zellatmung, bei der Photosynthese und bei anderen biochemischen Vorgängen als Redoxkatalysatoren wirken. Verantwortlich für diese Funktion ist die Häm-Gruppe, in deren Mitte ein Eisen-Atom liegt. Cytochrome kommen in allen lebenden Zellen, in Organellen wie Mitochondrien, Mikrosomen und Chloroplasten vor.

Das Cytochrom c ist das am besten untersuchte Cytochrom und besteht aus etwa 100 Aminosäuren. Es ist evolutionsgeschichtlich eines der ältesten Proteine. Die Unterschiede in den Aminosäuresequenzen verschiedener Organismen lassen daher auf den Verwandtschaftsgrad bzw. die Zeit der Auseinanderentwicklung der sie tragenden Organismen schließen.

In der Tabelle wird der Mensch nach der Zahl der unterschiedlichen Aminosäuren im Cytochrom c mit anderen Organismen verglichen.

Flindt 2003 nach Dickersen u. Geis 1971

Vergleich zwischen Mensch und anderen Organismen	Zahl der unterschiedlichen Aminosäuren im Cytochrom c
Mensch – Rhesusaffe	1
Mensch – Kaninchen	9
Mensch – Grauwal	10
Mensch – Kuh, Schaf, Schwein	10
Mensch – Känguruh	10
Mensch – Esel	11
Mensch – Hund	11
Mensch – Pekingente	11
Mensch – Pferd	12
Mensch – Huhn, Truthahn	13
Mensch – Pinguin	13
Mensch – Klapperschlange	14
Mensch – Schnappschildkröte	15
Mensch – Ochsenfrosch	18
Mensch – Thunfisch	21
Mensch – Fliege *(Chrysomia spec.)*	27
Mensch – Seidenspinner	31
Mensch – Weizen	43
Mensch – Bäckerhefe	45
Mensch – Schlauchpilz *(Neurospora crassa)*	48
Mensch – Hefe *(Candida krusei)*	51

Tabelle 3.1.8 Entwicklung der Bevölkerungsdichte und der Größe der Bevölkerung von der Altsteinzeit bis zur Neuzeit

Das erste sprunghafte Ansteigen der Bevölkerungszahlen erfolgte in der Jungsteinzeit, als Nutzpflanzen und Nutztiere die Ernährungsgrundlage der Bevölkerung erhöhten. Die hohen Zuwachsraten nach 1920 erklären sich durch den Rückgang der Sterbeziffern auf Grund des verbesserten Gesundheitswesens und der besseren Lebensbedingungen.

Kattmann, Strauss 1980

Epoche und Wirtschaftsweise	Jahre vor Chr. Geburt	Einwohner pro km^2	Bevölkerung in Millionen
Altsteinzeit:			
Sammeln und Jagen	1.000.000	0,0042	0,125
	300.000	0,012	1
	25.000	0,040	3,34
Mittelsteinzeit:			
Sammeln und Jagen mit verbesserten Geräten	10.000	0,04	5,32
Jungsteinzeit:			
Kulturpflanzenbau, Haustierhaltung, Bewässerungstechnik, Handwerk	6.000	0,04	86,5

Epoche und Wirtschaftsweise	Jahre nach Christus	Einwohner pro km^2	Bevölkerung in Millionen
Altertum, Mittelalter:			
Landwirtschaft und Handwerk	bei Chr.Geb.	1	133
Neuzeit:			
Landwirtschaft und Handwerk	1650	3,7	545
	1750	4,9	728
Landwirtschaft und Maschinenindustrie	1800	6,2	906
Zusätzlich chemische Industrie	1900	11	1.610
	1950	16,4	2.400
Zusätzlich intensivierte Landwirtschaft und Anfänge gentechnischer Industrie	1985	32,7	4.800
	2000	45	6.085

3.2 Fortschritte in Medizin und Biologie

Tabelle 3.2.1 Medizin und Biologie von den Anfängen bis ins 15. Jahrhundert

Schott 1993; Schipperges 1990; ergänzt nach www.charite.de; www.mta-l.de

Ereignis	Namen, Erläuterungen	Zeit
Medizinische Tafeln von Nippur (Zweistromland): Tontafeln zur Herstellung von Arzneimitteln	Nippur, Hauptkulturort der sumerischen Religion	2200 vor Christus
Ägypter halten ihr medizinisches Wissen auf Papyrusrollen fest	Papyrusrollen, Streifen vom Stängel der Papyrusstaude	2000–1200 vor Chr.
Goldschmiedearbeiten als Zahnersatz bei den Etruskern	Etrusker lebten im nördlichen Mittelitalien	700 vor Christus
Erstes Amalgamrezept für Zahnfüllungen in China	Paste aus Quecksilber, Silber und Zinn als Füllungswerkstoff	659 vor Christus
„Susrata" als erstes grundlegendes Werk der altindischen Medizin	Beschreibungen von Operationen (Grauer Star, Leistenbruch)	600 vor Christus
Ärzteschule auf Kos (Insel im Ägäischen Meer, im Südosten Griechenlands), Anfänge einer allgemeinen Krankheitslehre	*Hippokrates* (460–377 v.Chr.), griechischer Arzt, Hippokra-tischer Eid als Formulierung einer ärztlichen Ethik	400 vor Christus
Gründung der ersten Philosophenschule in Athen (Lykeion)	*Aristoteles* (384-323 v.Chr.), Lehre über Naturwissenschaft, Psychologie, Metaphysik, Ethik und Rhetorik	330 vor Christus
Sektionen an Tieren und Menschen in der Gelehrtenschule der Griechen in Alexandria	*Herophilus* (*ca.320), Unterscheidung sensorischer und motorischer Nerven, Krankendiagnostik mit Hilfe des Pulses	300–250 vor Christus
Akupunktur und Moxibustion als Diagnose- und Therapiemethode China	Erwärmung von Akupunktur-punkten mit glimmendem Moxakraut (*Beifuß*)	200 vor Christus
Beschreibung einer großen Zahl von Augenoperationen und Plastischen Operationen	*Celcus Aulus Cornelius*, wichtiger Medizinschriftsteller seiner Zeit	25 vor – 50 nach Christus
Erinnerungsschriften über Chirurgie und weitere Krankheiten in Handbuchform	*Ägina Paulos*, Arzt in Alexandria, „Vater der Chirurgie"	um 640

Fortsetzung nächste Seite

Fortsetzung Tabelle 3.2.1 Medizin und Biologie von den Anfängen bis ins 15. Jahrhundert

Ereignis	Namen, Erläuterungen	Zeit
Araber und Juden als Leibärzte, Harnbeschauer und Heilmittelverkäufer auf Märkten	Schäfer, Schmiede und Mönche als „Volksärzte"	Ab 1000
Erste Apotheken in deutschen Städten	Stauferkaiser *Friedrich II.* trennte gesetzlich die Berufe Arzt und Apotheker	1241
Alchimisten am Hof von Friedrich II	Metalle bestehen aus Quecksilber, Schwefel und Salz und lassen sich ineinander mit Hilfe des "Steins der Weisen" umwandeln	1238
Beschreibung des Prinzips der konvexen Linse (Brille)	*Roger Bacon* (Franziskaner) gilt als Erfinder der Brille, obwohl schon die alten Griechen die optische Lichtbrechung beschrieben haben	1267
Erste gerichtsärztliche Sektion in Bologna	Angeordnet zur Aufklärung einer Vergiftung	1302
Krankheiten werden als „ansteckend" beschrieben.	*Bernhard von Gordon*, Arzt in Montpellier nannte Pest, Tuberkulose, Krätze, Fallsucht, Milzbrand, Augentripper, Lepra	1303
Erstes Kurpfuschereiverbot	Erlassen vom *Grafen von Württemberg*	1477

Tabelle 3.2.2 Medizin und Biologie im 16. und 17. Jahrhundert

Schott 1993, Schipperges 1990; ergänzt nach www.charite.de, www.mta-l.de

Ereignis	Namen, Erläuterungen	Zeit
Erster erfolgreicher Kaiserschnitt	*Jacob Nufer*, Schweinekastrierer, führte den Kaiserschnitt an seiner Frau durch, die später noch Zwillinge zur Welt brachte	1500
Einführung der Unterbindung von Blutgefäßen (Ligatur) bei Amputationen	*Ambroise Paré*, Barbierlehre, Militärchirurg, ersetzte das „Kauterisieren" der Wunden mit Gluteisen	1552
Erste detaillierte Beschreibung des kleinen Blutkreislaufs	*Miguel Serveto*, spanischer Gelehrter, als Ketzer 1553 in Genf auf dem Scheiterhaufen hingerichtet	1553

Fortsetzung nächste Seite

Fortsetzung Tabelle 3.2.2 Medizin und Biologie im 16. und 17. Jahrhundert

Ereignis	Namen, Erläuterungen	Zeit
Erstmals Verordnung konkaver Brillen für kurzsichtige Patienten	*Jacques Houllier* (lat. Hollerius), Arzt in Frankreich	1560
Entdeckung des Eileiters, Beschreibung der Eierstöcke, erstes „Kondom"	*Gabrielle Fallopio,* italienischer Arzt, empfahl Leinensäckchen zum Schutz vor Syphilis	1561
Beschreibung des Ductus arteriosus, der vor der Geburt Lungenarterien und Aorta verbindet	*Giulio Cesare Aranzi* (1530-1589).	1564
Beschreibung des Herzens als Zentralorgan des Blutkreislaufs mit Venenklappen	*Andrea Cesalpino,* italienischer Botaniker und Mediziner in Pisa	1571
Konstruktion des ersten zweilinsigen Mikroskops	*Hans Janssen,* Brillenschleifer, baute es aus 3 verschiebbaren Röhren, Vergrößerung 3–9 fach	1595
Entdeckung der Lymphgefäße	*Gasparo Aselli,* italienischer Anatom, entdeckte Lymphgefäße des Darms an Hunden	1622
Vollständige Beschreibung des Blutkreislaufs, Tier-Mensch-Bluttransfusionen	*William Harvey,* Oxforder Anatom, Blutübertragungen von Schafen, Kälbern und Hunden auf den Menschen	1628
Entdeckung des Ausführgangs der Bauchspeicheldrüse (Ductus pancreatis)	*Johann Georg Wirsung* (1600-1643)	1642
Entdeckung des Brustlymphganges (Ductus thoracicus)	*Jean Pecquet* (1622-1674)	1647
Vermutung, dass ansteckende Krankheiten durch Mikroorganismen erzeugt werden	*Athanasius Kircher* (1602-1680) deutscher Universalgelehrter	1656
Untersuchungen über die Lunge, Beschreibung des Kapillarkreislaufs	*Marcello Malpighi* (1628-1694) italienischer Physiologe	1661
Entdeckung der Pflanzenzelle mit Hilfe des Mikroskops	Robert Hooke (1635–1703), englischer Physiker u. Mathematiker.	1665
Erste Experimente, die die Theorie der Urzeugung widerlegten	*Francesco Redi,* italienischer Arzt in Pisa, Insektenlarven entwickeln sich auf verdorbenem Fleisch aus Eiern	1667
Entdeckung der roten Blutkörperchen, Beschreibung von Bakterien und Protozoen im Teichwasser und im menschlichen Speichel	*Antony van Leeuwenhoek,* Autodidakt, entwickelte Mikroskope mit 300-facher Vergrößerung	1673– 1682

Tabelle 3.2.3 Medizin und Biologie im 18. Jahrhundert

Schott 1993, Schipperges 1990; ergänzt nach www.charite.de, www.mta-l.de

Ereignis	Namen, Erläuterungen	Zeit
Herstellung des ersten künstlichen Darmausgangs	*Jean Méry* (1645-1722)	1700
Erste Pockenimpfung (Inokulation)	*Mary Wortley Montagu* (1689–1762), engl. Schriftstellerin, lässt ihren Sohn in der Türkei gegen Pocken mit Pockeneiter impfen	1718
Erste exakte Messung des Blutdrucks an einer lebenden Stute	*Stephen Hales* (1677–1761), englischer Botaniker und Physiologe	1726
Systematische Anwendung des Fieberthermometers	*Hermann Boerhaave* (1668–1738), Professor für Klinische Medizin in Leiden	1736
Neue Methode der Staroperation (Linsenextraktion)	*Jacques Daviel* (1696-1762), französischer „Okulist"	1745
Erfindung der Perkussion durch Abklopfen der Brust- und Bauchhöhle	*Leopold Auenbrugger* (1722–1809), Mediziner in Wien	1761
Entdeckung des Wasserstoffgases, Wasser ist kein Element sondern eine Verbindung	*Henry Cavendish* (1731–1810), britischer Naturforscher	1781
Beschreibung des Sauerstoffs (dephlogistisierte Luft)	*Joseph Priestley* (1733–1804), *Wilhelm Carl Scheele* (1742–1786)	1771–1774
Isolation und chemische Definition des Sauerstoffs	*Laurent Antoine Lavoisier* (1743–1794), französischer Chemiker	1775
Erste elektrische reizphysiologische Versuche mit Froschschenkeln	*Luigi Galvani* (1737–1798), italienischer Anatom und Biophysiker	1780
Feststellung, dass Magensaft eine eiweißlösende Wirkung hat	*Lazarro Spallanzani* (1729–1799)	1783
Beschreibung und Benennung der meisten heute bekannten Lymphknoten und Lymphgefäße	*Paolo Mascagni* (1755–1815), italienischer Anatom in Siena	1784
Sauerstoff- oder Oxidationstheorie: Bei der Verbrennung geht eine Substanz eine Verbindung mit Sauerstoff ein.	*Antoine Laurent Lavoisier* (1743–1794), *Armand Séguin* (1767–1835)	1790
Beschreibung der Akkommodation des Auges (Scharfstellen auf die Nähe und die Ferne)	*Thomas Young* (1773–1829), englischer Augenarzt und Physiker	1792
Erste Versuche einer Kuhpockenimpfung an einem Jungen	*Edward Jenner* (1749–1823), englischer Landarzt	1796

Tabelle 3.2.4 Medizin und Biologie im 19. Jahrhundert

Schott 1993, Schipperges 1990; ergänzt nach www.charite.de, www.mta-l.de

Ereignis	Namen, Erläuterungen	Zeit
Beschreibung der Hämophilie als erbliche Bluterkrankheit	*Johann Conrad Otto* (1774–1844), Amerikaner	1803
Einführung der Auskultation: Abhören von Geräuschen aus Herz, Lunge, Magen mit dem Stethoskop	*René Hyacinthe Laennec* (1781–1826), französischer Mediziner, der das Stethoskop erfand	1819
Entdeckung der Keimbläschen im Hühnerei, Begründung der Embryologie	*Johannes Evangelista Purkinje* (1787–1869), tschechischer Physiologe (Purkinjefasern im Herz)	1825
Einteilung der Nährstoffe in Eiweiße, Fette und Zucker	*William Prout* (1785–1850), englischer Chemiker und Arzt	1827
Entdeckung der Wärmebewegung mikroskopisch kleiner Partikel; später Entdeckung des Zellkerns	*Robert Brown* (1773–1858), schottischer Botaniker	1827/ 1830
Beschreibung der Zuckerkrankheit (Pankreatische Diabetes)	*Richard Bright* (1789–1858), vermutet nach Sektionen den Zusammenhang zwischen Bauchspeicheldrüse und der Zuckerkrankheit	1832
Entdeckung der Magensäure	*Beaumont William* (1785–1853), amerikanischer Militärarzt	1832
Entdeckung des Pepsins als Eiweiß verdauendes Enzym im Magen	*Theodor Schwann* (1810–1882), deutscher Physiologe, Begründer der Histologie (Gewebelehre)	1836
Differenzierung des Blutes in Fibrin, Blutkörperchen und Serumwasser	*Gabriel Andral* (1799–1876), französischer Arzt	1840
Erste öffentliche Demonstration einer Operation unter Narkose mit einer Ätherkugel	*William Morton* (1819–1868), US-amerikanischer Arzt, der die Narkose durchführte, während ein Tumor operiert wurde	1846
Einführung der Desinfektion der Hände in Kliniken	*Ignaz Philipp Semmelweis* (1818–1865), österr. ungarischer Arzt, der das Leichengift als Ursache des Kindbettfiebers entdeckte	1847
Messung des Aktionsstroms bei der Nervenreizleitung	*Emil Heinrich du Bois-Reymond* (1818–1896), Berliner Arzt und Begründer der Elektrophysiologie	1848
Erfindung des Augenspiegels für den Augenhintergrund	*Hermann von Helmholtz* (1821–1894), deutscher Physiologe und Physiker	1851
Entwicklung des ersten modernen Blutdruckmessgerätes	*Karl Vierordt* (1818–1884), Arzt in Tübingen	1853

Fortsetzung nächste Seite

Fortsetzung Tabelle 3.2.4 Medizin und Biologie im 19. Jahrhundert (1886–1899)

Ereignis	Namen, Erläuterungen	Zeit
Entdeckung, dass Tuberkulose heilbar ist	*Hermann Brehmer* (1826–1889), deutscher Arzt aus Schlesien	1856
Aufklärung der alkoholischen Gärung	*Louis Pasteur* (1809-1882) französischer Chemiker und Biologe Mitbegründer der Mikrobiologie.	1857
Grundlagen der Evolutionstheorie: Evolution durch graduelle Variation und Auslese	*Charles Darwin* (1809–1882), britischer Naturforscher, Verlesung seiner Schrift „Von der Entstehung der Arten...." am 1.Juli 1865	1859
Entdeckung der Gesetzmäßigkeiten der Vererbung	*Gregor Mendel* (1822-1884), Augustinermönch und Naturforscher aus Schlesien (heute Tschechien)	1865
Einführung der antiseptischen Wundbehandlung	*Joseph Lister* (1827-1912), englischer Chirurg	1867
Entdeckung der Nukleinsäuren	*Johann F. Miescher*, (1844–1895), Mediziner und Physiologe in Basel	1869
Entdeckung der Motorischen Zentren im Gehirn lebender Hunde	*Gustav Theodor Fritsch* (1838–1891), *Eduard Hitzig* (1838–1907), setzten Reize mit elektrischen Nadeln	1870
Patent für die erste Tretbohrmaschine zur Zahnbehandlung	*James Beall Morrison* (1829–1917)	1871
Einführung der Zwangsimpfung gegen Pocken	Im gesamten damaligen Deutschen Reich	1874
Veröffentlichung über die operative Entfernung eines Kropfes	*Emil Theodor Kocher* (1841–1917), schweizer Chirurg in Bern	1878
Beschreibung der Mitose (Zellteilung) und des Chromatins	*Walther Flemming* (1843–1905), dt. Biologe, Begründer der Cytogenetik	1879
Entdeckung des Malariaerregers (Einzeller der Gattung *Plasmodium*)	*Charles L. A. Laveran* (1845–1922), französischer Militärarzt	1880
Erfindung des Gastroskops (Gerät zur Magenspiegelung)	*Johann von Mikulicz–Radecki* (1850–1905), deutscher Chirurg	1881
Erste erfolgreiche Magenresektion (teilweise Entfernung des Magens)	*Theodor Billroth* (1829–1894), deutscher Chirurg in Wien	1881
Entdeckung des Tuberkelbazillus (*Mycobacterium tuberculosis*)	*Robert Koch* (1843–1910), deutscher Mediziner und Mikrobiologe.	1882
Einführung der Dampfsterilisation chirurgischer Instrumente	*Ernst von Bergmann* (1836–1907), deutscher Chirurg in Berlin	1886
Entdeckung der Viren	*Dimitri I. Iwanowski* (1864–1920), russischer Mediziner	1891
Entdeckung der als X-Strahlen bezeichneten Röntgenstrahlen	*Wilhelm Conrad Röntgen* (1845–1923), deutscher Physiker	1896
Produktion und Verkauf von Aspirin	*Firma Friedrich Bayer*	1899

Tabelle 3.2.5 Medizin und Biologie im 20. Jahrhundert

Fortschritte in der Genetik und der Gentechnik siehe 1 Der Körper des Menschen.

Schott 1993, Schipperges 1990; ergänzt nach www.charite.de, www.mta-l.de, wisssen.de

Ereignis	Namen, Erläuterungen	Zeit
Wiederentdeckung der Mendelschen Regeln (unabhängig voneinander)	*Carl Correns* (1864–1933), *Erich Tschermak* (1871–1962), *Hugo de Vries* (1848–1935).	1900
Entdeckung der Blutgruppen des AB0-Systems	*Karl Landsteiner* (1868–1943), amerik. Bakteriologe aus Österreich, Mitbegründer der Immunologie	1901
Entdeckung des Erregers der Schlafkrankheit (*Trypanosoma brucei*)	*Joseph Everett Dutton* (1874–1905), entdeckte die Flagellaten als Parasiten in Wirbeltieren	1901
Beschreibung des "bedingten Reflexes"	*Iwan Pawlow* (1849–1936), russischer Mediziner	1903
Entdeckung der Chromosomen als Träger der Erbanlagen	*Walter S. Sutton* (1877–1916), amerikanischer Zytologe, *Theodor Boveri* (1866–1915), deutscher Zoologe	1903
Ableitung von Aktionsströmen vom menschlichen Herz	*Willem Einthoven* (1860–1927), niederländischer Arzt	1903
Einführung des Blutbildes in die medizinische Diagnostik	*Joseph Arneth* (1873–1955), deutscher Mediziner	1904
Einführung des Druckdifferenzverfahrens bei Brustkorboperationen	*Ferdinand Sauerbruch* (1875–1951), deutscher Mediziner	1904
Entdeckung des Syphiliserregers (Lues, harter Schanker)	*Fritz Schaudinn* (1871–1906), *Erich Hoffmann* (1868–1959) Arzt, in Berlin, Entdeckung von Bakterien (*Treponema pallidum*) als Syphiliserreger	1905
Erste erfolgreiche Strahlenbehandlung des Gebärmutterhalskrebses	*Robert Abbe* (1851–1928), amerikanischer Chirurg	1905
Entdeckung des sekundären Reizbildungszentrums im Vorhofknoten des Herzens	*Ludwig Aschoff* (1866–1942) deutscher Pathologe.	1906
Elektrische Aufzeichnung der Herzaktionen	*Willem Einthoven* (1860–1927), mit einem Saitengalvanometer	1907
Entwicklung von Salvarsan zur Behandlung der Syphilis (erstes antimikrobielles Medikament)	*Paul Ehrlich* (1854–1915) deutscher Bakteriologe und *Sahachiro Hata*	1909
Nachweis des Polio-Virus, das die Kinderlähmung hervorruft	*Karl Landsteiner* (1868–1943), *Erwin Popper* erstmalige Virenisolation.	1909

Fortsetzung nächste Seite

Fortsetzung Tabelle 3.2.5 Medizin und Biologie im 20. Jahrhundert (1909–1929)

Ereignis	Namen, Erläuterungen	Zeit
Erstmals Durchführung einer Bauchspiegelung (Lapraskopie)	Georg Kelling (1886–1945), Hans-C. Jacobaeus (1879–1937)	1909
Gene (Erbanlagen) liegen auf den Chromosomen	Thomas Hunt Morgan (1866–1945), US-amerik. Zoologe und Genetiker, arbeitete mit der Taufliege	1910
Prägung des Begriffes „vitale Amine", später Vitamine	Casimir Funk (1884–1967), amerikanischer Biochemiker	1913
Die Grundlagen für die Blutkonservierung wurden gelegt	Luis Agote (1868–1954), argentinischer Chirurg zeigte, dass Natriumzitrat Blut ungerinnbar macht	1913
Isolierung von Thyroxin (Schilddrüsenhormon) und von Cortison (Nebennierenhormon)	Edward C. Kendall (1886–1972), US-amerikanischer Biochemiker	1914
Einführung der Kontrastmitteldarstellung in der Röntgendiagnostik	Jean Athanase Sicard (1872–1929), franz. Physiologin und Radiologin	1921
Isolierung des Hormons Insulin (Bauchspeicheldrüse), das den Kohlenhydratstoffwechsel reguliert	Frederick Grant Banting (1891–1941), Charles Herbert Best (1899–1978), kanadische Ärzte in Ontario	1921
Entdeckung des anaeroben Stoffwechsels der Krebszellen	Otto Heinrich Warburg (1883–1970), Berliner Zellphysiologe	1923
Herstellung eines Impfstoffs gegen Tuberkulose aus Rindertuberkelbazillen	Albert Calmette (1863–1933), Camille Guérin (1872–1961), franz. Ärzte und Bakteriologen	1924
Erste erfolgreiche Blutwäsche (Hämodialyse) mit einer künstlichen Niere beim Menschen	Georg Haas (1886–1971), deutscher Mediziner, der ein „Kabinensystem" aus 16 Kollodiumschläuchen in acht Glasbehältern entwickelte	1924
Synthese des Thyroxins zur Behandlung einer Unterfunktion der Schilddrüse	Charles R. Harington (1897–1972), gelang die Synthese, nachdem das Thyroxin 1919 isoliert worden war	1927
Entwicklung eines Intrauterin-Pessars zur Kontrazeption	Ernst Gräfenberg (1881–1957), deutscher Gynäkologe	1928
Einführung des Scheidenabstrichs zur Krebsfrühdiagnose	George N. Papanicolaou (1883–1962), griechischer Mediziner	1928
Schimmelpilze haben eine keim-tötende Wirkung (führte zum Antibiotikum Penicillin)	Alexander Fleming (1881–1955), britischer Bakteriologe	1928
Ermittlung der optimalen Zeit für eine Empfängnis durch physiologische Experimente	Hermann Knaus (1892–1970), Kiusako Ogino (1882–1975), österr. und japanische Gynäkologen	1929
Entwicklung des Elektroencephalogramms (EEG)	Johannes Berger (1873–1941), deutscher Psychiater und Neurobiologe	1929

Fortsetzung nächste Seite

Fortsetzung Tabelle 3.2.5 Medizin und Biologie im 20. Jahrhundert (1929–1940)

Ereignis	Namen, Erläuterungen	Zeit
Erfindung der „eisernen Lunge" zur Beatmung eines Menschen	*Philip Dinker*, US-amerikanischer Ingenieur.	1929
Erfolgreiche Schutzimpfung gegen das Gelbfieber	*Max Theiler* (1899–1972), südafrikanischer Mikrobiologe in den USA	1930
Entwicklung des Elektronenmikroskops	*Ernst Ruska* (1906–1988), deutscher Ingenieur für Elektrotechnik	1931
Isolierung des Progesterons (Hormon des Gelbkörpers im Eierstock)	*Adolf Butenandt* (1903–1995), deutscher Biochemiker	1931
Unterscheidung von Sympathicus und Parasympathicus	*Henry Hallett Dale* (1875–1968), britischer Biochemiker	1933
Erfolgreiche Entfernung eines Lungenflügels	*Evarts Ambrose Graham* (1883–1957), amerikanischer Chirurg.	1933
Entdeckung der Phenylketonurie (rezessiv vererbte Stoffwechselkrankheit)	*Ivar Asbjorn Folling* (1888–1973), norwegischer Biochemiker	1934
Sulfonamide zur antibakteriellen Behandlung bei Infektionen	*Gerhard Domagk* (1895–1964), deutscher Pathologe und Bakteriologe	1934
Isolierung des Tabakmosaik-Virus in kristallisierter Form	*Wendell Meredith Stanley* (1904–1971) US-amerikanischer Chemiker, Mitbegründer der Virologie	1934
Isolierung des Kortisons (Hormon der Nebennierenrinde, das den Fett-, Kohlenhydrat- und Proteinstoffwechsel kontrolliert)	*Philip S. Hench* (1896–1965), amerikanischer Arzt, *Edward C. Kendall* (1886–1972), amerikanischer Biochemiker	1934
Beschreibung der Mukoviszidose als autosomal-rezessive Erbkrankheit	*Guido Fanconi* (1892–1979), Kinderarzt in der Schweiz	1936
Beschreibung eines Antihistaminikums, das die Wirkung von Histamin aus dem Gewebe vermindert	*Daniel Bovet* (1907–1992), italienischer Pharmakologe schweizerischer Herkunft	1937
Säuglinge werden durch Vitamin-D vorbeugend gegen Rachitis geschützt	*Georg Bessau* (*1884), Berliner Kinderarzt	1939
Entdeckung der Rhesusfaktoren als Antigene, die im Blut die Bildung von Antikörpern bewirken	*Karl Landsteiner* (1868–1943), österr. Bakteriologe, *Alexander S. Wiener* (1907–1976), US-amerikanischer Serologe	1940
Einführung der Marknagelung bei einer Knochenbruchbehandlung	*Gerhard Küntscher* (1900–1972), deutscher Chirurg	1940

Fortsetzung nächste Seite

Fortsetzung Tabelle 3.2.5 Medizin und Biologie im 20. Jahrhundert (1941–1954)

Ereignis	Namen, Erläuterungen	Zeit
Entdeckung des Zusammenhangs zwischen Röteln während der Schwangerschaft und Missbildungen bei Neugeborenen	*Norman McAlister Gregg* (1892–1966), australischer Arzt.	1941
Beschreibung des Klinefelter-Syndroms (Trisomie 47)	*Harry Fitch Klinefelter* (*1912), US-amerik. Endokrinologe, erkannte überzähliges X-Chromosom	1942
Erste erfolgreiche Operation eines Herzfehlers bei einem Kind	*Alfred Blalock* (1899–1964), US-amerikanischer Herzchirurg	1944
Die DNA und nicht die Proteine sind die Träger der Erbsubstanz	*Oswald T. Avery* (1877–1955) kanadischer Mediziner, führte den experimentellen Nachweis mit Pneumokokken durch	1944
Erster Impfstoff gegen das Mumps-Virus, das Drüsen- und Nervengewebe angreift	*John Franklin Enders* (1897–1985), *Joseph Stokes* (1896–1972), US-amerikanische Mikrobiologen	1946
Die DNA besteht aus 4 Basen, die in Paaren vorliegen	*Erwin Chargaff* (1905–2002), österreichisch-amerikan. Biochemiker	1947
Aufklärung der molekularbiologischen Grundlagen der Sichelzellenanämie (Erbkrankheit mit verändertem Hämoglobin im Blut)	*Linus Carl Pauling* (*1901), US-amerikanischer Chemiker zeigte, dass eine Aminosäure im Hämoglobin verändert ist	1949
Entdeckung des Geschlechtschromatins (Barr-Körper)	*Murray Lewellyn Barr* (*1908), wies inaktivierte X-Chromosomen nach	1949
Künstliche Hüftgelenke werden als Stiel-Endoprothese hergestellt	*Jean Judet* (* 1905), *Robert Judet* (*1909)	1950
Erste erfolgreiche Nierentransplantation	*Richard H. Lawler* (1885–1982), US-amerkanischer Chirurg	1950
Aufklärung der elektrischen Erregungsübertragung an Synapsen	*John Carew Eccles* (1903–1997), australischer Physiologe	1951
Herz-Lungen-Maschine kommt zum Einsatz	*John H. Gibbon* (1903–1973), amerik. Chirurg, setzt die Maschine bei einer OP am offenen Herz ein	1952
Entdeckung des REM-Schlafes als Schlafphase mit starken Augenbewegungen (Rapid Eye Movement)	*Nathaniel Kleitman*, russischer Wissenschaftler in den USA	1953
Aufklärung der Struktur der DNA-Doppelhelix	*Harry Compton Crick* (1916–2004), *James Dewey Watson* (*1928)	1953
Erste Nierentransplantation von einem lebenden Organspender	*Jean Hamburger*, franz. Chirurg operiert in Paris; Patient stirbt 1954	1953
Entwicklung des ersten Impfstoffs gegen spinale Kinderlähmung	*Jonas E. Salk* (1914–1995), US-amerikanischer Virologe	1954

Fortsetzung nächste Seite

Fortsetzung Tabelle 3.2.5 Medizin und Biologie im 20. Jahrhundert (1954–1966)

Ereignis	Namen, Erläuterungen	Zeit
Entwicklung eines Impfstoffes gegen Röteln	*John Franklin Enders* (1897–1985), US-amerikanischer Mikrobiologe	1954
Der Mensch hat 46 Chromosomen in den Körperzellen	*Albert Levan* (*1905), und *Joe Hin Tjio* ermitteln in Schweden die Zahl der menschlichen Chromosomen	1956
Entdeckung der Interferone, die in Zellen antivirale Reaktionen auslösen	*Alick Isaacs* (1921–1967), britischer Virologe, entdeckt die Interferone mit *Jean Lindenmann* (Schweiz) in Embryonalzellen von Hühnern	1957
Ultraschalltechnik zur Abbildung von Feten im Mutterleib (Sonographie)	*Donald Ian* (1910–1987), britischer Gynäkologe, Mitbegründer der pränatalen Diagnostik	1958
Herzschrittmacher erstmals implantiert	*Ake Senning* (*1915), schwedischer Herzchirurg in Stockholm	1958
Beim Down-Syndrom (Mongolismus) ist ein Chromosom dreifach vorhanden	*Jerôme Lejeune* (1926–1994), franz. Kinderarzt, wusste noch nicht, dass es das Chromosom 21 war	1959
Erste Antibabypille in den USA als "Enovid 10" in die Produktion und den Verkauf	*Gregory Pincus, John Rock, Min–Chueh Chang*, amerikanische Pharmakologen	1960
Erste künstliche Herzklappe implantiert	*Albert Starr* (*1926), *Lowell Edwards*, amerikanische Chirurgen	1961
Der im Medikament Contergan enthaltene Wirkstoff Thalidomid ist Ursache für Missbildungen bei Neugeborenen	*Widukind Lenz* (1919–1995), deutscher Humangenetiker	1961
Schluckimpfungen gegen Kinderlähmung werden mit einem Lebendimpfstoff durchgeführt	*Albert B. Sabin* (1906–1993), amerikanischer Arzt und Virologe	1962
Die erste Lebertransplantation in Denver, USA	*Thomas Earl Starzl* (*1926), amerikanischer Chirurg; der erste Patient lebte 400 Tage	1963
Ein isolierter Lungenflügel wurde transplantiert	*James Daniel Hardy* (*1918), amerikanischer Chirurg in Mississipi; der Patient überlebte 17 Tage	1963
Entdeckung des Hepatitis-B-Virus	*Baruch Samuel Blumberg* (*1925), amerikanischer Mediziner	1964
Aufklärung der chemischen Struktur der Antikörper	*Gerald M. Edelman* (*1929), amerikanischer Mediziner	1965
Erste Fotoaufnahmen vom Fetus im Mutterleib	*Lennart Nilsson* (*1922), schwedischer Fotograf	1966

Fortsetzung nächste Seite

Fortsetzung Tabelle 3.2.5 Medizin und Biologie im 20. Jahrhundert (1966–1990)

Ereignis	Namen, Erläuterungen	Zeit
Erster Koronararterien-Bypass	René G. Favaloro aus Argentinien stammender Herzspezialist in Ohio, USA	1967
Erste Herztransplantation am Menschen	Christian N. Barnard (1922–2001), südafrikanischer Chirurg, der Patient starb 18 Tage nach der Operation	1967
Entdeckung des Endorphinsystems im Zentralnervensystem.	Avram Goldstein (*1940), Endorphine wirken wie körpereigene Schmerzmittel	1970
Entwicklung des ersten Computertomographen	Godfrey N. Hounsfield (1919–2004), britischer Elektroingenieur	1973–1976
Implantation eines zweiten Herzens parallel zum erkrankten	Christian N. Barnard (1922–2001), südafrikanischer Chirurg	1974
Herstellung monoklonale Antikörper in großen Mengen	César Milstein (1927–2002), argentinischer Molekularbiologe in England	1975
Geburt eines gesunden Kindes nach invitro-Fertili-sation (Reagensglasbefruchtung) in England	P. C. Steptoe und R. G. Edwards, Befruchtung außerhalb des Körpers, Einsetzen des Embryos in die Gebärmutter	1978
Pockenviren weltweit ausgerottet.	Einmalig Erklärung der Weltgesundheitsbehörde (WHO)	1980
Beobachtung einer unbekannten schweren Allgemeinerkrankung in den USA	Bezeichnung der Krankheit wurde als AIDS (Acquired Immune Deficiency Syndrome)	1981
Erstmalige Implantierung eines künstlichen Herz	Wiliam De Vries, amerikanischer Herzchirurg in Salt Lake City	1982
Einführung der Kernspintomographie als bildgebendes Verfahren ohne Strahlenbelastung	Paul Lauterbur (Chemiker, USA), Raymond Damadian (Mediziner, USA) Peter Mansfield (Physiker, England)	1982
Erste langfristig erfolgreiche Lungentransplantation	Joel D. Cooper, kanadischer Chirurg in Toronto	1983
Erste Multiorgantransplantation (Herz, Lunge, Leber)	Roy Calne, John Wallwork, britische Chirurgen in Cambridge	1986
Zerstörung von Gallensteine mit Laserstrahlen	Ludwig Demling (1921–1995), deutscher Mediziner	1986
Embryonenschutzgesetz verkündet	In Deutschland am 13.Dezember	1990
Erster Versuch zur Gentherapie in den USA	Misslingen des Versuchs, ein an ADA (Erkrankung des Immunsystems) leidendes Kind zu heilen	1990

Fortsetzung nächste Seite

Fortsetzung Tabelle 3.2.5 Medizin und Biologie im 20. Jahrhundert (1992–2006)

Ereignis	Namen, Erläuterungen	Zeit
Einführung der lapraskopischen (minimal-invasive) Chirurgie	Operative Entfernung von Gallenblase, Blinddarm und anderen Organen mit einem Endoskop, das mit Video-Kamera und Lichtquelle ausgestattet ist	1992
Klonen eines erwachsenen Schafs (Dolly)	*Ian Wilmut* (*1944), britischer Embryologe, das geklonten Schaf starb 2003 an frühzeitigen Alterserscheinungen	1997
Zulassung der „Abtreibungspille" Mifegyne zum Schwangerschaftsabbruch in Deutschland	Mifegyne (früher RU 486) blockiert die natürliche Wirkung von Progesteron, das nicht mehr an die Gebärmutterschleimhautzellen andocken kann	1997
Erster Einsatz einer „künstlichen Leber" für Kinder	Deutsches Ärzteteam mit einem Rostocker Biotech- und Medizintechnik-Unternehmen	2002
Geburt des ersten „Designer-Babys" in den USA, als Knochenmarkspender für seinem vier Jahre altem Bruder	Da es in England verboten ist, wurde das Kind im Reagensglas in Chikago gezeugt und nach genetischen Gesichtspunkten ausgewählt	2003
Entschlüsselung des menschlichen Genom zu 99,9 %	Ergebnisse aus USA, Japan, China, Großbritannien, Frankreich und Deutschland werden ins Internet gestellt	2003
Vorstellung eines neuartigen Computertomographen in München, der das schlagende Herz zeigt	Durch zwei parallel rotierende Röntgenstrahler (Dual-Source-CT) können viel aufwändigere Katheteruntersuchungen in der Diagnostik ersetzt werden	2006
Zulassung des erster Impfstoffs (Gardasil) gegen Gebärmutterhalskrebs in den USA	Da der Tumor meist durch Viren, die beim Sex übertragen werden können, ausgelöst wird, soll die Impfung besonders junge Frauen schützen.	2006

4 Bevölkerungsentwicklung

4.1 Die Bevölkerungsentwicklung der Welt

Tabelle 4.1.1 Demographische Entwicklungen und Trends im Zeitvergleich 1950–2050

Drei Faktoren werden die zukünftige Entwicklung der Weltbevölkerung beeinflussen.
1) Ungewollte Schwangerschaften: Etwa 80 Millionen von den jährlich 210 Millionen Schwangerschaften weltweit sind ungewollt.
2) Der Wunsch nach mehr als zwei Kindern als unverzichtbare Arbeitskräfte.
3) Die "junge" Altersstruktur: Heute leben in den weniger entwickelten Regionen der Erde zwei Milliarden Menschen, die jünger als 20 Jahre alt sind und sich für eine schwer abzuschätzende Zahl von Kindern entscheiden werden.

Population Division of the department of Economic and Social Affairs of the United Nations. www.esa.un.org/unpp

Jahr	Bevölkerung x1.000	Männer pro 100 Frauen	Anteil der Altersgruppen in %				
			0–4 Jahre	5–14 Jahre	15–24 Jahre	60 Jahre u. mehr	65 Jahre u. mehr
1950	2.519.470	99,6	13,4	20,9	18,2	8,2	5,2
1960	3.023.812	100,0	14,2	22,7	16,8	8,1	5,3
1970	3.696.588	100,6	14,1	23,3	18,0	8,4	5,5
1980	4.442.295	101,2	12,2	23,0	18,9	8,6	5,9
1990	5.279.519	101,4	11,9	20,6	19,0	9,2	6,2
2000	6.085.572	101,2	10,1	19,9	17,6	10,0	6,9
2010	6.842.923	100,9	9,3	17,6	17,5	11,2	7,7
2020	7.577.889	100,6	8,5	16,6	15,7	13,6	9,4
2030	8.199.104	100,2	7,6	15,4	15,2	16,7	11,8
2040	8.701.319	99,7	7,1	14,1	14,1	19,1	14,3
2050	9.075.903	99,4	6,7	13,5	13,5	21,7	16,1

Periode	Wachstumsrate %	Bevölkerungsdichte km²	Fruchtbarkeit Kinder/Mutter	Kindersterblichkeit /1.000 Geburten	Lebenserwartung		
					Männer und Frauen	Männer	Frauen
1950–1955	1,81	19	5,02	156,9	46,6	45,3	48,0
1960–1965	1,98	22	4,97	119,1	52,5	51,1	53,9
1970–1975	1,94	27	4,49	93,2	58,1	56,6	59,6
1980–1985	1,73	33	3,58	77,8	61,4	59,5	63,3
1990–1995	1,51	39	3,04	65,7	63,7	61,6	66,0
2000–2005	1,21	45	2,65	57,0	65,4	63,2	67,7
2010–2015	1,07	50	2,46	47,7	67,7	65,5	69,9
2020–2025	0,85	56	2,31	39,9	70,0	67,7	72,3
2030–2035	0,63	60	2,17	33,1	72,2	69,9	74,5
2040–2045	0,47	64	2,09	27,0	74,2	71,9	76,6
2045–2050	0,38	67	2,05	24,5	75,1	72,8	77,5

Tabelle 4.1.2 Das Wachstum der Weltbevölkerung

Die Prognosen bis 2050 beruhen auf der Bewertung der momentanen und zukünftigen Fruchtbarkeit, Sterblichkeit und Migration.

Population Reference Bureau, Washington 2005; www.prb.org/pdf05/05WorldDataSheet_Eng.pdf; www.weltdeswissens.com

Zeitraum	Menschen	Zeitraum	Menschen	Zeitraum	Menschen
10000 v.Chr.	5 Mio.	1700	679 Mio.	1940	2,2 Mrd.
8000 v.Chr.	6 Mio.	1750	770 Mio.	1950	2,5 Mrd.
7000 v.Chr.	10 Mio.	1800	954 Mio.	1960	3,0 Mrd.
4500 v.Chr.	20 Mio.	1820	1,0 Mrd.	1970	3,7 Mrd.
2500 v.Chr.	40 Mio.	1840	1,1 Mrd.	1980	4,4 Mrd.
1000 v.Chr.	80 Mio.	1860	1,2 Mrd.	1990	5,3 Mrd.
Chr.Geburt	160 Mio.	1880	1,4 Mrd.	2000	6,0 Mrd.
1000	254 Mio.	1890	1,5 Mrd.	2005	6,4 Mrd.
1250	416 Mio.	1900	1,6 Mrd.	Prognosen für die Jahre	
1500	460 Mio.	1910	1,7 Mrd.		
1600	579 Mio.	1920	1,8 Mrd.	2025	7,9 Mrd.
1650	545 Mio.	1930	2,0 Mrd.	2050	9,3 Mrd.

Wachstumsrate der Weltbevölkerung 2005:	1,2 %
Verdopplungsraten der Weltbevölkerung:	
von 500 Millionen auf 1 Milliarde Menschen	820 Jahre
von 1 Milliarde auf 2 Milliarden	110 Jahre
von 5 Milliarden auf 10 Milliarden (geschätzt)	56 Jahre

Tabelle 4.1.3 Weltbevölkerungsuhr für 2005 im Vergleich der Industrieländer und der Entwicklungsländer

Industrieländer sind nach den Vereinten Nationen ganz Europa, Nordamerika, Australien, Japan und Neuseeland. Die anderen sind Entwicklungsländer. Der Zuwachs an Menschen in den Entwicklungsländern reduziert sich ohne China auf 107.874.884 /Jahr und auf 3,4 /Sekunde.

Population Reference Bureau, Washington 2006; www.prb.org

Zuwachs an Menschen 2005	Weltbevölkerung 6.477.451.000	Industrieländer 1.211.227.000	Entwicklungsländer 5.266.224.000
Pro Sekunde	4,4	0,4	3,9
Pro Minute	261	26	236
Pro Stunde	15.679	1.536	14.144
Pro Tag	276.303	36.858	339.445
Pro Woche	2.641.359	258.718	2.382.642
Pro Monat	11.445.891	1.121.110	10.324.781
Pro Jahr	137.350.692	13.453.323	123.897.369

Tabelle 4.1.4 Verteilung der Weltbevölkerung in verschiedenen Regionen der Erde sowie Prognosen für 2025 und 2050

Während in Europa der Anteil an der Weltbevölkerung zurückgeht, wird sich in Afrika die Bevölkerung bis 2050 fast verdoppeln. Asien wird die bevölkerungsreichste Region der Erde bleiben, wobei Indien bald China ablösen wird. 98 Prozent des Wachstums der Weltbevöl-kerung findet in den Entwicklungsländern statt.
Allgemein wird von einem Rückgang der Gesamtfruchtbarkeitsrate mit zwei Kindern pro Frau (so genanntes „Ersatzniveau der Fertilität") ausgegangen. Stellt sich diese Annahme als falsch heraus, wird das Anwachsen der Weltbevölkerung noch stärker ausfallen.

Population Reference Bureau, Washington 2005; www.prb.org/pdf05/05WorldDataSheet_Eng.pdf

Region	1950 Mio.	1950 %	2005 Mio.	2005 %	Prognose 2025 Mio.	Prognose 2025 %	Prognose 2050 Mio.	Prognose 2050 %
Welt	2.522	–	6.477	–	7.952	–	9.262	–
Afrika	224	8,8	906	14,0	1.349	16,9	1.969	21,2
Asien	1.402	55,6	3.921	60,5	4.759	59,8	5.325	57,5
Europa	547	21,7	730	11,3	716	9,0	660	7,1
Lateinamerika / Karibik	166	6,6	559	8,6	702	8,8	805	8,7
Nordamerika	171	6,8	329	5,1	386	4,8	457	4,9
Ozeanien	12	0,5	33	0,5	41	0,5	46	0,5

Tabelle 4.1.5 Die 10 bevölkerungsreichsten Länder 2005 und Prognosen für 2050

Population Reference Bureau, Washington 2005; www.prb.org/pdf05/05WorldDataSheet_Eng.pdf

Länder mit höchster Bevölkerungszahl 2005	Einwohner in Mio.	Prognosen für höchste Bevölkerungszahlen 2050	Einwohner in Mio.
1 China	1.304	1 Indien	1.628
2 Indien	1.104	2 China	1.437
3 USA	296	3 USA	420
4 Indonesien	222	4 Indonesien	308
5 Brasilien	184	5 Pakistan	295
6 Pakistan	162	6 Brasilien	260
7 Bangladesch	144	7 Nigeria	258
8 Russland	143	8 Bangladesch	231
9 Nigeria	132	9 Demokratische Republik Kongo	183
10 Japan	128	10 Äthiopien	170

Tabelle 4.1.6 Länder der Erde mit Extremwerten der Fruchtbarkeitsrate

Gesamtfruchtbarkeitsrate: durchschnittliche Anzahl von Kindern, die eine Frau gebärt, wenn die heutigen altersspezifischen Geburtenraten während ihrer fruchtbaren Jahre (15. bis 49. Lebensjahr) konstant bleiben.

Population Reference Bureau, Washington 2005; www.prb.org/pdf05/05WorldDataSheet_Eng.pdf

Länder mit höchster Fruchtbarkeitsrate	Geburten pro Frau	Länder mit niedrigster Fruchtbarkeitsrate	Geburten pro Frau
1 Niger	8,0	1 Weißrussland	1,2
2 Guinea-Bissau	7,1	2 Bosnien-Herzegowina	1,2
3 Mali	7,1	3 Tschech.Republik	1,2
4 Somalia	7,0	4 Moldavien	1,2
5 Uganda	6,9	5 Polen	1,2
6 Afghanistan	6,8	6 San Marino	1,2
7 Angola	6,8	7 Slowakei	1,2
8 Burundi	6,8	8 Slowenien	1,2
9 Liberia	6,8	9 Südkorea	1,2
10 Dem. Rep. Kongo	6,7	10 Taiwan	1,2
11 Sierra Leone	6,5	11 Ukraine	1,2

Tabelle 4.1.7 Länder der Erde mit Extremwerten der Lebenserwartung

Unter der durchschnittlichen Lebenserwartung versteht man die eines Neugeborenen nach den heutigen Sterberaten.

Population Reference Bureau, Washington 2005; www.prb.org/pdf05/05WorldDataSheet_Eng.pdf

Länder mit höchster Lebenserwartung	in Jahren	Länder mit niedrigster Lebenserwartung	in Jahren
1 Japan	82	1 Botswana	35
2 Island	81	2 Lesotho	35
3 Schweden	81	3 Swaziland	35
4 Australien	80	4 Sambia	37
5 Kanada	80	5 Angola	40
6 Frankreich	80	6 Sierra Leone	40
7 Italien	80	7 Zimbabwe	41
8 Norwegen	80	8 Afghanistan	42
9 Spanien	80	9 Liberia	42
10 Schweiz	80	10 Mozambique	42

Tabelle 4.1.8 Durchschnittliche Lebenserwartung der Bevölkerung in verschiedenen Regionen der Erde sowie im Vergleich von Industrieländern und von Entwicklungsländern

Die durchschnittliche Lebenserwartung in Jahren stieg in den Industriestaaten von 1900–1950 um 0,41 / Jahr, von 1950–1994 um 0,16 / Jahr. Definition der Industriestaaten siehe Tab. 4.1.3.

Population Reference Bureau, Washington 2005; www.prb.org/pdf05/05WorldDataSheet_Eng.pdf

Regionen	Lebenserwartung in Jahren		
	gesamt	männlich	weiblich
Welt	67	65	69
Industrieländer	76	73	80
Entwicklungsländer	65	63	67
Entwicklungsländer ohne China	63	61	64
Afrika	52	51	53
Asien	68	66	69
Europa	75	71	79
Lateinamerika / Karibik	72	69	75
Nordamerika	78	75	80
Ozeanien	75	73	77

Tabelle 4.1.9 Mittlere Lebensdauer der Bevölkerung in verschiedenen Kulturperioden

Vergleiche auch Tabellen unter 3.1. Abk.: w = weiblich, m = männlich

Handbuch der Biologie 1965

Kulturperiode	Ort (Autor)	Jahre
200.000–100.000 vor heute (Neandertaler)	Deutschland (n. Vallois)	21,6
40.000 Jahre vor heute (Jungpaläolithiker)	Deutschland (n. Vallois)	20,1
3. bis 1. Jahrtausend vor Christus (Bronzezeit)	Niederösterreich (n. Franz und Winkler)	20,0 w 21,8 m
1100–700 vor Chr. (Frühe Eisenzeit)	Griechenland (n. Angel)	18,0
Um Christi Geburt	Rom (n. Pearson)	22,0
400–1500 (Mittelalter)	England (n. Russel)	33,0
1687–1691	Breslau (n. Halley)	33,5
1870	Deutschland (n. Schenk)	38,0 w 35,2 m
1900	Deutschland (n. Schenk)	47,2 w 45,0 m
1925	Deutschland (n. Schenk)	58,6 w 56,0 m
1931–1940	Niederlande (Freudenberg)	66,5

Tabelle 4.1.10   Menschen 100 Jahre und älter

Die angegebenen Fälle konnten durch Geburtsurkunden dokumentiert werden. Daneben gibt es eine große Zahl unbelegter Fälle hohen Alters.
Als ältester Mann wird häufig Shigechiyo Izumi aus Japan mit 120 Jahren angegeben, an dessen Alter jedoch Zweifel angebracht sind. Als älteste lebende Frau wird *Cruz Hernanez* aus El Salvador angegeben, die am 10.5.2006 128 Jahre alt geworden sein soll.

www.kliniken.de/lexikon/Medizin/Gerontologie/Aeltester_Mensch.html

Angaben zu Menschen, die ein extremes Alter erreicht haben			
Älteste Frau die jemals lebte	*Jeanne Calment* (Arles, Frankreich),	geboren 21.2.1875, gestorben 4.8.1997	122 Jahre/ 146 Tage
Ältester Mann der jemals lebte	*Christian Mortensen* (Dänemark)	geboren 16.8.1882 gestorben 25.4.1998	115 Jahre/ 250 Tage
Älteste lebende Frau	*Maria Esther Capovilla* (Ecuador)	geboren 14.9.1889 (Stand 1.5.2006)	116 Jahre
Ältester lebender Mann	*Emiliano Mercado Del Toro* (Puerto Rico)	geboren 21.8.1891 (Stand 17.1.2005)	114 Jahre
Älteste weibliche Zwillinge, die jemals lebten	*Kin Narita* Kanie *Gin Kanie* (Japan)	geboren 1.8.1892, gestorben 4.8.1997 gestorben 23.1.2000	107 Jahre 110 Jahre
Älteste lebende Drillinge	*Faith Cardwell* (USA) *Hope Cardwell* *Charity Cardwell*	geboren 18.5.1899 gestorben 2.10.1994 am 18.5.2005 am 18.5.2005	95 Jahre 106 Jahre 106 Jahre
Personen mit über 100 Jahren		in Deutschland 1938 in Deutschland 1994	3 5.000
Personen mit über 110 Jahren		in Deutschland 2005	10

Tabelle 4.1.11   Sterbeuhr für 2005 im Vergleich der Industrieländer und der Entwicklungsländer

Industrieländer sind nach den Vereinten Nationen ganz Europa, Nordamerika, Australien, Japan und Neuseeland. Die anderen sind Entwicklungsländer, hier einschließlich China.

Population Reference Bureau, Washington 2006; www.prb.org

Todesfälle 2005	Welt	Industrieländer	Entwicklungsländer
Pro Jahr	56.556.474	12.218.416	44.338.058
Pro Monat	4.713.040	1.018.201	3.694.838
Pro Woche	1.087.625	234.970	852.655
Pro Tag	154.949	33.475	121.474
Pro Stunde	6.456	1.395	5.061
Pro Minute	108	23	84
Pro Sekunde	1.8	0.4	1.4

Tabelle 4.1.12   Bevölkerungsentwicklung bis 2050, Kindersterblichkeit und Lebenserwartung in den Regionen der Welt für das Jahr 2005

Unter der durchschnittlichen Lebenserwartung versteht man die eines Neugeborenen nach den heutigen Sterberaten.

Unter der Kindersterblichkeit versteht man die Todesraten von Kindern unter einem Jahr bezogen auf 1.000 Lebendgeburten.

Population Reference Bureau, Washington 2005; www.prb.org/pdf05/05WorldDataSheet_Eng.pdf

Region	Bevölkerung in Millionen				Kindersterblichkeit	Lebenserwartung		
	2005	2025	2050	Zunahme in %	2005	gesamt 2005	Männer 2005	Frauen 2005
Welt	6.477	7.952	9.262	1,2	54	67	65	69
Mehr entwickelt	1.211	1.251	1.249	0,1	6	76	73	80
Weniger entwickelt	5.266	6.701	8.013	1,5	59	65	63	67
Afrika	906	1.349	1.969	2,3	88	52	51	53
Nordafrika	194	262	324	2,0	45	68	66	70
Westafrika	264	404	601	2,5	105	47	46	48
Ostafrika	281	440	681	2,5	90	47	46	47
Zentralafrika	112	189	309	2,8	98	48	47	50
Südafrika	54	54	55	0,7	46	50	49	51
Asien	3.921	4.759	5.325	1,3	51	68	66	69
Asien ohne China	2.617	3.283	3.888	1,6	57	65	64	67
Westasien	214	303	400	2,0	47	68	66	70
Süd- und Zentral A.	1.615	2.053	2.491	1,8	67	62	61	63
Südostasien	557	695	795	1,5	39	69	66	71
Ostasien	1.535	1.708	1.639	0,5	25	73	71	75
Europa	730	716	660	–0,1	7	75	71	79
Nordeuropa	96	102	105	0,2	5	78	75	81
Westeuropa	186	190	183	0,1	4	79	76	82
Osteuropa	297	272	232	–0,4	11	69	63	74
Südeuropa	151	152	141	0,1	5	79	76	82
Nord-Amerika	329	386	457	0,6	7	78	75	80
Latein-Amerika/Karibik	559	702	805	1,6	27	72	69	75
Südamerika	373	467	536	1,5	26	72	69	75
Ozeanien	33	41	46	1,0	29	75	73	77

Tabelle 4.1.13 Bevölkerungsdichte, Bruttosozialprodukt, Armut, Energieverbrauch und Trinkwasserversorgung in den Regionen der Welt für das Jahr 2005

Das Bruttosozialprodukt bezeichnet das Ergebnis der Wirtschaftsprozesse eines Staates pro Jahr. Es wird als Kaufkraftparitätswechselkurs in internationale Dollar umgerechnet.
Die Angabe des Energieverbrauchs in kg Öl-Einheiten enthält auch andere Energiearten wie Wasserkraft, Erdwärme, Nuklear- und Sonnenenergie.

Population Reference Bureau, Washington 2005; www.prb.org/pdf05/05WorldDataSheet_Eng.pdf

Region	Bevölkerungsdichte pro km²	Bruttosozialprodukt bei Kaufkraftparität pro Einwohner	Anteil der Bevölkerung mit weniger als 2 US $ / Tag	Energieverbrauch pro Kopf in kg Öl	Bevölkerung mit guter Trinkwasserversorgung Stadt	Land
Welt	48	8.540 US $	53 %	1.669	94 %	71 %
Mehr entwickelt	23	26.320 US $	–	4.878	100 %	–
Weniger entwickelt	64	4.450 US $	56 %	893	92 %	69 %
Afrika	30	2.300 US $	66 %	692	85 %	50 %
Nordafrika	23	4.050 US $	29 %	773	93 %	79 %
Westafrika	43	1.200 US $	83 %	–	78 %	50 %
Ostafrika	44	1.020 US $	78 %	–	84 %	39 %
Zentralafrika	17	1.240 US $	–	388	79 %	33 %
Südafrika	20	10.370 US $	36 %	2.423	98 %	72 %
Asien	124	5.350 US $	58 %	998	94 %	74 %
Asien ohne China	118	5.260 US $	64 %	1.017	94 %	78 %
Westasien	45	6.890 US $	–	2.065	95 %	73 %
Süd- und Zentralas.	150	3.040 US $	75 %	598	94 %	80 %
Südostasien	124	4.190 US $	44 %	815	91 %	71 %
Ostasien	130	7.990 US $	47 %	1.333	94 %	69 %
Europa	32	19.980 US $	–	3.614	100 %	–
Nordeuropa	55	30.130 US $	–	4.182	100 %	–
Westeuropa	168	29.410 US $	–	4.390	100 %	–
Osteuropa	16	9.720 US $	14 %	3.354	99 %	81 %
Südeuropa	114	22.130 US $	–	2.796	–	–
Nord-amerika	17	38.810 US $	–	7.946	100 %	100 %
Latein-amerika / Karibik	27	7.530 US $	26 %	1.159	96 %	69 %
Südamerika	21	7.730 US $	24 %	1.093	95 %	64 %
Ozeanien	4	21.220 US $	–	–	99 %	53 %

Tabelle 4.1.14 Schwangerschaften und Schwangerschaftsabbrüche weltweit

Ein wesentlicher Faktor für die Entwicklung der Weltbevölkerung sind ungewollte Schwangerschaften, etwa 80 Millionen von 210 Millionen Schwangerschaften weltweit. Über 200 Millionen Frauen haben keinen Zugang zu einer adäquaten Familienplanung, die ungewollte Schwangerschaften vermeiden könnte.

Die Angaben zu den Regionen beziehen sich auf das Jahr 2000. Bei Asien sind China, Nordkorea, Südkorea und die Mongolei nicht enthalten. Lateinamerika einschließlich Karibik.

Unsafe Aboration. Population Reference Bureau, Washington 2005; World Heath Report 2005; www.who.int/reproductive-health/unsafe_abortion/poster_unsafe_abortion.jpg

Schätzung der Welt-Gesundheitsorganisation (WHO)	Anzahl	Anteil
Schwangerschaften pro Jahr	210 Mio.	100 %
davon ungewünschte Schwangerschaften	80 Mio.	38 %
davon enden mit einem Schwangerschaftsabbruch	17,6 Mio.	22 %
Anteil an allen Schwangerschaften:		
Lebendgeburten	133 Mio.	63 %
Tot- und Fehlgeburten	31 Mio.	15 %
gewollte Abtreibungen	46 Mio.	22 %
Gründe für Todesfolgen bei Schwangerschaften:		
Schwere Blutungen		25 %
Infektionen		15 %
Bluthochdruck (hypertensive Störungen)		12 %
ausbleibende Wehen		8 %
andere Gründe		8 %
Schwangerschaftsabbrüche pro Jahr	46 Mio.	100 %
Schwangerschaftsabbrüche unter sicheren Bedingungen	27 Mio.	58,7 %
dabei Anteil der Schwangerschaftsabbrüche mit Todesfolgen an allen Todesfolgen im Zusammenhang mit Schwangerschaften	–	0,01 %
Schwangerschaftsabbrüche unter unsicheren Bedingungen	19 Mio.	41,3 %
dabei Anteil mit Todesfolge für die Schwangeren	68.000	–
dabei Anteil der Schwangerschaftsabbrüche mit Todesfolgen an allen Todesfolgen im Zusammenhang mit Schwangerschaften	–	13 %
Anteil von unter 25-Jährigen weltweit		2 von 5
Anteil von unter 20-Jährigen weltweit		1 von 7

Anteile nach Altersgruppen in verschiedenen Regionen	Entwickl. Länder	Afrika	Asien	Latein-Amerika
15–19-Jährige	14 %	25 %	9 %	14 %
20–24-Jährige	26 %	32 %	23 %	14 %
25–29-Jährige	25 %	20 %	28 %	25 %
30–34-Jährige	19 %	12 %	22 %	16 %
35–44-Jährige	17 %	11 %	20 %	17 %

Tabelle 4.1.15 Geschätzte Schwangerschaftsabbrüche unter unsicheren Bedingungen in den Regionen der Welt

Die Welt-Gesundheits-Organisation WHO definiert einen unsicheren Schwangerschaftsabbruch als „die Beendigung einer ungewollten Schwangerschaft durch Personen, die nicht über entsprechende Fähigkeiten verfügen oder unter Bedingungen, die dem medizinischen Standard nicht entsprechen".

Bei Asien sind China, Nordkorea, Südkorea und die Mongolei nicht enthalten. Lateinamerika einschließlich Karibik.

Unsafe Aboration, Population Reference Bureau, Washington 2005; World Heath Report 2005; www.prb.org/pdf05/05WorldDataSheet_Eng.pdf; www.who.int/reproductivehealth/unsafe_abortion/poster_unsafe_abortion.jpg

Regionen der Welt im Jahr 2000	Anzahl unsicherer Abtreibungen	Todesfälle, die auf unsichere Abtreibungen zurückgehen	Anteil an allen mütterlichen Todesfällen
Welt	19 Mio.	67.900	13 %
Entwickelte Länder	500.000	300	14 %
Entwicklungsländer	18,4 Mio.	67.500	13 %
Afrika	4,2 Mio.	29.800	12 %
Ostafrika	1,7 Mio.	15.300	14 %
Zentralafrika	400.000	4.900	10 %
Nordafrika	700.000	600	6 %
Südafrika	200.000	400	11 %
Westafrika	1,2 Mio.	8.700	10 %
Asien	10,5 Mio.	34.000	13 %
Ost-Asien (einschließlich Japan)	geringfügig	geringfügig	gering
Süd-Zentralasien	7,2 Mio.	28.700	14 %
Südostasien	2,7 Mio.	4.700	19 %
Westasien	500.000	600	6 %
Europa	500.000	300	20 %
Osteuropa	400.000	300	26 %
Nordeuropa	10.000	gering	4 %
Südeuropa	100.000	< 100	13 %
Westeuropa	geringfügig	geringfügig	gering
Lateinamerika / Karibik	3,7 Mio.	3.700	17 %
Karibik	100.000	300	13 %
Zentralamerika	700.000	400	11 %
Südamerika	2,9 Mio.	3.000	19 %
Nordamerika	geringfügig	geringfügig	gering
Ozeanien (einschließlich Australien und Neuseeland)	30.000	100	7 %

Tabelle 4.1.16 Angehörige ausgewählter Weltreligionen 2005

Die zwei Prozentangaben bei Amerika entsprechen Nordamerika/Südamerika;
Abkürzug: Aus./Oz. = Australien und Ozeanien.

Statistisches Jahrbuch für das Ausland 2005; www.stjb2_ausl.pdf.pdf

Konfession	Welt	Europa	Afrika	Amerika	Asien	Aus./Oz.
Christliche Religionen (Konfessionsangehörige x1.000)						
Christl. Religionen	2.106.962	553.689	401.717	784.072	341.337	26.147
% d.Bevölkerung	33,0	76,0	45,3	83,6/92,1	8,8	80,1
Katholiken	1.105.808	276.739	143.065	555.916	121.618	8.470
% d.Bevölkerung	17,3	38,0	16,1	24,2/86,1	3,2	25,9
Protestanten	369.848	70.908	115.276	119.453	56.512	7.699
% d.Bevölkerung	5,8	9,7	13,0	20,1/9,7	1,5	23,6
Orthodoxe	218.427	158.974	37.989	7.468	13.240	756
% d.Bevölkerung	3,4	21,8	4,3	2,0/0,2	0,3	2,3
Anglikaner	78.745	25.727	43.404	3.895	733	4.986
% d.Bevölkerung	1,2	3,5	4,9	0,9/0,2	0,0	15,3
Andere Christen	449.684	28.870	91.182	147.684	179.599	2.349
% d.Bevölkerung	7,0	4,0	10,3	28,3/10,0	4,7	7,2
Andere Religionen (Konfessionsangehörige x1.000)						
Muslime	1.283.424	33.290	350.453	6.833	892.440	408
% d.Bevölkerung	20,1	4,6	39,5	1,6/0,3	23,1	1,2
Hindus	851.291	1.467	2.604	2.210	844.593	417
% d.Bevölkerung	13,3	0,2	0,3	0,4/0,1	21,9	1,3
Chin. Volksreligion	402.065	266	35	913	400.718	133
% d.Bevölkerung	6,3	0,0	0,0	0,2/0,0	10,4	0,4
Buddhisten	375.440	1.643	148	3.762	369.394	493
% d.Bevölkerung	5,9	0,2	0,0	0,9/0,1	9,6	1,5
Ethn. Religionen	252.769	1.238	105.251	4.372	141.589	319
% d.Bevölkerung	4,0	0,2	11,9	0,4/0,6	3,7	1,0
Neue Religionen	107.255	381	112	2.325	104.352	85
% d.Bevölkerung	1,7	0,1	0,0	0,5/0,1	2,7	0,3
Sikhs	24.989	238	58	583	24.085	25
% d.Bevölkerung	0,4	0,0	0,0	0,2/0,0	0,6	0,1
Juden	14.990	1.985	224	7.360	5.317	104
% d.Bevölkerung	0,2	0,3	0,0	1,9/0,2	0,1	0,3
Spiritisten	12.882	135	3	12.735	2	7
% d.Bevölkerung	0,2	0,0	0,0	0,0/2,3	0,0	0,0
Baha'i	7.496	146	1.929	1.660	3.639	122
% d.Bevölkerung	0,1	0,0	0,2	0,3/0,1	0,1	0,4
Konfuzianer	6.447	17	0	1	6.379	51
% d.Bevölkerung	0,1	0,0	0,0	0,0/0,0	0,2	0,2

4.2 Die Bevölkerungsentwicklung in Deutschland

Tabelle 4.2.1 Kennzahlen für Deutschland im Zeitvergleich

Die Tabelle gibt eine erste Übersicht. Erläuterungen siehe folgende Tabellen.
Abkürzung JS = Jahressumme.
Statistisches Jahrbuch 2005, Bundesamt 2005, Wiesbaden; www.destatis.de

	1995	2000	2002	2004
Fläche km²	357.022	357.022	357.027	357.027
Bevölkerung (x1.000)	81.817	82.260	82.537	82.501
männlich (x1.000)	39.825	40.157	40.345	40.354
weiblich (x1.000)	41.993	42.103	42.192	42.147
Bevölkerung je km²	229	230	231	231
Ausländische Bevölkerung (x1.000)	7.343	7.268	7.348	7.288
Privathaushalte (x1.000)	36.938	38.124	38.720	39.122
Einpersonenhaushalte (x1.000)	12.891	13.750	14.225	14.566
Mehrpersonenhaushalte (x1.000)	24.047	24.374	24.495	24.556
Eheschließungen (JS)	430.534	418.550	391.963	396.007
Gerichtliche Ehelösungen (JS)	170.000	194.630	204.606	214.062
Lebendgeborene (JS)	765.221	766.999	719.250	705.631
Gestorbene (JS)	884.588	838.797	841.686	818.263
Überschuss (−) der Gestorbenen (JS)	−119.367	−71.798	−122.436	−112.632
Zuzüge über Landesgrenzen (JS)	2.165.214	1.977.791	1.996.038	1.874.676
darunter aus dem Ausland (JS)	1.096.048	841.158	842.543	780.175
Fortzüge über Landesgrenzen (JS)	1.767.279	181.676	1.776.693	1.792.132
darunter in das Ausland (JS)	698.113	674.038	623.255	697.632
Überschuss (+) der Zuzüge (JS)	+397.935	+167.115	+219.345	+82.544
Aussiedler/Aussiedlerinnen (JS)	217.898	95.615	91.416	59.093
Einbürgerungen (JS)	313.606	186.688	154.547	127.153
Erwerbspersonen (x1.000)	40.416	41.918	42.224	42.707
Erwerbslose (x1.000)	2.870	2.880	3.230	3.930
Erwerbslosenquote (%)	7,1 %	6,9 %	7,6 %	9,2 %
Sozialversicherungspflichtige (x1.000)	28.118	27.826	27.571	26.524
Geringfügig Entlohnte (x1.000)	−	4.052	4.169	4.803
Arbeitslose (x1.000)	3.612	3.890	4.061	4.381
Arbeitslosenquote (%)	9,4 %	9,6 %	9,8 %	10,5 %
Offene Stellen (x1.000)	321	515	452	286
Kurzarbeiter/-innen (x1.000)	199	86	207	151
Verlorene Arbeitstage durch Streik	247.000	11.000	310.000	51.000

Tabelle 4.2.2 Bevölkerungsentwicklung und Bevölkerungsdichte in Deutschland vor 1945 und in der früheren Bundesrepublik

In den letzten 130 Jahren waren in Deutschland zwei große Geburtenrückgänge zu beobachten, die die demographische Lage nachhaltig beeinflusst haben. Der erste Geburtenrückgang fand um die Wende vom 19. zum 20.Jahrhundert statt, der zweite begann um 1965.

Ab dem Geburtenjahrgang 1880 war der Ersatz der Elterngeneration nicht mehr gewährleistet, was langfristig zum Altern der Bevölkerung führte.

Die Angaben zur Fläche des früheren Bundesgebietes entsprechen dem Stand vom 1.11.1997. Auf diese Fläche beziehen sich auch alle Angaben nach dem Beitritt der ehema-ligen DDR zur Bundesrepublik Deutschland am 03.Oktober 1990.

Statistisches Jahrbuch 1999 und 2005; www.destatis.de; www.bib-demographie.de

Jahr	Insgesamt x1.000	Männlich x1.000	Weiblich x1.000	Einwohner je km^2
\multicolumn{5}{c}{Bevölkerung von Deutschland vor 1945 Fläche 470.440 km^2}				
1871	41.059	20.152	20.907	76
1910	64.926	32.040	32.886	120
1939	69.314	33.911	35.403	147
\multicolumn{5}{c}{Bevölkerung der früheren Bundesrepublik von 1947 bis 1998 Fläche 248.945 km^2}				
1947	47.645	21.594	26.052	192
1950	50.336	23.405	26.931	202
1955	52.698	24.594	28.105	212
1960	55.785	26.173	29.611	224
1965	59.297	28.171	31.126	239
1970	61.001	29.072	31.930	245
1975	61.645	29.382	32.263	248
1980	61.658	29.481	32.177	248
1985	61.020	29.190	31.380	245
1986	61.140	29.285	31.855	246
1987	61.238	29.419	31.819	246
1988	61.715	29.693	32.022	248
1989	62.679	30.236	32.442	252
1990	63.726	30.851	32.875	256
1991	64.485	31.282	33.203	259
1992	65.289	31.756	33.534	263
1993	65.740	31.991	33.749	264
1994	66.007	32.124	33.883	265
1995	66.342	32.306	34.036	266
1996	66.583	32.440	34.144	268
1997	66.688	32.496	34.192	268
1998	66.747	32.539	34.208	268

Tabelle 4.2.3 Bevölkerungsentwicklung und Bevölkerungsdichte in der ehemaligen DDR und in der Bundesrepublik Deutschland ab 1990

Die Angaben zur Fläche der ehemaligen DDR beziehen sich auf den Stand vom 1.11.1997. Auf diese Fläche beziehen sich auch alle Angaben nach dem Beitritt der ehemaligen DDR zur Bundesrepublik Deutschland am 3.Oktober 1990.

Statistisches Jahrbuch 1999 und 2005; www.destatis.de; www.bib-demographie.de

Jahr	Insgesamt x1.000	Männlich x1.000	Weiblich x1.000	Einwohner je km^2
Bevölkerung der ehemaligen DDR bis 1998 Fläche 108.084 km^2				
1947	19.102	8.263	10.838	176
1950	18.360	8.150	10.210	169
1955	17.832	7.969	9.864	165
1960	17.188	7.745	9.443	159
1965	17.040	7.780	9.260	157
1970	17.068	7.865	9.203	158
1975	16.820	7.817	9.003	155
1980	16.740	7.857	8.882	155
1985	16.640	7.877	8.762	154
1986	16.640	7.904	8.736	154
1987	16.661	7.935	8.726	154
1988	16.675	7.973	8.702	154
1989	16.434	7.873	8.561	152
1990	16.028	7.649	8.378	148
1991	15.790	7.557	8.233	146
1992	15.685	7.544	8.141	145
1993	15.598	7.527	8.071	144
1994	15.531	7.521	8.010	144
1995	15.476	7.519	7.957	143
1996	15.429	7.515	7.914	143
1997	15.369	7.496	7.873	142
1998	15.290	7.465	7.825	141
Bevölkerung von Deutschland ab 1990 Fläche 357.030 km^2				
1990	79.753	38.500	41.253	223
1995	81.817	39.825	41.993	229
2000	82.260	40.157	42.103	230
2001	82.440	40.275	42.166	231
2002	82.537	40.345	42.192	231
2003	82.532	40.356	42.176	231
2004	82.501	40.354	42.147	231

Tabelle 4.2.4 Entwicklung der Bevölkerung Deutschlands nach Altersgruppen bis 2050: Variante 1

Die Variante 1 (von 9 des Statistischen Bundesamtes) geht von einer niedrigen Lebenserwartung und einem niedrigen Wanderungssaldo von mindestens 100.000 aus.
Die Werte ab 2010 sind Schätzwerte der 10. koordinierten Bevölkerungsvorausberechnung.
Jugendquotient: „unter 20-Jährige", die auf einhundert „20- bis unter 60-Jährige" kommen.
Altenquotient: „60-Jährige und Ältere", die auf einhundert „20- bis unter 60-Jährige" kommen.
Gesamtquotient: Anzahl aller, die auf einhundert „20- bis unter 60-Jährige" kommen.
Bevölkerung Deutschlands bis 2050, Statistisches Bundesamt 2003; www.destatis.de

	2001	2010	2020	2030	2040	2050
Bevölkerung (x1.000): Altenquotient mit Altersgrenze 60 Jahre						
Bevölkerungsstand	82.440,3	82.006,4	80.048,4	76.665,2	72.217,3	67.046,2
2001 = 100	100,0	99,5	97,1	93,0	87,6	81,3
Unter 20 Jahren	17.259,5	15.307,9	13.948,0	12.957,3	11.672,1	10.643,4
Anteil in %	20,9	18,7	17,4	16,9	16,2	15,9
2001 = 100	100,0	88,7	80,8	75,1	67,6	61,7
20– unter 60 Jahre	45.309,5	45.576,6	42.451,6	36.731,6	34.393,8	31.174,9
Anteil in %	55,0	55,6	53,0	47,9	47,6	46,5
2001 = 100	100,0	100,6	93,7	81,1	75,9	68,8
60 Jahre und älter	19.871,3	21.121,9	23.648,8	26.976,3	26.151,4	25.228,0
Anteil in %	24,1	25,8	29,5	35,2	36,2	37,6
2001 = 100	100,0	106,3	119,0	135,8	131,6	127,0
Jugendquotient	38,1	33,6	32,9	35,3	33,9	34,1
Altenquotient	43,9	46,3	55,7	73,4	76,0	80,9
Gesamtquotient	81,9	79,9	88,6	108,7	110,0	115,1
Bevölkerung (x1.000): Altenquotient mit Altersgrenze 65 Jahre						
Bevölkerungsstand	82.440,3	82.006,4	80.048,4	76.665,2	72.217,3	67.046,2
2001 = 100	100,0	99,5	97,1	93,0	87,6	81,3
Unter 20 Jahren	17.259,5	15.307,9	13.948,0	12.957,3	11.672,1	10.643,4
Anteil in %	20,9	18,7	17,4	16,9	16,2	15,9
2001 = 100	100,0	88,7	80,8	75,1	67,6	61,7
20– unter 60 Jahre	51.115,1	50.241,4	48.334,4	42.905,2	38.987,1	36.054,8
Anteil in %	62,0	61,3	60,4	56,0	54,0	53,8
2001 = 100	100,0	98,3	94,6	83,9	76,3	70,5
60 Jahre und älter	14.065,7	16.457,1	17.766,0	20.802,7	21.558,1	20.348,1
Anteil in %	17,1	20,1	22,2	27,1	29,9	30,3
2001 = 100	100,0	117,0	126,3	147,9	153,3	144,7
Jugendquotient	33,8	30,5	28,9	30,2	29,9	29,5
Altenquotient	27,5	32,8	36,8	48,5	55,3	56,4
Gesamtquotient	61,3	63,2	65,6	78,7	85,2	86,0

Tabelle 4.2.5 Entwicklung der Bevölkerung Deutschlands nach Altersgruppen bis 2050: Variante 5

Die Variante 5 (von 9 des Statistischen Bundesamtes) geht von einer mittleren Lebenserwartung und einem mittleren Wanderungssaldo von mindestens 200.000 aus.
Die Werte ab 2010 sind Schätzwerte der 10. koordinierten Bevölkerungsvorausberechnung.
Jugendquotient: „unter 20-Jährige", die auf einhundert „20- bis unter 60-Jährige" kommen.
Altenquotient: „60-Jährige und Ältere", die auf einhundert „20- bis unter 60-Jährige" kommen.
Gesamtquotient: Anzahl aller, die auf einhundert „20- bis unter 60-Jährige" kommen.
Bevölkerung Deutschlands bis 2050, Statistisches Bundesamt 2003; www.destatis.de

	2001	2010	2020	2030	2040	2050
Bevölkerung (x1.000): Altenquotient mit Altersgrenze 60 Jahre						
Bevölkerungsstand	82.440,3	83.066,2	82.822,1	81.220,3	78.539,4	75.117,3
2001 = 100	100,0	100,8	100,5	98,5	95,3	91,1
Unter 20 Jahren	17.259,5	15.524,3	14.552,3	13.926,7	12.873,7	12.093,7
Anteil in %	20,9	18,7	17,6	17,1	16,4	16,1
2001 = 100	100,0	89,9	84,3	80,7	74,6	70,1
20– unter 60 Jahre	45.309,5	46.277,2	44.115,9	39.383,7	38.010,7	35.436,5
Anteil in %	55,0	55,7	53,3	48,5	48,4	47,2
2001 = 100	100,0	102,1	97,4	86,9	83,9	78,2
60 Jahre und älter	19.871,3	21.264,8	24.153,9	27.909,9	27.655,0	27.587,0
Anteil in %	24,1	25,6	29,2	34,4	35,2	36,7
2001 = 100	100,0	107,0	121,6	140,5	139,2	138,8
Jugendquotient	38,1	33,5	33,0	35,4	33,9	34,1
Altenquotient	43,9	46,0	54,8	70,9	72,8	77,8
Gesamtquotient	81,9	79,5	87,7	106,2	106,6	112,0
Bevölkerung (x1.000): Altenquotient mit Altersgrenze 65 Jahre						
Bevölkerungsstand	82.440,3	83.066,2	82.822,1	81.220,3	78.539,4	75.117,3
2001 = 100	100,0	100,8	100,5	98,5	95,3	91,1
Unter 20 Jahren	17.259,5	15.524,3	14.552,3	13.926,7	12.873,7	12.093,7
Anteil in %	20,9	18,7	17,6	17,1	16,4	16,1
2001 = 100	100,0	89,9	84,3	80,7	74,6	70,1
20– unter 60 Jahre	51.115,1	80.953,3	50.050,8	45.678,2	42.880,1	10.783,3
Anteil in %	62,0	61,3	60,4	56,2	54,6	54,3
2001 = 100	100,0	99,7	97,9	89,4	83,9	79,8
60 Jahre und älter	14.065,7	16.588,7	18.219,0	21.615,4	22.785,6	22.240,2
Anteil in %	17,1	20,0	22,0	26,6	29,0	29,6
2001 = 100	100,0	117,9	129,5	153,7	162,0	158,1
Jugendquotient	33,8	30,5	29,1	30,5	30,0	29,7
Altenquotient	27,5	32,6	36,4	47,3	53,1	54,5
Gesamtquotient	61,3	63,0	65,5	77,8	83,2	84,2

Tabelle 4.2.6 Entwicklung der Bevölkerung Deutschlands nach Altersgruppen bis 2050: Variante 9

Die Variante 9 (von 9 des Statistischen Bundesamtes) geht von einer hohen Lebenserwartung und einem hohen Wanderungssaldo von mindestens 300.000 aus.
Die Werte ab 2010 sind Schätzwerte der 10. koordinierten Bevölkerungsvorausberechnung.
Jugendquotient: „unter 20-Jährige", die auf einhundert „20- bis unter 60-Jährige" kommen.
Altenquotient: „60-Jährige und Ältere", die auf einhundert „20- bis unter 60-Jährige" kommen.
Gesamtquotient: Anzahl aller, die auf einhundert „20- bis unter 60-Jährige" kommen.
Bevölkerung Deutschlands bis 2050, Statistisches Bundesamt 2003; www.destatis.de

	2001	2010	2020	2030	2040	2050
Bevölkerung (x1.000): Altenquotient mit Altersgrenze 60 Jahre						
Bevölkerungsstand	82.0440,3	83.091,9	84.070,2	83.949,4	82.899,6	81.252,5
2001 = 100 %	100	100,8	102,0	101,8	100,6	98,6
Unter 20 Jahren	17.259,5	15.524,6	14.778,6	14.467,2	13.666,0	13.068,6
Anteil in %	20,9	18,7	17,6	17,2	16,5	16,1
2001 = 100 %	100	89,9	85,6	83,8	79,2	75,7
20– unter 60 Jahre	45.309,5	46.280,1	44.956,0	41.059,1	40.509,9	38.625,4
Anteil in %	55,0	55,7	53,5	48,9	48,9	47,5
2001 = 100 %	100	102,1	99,2	90,6	89,4	85,2
60 Jahre und älter	19.871,3	21.287,2	24.335,6	28.423,1	28.723,7	29.558,6
Anteil in %	24,1	25,6	28,9	33,9	34,6	36,4
2001 = 100 %	100	107,1	122,5	143,0	144,5	148,7
Jugendquotient	38,1	33,5	32,9	35,2	33,7	33,8
Altenquotient	43,9	46,0	54,1	69,2	70,9	76,5
Gesamtquotient	81,9	79,5	87,0	104,5	104,6	110,4
Bevölkerung (x1.000): Altenquotient mit Altersgrenze 65 Jahre						
Bevölkerungsstand	82.440,3	83.091,9	84.070,2	83.949,4	82.899,6	81.252,5
2001 = 100 %	100	100,8	102,0	101,8	100,6	98,6
Unter 20 Jahren	17.259,5	15.524,6	14.778,6	14.467,2	13.666,0	13.068,6
Anteil in %	20,9	18,7	17,6	17,2	16,5	16,1
2001 = 100 %	100	89,9	85,6	83,8	79,2	75,7
20– unter 60 Jahre	51.115,1	50.957,6	50.916,8	47.435,7	45.553,8	44.329,6
Anteil in %	62,0	61,3	60,6	56,5	55,0	54,6
2001 = 100 %	100	99,7	99,6	92,8	89,1	86,7
60 Jahre und älter	14.065,7	16.609,7	18.374,8	22.046,5	23.679,8	23.854,4
Anteil in %	17,1	20,0	21,9	26,3	28,6	29,4
2001 = 100 %	100	118,1	130,6	156,7	168,4	169,6
Jugendquotient	33,8	30,5	29,0	30,5	30,0	29,5
Altenquotient	27,5	32,6	36,1	46,5	52,0	53,8
Gesamtquotient	61,3	63,1	65,1	77,0	82,0	83,3

Tabelle 4.2.7 Entwicklung der Lebenserwartung Neugeborener seit 1901 sowie Prognosen bis 2050 in Deutschland

Nach dem rasanten Anstieg der Lebenserwartung bei der Geburt (bei Jungen um 13 Jahre, bei Mädchen um 12 Jahre) zwischen den Jahren 1910 und 1932, verlangsamte sich der Anstieg in den Jahren von 1950–1970 deutlich (bei Jungen um 3 Jahre, bei Mädchen um 5 Jahre). Seither ist ein relativ stetiger geringerer Anstieg der Lebenserwartung zu beobachten.

Im Vergleich mit dem Ausland zeigt sich, dass Jungen in Island, Japan, Schweden und der Schweiz eine um 2 Jahre höhere Lebenserwartung haben. Bei Mädchen liegt die Lebenserwartung in Japan um 3,4 Jahre, in Frankreich um 2,2 Jahre, in Italien und Spanien um 2,1 Jahre und in der Schweiz um 2,0 Jahre höher als in Deutschland.

In der 10. koordinierten Bevölkerungsvorausberechnung wurden 3 Annahmen für die Entwicklung der Lebenserwartung getroffen:

Annahme L1: Für jedes Altersjahr werden die international erreichten niedrigsten Sterbewahrscheinlichkeiten zu Grunde gelegt.

Annahme L2: Die Sterblichkeitsabnahme je Altersjahr seit 1970 wird zu Grunde gelegt. Es wird mit einer stärkeren Abschwächung des Anstiegs der Lebenserwartung gerechnet.

Annahme L3: Die Sterblichkeitsabnahme je Altersjahr seit 1970 wird zu Grunde gelegt. Es wird mit einer geringeren Abschwächung des Anstiegs der Lebenserwartung gerechnet.

Bevölkerung Deutschlands bis 2050, Statistisches Bundesamt 2003; www.destatis.de

Zeitraum	Lebensjahre männlich	Lebensjahre weiblich	Zeitraum	Lebensjahre männlich	Lebensjahre weiblich
Lebenserwartung Neugeborener					
1901–1910	44,8	48,3	1975–1977	68,6	75,2
1924–1926	56,0	58,8	1980–1982	70,2	76,9
1932–1934	59,9	62,8	1985–1987	71,8	78,4
1949–1951	64,6	68,5	1991–1993	72,5	79,0
1960–1962	66,9	72,4	1996–1998	74,0	80,3
1965–1968	67,6	73,6	1998–2000	74,8	80,8
1970–1972	67,4	73,8			

Zeitraum	Lebensjahre Annahme L1		Lebensjahre Annahme L2		Lebensjahre Annahme L3	
	männlich	weiblich	männlich	weiblich	männlich	weiblich
Prognosen						
2020	76,7	83,0	78,1	83,8	78,4	84,1
2035	78,0	84,7	79,7	85,4	80,6	86,2
2050	78,9	85,7	81,1	86,6	82,6	88,1

Tabelle 4.2.8 Lebenserwartung in Jahren im Alter x von 1901–2003 sowie Prognosen für 60-Jährige bis 2050

Fortschritte im Gesundheitswesen, in der Hygiene, der Ernährung, der Wohnsituation und den Arbeitsbedingungen sowie der gestiegene materielle Wohlstand haben das Sterblichkeitsniveau in Deutschland in den letzten 100 Jahren spürbar abnehmen lassen. Von 1.000 lebend geborenen Kindern sterben heute im ersten Lebensjahr 4, vor 100 Jahren waren es 200.

Heute 60-jährige Männer werden noch 19 Jahre leben, 60-jährige Frauen noch 23 Jahre. Vor 100 Jahren waren es beim Mann etwa 6 Jahre bei der Frau etwa 14 Jahre.

Da die heutige ältere Generation zahlenmäßig größer ist als früher, gibt es potenziell mehr Rentenbezieher und der Ruhestand dauert länger. Die Rentenbezugsdauer in der früheren Bundesrepublik dauerte 1965 knapp 11 Jahre, 2001 waren es über 16 Jahre.

Statistisches Jahrbuch 2005; Bevölkerung Deutschlands bis 2050; www.destatis.de

Alter	Geburtsjahr 1901–1910		Geburtsjahr 1932–1934		Geburtsjahr 2001–2003	
	männlich	weiblich	männlich	weiblich	männlich	weiblich
Lebenserwartung in Jahren im Alter x						
0 Jahre	44,82	48,33	59,86	62,81	75,59	81,34
1 Jahre	55,12	57,20	64,43	66,41	74,94	80,65
2 Jahre	56,39	58,47	64,03	65,96	73,98	79,68
5 Jahre	55,15	57,27	61,70	63,56	71,02	76,72
10 Jahre	51,16	53,35	57,28	59,09	66,06	71,76
15 Jahre	46,71	49,00	52,62	54,39	61,11	66,80
20 Jahre	42,56	44,84	48,16	49,84	56,27	61,87
25 Jahre	38,59	40,84	43,83	45,43	51,49	56,96
30 Jahre	34,55	36,94	39,47	41,05	46,67	52,04
35 Jahre	30,53	33,04	35,13	36,67	41,86	47,13
40 Jahre	26,64	29,16	30,83	32,33	37,12	42,28
45 Jahre	22,94	25,25	26,61	28,02	32,51	37,52
50 Jahre	19,43	21,35	22,54	23,85	28,10	32,87
55 Jahre	16,16	17,64	18,69	19,85	23,86	28,34
60 Jahre	13,14	14,17	15,11	16,07	19,84	23,92
65 Jahre	10,40	11,09	11,87	12,60	16,07	19,61
70 Jahre	7,99	8,45	9,05	9,58	12,67	15,55
75 Jahre	5,97	6,30	6,68	7,09	9,71	11,83
80 Jahre	4,38	4,65	4,84	5,15	7,14	8,57
85 Jahre	3,18	3,40	3,52	3,70	5,10	5,96
90 Jahre	2,35	2,59	2,63	2,72	3,62	4,01
	Geburtsjahr 2001–2003		Geburtsjahr 2035		Geburtsjahr 2050	
Lebenserwartung in Jahren im Alter von 60 Jahren						
60 Jahre	19,84	23,92	22,7	27,1	23,7	28,2

Tabelle 4.2.9 Grundzahlen für Eheschließungen, Geborene und Gestorbene in Deutschland von 1950–2004

Bei Eheschließungen werden die standesamtlichen Trauungen gezählt, auch die von Ausländern und Ausländerinnen. Die Angaben für die Neuen Länder und Berlin-Ost bis 1990 basieren auf den Statistiken der ehemaligen DDR.

Als Lebendgeborene zählen Kinder, bei denen nach der Trennung vom Mutterleib entweder das Herz geschlagen, die Nabelschnur pulsiert oder die natürliche Lungenatmung eingesetzt hat.

Als Totgeborene zählen seit dem 1.4.1994 Kinder, deren Geburtsgewicht 500 g beträgt. Liegt das Geburtsgewicht darunter, sind es Fehlgeburten.

Bei Gestorbenen werden Totgeborene, Kriegssterbefälle und gerichtliche Todeserklärungen nicht mitgezählt.

Statistisches Jahrbuch 2005, Statistisches Bundesamt 2005; www.destatis.de

Jahr / Bundesländer	Eheschließungen	Lebendgeborene	Totgeborene	Gestorbene	Überschuss
Bundesrepublik Deutschland					
1950	750.452	1.116.701	24.857	748.329	+368.372
1960	689.028	1.261.614	19.814	876.721	+384.893
1970	575.233	1.047.737	10.853	975.664	−72.073
1980	496.603	865.789	4.954	952.371	−86.582
1990	516.388	905.675	3.202	921.445	−15.770
2000	418.550	766.999	3.084	838.797	−71.798
2001	389.591	734.475	2.881	828.541	−94.066
2002	391.963	719.250	2.700	841.686	−122.436
2003	382.911	706.721	2.699	853.946	−147.225
2004	395.992	705.622	2.728	818.271	−112.649
Bundesländer 2003					
Baden-Württemberg	50.693	97.596	321	97.229	+367
Bayern	59.009	111.536	391	121.778	−10.242
Berlin	12.390	28.723	128	33.146	−4.423
Brandenburg	9.974	17.970	95	26.862	−8.892
Bremen	3.094	5.577	19	7.658	−2.081
Hamburg	6.959	15.916	55	18.072	−2.156
Hessen	29.613	54.400	218	61.508	−7.108
Mecklenburg-Vorpommern	7.872	12.782	56	17.715	−4.933
Niedersachsen	40.827	70.563	283	85.336	−14.773
Nordrhein-Westfalen	87.768	159.883	597	190.793	−30.910
Rheinland-Pfalz	20.123	34.083	138	43.933	−9.850
Saarland	5.141	7.598	35	12.852	−584
Sachsen	14.778	32.079	113	50.669	−18.590
Sachsen-Anhalt	9.314	16.889	87	29.632	−12.743
Schleswig-Holstein	16.984	24.215	96	30.543	−6.328
Thüringen	8.372	16.911	67	26.220	−9.309

Tabelle 4.2.10 Bevölkerung nach Altersgruppen und Familienstand in Deutschland am 31.12.2003

Personen, deren Ehepartner vermisst ist, gelten als verheiratet, Personen deren Ehepartner für tot erklärt worden ist, als verwitwet. Zu Geschiedenen gehören Personen, deren Ehe durch gerichtliches Urteil gelöst wurde.

Statistisches Jahrbuch 2005, Statistisches Bundesamt 2005; www.destatis.de

Alter	Ledig männlich x1.000	%	Ledig weiblich x1.000	%	Verheiratet männlich x1.000	%	Verheiratet weiblich x1.000	%
Unter 15	6.238,4	100,0	5.923,7	100,0	0,0	0,0	0,0	0,0
15–20	2.430,8	99,9	2.290,0	99,2	2,6	0,1	18,5	0,8
20–25	2.365,8	95,5	2.110,3	87,8	106,0	4,3	278,7	11,6
25–30	1.889,8	79,0	1.453,6	62,9	464,1	19,4	780,0	33,8
30–35	1.610,5	55,7	1.075,6	38,9	1.138,1	39,3	1.483,2	53,7
35–40	1.355,7	37,0	834,3	24,1	1.977,7	54,0	2.220,8	64,2
40–45	856,9	24,0	502,4	14,7	2.259,2	63,3	2.381,4	69,9
45–50	486,4	15,9	287,5	9,7	2.129,3	69,8	2.164,8	73,1
50–55	309,8	11,2	186,8	6,8	2.062,4	74,7	2.056,5	74,5
55–60	185,2	8,4	111,4	5,0	1.716,6	77,9	1.638,2	74,0
60–65	193,2	7,2	130,5	4,7	2.155,6	80,1	1.976.3	70,9
65–70	136,0	5,8	132,6	5,1	1.926,7	81,6	1.655,0	63,6
70–75	69,8	4,4	120,0	6,2	1.265,1	80,6	990,5	51,0
75–80	39,5	3,6	146,1	8,0	845,8	76,2	651,5	35,6
80 u.mehr	39,8	4,2	217,8	8,7	552,5	58,4	358,9	14,3
Insges.	18.207,6	45,1	15.522,7	36,8	18.601,8	46,1	18.654,3	44,2

Alter	Verwitwet männlich x1.000	%	Verwitwet weiblich x1.000	%	Geschieden männlich x1.000	%	Geschieden weiblich x1.000	%
Unter 15	0,0	0,0	0,0	0,0	0,0	0,0	0,0	0,0
15–20	0,0	0,0	0,0	0,0	0,0	0,0	0,0	0,0
20–25	0,2	0,0	0,9	0,0	4,2	0,2	13,3	0,6
25–30	0,9	0,0	4,2	0,2	38,3	1,6	73,2	3,2
30–35	3,4	0,1	11,9	0,4	141,5	4,9	192,6	7,0
35–40	9,3	0,3	29.7	0,9	320,1	8,7	375,8	10,9
40–45	17,4	0,5	60,3	1,8	434,3	12,2	465,1	13,6
45–50	27,4	0,9	95,8	3,2	406,9	13,3	414,6	14,0
50–55	40,8	1,5	151,4	5,5	347,1	12,6	365,9	13,3
55–60	52,7	7,4	197,9	8,9	248,1	11,3	267,0	12,1
60–65	106,3	3,9	400,4	14,4	235,6	8,8	278,6	10,0
65–70	148,8	6,3	613,6	23,6	149,2	6,3	200,4	7,7
70–75	166,5	10,6	714,9	36,8	68,7	4,4	115,9	6,0
75–80	188,0	16,9	932,4	51,0	36,7	3,3	97,8	5,4
80 u.mehr	326,5	34,5	1.811,4	72,4	27,8	2,9	113,6	4,5
Insges.	1.088,1	2,7	5.024,7	11,9	2.458,5	6,1	2.974,0	7,1

Tabelle 4.2.11 Schwangerschaftsabbrüche in Deutschland

2005 hat sich die Gesamtzahl der Schwangerschaftsabbrüche gegenüber 2004 um 2.627 auf 124.023 verringert. Der Anteil mit medizinischer Indikation verringerte sich 2005 um 131 auf 3.177, der Anteil mit kriminologischer Indikation um 8 auf 21.

Statistisches Jahrbuch 2005, Statistisches Bundesamt 2005; www.destatis.de

Alter der Schwangeren	Insgesamt 2003	Insgesamt 2004	Allgemein medizin. Indikation	Psychiatrische Indikation	Kriminologische Indikation	Beratungsregelung
unter 15	715	779	17	4	3	759
15–18	6.930	7.075	90	14	3	6.982
18–20	8.980	9.662	107	–	4	9.551
20–25	29.915	31.147	453	57	6	30.688
25–30	26.299	26.722	608	81	3	26.111
30–35	25.259	24.213	778	94	6	23.429
35–40	20.869	20.994	870	80	3	20.121
40–45	8.307	8.393	359	23	1	8.033
45 u. mehr	756	665	26	11	0	639

Nach der Begründung des Abbruchs für das Jahr 2004

Alter	Unter 6	6–8	8–10	10–13	13–23	Über 23
unter 15	72	258	244	192	13	0
15–18	640	2.184	2.429	1.763	55	4
18–20	886	3.014	3.430	2.770	59	3
20–25	3.399	10.458	10.730	6.267	257	36
25–30	3.194	9.528	9.021	4.582	337	60
30–35	3.101	8.864	7.934	3.795	466	53
35–40	2.791	7.649	6.709	3.241	567	37
40–45	1.181	2.951	2.736	1.282	237	6
45 u. mehr	108	228	206	108	14	1

Nach Dauer der abgebrochenen Schwangerschaft in Wochen für das Jahr 2004

Alter	Keine	1 Kind	2 Kinder	3 Kinder	4 und mehr
unter 15	770	5	0	2	2
15–18	6.757	270	37	7	4
18–20	8.234	1.241	162	21	4
20–25	18.854	8.547	3.088	530	128
25–30	9.186	8.739	6.549	1.724	524
30–35	4.792	7.311	8.405	2.761	944
35–40	2.825	5.840	8.256	2.851	1.222
40–45	858	1.950	3.548	1.416	621
45 u. mehr	58	127	285	122	73

Nach vorangegangenen Lebendgeborenen für das Jahr 2004

Tabelle 4.2.12 Lebendgeborene, Geburtenziffern, Totgeborene nach dem Alter der Mutter 2001 und 2003

Die Familienbildung mit dem ersten Kind beginnt in Deutschland heute etwa 5 Jahre später als in den 70er Jahren. Das Muster der frühen Geburt ist in der ehemaligen DDR bis in die 80er Jahre erhalten geblieben, weil dort das Konzept des Vereinbarens von Erwerbstätigkeit und Elternschaft durch den Ausbau der gesellschaftlichen Kinderbetreuung verfolgt wurde.

Seit dem Ende der DDR verhalten sich die heute 15- bis 25-Jährigen in beiden Regionen Deutschlands sehr ähnlich.

Statistisches Jahrbuch 2005, Statistisches Bundesamt 2005; www.destatis.de; www.bib-demographie.de

Alter der Mutter in Jahren	Lebendgeborene 2003			Geburtenziffern Je 1.000 Frauen		Tot- geborene
	insgesamt	ehelich	nicht ehelich	2001	2003	
14 u. jünger	84	1	83	0,0	0,0	2
15	406	4	402	1,0	0,9	3
16	1.378	28	1.350	3,1	3,0	3
17	3.263	285	2.978	7,5	7,1	14
18	5.875	1.063	4.812	14,1	13,1	32
19	9.938	3.028	6.910	24,6	22,1	51
20	14.069	5.565	8.504	34,3	30,6	63
21	18.735	8.766	9.969	43,4	39,2	84
22	23.207	12.413	10.794	51,8	47,9	97
23	26.835	15.917	10.918	59,2	54,5	120
24	29.339	18.919	10.420	66,8	62,2	116
25	33.480	22.734	10.746	74,8	71,5	130
26	36.918	26.103	10.815	82,8	79,2	147
27	39.242	29.144	10.098	88,6	85,2	114
28	40.741	31.247	9.494	92,5	90,7	127
29	43.250	34.003	9.247	94,4	94,3	141
30	44.117	35.138	8.979	93,8	94,8	166
31	46.635	37.694	8.941	89,5	91,4	134
32	47.736	38.879	8.857	83,2	84,7	150
33	45.312	36.941	8.371	74,3	77,0	148
34	42.349	34.721	7.628	64,6	67,0	149
35	38.557	31.495	7.062	53,7	58,2	144
36	32.169	26.160	6.009	43,4	47,2	133
37	25.604	20.761	4.843	33,1	36,6	112
38	19.163	15.318	3.845	24,9	27,3	80
39	14.278	11.188	3.090	17,8	20,0	77
40	9.846	7.666	2.180	12,6	13,8	52
41	6.306	4.883	1.423	8,2	9,1	38
42	3.754	2.871	883	4,9	5,5	30
43	2.163	1.623	540	2,9	3,2	18
44	1.067	824	243	1,5	1,6	10
45 u. älter	905	698	207	0,0	0,0	14
insgesamt	706.721	516.080	190.641	43,9	42,5	2.699
Ausländer	39.355	30.018	9.337	–	–	385

4.2.13 Durchschnittliches Heiratsalter nach dem bisherigen Familienstand der Ehepartner 1985–2003

Statistisches Jahrbuch 1999/2005; BiB Bevölkerung 2004; www.destatis.de; www.bib-demographie.de

	Durchschnittliches Heiratsalter in Jahren							
	Familienstand der Männer vor der Eheschließung				Familienstand der Frauen vor der Eheschließung			
Jahr	insge- samt	ledig	verwit- wet	geschie- den	insge- samt	ledig	verwit- wet	geschie- den
1985	29,8	26,6	56,9	38,9	26,7	24,1	48,3	35,6
1990	31,1	27,9	56,9	40,5	28,2	25,5	47,3	37,1
1995	33,2	29,7	59,3	43,0	30,3	27,3	48,9	39,3
1999	34,7	31,0	60,7	44,1	31,7	28,3	50,2	40,4
2000	35,0	31,2	60,8	44,4	31,9	28,4	50,2	40,8
2001	35,9	31,6	62,0	45,2	32,6	28,8	51,5	41,7
2002	35,4	31,8	60,4	44,5	32,3	28,8	50,0	40,9
2003	35,8	32,0	60,9	44,9	32,5	29,0	50,7	41,3

Tabelle 4.2.14 Frauen nach der Zahl der geborenen Kinder und nach dem Alter der Mütter bei der Geburt ihrer ehelich lebend geborenen Kinder in Deutschland

Statistisches Jahrbuch 1999/2005; BiB Bevölkerung 2004; www.destatis.de; www.bib-demographie.de

	Frauen nach der Zahl der geborenen Kinder in %			
Geburts- Jahrgang	Keine Kinder	Ein Kind	Zwei Kinder	3 Kinder und mehr
1935	6,7	23,20	11,50	58,60
1940	10,5	23,70	24,40	41,50
1945	13,0	26,90	29,60	30,50
1950	14,8	27,40	31,60	26,30
1955	19,2	24,40	31,80	24,60
1960	21,3	22,10	32,50	24,10
1965	26,5	20,20	31,80	21,70
1966	27,6	19,90	31,40	21,10
1967	28,6	19,50	31,30	20,60

	Durchschnittliches Alter der Mütter bei der Geburt der Kinder					
Jahr	Insgesamt	1.Kind	2.Kind	3.Kind	4.Kind	5. u. mehr
1991	28,32	26,91	28,81	30,70	31,93	33,74
1993	28,78	27,49	29,16	30,93	32,03	33,71
1995	29,28	28,07	29,66	31,30	32,36	34,02
1996	29,47	28,27	29,86	31,41	32,49	34,10
1997	29,73	28,49	30,12	31,68	32,79	34,37

Tabelle 4.2.15 Durchschnittliche Ehedauer und Durchschnittsalter von Ehemännern und Ehefrauen

Leben und Arbeiten in Deutschland, Mikrozensus 2004, Statistisches Bundesamt 2005; www.destatis.de

Alters-gruppe	Ehedauer in Jahren				Durchschnittsalter in Jahren			
	1991		2004		1991		2004	
	Männer	Frauen	Männer	Frauen	Männer	Frauen	Männer	Frauen
Insges.	23,9	23,9	26,8	26,8	50,4	47,6	54,4	51,6
Unter 25	3,0	3,6	2,8	3,3	23,4	23,1	23,4	22,9
25–45	11,3	13,0	10,7	12,2	36,1	35,4	37,7	37,0
45–65	28,1	30,3	27,4	30,2	54,7	54,4	55,1	54,9
65u.mehr	42,2	44,2	44,3	46,4	72,7	71,3	72,6	71,8

Alters-gruppe	Alter von Verheirateten mit Ehedauer unter 1 Jahr			
	1991		2004	
	Männer	Frauen	Männer	Frauen
Insges.	31,5	28,8	36,9	33,8
Unter 25	23,0	22,2	23,1	22,6
25–45	30,8	30,4	33,7	32,7
45–65	51,9	51,4	52,5	51,7
65u.mehr	70,8	78,0	70,8	71,7

Tabelle 4.2.16 Gerichtliche Ehelösungen 1994–2003

2004 ging die Zahl der Ehescheidungen geringfügig auf 213.691 zurück.

Statistisches Jahrbuch 2005, Statistisches Bundesamt 2005; www.destatis.de

Jahr	Rechtskräftige Urteile auf Ehelösungen						Abwei-sung der Klage
	ins-gesamt	Nichtig-keit der Ehe	Auf-hebung der Ehe	Ehescheidungen			
				Absolut	Je 10.000 Einwoh-ner	Je 10.000 Ehen	
1994	166.496	48	396	166.052	20,4	85,0	300
1995	170.000	45	530	169.425	20,7	86,8	317
1996	176.203	39	614	175.550	21,4	90,0	283
1997	188.483	54	627	187.802	22,9	98,9	309
1998	192.954	50	488	192.416	23,5	102,1	289
1999	190.760	–	170	190.590	23,2	99,0	267
2000	194.630	–	222	194.408	23,7	101,3	254
2001	197.750	–	252	197.498	24,0	103,4	293
2002	204.606	–	392	204.214	24,8	107,9	386
2003	214.214	–	299	213.975	25,9	113,8	322

Tabelle 4.2.17 Nichteheliche Lebensgemeinschaften ohne Kinder und mit Kindern 1996–2004

In Westdeutschland ist das Verhaltensmuster „Ehe wenn Kinder" erhalten geblieben, obwohl der Anteil der von nicht verheirateten Müttern geborenen Kindern von 1970 bis 2001 von 5,5 % auf 19,6 % angestiegen ist. In Ostdeutschland sind schon seit den 80er Jahren etwa 30 % der Frauen bei der Geburt ihrer Kinder nicht verheiratet. Diese Trends setzen sich fort.

Leben und Arbeiten in Deutschland-Mikrozensus 2004; www.destatis.de; www.bib-demographie.de

Jahr	Zahl der nichtehelichen Lebensgemeinschaften				
	insgesamt	Ohne Kinder	Mit Kindern		
			alle Altersstufen	unter 18 Jahren	18 Jahre und älter
Deutschland (x1.000)					
1996	1.801	1.295	506	449	58
1997	1.879	1.352	527	471	56
1998	1.954	1.401	553	494	59
1999	2.028	1.436	592	529	63
2000	2.083	1.462	621	554	67
2001	2.153	1.500	654	580	74
2002	2.241	1.538	703	625	78
2003	2.325	1.583	743	663	80
2004	2.412	1.647	765	677	88
Früheres Bundesgebiet (x1.000)					
1996	1.363	1.081	282	241	41
1997	1.418	1.118	300	263	38
1998	1.480	1.155	324	284	40
1999	1.528	1.182	347	305	42
2000	1.568	1.198	370	326	44
2001	1.629	1.238	391	343	48
2002	1.698	1.268	430	380	50
2003	1.767	1.299	469	415	54
2004	1.835	1.353	481	423	59
Neue Länder und Berlin-Ost (x1.000)					
1996	438	214	224	208	16
1997	461	234	227	209	18
1998	474	246	228	210	19
1999	499	255	245	224	21
2000	515	264	251	228	23
2001	525	262	263	236	26
2002	543	270	273	245	28
2003	558	284	274	248	26
2004	578	294	284	254	29

Tabelle 4.2.18 Allein erziehende Elternteile ohne Lebenspartner/in nach Familienstand und Geschlecht 1996 und 2004

Zu allein erziehenden Elternteilen werden alle Mütter und Väter gerechnet, die ohne Ehe- oder Lebenspartner/in mit ihren Kindern zusammenleben. Für die Zuordnung ist im juristischen Sinne entscheidend, wer sorgeberechtigt ist. Beim Mikrozensus wird eher der aktuelle und alltägliche Haushaltszusammenhang hinterfragt.

2004 lebten in Deutschland 2,5 Mill. allein Erziehende mit Kindern, so dass von allen 12,5 Mill. Eltern-Kind-Gemeinschaften bereits jede fünfte Eltern-Kind-Gemeinschaft (20 %) allein erziehend war. 1996 war es nur etwa jede Sechste gewesen (17 % von 13,2 Mill.).

2004 waren von den allein Erziehenden in Deutschland 85 % Mütter. Während 2004 von den allein erziehenden Vätern 11 % ledig waren, lag der Anteil der ledigen Mütter bei 24 %.

Jede siebte allein erziehende Mutter und jeder sechste allein erziehende Vater waren verheiratet, lebten aber getrennt.

Geschiedene beiderlei Geschlechts waren bei den allein Erziehenden am häufigsten vertreten (39 % Mütter, 42 % Väter).

Leben und Arbeiten in Deutschland-Mikrozensus 2004, Statistisches Bundesamt 2005

	Allein erziehende Elternteile ohne Lebenspartner							
	Väter mit Kindern				Mütter mit Kindern			
	insgesamt		unter 18 Jahren		insgesamt		unter 18 Jahren	
	1996	2004	1996	2004	1996	2004	1996	2004
Deutschland (x1.000)								
Zusammen	352	387	166	195	1.884	2.116	1.138	1.378
Ledig	38	43	28	34	385	515	338	458
Verh. getr. lebend	64	69	41	42	248	308	202	251
Verwitwet	123	112	29	24	543	459	106	96
Geschieden	126	162	68	94	709	834	492	573
Früheres Bundesgebiet (x1.000)								
Zusammen	291	308	132	157	1.432	1.635	837	1.061
Ledig	32	31	23	24	258	338	226	301
Verh. getr. lebend	52	57	31	35	205	253	164	207
Verwitwet	102	88	23	19	443	378	83	81
Geschieden	105	132	55	78	526	666	365	472
Neue Länder und Berlin-Ost (x1.000)								
Zusammen	61	79	34	38	452	481	301	316
Ledig	6	12	–	10	127	177	113	156
Verh. getr. lebend	12	12	9	7	43	55	38	43
Verwitwet	22	24	7	–	100	81	23	15
Geschieden	21	31	13	16	182	168	127	102

Tabelle 4.2.19 Ausländische Bevölkerung aus Europa in Deutschland am 31.12.2004

Deutschland gehört zwar nicht zu den klassischen Einwanderungsländern, wird aber seit fast 50 Jahren durch ein hohes Maß an Zuzügen unterschiedlicher Gruppen von Zuwanderern geprägt. 2002 lag der Anteil der Ausländer an der Gesamtbevölkerung bei 7,3 Millionen (8,9 %). Nur die Schweiz hat einen höheren Ausländeranteil von 19 %. Österreich und Belgien liegen vergleichbar bei 9 % bzw. 8 %. Siehe auch Erläuterungen bei Tabelle 4.2.20
Die %-Zahlen beziehen sich auf das jeweilige „Insgesamt" in der letzten Zeile von Tab. 4.2.20
Statistisches Jahrbuch 2005, Statistisches Bundesamt 2005; www.destatis.de; www.bib-demographie.de

Land der Staatsangehörigkeit	insgesamt		männlich		weiblich		Veränderung gegenüber 2003 insges.	
	x1.000	%	x1.000	%	x1.000	%	x1.000	%
Europa	5.340,3	79,5	2.773,8	79,3	2.566,5	79,7	−460,1	−7,9
davon EU Länder	2.108,0	31,4	1.114,7	31,9	993,3	30,9	−239,0	−10,2
Belgien	21,8	0,3	10,9	0,3	10,9	0,3	−1,9	−7,9
Dänemark	18,0	0,3	7,8	0,2	10,2	0,3	−3,6	−16,7
Estland	3,8	0,1	1,1	0,0	2,7	0,1	−0,4	−10,5
Finnland	13,1	0,2	3,8	0,1	9,3	0,3	−2,6	−16,8
Frankreich	100,5	1,5	46,1	1,3	54,4	1,7	−12,6	−11,1
Griechenland	316,0	4,7	172,2	4,9	143,8	4,5	−38,6	−10,9
Irland	10,0	0,1	5,3	0,2	4,7	0,2	−5,5	−35,5
Italien	548,2	8,2	323,8	9,3	224,4	7,0	−53,1	−8,8
Lettland	8,8	0,1	3,2	0,1	5,6	0,2	−0,5	−5,3
Litauen	14,7	0,2	4,4	0,1	10,3	0,3	−0,7	−5,2
Luxemburg	6,8	0,1	3,7	0,1	3,1	0,1	−0,1	−0,9
Malta	0,3	0,0	0,1	0,0	0,2	0,0	−0,0	−5,7
Niederlande	114,1	1,7	62,2	1,8	51,9	1,6	−4,6	−3,9
Österreich	174,0	1,6	92,7	2,6	81,3	2,5	−15,4	−8,1
Polen	292,1	4,3	132,0	3,8	160,1	5,0	−34,8	−0,6
Portugal	116,7	1,7	63,8	1,8	52,9	1,6	−13,9	−10,6
Schweden	16,2	0,2	7,2	0,2	9,0	0,3	−3,2	−16,7
Slowakei	20,2	0,3	8,4	0,2	11,8	0,4	−0,7	−3,5
Slowenien	21,0	0,3	10,6	0,3	10,4	0,3	−0,8	−3,5
Spanien	108,3	1,6	54,6	1,6	53,7	1,7	−17,7	−14,1
Tschechoslowakei	8,5	0,1	4,0	0,1	4,5	0,1	−6,5	−43,4
Tschech. Republik	30,3	0,5	10,6	0,3	19,7	0,6	+0,1	+0,4
Ungarn	47,8	0,7	27,8	0,8	20,0	0,6	−6,9	−12,6
Verein. Königreich	95,9	1,4	57,8	1,7	38,1	1,2	−17,7	−15,6
Zypern	0,8	0,0	0,4	0,0	0,4	0,0	−0,2	−17,6
Bosnien-Herzegowina	156,0	7,3	80,8	2,3	75,2	2,3	−11,1	−6,6
Kroatien	229,2	3.4	113,4	3,2	115,8	3,6	−7,4	−3,1
Rumänien	73,4	1,1	31,7	0,9	41,7	1,3	−15,7	−17,7
Ehem. Jugoslawien	381,6	5,7	204,7	5,9	176,9	5,5	−	−
Serbien-Montenegro	125,8	1,9	67,1	1,9	58,7	1,8	−	−
Türkei	1.764,3	26,3	943,6	27,0	820,7	25,5	−113,3	−6,0

Tabelle 4.2.20 Ausländische Bevölkerung aus dem außereuropäischen Ausland in Deutschland am 31.12.2004

Der überwiegende Teil der ausländischen Bevölkerung ist zwischen 1955 und 1973 aus den ehemaligen Anwerbeländern zugewandert (Italien 1955, Spanien und Griechenland 1960, Türkei 1961, Marokko 1963, Portugal 1964, Tunesien 1965, ehemaliges Jugoslawien 1968). Es handelt sich um die „Gastarbeiter", ihre Familienangehörigen und ihre in Deutschland geborenen Nachkommen. Die Anwerbephase wurde 1973 durch einen Anwerbestopp beendet. Seitdem erfolgt die Zuwanderung aus den ehemaligen Anwerbeländern ausschließlich im Rah-men des Familiennachzugs.

Nach der Süd-Erweiterung der EU gilt für EU-Staatsbürger aus Italien seit 1961, aus Griechenland seit 1988 und aus Spanien und Portugal seit 1983 Personenfreizügigkeit. Seit 1983 werden nach dem Rückkehrhilfegesetz Anreize zur Rückkehr gewährt. Tatsächlich ist auch die Mehrzahl der „Gastarbeiter" ins Heimatland zurückgekehrt (z.B. 88 % der Italiener). Trotzdem weist Deutschland im Wesentlichen eine positive Wanderungsbilanz auf.

In der ehemaligen DDR wurden Arbeitskräfte aus den damals sozialistischen Ländern Ungarn, Polen, Algerien, Kuba, Mosambik und Vietnam angeworben. Bis auf etwa 80.000 Vietname-sen sind diese nach der Wiedervereinigung von Deutschland 1990 größtenteils in ihre Heimatländer zurückgekehrt.

Die angegebenen Zahlen beziehen sich auf den Stand 31.12.2004.

Statistisches Jahrbuch 2005, Statistisches Bundesamt 2005; www.destatis.de; www.bib-demographie.de

Land der Staatsangehörigkeit	insgesamt		männlich		weiblich		Veränderung gegenüber 2003 insges.	
	x1.000	%	x1.000	%	x1.000	%	x1.000	%
Afrika	277,0	4,1	169,0	4,8	108,0	3,4	−34,0	−10,9
Ghana	20,6	0,3	10,3	0,3	10,3	0,3	−3,3	−13,9
Marokko	73,0	1,1	43,3	1,2	29,7	0,9	−6,8	−8,5
Tunesien	22,4	0,3	15,4	0,4	7,0	0,2	−2,1	−8,6
Amerika	202,9	3,0	93,3	2,7	109,6	3,4	−25,6	−11,2
Kanada	12,5	0,7	6,3	0,2	6,2	0,2	−1,2	−9,0
Vereinigte Staaten	96,6	1,4	55,6	1,6	41,0	1,3	−16,3	−14,4
Asien	826,5	12,3	421,5	12,0	405,0	12,6	−85,5	−9,4
Afghanistan	57,9	0,9	31,3	0,9	26,6	0,8	−7,9	−17,0
China	71,6	1,1	38,4	1,1	33,2	1,0	−5,1	−6,7
Indien	38,9	0,6	26,1	0,7	12,8	0,4	−4,6	−10,6
Iran	65,2	1,0	37,0	1,1	28,2	0,9	−16,3	−20,0
Libanon	40,9	0,6	23,7	0,7	17,2	0,5	−5,9	−12,6
Sri Lanka	35,0	0,5	17,9	0,5	17,1	0,5	−6,1	−14,8
Thailand	48,8	0,7	7,0	0,2	41,8	1,3	−0,1	−0,1
Australien u. Ozean.	9,8	0,1	5,0	0,1	4,8	0,1	−2,3	−19,3
Staatenlos	13,5	0,1	7,9	0,2	5,6	0,2	−3,5	−20,5
Ungeklärt, o. Angaben	47,1	0,7	27,9	0,8	19,2	0,6	−6,7	−12,5
Insgesamt	6.717,1	100	3.498,3	100	3.218,7	100	−617,7	−8,4

Tabelle 4.2.21 Wanderungen zwischen Deutschland, dem europäischen und dem außereuropäischen Ausland 1985–2003

Erläuterungen siehe Tabelle 4.2.20

Statistisches Jahrbuch 2005, Statistisches Bundesamt 2005; www.destatis.de; www.bib-demographie.de

Jahr	Zuzüge Insgesamt	Zuzüge Europäische Länder	Zuzüge Außereurop. Länder	Fortzüge Insgesamt	Fortzüge Europäische Länder	Fortzüge Außereurop. Länder
Betroffene (x1.000)						
1985	511,6	349,0	162,6	456,6	342,0	114,6
1987	645,3	495,6	149,7	430,7	320,0	110,6
1989	1.185,5	999,9	185,6	581,0	427,7	153,3
1991	1.199,0	985,9	197,1	596,5	440,9	141,3
1992	1.502,2	1.163,5	325,9	720,1	562,6	138,9
1993	1.277,4	942,5	325,5	815,3	642,5	154,4
1994	1.082,6	755,9	314,1	767,6	552,6	187,9
1995	1.096,0	762,8	319,4	698,1	505,3	168,9
1996	959,7	644,4	304,0	677,5	499,6	169,2
1997	840,6	553,8	276,1	747,0	569,0	172,2
1998	802,5	550,6	238,9	755,4	554,7	183,2
1999	874,0	611,5	248,0	672,0	476,4	170,5
2000	841,2	566,4	264,0	674,0	496,9	159,4
2001	879,1	583,6	285,1	606,5	444,9	147,4
2002	842,5	567,0	264,5	623,3	454,1	152,3
2003	769,0	520,3	225,6	626,3	434,9	143,6
Je 1.000 Einwohner						
1985	6,6	4,5	7,1	5,9	4,4	1,5
1987	8,3	6,4	1,9	5,5	4,1	1,4
1989	15,1	12,7	2,4	7,4	5,4	1,9
1991	14,9	12,3	7,5	7,4	5,5	1,8
1992	18,6	14,4	4,0	8,9	6,9	1,7
1993	15,7	11,6	4,0	10,0	7,9	1,9
1994	13,3	9,3	3,9	9,4	6,8	2,3
1995	13,4	9,3	3,9	8,5	6,2	7,1
1996	11,7	7,9	3,7	8,3	6,1	2,1
1997	10,2	6,7	3,4	9,1	6,9	2,1
1998	9,8	6,7	7,9	9,7	6,8	7,7
1999	10,6	7,4	3,0	8,2	5,8	2,1
2000	10,7	6,9	3,2	8,2	6,0	1,9
2001	10,7	7,1	3,5	7,4	5,4	1,8
2002	10,2	6,9	3,2	7,6	5,5	1,8
2003	9,3	6,3	2,7	7,6	5,3	1,7

Tabelle 4.2.22   Eingebürgerte Personen 2004 nach ausgewählten früheren Staatsangehörigkeiten

Gezählt werden Personen mit Wohnsitz im Bundesgebiet. Die Aufenthaltsdauer ergibt sich ohne Berücksichtigung von Unterbrechungen aus der Differenz zwischen dem Berichtjahr und dem Datum der ersten Einreise.

Überraschend ist, dass die frühere Staatsangehörigkeit Serbien und Montenegro mit insgesamt 3.539 (männlich 1.939, weiblich 1.600) Einbürgerungen erst nach der Staatsangehörigkeit Irak einzuordnen ist.

In diese Tabelle werden Spätaussiedler und Spätaussiedlerinnen mit deutscher Volkszugehörigkeit, die nach Abschluss der Vertreibungsmaßnahmen ihre angestammte Heimat in den Staaten Ost- und Südosteuropas aufgeben und ihren neuen Wohnsitz im Geltungsbereich des Grundgesetzes begründet haben, nicht eingerechnet.

Abkürzung StAG = Staatsangehörigkeitsgesetz

Statistisches Jahrbuch 2005, Statistisches Bundesamt 2005; www.destatis.de; www.bib-demographie.de

	Türkei	Polen	Iran	Russ. Föderation	Afghanistan	Ukraine	Marokko	Irak
				Insgesamt				
Insges.	44.465	7.499	6.362	4.381	4.077	3.844	3.820	3.564
Männlich	23.647	2.337	3.573	1.868	2.264	1.705	2.266	2.211
Weiblich	20.818	5.162	2.789	2.513	1.813	2.139	1.554	1.353
				Nach Altersgruppen				
Unter 6	844	82	110	76	239	79	112	471
6–16	7.400	544	728	391	924	385	502	826
16–23	9.725	1.088	733	502	752	521	628	430
23–45	24.683	3.974	2.793	2.150	1.749	1.651	2.288	1.546
45–60	1.629	1.597	1.662	820	368	794	221	267
60 u.m.	184	214	336	442	45	414	69	24
				Nach den Jahren der Aufenthaltsdauer				
Unter 8	3.567	1.061	506	2.335	670	788	827	1.234
8–15	12.761	3.796	2.893	2.948	2.947	2.999	1.379	2.227
15–20	8.311	1.833	1.860	69	355	33	778	72
20 u.m.	19.818	793	1.101	28	105	24	833	30
				Nach ausgewählten Rechtsgründen				
§ 8 StAG	867	239	68	779	395	670	84	472
§ 9 StAG	736	1.140	178	837	152	289	585	79
§10b StAG	214	2	6	2	3	–	1	–
Sonstige	42.648	6.118	6.110	2.763	3.527	2.885	3.150	3.013

Tabelle 4.2.23 Asylsuchende nach ausgewählten Staatsangehörigkeiten 1998–2004 und 2005

Im Jahr 1992 wurden bislang mit 438.000 die meisten Anträge auf Asyl in Deutschland gestellt. Nach der Asylrechtsänderung 1993 nimmt die Zahl kontinuierlich ab. 2002 waren die wichtigsten Herkunftsländer Irak (14%), Türkei (13%, hauptsächlich Kurden), Jugoslawien (Kosovo-Albaner und Roma), Russische Föderation, Afghanistan und Iran.

Die in der Tabelle angegebenen Zahlen beziehen sich auf den Stand 31.12.2004.

Im Jahr 2005 haben insgesamt 28.917 Personen in Deutschland Asyl beantragt. Das bedeutet gegenüber 2004 einen Rückgang um 18,8 %.

Die Hauptherkunftsländer waren 2005: 1. Serbien und Montenegro 5.522 Personen (+43,2 %); 2.Türkei 2.985 (–28,2 %); 3.Irak 1.983 (+53,4 %); 4. Russische Föderation 1.719 (–37,6 %); 5. Vietnam 1.222 (–26,7 %); 6. Syrien 933 (+21,5 %); 7. Iran 929 (–32,1 %); 8. Aserbaidschan 848 (–37,8 %); 9. Afghanistan 711 (–11,5 %); 10. China 633 (–46,6 %).

Beim stärksten Herkunftsland Serbien und Montenegro lag 2005 der Anteil der ethnischen Albaner bei 37,5 %, der der Roma bei 39,5 %.

Statistisches Jahrbuch 2005, Statistisches Bundesamt 2005; www.destatis.de; www.bib-demographie.de

Land der Staatsangehörigkeit	1998	1999	2000	2001	2002	2003	2004
Europa	52.778	47.742	27.353	29.473	25.631	18.156	13.175
Bosnien-Herzegow.	1.533	1.755	1.638	2.259	1.017	600	412
Bulgarien	172	90	72	66	814	502	480
Polen	49	42	141	134	50	32	21
Rumänien	341	222	174	181	118	104	61
Russ. Föderation	867	2.094	2.763	4.523	4.058	3.383	2.757
Serbien-Monten.	34.979	31.451	11.121	7.758	6.679	4.909	3.855
Türkei	11.754	9.065	8.968	10.869	9.575	6.301	4.148
Afrika	11.458	9.594	9.513	11.893	11.768	9.997	8.043
Äthiopien	373	336	366	378	488	416	282
Algerien	1.572	1.473	1.379	1.986	1.743	1.139	746
Kongo	948	801	695	859	1.007	615	348
Amerika, Austral.	262	288	323	272	190	150	142
Asien	31.971	34.874	39.091	45.622	32.746	21.856	13.950
Afghanistan	3.768	4.458	5.380	5.837	2.772	1.473	918
Aserbaidschan	1.566	2.628	1.418	1.645	1.689	1.291	1.363
China	869	1.236	2.072	1.531	1.738	2.387	1.186
Indien	1.491	1.499	1.826	2.651	2.246	1.736	1.118
Irak	7.435	8.662	11.601	17.167	10.242	3.850	1.293
Iran	2.955	3.407	4.878	3.455	2.642	2.049	1.369
Pakistan	1.520	1.727	1.506	1.180	1.084	1.122	1.062
Sri Lanka	1.982	1.254	1.170	622	434	278	217
Vietnam	2.991	2.425	2.332	3.721	2.340	2.096	1.668
Staatenlose u.a.	2.175	2.615	2.284	1.027	792	404	297
Insgesamt	98.644	95.113	78.564	88.287	71.127	50.563	35.607

Tabelle 4.2.24 Spätaussiedler und Spätaussiedlerinnen nach Herkunftsgebiet und Altersgruppen 1995–2004

Spätaussiedler und Spätaussiedlerinnen sind deutsche Staatsangehörige und deutsche Volkszugehörige, die nach Abschluss der Vertreibungsmaßnahmen ihre angestammte Heimat in den Staaten Ost- und Südosteuropas aufgeben.
Bis in die frühen 80er Jahre vollzog sich der Zuzug und die Integration von durchschnittlich jährlich 30.000 Aussiedlern auf Grund Sprachkompetenz und der großen Integrationsbereitschaft unauffällig. Ende der 80er Jahre stiegt die Zahl der Aussiedler von durchschnittlich 30.000 auf 200.000. Im Jahre 1989 und 1990 kamen fast 400.000 jährlich. Auf den enormen Zuzug der Aussiedler und auf Grund der Schwierigkeiten bei der Integration reagierte der Gesetzgeber mit Gesetzesänderungen. Seit 2000 geht die Zahl der Anträge auf Aufnahme als Spätaussiedler zurück. Nach der amtlichen Statistik des Bundesverwaltungsamtes (BVA) stellten im Jahre 2000 noch 106.985 und im Jahre 2004 nur noch 34.560 Personen einen Aufnahmeantrag.
Im Jahr 2005 kamen aus der Russischen Föderation 21.113, aus Kasachstan 11.206, aus Usbekistan 1.306, aus Kirgistan 840, aus Usbekistan 307, aus Weißrussland 236, aus der Moldau 130, aus Polen 80, Turkmenistan 72, Lettland 43 und aus Rumänien 39 Personen.

Statistisches Jahrbuch 2005; www.destatis.de; www.bund-der-vertriebenen.de

	1995	1997	1999	2001	2003	2004
Aufnahme von Spätaussiedlern und Spätaussiedlerinnen						
Insgesamt	217.898	134.419	104.916	98.484	72.855	59.093
davon: deutsche Staatsangehörige	211.601	128.415	95.543	86.637	61.725	49.815
Spätaussiedler	120.806	53.382	30.944	23.992	14.764	11.232
Ehegatten u. Kinder	90.795	75.033	64.599	62.645	46.961	38.583
Ausländ. Staatsangehörigkeit	6.297	6.004	9.373	11.847	11.160	9.278
Anzahl nach Herkunftsgebiet						
Kasachstan	117.148	73.967	49.391	46.178	26.391	19.828
Polen	1.677	687	428	623	444	278
Rumänien	6.519	1.777	855	380	137	76
Russ. Föderation	71.685	47.055	45.951	43.885	39.404	33.358
Ehem. Tschechoslow.	62	10	11	22	2	3
Ukraine	3.650	3.153	2.762	3.176	2.711	2.299
Sonstige Länder	17.157	7.770	5.518	4.220	3.766	3.251
Anzahl nach Altersgruppen						
Unter 6	2.607	9.897	7.182	6.888	5.561	4.723
6–18	6.303	33.545	25.084	21.774	14.377	11.204
18–25	4.358	16.528	14.022	14.022	10.510	8.783
25–45	13.353	43.583	34.221	31.861	23.759	19.233
45–65	8.506	21.085	17.289	17.749	13.479	11.069
65 und mehr	2.701	9.781	7.118	6.190	5.199	4.081

Tabelle 4.2.25 Bevölkerung, Erwerbspersonen und Erwerbstätige 1950–2004

Erwerbspersonen haben den Wohnsitz in Deutschland und üben eine auf Erwerb gerichtete Tätigkeit aus oder suchen eine solche. Die Bedeutung des erwirtschafteten Ertrags für den Lebensunterhalt spielt keine Rolle. Erwerbspersonen setzen sich aus Erwerbstätigen und Erwerbslosen zusammen.
Erwerbslose sind Personen ohne Erwerbstätigkeit, die sich in den letzten vier Wochen aktiv um eine Arbeitsstelle bemüht haben.
Erwerbstätige sind 15 und mehr Jahre alt und haben im Berichtszeitraum wenigstens eine Stunde für Lohn irgend eine berufliche Tätigkeit ausgeübt (siehe auch Tab. 4.2.26).
Geringfügig Entlohnte dürfen brutto nicht mehr als 400 € verdienen.
In der Tabelle sind „Erwerbstätige" und „Arbeitnehmer" im Inland gemeint; unter „Sozialversicherung" werden sozialversicherungspflichtig Beschäftigte am Arbeitsort verstanden

Statistisches Jahrbuch 2005, Statistisches Bundesamt 2005; www.destatis.de; www.bib-demographie.de

Jahr	Bevölkerung	Erwerbspersonen	Erwerbslose	Erwerbstätige	Arbeitnehmer	Sozialversicherte	Geringfügig Entlohnte
Frühere Bundesrepublik (x1.000)							
1950	46.908	21.577	1.580	19.570	13.247	–	–
1955	49.203	23.758	928	22.500	16.510	–	–
1960	55.433	26.518	271	26.063	20.073	–	–
1965	58.619	27.034	147	26.755	21.625	–	–
1970	60.651	26.827	103	26.618	22.193	–	–
1975	61.829	26.920	613	26.221	22.556	20.095	–
1980	61.566	27.935	483	27.377	24.164	20.954	–
1985	61.024	29.608	1.976	27.533	24.415	20.378	–
1990	63.253	31.699	1.423	30.276	27.116	22.368	–
Deutschland (x1.000)							
1991	79.984	40.742	2.078	38.621	35.101	–	–
1992	80.594	40.476	2.410	38.059	34.482	–	–
1993	81.179	40.444	2.903	37.555	33.930	28.595	–
1994	81.422	40.620	3.132	37.516	33.791	28.238	–
1995	81.661	40.564	3.018	37.601	33.852	28.118	–
1996	81.896	40.674	3.240	37.498	33.756	27.739	–
1997	82.052	40.891	3.501	37.463	33.647	27.280	–
1998	82.029	41.253	3.419	37.911	34.046	27.208	–
1999	82.087	41.458	3.119	38.424	34.567	27.483	3.658
2000	82.188	41.925	2.887	39.144	35.229	27.826	4.052
2001	82.340	42.132	2.923	39.316	35.333	27.817	4.132
2002	82.482	42.218	3.224	39.096	35.093	27.571	4.169
2003	82.520	42.322	3.687	38.722	34.650	26.955	4.375
2004	82.500	42.708	3.931	38.860	34.629	26.524	4.803

Tabelle 4.2.26 Strukturdaten über Erwerbspersonen und Erwerbstätige März 2004

In den volkswirtschaftlichen Gesamtrechnungen werden als Erwerbstätige alle Personen gerechnet, die als Arbeitnehmer oder als Selbständige bzw. mithelfende Familienangehörige eine auf wirtschaftlichen Erwerb gerichtete Tätigkeit ausüben, unabhängig vom Umfang dieser Tätigkeit und unabhängig von der Bedeutung des erwirtschafteten Ertrags für den Lebensunterhalt.

Nach dem Personenkonzept werden Personen mit mehreren gleichzeitigen Beschäftigungsverhältnissen nur einmal mit ihrer Haupterwerbstätigkeit erfasst.

Weitere Erläuterungen siehe Tab. 4.2.25

Statistisches Jahrbuch 2005, Statistisches Bundesamt 2005; www.destatis.de; www.bib-demographie.de

	Erwerbspersonen (x1.000)					
	Deutsche	Ausländer/-innen	Insgesamt	Männlich	Weiblich	Verheiratet
Insgesamt	36.441	3.605	40.046	22.232	17.814	10.267
Nach Altersgruppen (x1.000)						
15–20 Jahre	1.246	101	1.347	776	571	7
20–30 Jahre	5.969	819	6.788	3.696	3.092	681
30–40 Jahre	9.229	1.126	10.355	5.775	4.580	2.751
40–50 Jahre	10.587	821	11.407	6.202	5.205	3.691
50–60 Jahre	7.431	617	8.048	4.425	3.622	2.663
60–65 Jahre	1.544	103	1.647	1.071	576	381
65 und mehr Jahre	436	18	454	286	168	91
Nach dem Familienstand (x1.000)						
Ledig	12.181	875	13.056	7.746	5.311	–
Verheiratet	20.705	2.446	23.151	12.885	10.267	10.267
Verwitwet	602	43	644	162	483	–
Geschieden	2.953	242	3.195	1.440	1.755	–
Nach der Stellung im Beruf (x1.000)						
Selbstständige	3.556	297	3.852	2.740	1.112	708
Mithelfende Familienangehörige	367	34	402	95	307	276
Beamte u. Beamtinnen	2.229	13	2.242	1.441	802	491
Angestellte	16.998	1.018	18.016	7.695	10.321	5.701
Arbeiter u. Arbeiterinnen	9.576	1.571	11.147	7.711	3.436	2.124

Tabelle 4.2.27 Bevölkerung nach der Beteiligung am Erwerbsleben und nach überwiegendem Lebensunterhalt

Die Differenz zu "Insgesamt" ergibt sich aus der Erwerbstätigkeit von Angehörigen.
Erläuterungen siehe Tab. 4.2.25

Statistisches Jahrbuch 2005, Statistisches Bundesamt 2005; www.destatis.de; www.bib-demographie.de

Beteiligte am Erwerbsleben	Insgesamt x1.000	%	Davon mit überwiegendem Lebensunterhalt durch					
			Erwerbs-tätigkeit x1.000	%	Arbeitslosen Geld / Hilfe x1.000	%	Rente und sonstiges x1.000	%
Erwerbspersonen								
Erwebstätige ins.	35.659	43,2	32.482	91,1	243	0,7	885	2,5
männlich	19.681	48,8	18.775	95,4	113	0,6	429	2,2
weiblich	15.978	37,9	13.707	85,8	130	0,8	456	2,9
Erwebslose insg.	4.388	5,3	–	–	3.201	73,0	462	10,5
männlich	2.551	6,3	–	–	2.016	79,0	258	10,1
weiblich	1.836	4,4	–	–	1.185	64,5	204	11,1
Zusammen insg.	40.046	48,5	32.482	81,1	3.444	8,6	1.347	3,4
männlich	22.232	55,1	18.775	84,5	2.129	9,6	687	3,1
weiblich	17.814	42,3	13.707	76,9	1.315	7,4	660	3,7
Neue Länder Berlin-Ost ins.	7.731	9,4	5.828	75,4	1.364	17,6	324	4,2
männlich	4.132	10,2	3.157	76,4	753	18,2	145	3,5
weiblich	3.598	8,5	2.670	74,2	611	17,0	179	5,0
Nichterwerbspersonen								
Zusammen insg.	42.444	51,5	–	–	361	0,9	20.776	48,9
männlich	18.098	44,9	–	–	216	1,2	9.473	52,3
weiblich	24.346	57,7	–	–	145	0,6	11.303	46,4
Neue Länder Berlin-Ost ins.	7.040	8,5	–	–	99	1,4	4.436	63,0
männlich	3.116	7,7	–	–	53	1,7	1.826	58,6
weiblich	3.924	9,3	–	–	46	1,2	2.610	66,5
Bevölkerung								
Zusammen insg.	82.491	100	32.482	39,4	3.805	4,6	22.123	26,8
männlich	40.330	100	18.775	46,6	2.345	5,8	10.160	25,2
weiblich	42.161	100	13.707	32,5	1.460	3,5	11.963	28,4
Darunter Ausländer und Ausländerinnen								
Zusammen insg.	7.137	100	2.647	37,1	500	7,0	1.214	17,0
männlich	3.707	100	1.697	45,8	367	9,9	674	18,2
weiblich	3.430	100	951	27,7	133	3,9	540	15,8

Tabelle 4.2.28 Erwerbstätige und Erwerbslose nach der ILO-Arbeitsmarktstatistik 1991–2005

Gesamtwirtschaftliche Monatsdaten zur Erwerbstätigkeit werden seit 2005 zusammen mit aktuellen, nach den Kriterien der International Labour Organisation (ILO) erhobenen monat-lichen Erwerbslosenzahlen und den daraus berechneten Erwerbslosenquoten als ILO-Arbeitsmarktstatistik veröffentlicht.

Die Erwerbslosenquote wird aus dem Anteil der Erwerbslosen an den Erwerbspersonen ermittelt.

Weitere Erläuterungen siehe Tab. 4.2.25

Statistisches Jahrbuch 2005, Statistisches Bundesamt 2005; www.destatis.de; www.bib-demographie.de

	Erwerbspersonen Mio.	Erwerbstätige Mio.	Erwerbstätigenquote %	Erwerbslose Mio.	Erwerbslosenquote				
					Insges. %	Männer %	Frauen %	Unter 25 Jahren Pers.	25 Jahre und älter Pers.
1991	40,63	38,66	69,1	1,97	4,9	3,5	6,6	9,5	4,1
1992	40,39	38,07	67,5	2,32	5,7	4,0	7,9	10,3	5,1
1993	40,32	37,54	66,4	2,78	6,9	5,2	9,0	12,2	6,1
1994	40,47	37,49	66,2	2,98	7,4	5,6	9,4	12,6	6,5
1995	40,42	37,55	66,1	2,87	7,1	5,5	9,0	12,1	6,3
1996	40,56	37,43	65,7	3,13	7,7	6,5	9,3	13,2	6,9
1997	40,89	37,39	65,6	3,50	8,6	7,3	10,1	14,4	7,7
1998	41,18	37,83	66,3	3,35	8,1	7,0	9,5	13,4	7,3
1999	41,45	38,34	67,2	3,11	7,5	6,5	8,7	12,1	6,8
2000	41,92	39,04	68,4	2,88	6,9	6,0	7,9	11,4	6,2
2001	42,11	39,21	68,6	2,90	6,9	6,2	7,6	11,3	6,2
2002	42,22	38,99	68,3	3,23	7,6	7,1	8,2	13,3	6,8
2003	42,34	38,64	67,8	3,70	8,7	8,2	9,3	15,8	7,7
2004	42,71	38,78	68,2	3,93	9,2	8,7	9,7	16,1	8,2
2005									
Januar	42,34	38,33	67,4	4,01	9,5	9,7	9,2	15,4	8,6
Februar	42,81	38,37	67,5	4,44	10,4	10,3	10,4	15,8	9,6
März	42,78	38,48	67,5	4,30	10,1	9,9	10,2	17,2	9,0
April	42,98	38,65	67,8	4,33	10,1	9,8	10,4	17,3	9,0
Mai	42,80	38,74	67,9	4,06	9,5	9,2	9,8	16,7	8,4
Juni	42,66	38,79	68,0	3,86	9,1	8,5	9,6	16,7	7,9
Juli	42,51	38,57	67,6	3,94	9,3	8,9	9,8	17,8	8,0
August	42,61	38,62	67,7	3,99	9,4	9,0	9,8	17,6	8,2
Sept.	42,28	38,93	68,6	3,35	7,9	7,5	8,4	14,1	7,0
Okt.	42,63	39,09	68,9	3,55	8,3	8,0	8,7	14,5	7,4
Nov.	42,62	39,12	68,9	3,50	8,2	7,6	8,9	14,4	7,3
Dez.	42,28	38,91	68,5	3,37	8,0	7,5	8,5	12,5	7,3

Tabelle 4.2.29 Arbeitslose nach ausgewählten Personengruppen 1991–2004

Arbeitslose sind alle Arbeitssuchenden im Alter von 15 bis 65 Jahren, die keine Beschäftigung haben oder weniger als 15 Wochenstunden arbeiten.
Langzeitarbeitlose waren 1 Jahr und länger bei den Arbeitsämtern arbeitslos gemeldet.
Statistisches Jahrbuch 2005, Statistisches Bundesamt 2005; www.destatis.de; www.bib-demographie.de

Jahres-durch-schnitt	Arbeits-lose Insgesamt	Arbeits-lose Frauen	Langzeit-arbeits-lose	Arbeits-lose Ausländer	Schwer-behind. Arbeitsl.	Teilzeit-arbeit Suchende
Deutschland						
1991	2.602.203	1.321.649	–	221.884	136.688	247.358
1995	3.611.921	1.761.311	–	436.261	176.118	278.965
1997	4.384.456	2.042.073	1.407.181	547.816	195.161	333.190
1998	4.280.630	2.007.261	1.599.270	534.008	194.449	341.430
1999	4.100.499	1.940.038	1.530.453	508.181	193.276	351.658
2000	3.889.695	1.836.318	1.454.189	470.414	184.097	346.308
2001	3.852.564	1.788.712	1.354.166	464.528	171.351	352.186
2002	4.061.345	1.821.426	1.369.388	505.414	156.909	371.082
2003	4.376.769	1.930.568	1.521.414	548.530	167.876	394.215
2004	4.381.040	1.932.451	1.681.129	549.944	173.939	390.588
Früheres Bundesgebiet						
1991	1.596.457	753.491	–	191.064	111.559	182.727
1995	2.427.083	1.043.519	–	392.779	148.527	230.128
1997	2.870.021	1.215.520	1.027.285	491.035	157.413	284.307
1998	2.751.535	1.198.404	1.085.927	473.051	154.694	293.578
1999	2.604.720	1.156.179	1.031.108	444.730	150.627	303.801
2000	2.380.987	1.068.860	936.570	405.171	140.463	297.413
2001	2.320.500	1.033.088	817.299	396.697	127.616	301.302
2002	2.498.392	1.072.636	793.565	432.619	117.168	316.858
2003	2.753.054	1.158.674	872.437	471.255	125.193	337.247
2004	2.781.346	1.173.855	983.082	472.093	129.452	333.973
Neue Länder						
1991	1.005.746	568.158	–	30.820	25.129	64.631
1995	1.184.838	717.792	–	43.482	27.591	48.837
1997	1.514.435	826.553	379.896	56.781	37.748	48.883
1998	1.529.095	808.857	513.343	60.957	39.756	47.852
1999	1.495.779	783.859	499.345	63.452	42.649	47.857
2000	1.508.707	767.458	517.620	65.243	43.634	48.894
2001	1.532.064	755.624	536.867	67.831	43.735	50.884
2002	1.562.953	748.790	575.823	72.795	39.741	54.224
2003	1.623.715	771.894	648.976	77.275	42.683	56.967
2004	1.599.694	758.596	698.047	77.851	44.487	56.615

Tabelle 4.2.30 Kennzahlen zu Bildung und Wissenschaft im Zeitvergleich 1995–2004

Angaben über Studierende beziehen sich auf das jeweilige Wintersemester. Angaben über Hochschullehrer und Hochschullehrerinnen beziehen sich auf das wissenschaftliche und künstlerische Personal.
Universitäten einschließlich Pädagogische und Theologische Hochschulen sowie Gesamthochschulen.
Fachhochschulen einschließlich Verwaltungsfachhochschulen.
Statistisches Jahrbuch 2005, Statistisches Bundesamt 2005; www.destatis.de; www.bib-demographie.de

	1995	2000	2001	2002	2003	2004
			(x1.000)			
Schüler/Schülerinnen an:						
Allgemeinbild. Schulen	9.931	9.960	9.870	9.780	9.727	9.625
Berufliche Schulen	2.446	2.682	2.694	2.700	2.726	2.764
Schulen des Gesundheitswesens	115	113	112	113	118	119
Hauptberufliche Lehrkräfte						
Allgemeinbild. Schulen	670	672	674	675	678	–
Berufliche Schulen	108	113	115	117	119	–
Schulen des Gesundheitswesens	6	7	7	7	7	–
Auszubildende	1.579	1.702	1.685	1.622	1.582	1.564
Studierende	1.858	1.799	1.869	1.939	2.020	1.957
Universitäten	1.380	1.311	1.352	1.391	1.437	1.363
Kunsthochschulen	29	30	30	31	31	31
Fachhochschulen	449	458	486	517	552	563
Hochschullehrer/-lehrerinnen	213	219	225	232	237	–

Anhang

Anhang 1   Basisgrößen und Basiseinheiten des Internationalen Einheitensystems (DIN 1301)

Die Bundesrepublik Deutschland ist mit den Gesetzen über Einheiten im Messwesen 1969 und 1973 dem Internationalen Einheitensystem (Système International de Unités, SI) beigetreten. Es besteht aus sieben Basiseinheiten, von denen sich die übrigen Einheiten ableiten lassen.

Lippert 1978; Schmidt, Lang, Thews 2005

Basisgröße	Basiseinheit (Zeichen)	Definition der Einheit
Länge	Meter (m)	Das Meter ist die Länge der Strecke, die Licht im Vakuum während der Dauer von 1/299.792.458 Sekunden durchläuft.
Masse	Kilogramm (kg)	Das Kilogramm ist gleich der Masse des internationalen Kilogrammprototyps (einzige SI-Basiseinheit, die durch einen Vergleichsgegenstand festgelegt ist).
Zeit	Sekunde (s)	Die Sekunde ist das 9.192.631.770-fache der Periodendauer der Strahlung, die dem Übergang zwischen den beiden Hyperfeinstrukturniveaus des Grundzu-standes von Atomen des Nuklids ^{133}Cs entspricht. Die Messung erfolgt mit einer Atomuhr.
Elektrische Stromstärke	Ampere (A)	Stärke eines konstanten elektrischen Stromes, der durch 2 parallele, geradlinige, unendlich lange, im Vakuum im Abstand von 1 Meter voneinander angeordnete Leiter mit vernachlässigbarem Querschnitt fließend, zwischen diesen Leitern je Meter Leiterlänge die Kraft $2 \cdot 10^{-7}$ Newton hervorrufen würde.
Thermodynamische Temperatur	Kelvin (K)	Ist der 273,16-te Teil der thermodynamischen Temperatur des Tripelpunktes des Wassers.
Lichtstärke	Candela (cd)	Ist die Lichtstärke in einer bestimmten Richtung einer Strahlungsquelle, die monochromatische Strahlung der Frequenz $540 \cdot 1.012$ Hertz aussendet und deren Strahlstärke in dieser Richtung (1/683) Watt durch Steradiant (räumlicher Winkel) beträgt.
Stoffmenge	Mol (mol)	Ist die Stoffmenge eines Systems, das aus ebensoviel Einzelteilen besteht, wie Atome in 0,012 kg des Kohlenstoffnuklids ^{12}C enthalten sind.

Anhang 2 Namen, Symbole und Definitionen einiger abgeleiteter SI-Einheiten

Von den in Anhang 1 genannten Basiseinheiten lassen sich die Einheiten sämtlicher anderen Messgrößen ableiten. Die Tabelle zeigt eine Auswahl dieser Messgrößen.

Schmidt, Lang, Thews 2005

Größe	Name der Einheit	Symbol	Definition
Frequenz	Hertz	Hz	s^{-1}
Kraft	Newton	N	$m \cdot kg \cdot s^{-2}$
Druck	Pascal	Pa	$m^{-1} \cdot kg \cdot s^{-2}$ ($N \cdot m^{-2}$)
Energie	Joule	J	$m^2 \cdot kg \cdot s^{-2}$ ($N \cdot m$)
Leistung	Watt	W	$m^2 \cdot kg \cdot s^{-3}$ ($J \cdot s^{-1}$)
Elektrische Ladung	Coulomb	C	$s \cdot A$
Spannung (elektrische Potenzialdifferenz)	Volt	V	$m^2 \cdot kg \cdot s^{-3} \cdot A^{-1}$
Elektrischer Widerstand	Ohm	W	$m^2 \cdot kg \cdot s^{-3} \cdot A^{-2}$
Elektrischer Leitwert	Siemens	S	$m^{-2} \cdot kg^{-1} \cdot s^3 \cdot A^2$
Elektrische Kapazität	Farad	F	$m^{-2} \cdot kg^{-1} \cdot s^4 \cdot A^2$
Magnetischer Fluss	Weber	Wb	$m^2 \cdot kg \cdot s^{-2} \cdot A^{-1}$
Magnetische Flussdichte	Tesla	T	$kg \cdot s^{-2} \cdot A^{-1}$
Induktivität (magnetischer Keitwert)	Henry	H	$m^2 \cdot kg \cdot s^{-2} \cdot A^{-2}$
Lichtstrom	Lumen	lm	$cd \cdot sr$
Beleuchtungsstärke	Lux	lx	$cd \cdot sr \cdot m^{-2}$
Aktivität einer radioaktiven Substanz	Becquerel	Bq	s^{-1}

Anhang 3 Konventionelle Einheiten, die weiter benutzt werden dürfen

Schmidt, Lang, Thews 2005

Name der Einheiten	Symbol	Wert in SI-Einheiten
Gramm	g	$1\,g = 10^{-3}\,kg$
Liter	l	$1\,l = 1\,dm^3$
Minute	min	$1\,min = 60\,s$
Stunde	h	$1\,h = 3{,}6\,ks$
Tag	d	$1\,d = 86{,}4\,ks$
Grad Celsius	°C	$t\,°C = T - 273{,}15\,K$

Anhang 4 Empfehlungen zur Einführung abgeleiteter Einheiten des Internationalen Einheitensystems (SI) in der Medizin

Die Empfehlungen der International Federation of Clinical Chemistry (IFCC) wurden von der Schweizerischen, Österreichischen und Deutschen Gesellschaft für Klinische Chemie für den deutschen Sprachraum bearbeitet.

Die konsequente Benutzung der SI-Einheiten wird sich wohl erst nach einer längeren Übergangszeit durchsetzen lassen. Im medizinischen Bereich gibt es Einwände gegen die Umstellung der eingeführten Druckeinheit mmHg auf die weniger anschauliche Einheit Pascal. Die Einheit Joule für den Energieumsatz scheint sich jedoch gegen die konventionelle Einheit Kalorie durchzusetzen

Lippert 1978

Meßgrößenart	Symbol	Einheit	Zeichen	Untereinheiten
Länge	l	Meter	m	mm, μm, nm
Fläche	A	Quadratmeter	m^2	mm^2, nm^2
Volumen	V	Kubikmeter	m^3,	dm^3, cm^3, mm^3
		Liter	l	ml, nl, pl, fl
Masse	m	Kilogramm	kg	g, mg, ng, pg
Stoffmenge	n	Mol	mol	mmol, nmol
Thermodynamische Temperatur	T	Kelvin	K	mK
Celsius-Temperatur	d	Grad Celsius	°C	m °C
Druck, Partialdruck	P	Pascal	Pa (N/m^2)	MPa (MN/m^2), kPa (kN/m^2)
Zeit	t	Sekunde	s	Ms, ks, ms, a, d

Anhang 5 Ausgewählte alte oder weniger gebräuchliche Maßeinheiten

Kahnt, Knorr 1987

Einheit	Beschreibung
Angström	Alte Maßeinheit für die Wellenlänge von Licht
Acker	Altes Flächenmaß = 19,0647 bis 64,431 a (Ar)
Ar	Flächenmaß = 100 m^2
Ballen	Bei Textilien = 75.250 kg. Bei Papier = 10 Ries = 100 Buch = 1.000 Hefte = 10.000 Bogen
Barrel	Fassmaß für Öl = 159 Liter
Broteinheit	Kohlenhydratmengen = 12 g reines Kohlenhydrat
Buch	Papierzählmaß; 24 Bogen Schreibpapier
Bund	30 Stück

Fortsetzung nächste Seite

Fortsetzung Anhang 5 Ausgewählte alte oder weniger gebräuchliche Maßeinheiten

Einheit	Beschreibung
Dutzend	Zähleinheit = 12
Dekade	10 Stück oder 10 Tage, Wochen, Monate, Jahre
Elle	Altes Längenmaß, Abstand Ellenbogen – Mittelfingerspitze 50 – 85 cm
Faden	Altes nautisches Längenmaß; 1 Faden = 1/1.000 Seemeile = 1,85 m
Festmeter	1 m^3 feste Holzmasse
Fuder	Altes Flüssigkeitsmaß; 800 bis 1.000 Liter
Fuß	Altes Längenmaß; ca. 30 Zentimeter
Joch	Altes Flächenmaß; Fläche, die ein Ochsengespann an einem Tag umpflügen kann, Württemberg 33,09 a (Ar)
Kaliber	Längenmaß in mm für den Durchmesser eines Waffenlaufes
Kammerton	Der Kammerton ist das a, dessen Frequenz sich auf 440 Hertz beläuft
Karat	Maßeinheit für den Feingehalt einer Goldlegierung 1 Karat = 1/24 Goldanteil; Gewichtseinheit 200 mg (früher 205,1 mg)
Klafter	Altes Längenmaß; Spannweite der ausgestreckten Arme eines Erwachsenen, 1,70 m bis 2,91 m; Raummaß für Schichtholz 1,8 – 3,9 m^3
Mach	Für Schallgeschwindigkeit in der Luft; 1.228,2 km/h = 341,2 m/s.
Malter	Altes Getreidemaß; 1 Malter = 12 Scheffel
Millibar	1 mbar = 1/1000 bar = 100 (Newton)/m^2 = 100 Pa(scal) = 1 hPa (Hekto-pascal)
Morgen	Alte Flächeneinheit; Preußen 25,53 ar, Württemberg 31,52 ar, Baden 36 ar, Hessen 25 ar
Öchslegrad	Einheit für die Dichte von Most
Pfund	Gewichtsmaß; 1 Pfund = 500 Gramm
Raummeter	1 m^3 lose Holzmasse
Registertonne	Raummaß für Schiffe; 1 Registertonne = 2,831 m^3.
Ries	1 Ries = 20 Buch, 1.000 Bogen
Sack	Altes Hohlmaß; 1Sack = 127 kg; 1 Sack Kaffee in Brasilien = 60 kg.
Scheffel	Altes Getreidemaß; Bayern = 222,357 Liter, Württemberg = 103,985 Liter, Preußen = 54,962 Liter
Schock	Altes Zählmaß; 60 Stück = 3 Stiegen
Schoppen	Altes Flüssigkeitsmaß; in Württemberg ¼ Liter Wein bzw. Bier, in der Schweiz jeweils ½ Liter
Schritt	Altes Längenmaß; etwa 71 – 75 cm
Spanne (klein)	Abstand Daumen – Mittelfingerspitze
Spanne (groß)	Abstand Daumen – Spitze des kleinen Fingers
Stiege	Altes Zählmaß; 1 Stiege = 20 Stück bei Fisch- und Bierhandel
Tagwerk	Altes Flächenmaß; Bayern 34,07 ar
Unze	Alte Gewichtseinheit; 1 Unze = 31,1 Gramm; bei Goldlegierung 144 Karat
Volumenprozent	der Raumanteil eines Stoffes am Gesamtraumanteil. Ein 35%-iger Schnaps enthält 35 cm' Alkohol in 100 cm' Flüssigkeit
Zentner	Alte Gewichtseinheit, die aber heute noch gebraucht wird; 1 Zentner = 100 Pfund = 50 kg
Zoll	Altes deutsches Längenmaß; 2,5 – 3,5 Zentimeter

Anhang 6 Symbole des Internationalen Einheitensystems einschließlich älterer Einheiten

Symbole für dezimale Vielfache und Teile sind *kursiv* gesetzt.
Lippert 1978

Symbol	Einheit	Symbol	Einheit
A	Ampere	kcal	Kilokalorie
a	Atto	kg	Kilogramm
At	technische Atmosphäre	kPa	Kilopascal
Atm	physikalische Atmosphäre	lm	Lumen
Bar	Bar	lx	Lux
Bq	Becquerel	m	Meter
C	Coulomb	*m*	Milli
°C	Grad Celsius	m	Mikro
c	Zenti	Mg	Megagramm
cal	Kalorie, kleine	min	Minute
cd	Candela	mol	Mol
Ci	Curie	N	Newton
d	Tag = lat. dies	*n*	Nano
d	Dezi	*p*	Piko
da	Deka	p	Pond
dyn	Dyn	Pa	Pascal
eV	Elektronenvolt	rad	Radiant
F	Farad	rd	rad
f	Femto	rem	Rem
G	Giga	S	Siemens
°	Grad	s	Sekunde
g	Gramm	sr	Steradiant
gon	Gon	Sv	Sievert
Gy	Gray	*T*	Tera
H	Henry	T	Tesla
h	Stunde = lat. hora	t	Tonne
Hz	Hertz	V	Volt
J	Joule	W	Watt
K	Kelvin	Wb	Weber
k	Kilo	W	Ohm

Anhang 7 Vorsilben für dezimale Vielfache und Teile von Einheiten

Exa-	(E)	griech. exà: über alles hinaus, über alle Zahlen hinaus
Peta-	(P)	griech. petanünnein: alles umfassend
Tera-	(T)	griech. tò téras: das Ungeheuerliche, die ungeheuer große Zahl
Giga-	(G)	griech. ho gígas: der Riese, die riesige Zahl

Fortsetzung nächste Seite

Fortsetzung Anhang 6. Vorsilben für dezimale Vielfache und Teile von Einheiten

Mega-	(M)	griech. mégas: groß, die große Zahl
Kilo-	(k)	griech. chílioi: tausend, die tausendfache Zahl
Hekto-	(h)	griech. hekatón: hundert, die hundertfache Zahl
Deka-	(da)	griech. déka: zehn, die zehnfache Zahl
Dezi-	(d)	lat. decîmus: der Zehnte, der zehnte Teil
Zenti-	(c)	lat. centesîmus: der Hundertste, der hundertste Teil
Milli-	(m)	lat. millesîmus: der Tausendste, der tausendste Teil
Mikro-	(µ)	griech. mikrós: klein, unbedeutend, der unbedeutende Teil
Nano-	(n)	griech. ho nános: der zwerghafte kleine Teil
Piko-	(p)	ital. pico: sehr klein, der sehr kleine Teil
Femto-	(f)	dänisch-norwegisch „femten" (15): im Sinne von 10^{-15}
Atto-	(a)	dänisch-norwegisch „atten" (18): im Sinne von 10^{-18}

Faller 1988; Lippert 1978

Vorsilbe	Kurz-zeichen	Bedeutung			
Exa	E	Trillionfach	=	10^{18}	= 1.000.000.000.000.000.000
Peta	P	Billiardenfach	=	10^{15}	= 1.000.000.000.000.000
Tera	T	Billionenfach	=	10^{12}	= 1.000.000.000.000
Giga	G	Milliardenfach	=	10^{9}	= 1.000.000.000
Mega	M	Millionenfach	=	10^{6}	= 1.000.000
Kilo	k	Tausendfach	=	10^{3}	= 1.000
Hekto	h	Hundertfach	=	10^{2}	= 100
Deka	da	Zehnfach	=	10^{1}	= 10
Dezi	d	Zehntel	=	10^{-1}	= 0,100
Zenti	c	Hundertstel	=	10^{-2}	= 0,010
Milli	m	Tausendstel	=	10^{-3}	= 0,001
Mikro	µ	Millionstel	=	10^{-6}	= 0,000.001
Nano	n	Milliardstel	=	10^{-9}	= 0,000.000.001
Piko	p	Billonstel	=	10^{-12}	= 0,000.000.000.001
Femto	f	Billiardstel	=	10^{-15}	= 0,000.000.000.000.001
Atto	a	Trillionstel	=	10^{-18}	= 0,000.000.000.000.000.001

Anhang 8   Die griechischen Grundzahlen

DIN-Normblatt 1453, Blatt 1

Griechische Grundzahlen in numerischer Reihenfolge			
heis, mia, hen	1	hex	6
dyo	2	hepta	7
treis, tria	3	okto	8
tettares, tettara	4	ennea	9
pente	5	deka	10

Anhang 9 Das griechische Alphabet

DIN-Normblatt 1453, Blatt 1

klein	groß	Name	Wert	klein	groß	Name	Wert
α	A	Alpha	a	ν	N	Ny	n
β	B	Beta	b	ξ	Ξ	Xi	x
γ	Γ	Gamma	g	ο	O	Omikron	kurzes o
δ	Δ	Delta	d	π	Π	Pi	p
ε	E	Epsilon	e	ρ	P	Rho	r
ζ	Z	Zeta	z	σ	Σ	Sigma	s
η	H	Eta	h	τ	T	Tau	t
ϑ	Θ	Theta	th	υ	Y	Ypsilon	y
ι	I	Jota	i	φ	Φ	Phi	ph
κ	K	Kappa	k	χ	X	Chi	ch
λ	Λ	Lamda	l	ψ	Ψ	Psi	ps
μ	M	My	m	ω	Ω	Omega	großes O

Anhang 10 Umrechnungsfaktoren für Leistung, Wärmestrom und Energieumsatz

Um einen Wert mit einer Einheit, die in der Tabelle links steht in einen Wert mit der rechts stehenden Einheit umzurechnen, muss der Ausgangswert mit dem Faktor multipliziert werden, dessen Pfeil in die entsprechende Richtung zeigt. Von rechts nach links gilt entsprechendes. Beispiel: 15,3 kpm/s x 9,807 = 150 W. Mit dem rechten Faktor 0,102 werden Watt in kpm/s umgewandelt.

Lippert 1978; Schmidt, Lang, Thews 2005

Einheit	Namen der Einheit	Faktor → ← Faktor	Namen der Einheit	Einheit
kpm/s	Kilopondmeter durch Sekunde	9,807 → ← 0,102	Watt	W
kpm/min	Kilopondmeter durch Minute	0,1634 → ← 6,118	Watt	W
kcal/min	Kilokalorie durch Minute	69,78 → ← 0,01433	Watt	W
kcal/h	Kilokalorie durch Stunde	1,16 → ← 0,86	Watt	W
kcal/d	Kilokalorie durch Tag	0,0485 → ← 20,6	Watt	W
kJ/d	Kilojoule durch Tag	0,0116 → ← 86,4	Watt	W
PS	Pferdestärken	0,7355 → ← 1,36	Kilowatt	kW

Anhang 11   Umrechnungsfaktoren für Energie, Arbeit und Wärmemenge

Erläuterung zur Umrechnung siehe Anhang 8

Lippert 1978; Schmidt, Lang, Thews 2005

Einheit	Namen der Einheit	Faktor → ← Faktor	Namen der Einheit	Einheit
kpm	Kilopondmeter	9,807 → ← 0,102	Joule	J
erg	Erg	10^{-7} → ← 10^7	Joule	J
cal	Kalorie	4,1868 → ← 0,2388	Joule	J
kcal	Kilokalorie	4,1868 → ← 0,2388	Kilojoule	kJ

Anhang 12   Umrechnungsfaktoren für Druck und Atmung

Erläuterung zur Umrechnung siehe Anhang 8

Lippert 1978; Schmidt, Lang, Thews 2005

Einheit	Namen der Einheit	Faktor → ← Faktor	Namen der Einheit	Einheit
mmHg	Millimeter Quecksilbersäule	133 → ← 0,008	Pascal	Pa
atm	Atmosphäre	101 → ← 0,0099	Kilopascal	kPa
bar	Bar	100 → ← 0,01	Kilopascal	kPa
l/min	Liter d. Minute	0,01667 → ← 60	Liter durch Sekunde	l/s
cmH_2O	Zentimeter Wassersäule	98,07 → ← 0,0102	Pascal	Pa
cmH_2O/l	Zentimeter-Wassersäule durch Liter	98,07 → ← 0,0102	Pascal durch Liter	Pa/l
ml/cmH_2O	ml durch Zentimeter-Wassersäule	0,0102 → ← 98,07	Mililiter durch Pascal	ml/Pa
ml/cmH_2O	ml durch Zentimeter Wassersäule	10,2 → ← 0,09807	Mikroliter durch Pascal	ml/Pa
lcmH_2O	Liter mal Zentimeter Wassersäule	0,09807 → ← 10,2	Joule	J

Anhang 13 Umrechnung metrischer und anglo-amerikanischer Einheiten

Campbell 2003

	Faktoren für die Umrechnung von metrischen in anglo-amerikanische Einheiten	Faktoren für die Umrechnung von anglo-amerikanischen in metrische Einheiten
Länge	1 km = 0,62 miles (Meilen) 1 m = 1,09 yards (Yard) 1 m = 3,28 feet (Fuß) 1 m = 39,37 inches (Zoll) 1 cm = 0,394 inch 1 mm = 0,039 inch	1 mile = 1,61 km 1 yard = 0,914 m 1 foot = 0,305 m 1 foot = 30,5 cm 1 inch = 2,54 cm
Fläche	1 ha = 2,47 acres 1 m^2 = 1,196 square yards 1 m^2 = 10.764 square feet 1 cm^2 = 0,155 square inch	1 acre = 0,0405 ha 1 square yard = 0,3861 m^2 1 square foot = 0,0929 M^2 1 square inch = 6,4516 CM^2
Masse	1 t = 1,103 short tons 1 kg = 2,205 pounds 1 g = 0,0353 ounces (Unzen) 1 g = 15,432 grains 1 mg ca. = 0,015 grains	1 short ton = 0,907 t 1 pound 0,4536 kg 1 ounce 28,35 g

	Faktoren für die Umrechnung von metrischen in anglo-amerikanische Einheiten	Faktoren für die Umrechnung von anglo-amerikanischen in metrische Einheiten
Volumen (Feststoffe)	1 m^3 = 1,308 cubic yards 1 m^3 = 35,315 cubic feet 1 cm^3 = 0,061 cubic inch	1 cubic yard 0,7646 m^3 1 culbic foot 0,0283 m^3 1 cubic inch 16,387 cm^3
Volumen (Flüssigkeiten und Gase)	1 kl = 264,17 gallons 1 l = 0,264 gallons 1 l = 1,057 quarts 1 ml = 0,034 fluid ounce	1 gallon (Gallone) = 3,785 l 1 quart = 0,946 l (946 ml) 1 pint = 473 ml 1 fluid ounce = 29,57 ml
Temperatur	°F (Grad Fahrenheit 9/5 °C + 32	°C = 5/9 (°F −32)

Anhang 14 Umrechnung von dezimalen Vielfachen und Teilen der SI-Einheiten Quadratmeter, Volumen und Liter

Documenta-Geigy 1977

Quadratmeter		μm^2	mm^2	cm^2	dm^2	m^2	km^2
Quadratmikrometer	1 μm^2	1	10^{-6}	10^{-8}	10^{-10}	10^{-12}	10^{-18}
Quadratmillimeter	1 mm^2	10^6	1	10^{-2}	10^{-4}	10^{-6}	10^{-12}
Quadratzentimeter	1 cm^2	10^8	10^2	1	10^{-2}	10^{-4}	10^{-10}
Quadratdezimeter	1 dm^2	10^{10}	10^4	10^2	1	10^{-2}	10^{-8}
Quadratmeter	1 m^2	10^{12}	10^6	10^4	10	1	10^{-6}
Quadratdekameter	1 dam^2	10^{14}	10^8	10^6	10^4	10^2	10^{-4}
Quadrathektometer	1 hm^2	10^{16}	10^{10}	10^8	10^6	10^4	10^{-2}
Quadratkilometer	1 km^2	10^{18}	10^{12}	10^{10}	10^8	10^6	1

Volumen		nm^3	μm^3	mm^3	cm^3	dm^3	m^3
Kubiknanometer	1 nm^3	1	10^{-9}	10^{-18}	10^{-21}	10^{-24}	10^{-27}
Kubikmikrometer	1 μm^3	10^9	1	10^{-9}	10^{-12}	10^{-15}	10^{-18}
Kubikmillimeter	1 mm^3	10^{18}	10^9	1	10^{-3}	10^{-6}	10^{-9}
Kubikzentimeter	1 cm^3	10^{21}	10^{12}	10^3	1	10^{-3}	10^{-6}
Kubikdezimeter	1 dm^3	10^{24}	10^{15}	10^6	10^3	1	10^{-3}
Liter	1 l	10^{24}	10^{15}	10^6	10^3	1	10^{-3}
Kubikmeter	1 m^3	10^{27}	10^{18}	10^9	10^6	10^3	1
Kubikkilometer	1 km^3	10^{36}	10^{27}	10^{18}	10^{15}	10^{12}	10^9

Liter		μl	ml	l	m^3		
Hektoliter (= 0,1 m^3)	1 hl	10^8	10^5	10^2	10^{-1}	–	–
Liter (= 1 dm^3)	1 l	10^6	10^3	1	10^{-3}	–	–
Deziliter (= 0,1 dm^3)	1 dl	10^5	10^2	10^{-1}	10^{-4}	–	–
Milliliter (= 1 cm^3)	1 ml	10^3	1	10^{-3}	10^{-6}	–	–
Mikroliter (= 1 mm^3)	1 μl	1	10^{-3}	10^{-6}	10^{-9}	–	–

Literatur

AIDS/HIV. AIDS-Zentrum des Bundesgesundheitsamtes. Berlin.
AIDS-Nachrichten. AIDS-Zentrum des Bundesgesundheitsamtes. Berlin.
Altman, Ph.L. u. D.S. Dittmer (Hrsg.): Biology Data Book. Bd.I-III, 2.Aufl. Bethesda 1972–1974.
Allolio, B. u. H. Schulte: Praktische Endokrinologie. Heidelberg 1996
Aschoff, J. u. R.Wever: Kern und Schale im Wärmehaushalt des Menschen. Naturwissenschaften 45, 1958.
Bender A.E. u. L.J. Brookes: Body weight control. Proceedings of the first International Meeting on Body Weight Control. Montreux, April 1985. London 1987.
Bertelsmann Lexikon-Institut: Biologie. Daten und Fakten zum Nachschlagen. Gütersloh 1979.
Betz, E., Reutter, K., Mecke, D. u. H. Ritter: Biologie des Menschen. 13. Aufl. Heidelberg, Wiesbaden 1991.
Bundschuh, G., Schneeweiss, B. u. H. Bräuer: Lexikon der Immunologie. 2. Aufl. München 1992.
Campbell, N.A..: Biologie. Heidelberg, Berlin, Oxford 2003
Campenhausen, C.v.: Die Sinne des Menschen. Stuttgart 1993
Classen, M., Diehl, V. u. K. Kochsiek: Innere Medizin 2003
Daten des Gesundheitswesens. Bd. 122, Bundesministerium für Gesundheit. Baden-Baden 1999
Daten des Gesundheitswesens. Bd. 51, Bundesministerium für Gesundheit. Baden-Baden 1995
Der Gesundheitsbrockhaus. 4. Aufl., Mannheim 1990.
Deutsche Gesellschaft für Ernährung: Ernährungsbericht 1992. Frankfurt a. Main 1992.
Dickersen, R.E. u. I. Geis: Struktur und Funktion der Proteine. Weinheim 1971
Diem, K u. C.Lentner: Documenta Geigy, Wissenschaftliche Tabellen. Basel 1977.
Documenta Geigy: Wissenschaftliche Tabellen. Stuttgart 1975.
Documenta Geigy: Wissenschaftliche Tabellen. Stuttgart 1977
DSW-Datenposter: Deutsche Stiftung Weltbevölkerung. Hannover.
DuBois, E.F., in Altman und Dittmer (Hrsg.): Metabolism. Bethesda 1968.
Encarta: Enzyklopädie Plus 2000. Microsoft Corporation 1999.
Faller, A.: Der Körper des Menschen. Stuttgart, New York . 14. Aufl. 2004
Finch, C.E.: Longevity, Senescense and the Genome. Chicago, London 1990
Flindt, R.: Biologie in Zahlen. Heidelberg, Berlin. 6. Aufl. 2003
Florey, E.: Lehrbuch der Tierphysiologie. Stuttgart 1970.
Flügel, B., Greil, H. u. K. Sommer: Anthropologischer Atlas. Berlin 1986.
Focus: Focus Magazin-Verlag. München.
Francois, J. u. F.Hollwich: Augenheilkunde in Klinik und Praxis. Stuttgart 1977.
Gauer, O.H., Kramer, K. u. R.Jung (Hrsg.): Physiologie des Menschen. München 1972
GEO: Das neue Bild der Erde. Gruner und Jahr. Hamburg.
GEO kompakt: Die Evolution des Menschen. Hamburg 4/2005
GEO kompakt: Der Mensch und seine Gene. Hamburg 7/2006
Gotthard, W.: Hormone - Chemische Botenstoffe. Stuttgart 1993
Hagemann, R.: Allgemeine Genetik. Heidelberg, Berlin. 4. Aufl. 1999

Hautmann, R. u. H. Huland: Urologie. Berlin 2006
Heberer, G.: Homo - unsere Ab- und Zukunft. Stuttgart 1968.
Heidermanns, C.: Grundzüge der Tierphysiologie. 2. Aufl. Stuttgart 1957.
Henke, W. u. H. Roth: Paläoanthropologie. Berlin, Heidelberg 1994.
Hick, C. u. A.Hick: Intensivkurs Physiologie. Heidelberg 2006
Hirsch-Kauffmann, M. u. M. Schweiger: Biologie für Mediziner und Naturwissenschaftler. Stuttgart 2004
Holtmeier, H.J.: Diät bei Übergewicht und gesunde Ernährung. Stuttgart, New York 1986.
Hurrelmann, K. u. U. Laaser: Gesundheitswissenschaften. Weinheim, Basel 1993.
Hurrelmann, K., Klocke A., Melzer W., Ravens-Sieberer U.: Jugendgesundheitssurvey Juventa Weinheim, München 2003
Immuno. Berater FSME-Prophylaxe. Heidelberg 1995.
Jahrbuch Sucht 1994, 2006. Deutsche Hauptstelle gegen Suchtgefahren. Geesthacht 2006.
Johanson, D., Edgar, B.: Lucy und ihre Kinder. Elsevier, München 2006.
Junqueira, L.C., Carneiro, J. u. M.Gratzl: Histologie. Berlin 2004.
Kaboth, W. u. H. Begemann: Blut. In Gauer, H.O.,Kramer K. u. R.Jung (Hrsg): Physiologie des Menschen Bd.2 München, Wien, Baltimore 1977
Kahnt, H. u. B. Knorr: Alte Maße, Münzen und Gewichte. Bibliographisches Institut Mannheim 1987.
Kattmann, U. u. W. Strauß: Naturvölker in biologischer und ethnologischer Sicht. Unterricht Biologie, 4 (44), 1980
Keidel, W. D.: Kurzgefaßtes Lehrbuch der Physiologie. Stuttgart 1985.
Keidel, W. D.: Sinnesphysiologie. Berlin, Heidelberg, New York 19971
Kleiber, M.: Der Energiehaushalt von Mensch und Haustier. Hamburg 1967.
Kleinig, H. u. P. Sitte: Zellbiologie. Ein Lehrbuch. München 1992.
Klima, J.: Cytologie. Stuttgart 1967
Klimt, F.: Sportmedizin im Kindes- und Jugendalter. Stuttgart, New York 1992.
Knußmann, R.: Vergleichende Bilogie des Menschen. Stuttgart 1996
Koenigswald, G.v.: Die Geschichte des Menschen. Verst. Wiss. 74, Berlin 1960.
Kruse-Jarres, J.: Charts der Labordiagnostik. Stuttgart, New York 1993.
Lage-Stehr, J. u. R. Kunze: AIDS in West-Germany, Lancet 1983
Koletzko, B.: Kinderheilkunde und Jugendmedizin. Heidelberg 2003
Kursbuch Mensch, der Gesundheitsbrockhaus. Mannheim 2001
Lentze, M., Schaub, J. u. M. Schulte: Pädiatrie. Heidelberg 2003
Leonhardt, H.: Histologie, Zytologie und Mikroanatomie des Menschen. Stuttgart, New York 1990
Lexikon der Biologie, Band 10: Biologie im Überblick. Freiburg, Basel, Wien 1992
Leydhecker, W.: Augenheilkunde. 22. Aufl. Berlin 1985.
Lippert, H.: SI-Einheiten in der Medizin. München, Baltimore 1978.
Löffler, G. u. A. Petriges. Biochemie und Pathobiochemie. Berlin 1997.
Löser,H: Alkoholembryopathie und Alkoholeffekte, 1995
McCutcheon: Der Kompaß in der Nase. Hamburg 1991.
Meyers Handbuch über Menschen, Tiere und Pflanzen. Mannheim 1964.
Mitchell, H.H., Hamilton, T.S., Steggerda, F.R. u. H.W. Bean: Chemical Composition of the Adult Human Body and its Bearing on the Biochemistry of Growth. J.Biol.Chem. 158, 625-637, 1945.

Mörike, K.D., Betz, E. u. M.Mergenthaler: Biologie des Menschen. Heidelberg, Wiesbaden. 14. Aufl. 2001

Morimoto, T.: Variations of Sweating Activity due to Sex, Age ans Race. In Jarret, A. (ed.): The Physiology and Pathophysiology of the Skin. London, New York , San Francisco 1978.

National Research Council: Diet and Health. Implications for Reducing Chronic Disease Risk. National Academy Press. Washington D.C. 1989.

Nawroth, P. u. R.Ziegler: Klinische Endokrinologie und Stoffwechsel. Berlin 2001

Oppenheimer, C. u. L.Pincussen: Tabulae biologicae. Bd. IV. Berlin 1925-1927.

Passarge, E.: Genetische Herkunft und Zukunft des Menschen. Weinheim, Basel 1984

Pitts, R.F.: Physiologie der Nieren und der Körperflüssigkeiten. Stuttgart, New York 1972

Plenert, W. u.W. Heine: Normalwerte. Volk u. Gesundheit VEB 1967, 1984

Portmann, A.: Einführung in die vergleichende Morphologie der Wirbeltiere. Basel, Stuttgart 1959

Pschyrembel. Klinisches Wörterbuch. 260. Aufl., Berlin, New York 2004.

Rahman, H. u. M. Rahmann: The Neurobiological Basis of Memory and Behavior. New York 1992

Rahman, H.: Hirnganglioside und Gedächtnisbildung. Naturwissenschaften 81, 7-20, 1994

Rein, H. u. M. Schneider: Einführung in die Physiologie des Menschen. Berlin, Heidelberg, New York 1971.

Robert Koch-Institut: Bundesinstitut für Infektionskrankheiten und nicht übertragbare Krankheiten. Berlin.

Rucker, E.: Der menschliche Körper in Zahlen. München 1967.

Sajonski, H. u. A. Smollich: Zelle und Gewebe. Eine Einführung für Mediziner und Naturwissenschaftler 1990

Saller, K.: Leitfaden der Anthropologie. 2. Aufl. Stuttgart 1964.

Schenck, M. u. E. Kolb: Grundriss der physiologischen Chemie. 8. Aufl. Jena 1990.

Schiebler, T.H.: Anatomie. Berlin 2005

Schiebler, T.H., Schmidt, W. u. K. Zilles (Hrsg.): Anatomie. Berlin, Heidelberg, New York 2005

Schipperges, H.: Geschichte der Medizin in Schlaglichtern. Mannheim 1990.

Schmidt, R.F. u. G.Thews (Hrsg.): Physiologie des Menschen. Berlin, Heidelberg, New York 1976

Schmidt, R.F. u. G. Thews (Hrsg.): Physiologie des Menschen. Berlin, Heidelberg, New York 1995

Schmidt, R., Lang, F., Thews, G.: Physiologie des Menschen mit Pathophysiologie. 29. Aufl., Stuttgart 2005

Schmidtke, J: Vererbung und Ererbtes. - Ein humangenetischer Ratgeber. Verlag der GUC; Auflage: 2. Aufl. 2002

Schneider, M.: Einführung in die Physiologie des Menschen. Berlin, Heidelberg, New York 1971

Schott, H.: Die Chronik der Medizin. Dortmund 1993.

Schulte, F.J. u. J.Spranger: Lehrbuch der Kinderheilkunde. Stuttgart, New York 1988

Schultz, A.H.: The Life of Primates. London 1969.

Silbernagl u. Despopoulos: Taschenatlas der Physiologie, 2003

Slijper, J.E.: Riesen und Zwerge im Tierreich. Hamburg 1967.

Spector, W.S.:Handbook of Biological Data. Philadelphia, London 1956
Statistisches Jahrbuch 1999 für das Ausland. Statistisches Bundesamt, Wiesbaden 1999
Statistisches Jahrbuch 1999. Statistisches Bundesamt, Wiesbaden 1999
Statistisches Taschenbuch Gesundheit. Bundesministerium für Gesundheit. Bonn 1994.
Steitz, E.: Die Evolution des Menschen. Stuttgart 1993.
Stüttgen, G.: Die normale und die pathologische Physiologie der Haut. Stuttgart 1965.
Süss, J.: FSME und Lyme-Borreliose. Berlin 1995.
Tariverdian, G. u. W. Buselmaier: Humangenetik. Heidelberg 2004
Thews, G., Mutschler, E. u. P.Vaupel: Anatomie, Physiologie, Pathophysiologie des Menschen. Stuttgart 1999.
Thompson, R. F.: Das Gehirn. Heidelberg, Berlin, New York 1992
Villinger, B.: Ausdauer. Stuttgart, New York 1991
Vogel, G. u. H. Angermann: DTV-Atlas zur Biologie. München 1984.
Voss,H. u. R. Herrlinger: Taschenbuch der Anatomie. Bd.1, 18.Aufl., Stuttgart 1985
Weber, M.: Tastsinn und Gemeingefühl. Braunschweig 1981
Weiner, J.S.: Entstehungsgeschichte des Menschen. Die Enzyklopädie der Natur. Bd.19, Lausanne 1971.
Wieser, W.: Bioenergetik. Stuttgart 1986.
Wiesmann, E.: Medizinische Mikrobiologie. Stuttgart 1978.

Index

AB0-System, siehe Blutgruppen
Abbe, Robert   322
Abort, siehe Fehlgeburt
Absorptionszahl   132
Acetylcholin   156
Achondroplasie   197
Adelbert, Edward   178
Adenin (A)   21
Adenohypophyse   173
Adenosintriphosphat (ATP)   30, 33
Adipositas, siehe Fettsucht
Adrenalin   166
Adrenokortikotropes Hormon   173
Agote, Luis   323
AIDS   **270**
AIDS -, Auftreten von Krankheitssymptomen   279, 280
AIDS -, Chronik   271
AIDS -, Prävalenz   275, 279
AIDS -, Sterbefälle   272, 275
Akkommodation   140
Akkommodationsbreite   142
Akromegalie   173
Aktinfilamente   13, 29, 32
Aktionspotential, Herz   63
Aktionspotential, Nerv   152
Albinismus   197
Albumin   51, 54, 74, 104, 118
Aldosteron   166, 167
Alkohol   **248**
Alkohol -, Abhängigkeit   247
Alkohol -, Fehlbildungen   249
Alkohol -, Promillegrenzen   250
Alkohol -, Unfälle   255, 256
Alkohol -, Verbrauch   233, 234, 247, 250, 251, 252, 253, 255
Alkoholsteuer   254
Alpha-1-Antitrypsin-Mangel   197
Alveokapilläre Membran   82
Alveolen, siehe Lungenbläschen
Amboss   144
Aminosäuren   **92**, 94, 127, 160, 314
Amphetamin   264, 265
Ampulla tubae uterinae   188
Amylase   97
Andral, Gabriel   320
Antidiuretisches Hormon   173
Antikörper   54

Apert-Syndrom   197
Appendix vermiformis, siehe Wurmfortsatz
Aranzi, Giulio Cesare   318
Arbeitslosigkeit   342, 368
Arbeitsumsatz   87
Ardipithecus ramidus kadabba   308, 312, 313
Ardipithe cusramidus   308, 312
Aristoteles   316
Armut   338
Arneth, Joseph   322
Arterien   68, 70
Aschheim, Selmar   178
Aschoff, Ludwig   322
Aschoff-Tawara-Knoten, siehe Atrioventricularknoten
Aselli, Gasparo   318
Astrozyten   154
Asylsuchende   362
Ataxia Telangiectasia   197
Atembedingungen
Atembedingungen -, große Höhen   85
Atembedingungen -, Tauchen   84, 85
Atemfrequenz   79
Atemgas, Partialdrücke   83, 85
Atemgrenzwert   80
Atemluft, Partialdrücke   83, 85
Atemminutenvolumen   79, 80
Atemzeitvolumen, siehe Atemminutenvolumen
Atemzugvolumen   79, 80
Atrioventricularknoten   66
Auenbrugger, Leopold   319
Augapfel   137
Auge -, Abbildendes System   140
Auge -, Aufbau   137
Auge -, Funktion   142
Augenfarbe, Vererbung   143
Augenhaut -, äußere   137
Augenhaut -, innere   139
Augenhaut -, mittlere   138
Augenhöhle   137
Augeninnendruck   142
Augenmuskel   137
Ausländer   358
Aussiedler   342, 363
Austauschfläche, Lunge   78
Australopithecus afarensis   308, 312

Australopithecus africanus 308, 312, 313
Australopithecus anamensis 308, 312, 313
Australopithecus bahrelghazali 308, 312
Austreibungsphase 195
Avery, Oswald T. 5, 25, 325
A-Zellen 168
Azidophile Zellen 173
Azinus 104
Bacon, Roger 317
Bälkchenknochen 35
Banting, Frederick Grant 178, 323
Barnard, Christian N. 327
Barr, Murray Lewellyn 325
Basalzellschicht 124
Basenüberschuss 53
Basilarmembran 145
Basophile Zellen 173
Bauchspeicheldrüse **103**
Bauchspeicheldrüse -, Sekretion 94, 104
Bauchspeicheldrüse -, Hormone 168
Bauchspeicheldrüse -, Spurenelemente 208
Bauchspeicheldrüse -, Wassergehalt 207
Bauchspeicheldrüse -, Zusammensetzung 04, 208
Baumann, Eugen 178
Beckenlage 195
Befruchtung 191
Belegzelle 99
Benda, Carl 5
Benzodiazepin, Abhängigkeit 269
Berger, Johannes 323
Bergmann, Ernst von 321
Berthold, Arnold Adolph 177
Bessau, Georg 324
Bevölkerung 331f
Bevölkerung -, Armut 338
Bevölkerung -, Ausländer 358
Bevölkerung -, Dichte 315, 331, 338, 342, 343
Bevölkerung -, Entwicklung 315, 331, 337, 343
Bevölkerung -, Kennzahlen Deutschland 342
Bevölkerung -, Lebenserwartung 348, 349
Bevölkerung -, Struktur 361, 363, 364 365

Bevölkerung -, Verteilung 333, 351
Bevölkerung -, Wachstum 331, 332
Bevölkerung -, Wanderbewegungen 360
Bifurkationswinkel 78
Bikarbonat 53, 104, 118, 159, 245
Bildung 369
Bilirubin 102
Billroth, Theodor 321
Bindegewebe **40**
Biologie, Fortschritte 322
Bismarck 156
Blalock, Alfred 325
Blastozyste 191
Blätterpapille 133
Blinddarm 100, **107**
Blinden Flecke 139
Blumberg, Baruch Samuel 326
Blut 44
Blut -, Kohlenstoffdioxidtransport 52, 160
Blut -, Normalwerte 57
Blut -, Sauerstofftransport 52
Blut -, Zelluläre Bestandteile 46
Blut -, Zusammensetzung 45, 208
Blutbildung 45
Blutdruck 68, **69**, 76, 239
Blutgase 53
Blutgefäße 68
Blutgefäße -, Durchmesser 68
Blutgefäße -, Gesamtlänge 68
Blutgefäße -, Länge 68
Blutgefäße -, Oberfläche 68
Blutgefäße -, Querschnitt 68
Blutgefäße -, Volumen 68
Blutgefäße -, Anzahl 68
Blutgefäße -, Strömungsgeschwindigkeit 68
Blutgerinnung 50
Blutgruppen, Häufigkeit 55
Bluthochdruck 239
Blutkörperchensenkungsgeschwindigkeit 46
Blutplasma **51,** 53
Blutplasma -, Energievorräte 88
Blutplasma -, Wassergehalt 207
Blutplättchen 7, 8, 46, **50**
Blutransfusionen, Zeittafel 56
Blutungszeit nach Duke 50
Blutvolumen, Verteilung 70, 74
Blutzucker 169, 170
Boerhaave, Hermann 319

Bois-Reymond, Emil Heinrich du   320
Boveri, Theodor von   5
Bovet, Daniel   324
Bowman-Kapsel   114
Boyer, Herbert   25
Brechkraft   137, 138, **140**
Brechungsindex   141
Brehmer, Hermann   321
Brennweite   142
Bright, Richard   320
Bronchien   78, 79
Brown, Robert   4, 320
BSG, siehe Blutkörperchensenkungs-
   geschwindigkeit
Bulbus oculi, siehe Augapfel
Bunsen´scher Löslichkeitskoeffizient α   52
Butenandt, Adolf   324
B-Zellen   168
Caecum, siehe Blinddarm
Caenorhabditis elegans   22, 26
Calmette, Albert   323
Calne, Roy   327
Cannabis   261, 265
Cavendish, Henry   319
Cavum tympani, siehe Paukenhöhle
Cerebellum, siehe Kleinhirn
Cervix uteri   188
Cesalpino, Andrea   318
Charcot-Marie-Tooth   197
Chargaff, Erwin   5, 25, 325
Cholesterin   93, 209, 240
Chromatin   **16**
Chromophobe Zellen   173
Chromosomen   **18, 19**,23, 191
Chromosomen -, Anomalien, Häufigkeit
   202
Chromosomen -, Größe   6
Chromosomeninstabilitätssyndrome   198
Chronische Granulomatose   197
Clitoris, siehe Kitzler
Coccygealnerv   151
Colon, siehe Dickdarm
Cooper, Joel D.   327
Cor, siehe Herz
Cornea, siehe Hornhaut
Corpus pineale, siehe Zirbeldrüse
Corpus uteri   188
Correns, Carl   322
Corticoliberin   171
Cortisches Organ, siehe Hörorgan

Cortisol   166
Cowper-Drüsen   185
Crick, Harry Compton   5, 25, 325
Cromwell   156
Cushing-Syndrom   174
Cutis, siehe Haut
Cuvier   156
Cytochrom C, Aminosäuren im Vergleich
   314
Cytosin (C)   21
Cytoskelett   13
d`Agote, Hustin, Lewisohn   56
Dachkern   155
Dale, Henry Hallett   324
Dante   156
Darm, Zusammensetzung   208
Darmentleerung   108
Darmgase   109
Darmmukosa, Wassergehalt   207
Darwin, Charles   321
Dauergebiss   95
Dauergebiss, Durchbruchszeiten   96
Daviel, Jacques   319
Dehydroepiandrosteron   166
Deis, Jean-Baptiste   56
Demling, Ludwig   327
Dermis, siehe Lederhaut
Descensus testis   181
Desmin   13
Desoxyribonukleinsäure   **17**
Diabetes mellitus   169
Diabetes mellitus - Typ I   **169**, 170
Diabetes mellitus - Typ II   169
Diabetische Fußsyndrome   170
Dickdarm   92, 94, 100, **106**
Dickdarm, Wasserreabsorption   107
Dickdarmmotorik   107
Diffusionskapazität   82
Diktyosomen   11
Dinker, Philip   324
Discus nervi optici, siehe Blinder Fleck
Distaler Tubulus   113
DNA, siehe Desoxyribonukleinsäure
Domagk, Gerhard   324
Down-Syndrom   201
Drillingsgeburten   196
Drogen   **261f**
Drogen -, Beschaffungskriminalität   265
Drogen -, Erstkonsum   264
Drogen -, Straftaten   262, 263, 264

Drogen -, Tote 263
Drosophila 19
Drosophila melanogaster 22
Drosophila melanogaster 26
Ductuli efferentes 183
Ductus arteriosus (Botalli) 76
Ductus choledochus 103
Ductus deferens, siehe Samenleiter
Ductus ejaculatorius, siehe Spritzkanälchen
Ductus epididymidis, siehe Nebenhodengang
Ductus hepaticus communis 103
Ductus pancreaticus 104
Ductus papillares, siehe Papillengänge
Ductus venosus 76
Dunkeladaptation 139
Dünndarm 100, **105**
Dünndarm -, Durchblutung 105
Dünndarm -, Motorik 105
Dünndarm -, Oberflächenvergrößerung 106
Dünndarm -, Zotten 106
Duodenum, siehe Zwölffingerdarm
Dutton, Joseph Everett 322
D-Zellen 168
Eccles, John Carew 325
Ecstasy 262, 264, 265
Edelman, Gerald M. 326
Ehedauer 355
Ehelösung 355
Eheschließung 342, 350, 354
Ehrlich, Paul 322
Eierstock 187
Eileiter 188
Einbürgerung 342, 361
Einthoven, Willem 322
Eisen 127, 207, 208, **209**
Eisen -, Körperbestand 209
Eisen -, Resorption 94, 209
Eisen -, Ausscheidung 209
Eisprung 187, 190
Eiweiße -, Zufuhr und Vorräte 91
Eiweiße, Verdauung 91, 94
Eizelle 187, 191
Eizelle -, Größe 6
Eizelle -, Tubenwanderung 188
Ejakulat, siehe Samenflüssigkeit
Ejektionsfraktion, Herz 61
Elastische Fasern 40
Elektroenzephalogramm 160
Elektrolyte, frei austauschbar 211

Elternteile, alleine erziehend 357
Embryo, Organentwicklung und Größenzunahme 192
Enders, John Franklin 325
Endharn 114
Endoplasmatisches Retikulum **10**
Energiebedarf 88, 91, 92, 93, 115 218, 220, 221
Energieumsatz 87
Energievorräte 88
Epidermis, siehe Oberhaut
Epididymis, siehe Nebenhoden
Epiphyse, siehe Zirbeldrüse
Epithelkörperchen, siehe Nebenschilddrüse
Erbbedingtheit von Körpermaßen 201
Erbleiden, Häufigkeit von Mutanten 198
Erbleiden, Monogen 196
Erbleiden, Polygen 199
Erblicher Veitstanz (Chorea Huntington)197
Eröffnungsperiode 195
Erinnerung 153
Erststuhl 107
Erwerbsleben 366
Erwerbslose 342, 367
Erwerbstätige 364, 367
Erythrozyten, siehe Rote Blutkörperchen
Escherichia coli 22
Essgewohnheiten 215
Evolution 307
Evolution -, anatomische Daten 311, 312
Evolution -, Funde 307, 309
Evolution -, Zeittafel 308, 313
Evolution, Hirnvolumen 312
Evolution, Körpergewicht 312
Evolution, Körpergröße 312
Extrazelluläre Flüssigkeit 121, 206
Fallopio, Gabrielle 318
Familiäre Hypercholesterinämie 197
Familiäre Polyposis Coli 197
Fanconi, Guido 324
Favaloro, René G. 327
Fäzes, siehe Stuhl
Fehlgeburt 195
Felderhaut 123
Femur, siehe Oberschenkelknochen
Fenestra cochleae, siehe Rundes Fenster
Fenestra vestibuli, siehe Ovales Fenster
Fetaler Blutkreislauf 76
Fette -, Verdauung **93**
Fette -, Zufuhr und Vorräte 93, 218

Fette, Resorption 93, 94
Fettgewebe, Energievorrat 218
Fettgewebe, Wassergehalt 207
Fettsucht 216, 218, 219
Fibrinogen 50, 51, 74
Filtrationsdruck 73, 114
Fimbrien 188
Fingernägel -, Wachstum 130
Fingernägel -, Rekorde 130
Fixationsperioden 142
Flaumhaare 128
Fleming, Alexander 323
Flemming, Walther 5, 25, 321
Flimmerepithel 78
Flimmerverschmelzungsfrequenz 140
Follikelstimulierendes Hormon 173
Folling, Ivar Asbjorn 324
Folsäure 94
Fontanelle 38
Foramen ovale 76
Formanten 147
Fovea centralis 139, 140
Fragiles X Syndrom 197
Franklin, Rosalind 25
Freizeitumsatz 87
Friedreich-Ataxie 197
Fritsch, Gustav Theodor 321
Fruchtbarkeit 331, 334
Fruchtwasser 194
Fruchtzucker 91, 185
Frühgeburt 195
Frühsommer-Meningo-Encephalitis (FSME) 293
Fruktose, siehe Fruchtzucker
Funk, Casimir 323
Furchungen 191
Galaktosämie 197
Galilei, Galileo 4
Galle 94, **102**
Gallenblase **103**
Gallensäure 93, 94, **102**
Gallensteinen 102
Galvani, Luigi 319
Gasaustausch 82
Gauß 156
Gebärmutter **188**, 194, 195
Geburtenziffern 352
Geburtsvorgang 195
Gedächtnis 158
Gehirn 153

Gehirn -, Durchblutung 70, 71, 157
Gehirn -, Gewicht 153, 156
Gehirn -, Grundumsatz 88
Gehirn -, Sauerstoffversorgung 71, 157
Gehirn -, Spurenelemente 208
Gehirn -, Wärmebildung 132
Gehirn -, Wassergehalt 207
Gehirn -, Zusammensetzung 208, 210
Gehirn -, Stoffwechsel 160
Gehirn-Rückenmarksflüssigkeit 159
Gehirntod 157
Gehörgang 144
Gehörknöchelchen 144
Gehörschutzempfehlungen 147
Gehörsinn 146, 158
Gelber Fleck 139
Gelbkörper 190
Gelenke, Mechanik 41f
Gendichte 22
Gene, Maus 24
Gene, Mensch **22**, 23, 24
Gene, Ratte 24
Gene, Schimpanse 23
Genetik, Fortschritte 25
Gerinnungsfaktoren 50
Geruchssinn 134, 158
Geruchssinn -, Schwellenkonzentrationen 134
Geruchstoffe, Wahrnehmungsschwelle 135
Geschlechtsdrüsen, männlich 184
Geschmack, Empfindlichkeitsschwelle 133
Geschmacksknospen 133
Geschmackssinn 133, 158
Gesichtsfeld 142
Getränke, Konsum 233
Gewicht 43, 216, 218, 219
Gewicht -, Extremwerte 43, 219
Gewicht -, Normalgewicht 216, 218
Gibbon, John H. 325
Glandula parathyroidea, siehe Nebenschilddrüse
Glandula pituritaria, siehe Hypophyse
Glandula suprarenales, siehe Nebenniere
Glandula thyroidea, siehe Schilddrüse
Glaskörper 138
Glaskörper -, Wassergehalt 207
Glatte Muskulatur 32
Glia-Zellen 153, 154
Globulin 51, 54, 74, 104

Glomeruläre Filtrationsrate 114
Glomerulus 113
Glukagon 104, **168**
Glukose 65, 74, 91, 94, 104, 115, 118
  127, 141, 159, 160, 245
Glukosetausch, kapillar 73
Glukosetoleranz, gestört 169
Glutamin 115
Glycin 40
Glykogen 30, 91
Glykokalyx 6
Glykolyse 31
Goldstein, Avram 327
Golgi, Camillo 5
Golgiapparat **11**
Gonadoliberin 171
Gordon, Bernhard von 317
Graaf-Follikel 187
Gräfenberg, Ernst 323
Graham, Evarts Ambrose 324
Granulozyt 49
Gregg, Norman McAlister 325
Griffith, Frederick 25
Größen, Extremwerte 43
Großhirn 153, **154**
Großhirnrinde 153, 157
Grundumsatz 87, 88
Grundumsatz -, Anteil der Organe 88
Guanin (G) 21
Gyrus 154
Haare 129, 128, 129,130,145,
Haare -, Anzahl 129
Haare -, Rekorde 128
Haare -, Verlust 130
Haare -, Wachstum und Lebensdauer 130
Haare -, Wassergehalt 207
Haarzellen 145
Haas, Georg 323
Hales, Stephen 319
Hämatokrit 46
Hamburger, Jean 325
Hammer 144
Hämoglobin **48**, 52, 86, 118, 209, 245
Hämophilie A 197
Hämophilie B 197
Hardy, James Daniel 326
Harington, Charles Robert 323
Harn -, Physikalische Daten 117
Harn -, Normalwerte 119

Harnblase 116
Harnleiter 116
Harnröhre, männliche 183
Harnröhre, weibliche 194
Harnsäure 118, 185
Harnsediment 117
Harnstoff 117, 118, 127
Harvey, William 318
Hauptzelle 99
Haut -, Blutversorgung 70, 71, **123**
Haut -, Tastsinneszellen 125
Haut -, Temperaturempfindung 126
Haut -, Zusammensetzung 208
Haut -, allgemein 123
Havers-Kanal, siehe Zentralkanal
HbA1c 170
HDL-Cholesterin 240
Hefe 19
Heiratsalter 354
Helladaption 139
Helligkeitsstufen, wahrnehmbar 140
Helmholtz, Hermann von 156, 320
Hench, Philip S. 324
Henle-Schleife, siehe Überleitungsstück 113
Hepar, siehe Leber
Hepatozyt, siehe Leberzelle
Heroin 262, 264, 265
Herophilus 316
Hertwig, Oscar 5
Herz **60**
Herz -, Automatiezentren 66
Herz -, Durchblutung 65, 70, 71
Herz -, Erregung 63, **66**
Herz -, Grundumsatz 88
Herz -, Sauerstoffverbrauch 65
Herz -, Transportvolumen 61
Herz -, Wassergehalt 207
Herz -, Zusammensetzung 208
Herz, Sauerstoffversorgung 72, 82
Herzarbeit 62
Herzfrequenz 63, **64**, 74, 76
Herzgeräusch 63
Herzkammer 61
Herzkranzgefäße 65
Herzleistung 62
Herzminutenvolumen 61, **70**, 74, 76, 157
Herzmuskulatur **32**
Herztöne 63
Herztransplantationen, Zeittafel 59

Herzzeitvolumen, siehe Herzminuten-
   volumen
Herzzyklus 63
Hippokrates 316
Hirnnerven 151
Hirnpassage 151
Histone **16**
Hitzekollaps 131
Hitzetod 131
HIV -, Infektionsrisiko 278
HIV -, Neuinfektionen **270**, 272, 273
HIV -, Infektionen 272, 273, 275, 279
Hoden 181
Hoden -, Wassergehalt 207
Hodenkapsel 181
Hodenläppchen 181
Hofmeister, Wilhelm 4
Holley, R.W. 25
Holley, Robert William 5
Homo antecessor 309, 312
Homo erectus 313, 312
Homo floresiensis 309, 313
Homo habilis 309, 312, 313
Homo heidelbergensis 309, 313
Homo neanderthalensis 309, 313
Homo rudolfensis 309, 312, 313
Homo sapiens 309, 313
Homozystinurie 197
Hooke, Robert 4, 318
Hörbereich 146
Hörleistung 146
Hormone 162
Hormone -, Normalwerte im Urin 177
Hormone, Normalwerte im Blut 175
Hormonforschung, Zeittafel 177
Hornbildung 124
Hörnerv 145, 152
Hornhaut des Auges 137
Hornhaut des Auges ,- Wassergehalt 207
Hornschicht 124
Hörorgan 145
Hörschäden 146, 149
Hörschwelle 148
Hörverlust 146
Hörweite 147
Houllier, Jacques 318
Hounsfield, Godfrey N. 327
Hunt Morgan, Thomas 5, 25, 323
Huxley, Sir A.F. 5
Hyaline Zylinder 117

Hydrostatischer Druck 73, **75**
Hydroxyprolin 40
Hyperglykämie 169
Hyperthermie, siehe Übertemperatur
Hypertonie, siehe Bluthochruck
Hyperventilation 85
Alveoläre Hypoxieschwelle 85
Hypoglykämie 169
Hypophyse 172
Hypophyse, Hormone 173
Hypophysenadenome 171
Hypothalamus, Hormone 171
Hypothermie, siehe Untertemperatur
Hypothyreose, siehe
   Schilddrüsenunterfunktion
Ian, Donald 326
Ileum, siehe Krummdarm
Immunglobulin, siehe Antikörper
Implantation 191, 192
Incus, siehe Amboss
Indifferenztemperatur 131
Infektionskrankheiten, Erreger 286
Infektionskrankheiten, Inkubations-
   zeiten 286
Infektionskrankheiten, Meldepflicht 289
Innenohr 145
Insulin 74, 104, **168**
Intensitätsunterschied, Hören 146
Intermediärfilamente 13
Internodien 152
Interstitielle Pneumonie 280
Intrazelluläre Flüssigkeit 121, 206
Inulin 118
Iris, siehe Regenbogenhaut
Isaacs, Alick 326
Ischämische Phase 190
Isthmus tubae uterinae 188
Iwanowski, Dimitri I. 321
Janssen, Hans 4, 318
Jeffreys, Alec 26
Jejunum, siehe Leerdarm
Jenner, Edward 319
Jodstoffwechsel 163
Judet, Jean 325
Kaltpunkte 126
Kalzitonin 164
Kammereigenfrequenz 66
Kammerflimmern, siehe Herzfrequenz
Kammerwasser 141
Kant 156

Kapillaren 68, 70, **72**, 78
Kapillaren -, Filtration und Reabsorption 73
Kapillaren -, Porengröße 74
Kaposi-Sarkom 280
Kartilaginäre Exostose 197
Kaukraft 96
Kauzeit 98
Keimepithel 181
Keith-Flack-Knoten, siehe Sinusknoten
Kelling, Georg 323
Kendall, Edward Calvin 178, 323
Kenyanthropus platyops 308, 312
Keratin 13
Keratinozyten 124
Kerckring-Falten 106
Kernhülle 15
Kernporen 15
Kindersterblichkeit 331, 337
Kindliche Entwicklung 203
Kinozilien 12
Kircher, Athanasius 318
Kitzler 194
Klassisches androgenitales Syndrom 197
Kleinhirn 155
Kleinhirnkerne 155
Kleinhirnrinde 153, **155**
Kleitman, Nathaniel 325
Klinefelter, Harry Fitch 325
Knaus, Hermann 323
Knochen -, Aufbau **34**
Knochen -, Druckbelastbarkeit 34
Knochen -, Durchblutung 34
Knochen -, Kalzium 36
Knochen -, Verknöcherungstermine 38
Knochen -, Wassergehalt 207
Knochen -, Physikalische Größen 34
Knochen -, Anzahl 37
Knochen -, Zusammensetzung 36
Knochenzelle 8, 35
Knorpel -, Zusammensetzung 40
Koch, Robert 321
Kocher, Emil Theodor 321
Kohlenhydrate -, Zufuhr und Vorräte 91, 218
Kohlenhydrate -, Verdauung **91**, 94
Kohlenmonoxid 86
Kohlenstoffdioxid 82, 83, **86**, 110
Kohlenstoffdioxid -, Transport 52, 160
Kohlenstoffdioxid -, Verteilung 53

Kohlenstoffdioxid -, Partialdruck 53, 83, 84, 85, 86, 245
Kokain 262, 264, 265
Kollagene Fasern 40
Kolloidosmotischer Druck 73
Kongenitale Sphärozytose 197
Körnerzellen 155
Körper -, Zusammensetzung 206
Körper -, Zusammensetzung nach nach Elementen 207
Körperfett 206
Körperflüssigkeit, Elektrolytverteilung 211
Körpergewicht 216, 217, 219
Körpergröße 216, 217
Körperhöhe 206
Körperkerntemperatur 131
Körpermasse 206
Körpermassenindex (BMI) 216, 217, 218
Körperwasser, Verteilung 121, 206
Krankheiten -, Sterbefälle 295
Kreatinin 117, 118
Kreatinphosphat (PC) 30, 31
Krebs **281**
Krebs -, bei Kinder 282
Krebs -, Inzidenz und Mortalität 281, 284
Krebs -, Neuerkrankungen 283
Krebs -, Sterbefälle 281
Krebs -, Überlebensraten 283
Kreislauferkrankungen 235
Kreislauferkrankungen, Sterbefälle 235, 236
Kropf 163
Krummdarm 92, 93, 94, **105**
Krümmungsradius 137, 138
Kugelkern 155
Küntscher, Gerhard 324
Laennec, René Hyacinthe 320
Laktat, siehe Milchsäure
Laktose, siehe Milchzucker
Lamellenknochen, siehe Knochen
Landsteiner, Karl 56, 322, 324
Langerhans, Paul 178
Langerhans-Insel 104, 168
Lanugohaare, siehe Flaumhaare
Laufzeitunterschied, Hören 146
Lauterbur, Paul 327
Laveran, Charles L. A. 321
Lavoisier, Antoine Laurent 319
Lawler, Richard H. 325
Lebendgeburten 339, 342, 350, 352

Lebenserwartung   331, 334, 335, 337, 348
Lebenserwartung, Extremwerte   334, 336
Lebensgemeinschaft, nicht ehelich   356
Leber   6, **101**
Leber -, Blutbildung   101
Leber -, Energievorräte   88
Leber -, Sauerstoffverbrauch   72, 82, 101
Leber -, Spurenelemente   208
Leber -, Wassergehalt   207
Leber -, Zusammensetzung   208
Leber -, Durchblutung   70, 101
Leber -, Grundumsatz   88
Leberzelle   7, 12, 101
Lederhaut (Dermis)   123
Lederhaut (Sklera)   137
Leerdarm   94, **105**
Leeuwenhoek, Antony van   4, 318
Leidig-Zellen   181
Leistenhaut   123
Leistungsbedarf, verschiedenen Tätigkeiten   89, 245
Lejeune, Jerôme   326
Lenz, Widukind   326
Lesch Nyhan Syndrom   197
Leukozyten, siehe Weiße Blutkörperchen
Levan, Albert   25, 326
Lidschlag   143
Liebig   156
Lilie   19
Linse   138
Linse -, Wassergehalt   207
Linsenfaser   138
Linsenkapsel   138
Liquor cerebrospinalis, siehe Gehirn-Rückenmarksflüssigkeit
Lister, Joseph   321
Lobuli testes, siehe Hodenläppchen
Lord Byron   156
Lower, Richard   56
LSD   262, 264
Luftdruck   85
Luftröhre   78, 79
Lumbalnerven   151
Lunge   **78**
Lunge -, Spurenelemente   208
Lunge -, Wassergehalt   207
Lunge -, Zusammensetzung   208
Lunge -, Aufbau   78
Lungenbläschen   78, 79
Lungenvolumen   **80**, 85

Luteinisierendes Hormon   173
Lyme-Borreliose   293
Lymphe   73, 208
Lymphe -, Wassergehalt   207
Lymphozyt   49
Lysosomen   **11**
Macula lutea, siehe gelber Fleck
Magen   **99**,100
Magen -, Verweildauer der Nahrung   99
Magensaft   94, **100**
Magensaft -, Produktion   100
Mais   19
Makroangiopathie, diabetische   170
MAK-Wert, Kohlenmonoxid   86
Malignom, siehe Krebs
Malleus, siehe Hammer
Malpighi-Körperchen, siehe Nierenkörperchen
Malpigli, Marcello   318
Marfan Syndrom   197
Markpyramide   112
Markstrahl   112
Mastdarm   94, 100, **107**
Matthaei, Heinrich   25
Mechanorezeptoren   125
Medikamente   266, 267
Medikamente -, Suchtpotential   266
Medikamente -, Umsatz   267f
Medizin, Fortschritte   316
Mehrlinsgeburten   196
Meiose, Gesamtdauer   **20**
Meißner-Tastkörperchen   125
Melanozyten   124
Melanozytenstimulierendes Hormon   173
Melatonin   174
Membrana tympani, siehe Trommelfell
Menarch   190
Mendel, Gregor   4, 25, 321
Menopause   190
Menschenaffen, anatomische Daten   311
Menstruationszyklus   190
Mering, Joseph von   178
Merkel-Zellen   125
Méry, Jean   319
Methan   110
Miescher, Johann F.   4, 25, 321
Mikrobodies, siehe Peroxisomen
Mikrofilamente, siehe Aktinfilamente
Mikrotubuli   12, **13**
Mikrovilli   6, 9, 12, **106**

Mikulicz–Radecki, Johann von 321
Milchgebiss 95
Milchsäure 65, 115, 127, 159, 160, 185, 245
Milchzucker 91
Milstein, César 327
Milz -, Wassergehalt 207
Milz -, Zusammensetzung 208
Milz -, Durchblutung 71
Milz -, Sauerstoffverbrauch 72
Missbildungen 196
Mitochondrien 6, **14**, 101
Mittelohr 144
Mizellen 93
Monod, Jacques 25
Monozyten 8, 49
Montagu, Mary Wortley 319
Morbus Addinson 167
Morbus Conn 167
Morbus Gaucher 197
Morbus Krabbe 197
Morbus Wilson 197
Morrison, James Beall 321
Morton, William 320
Morula 191
Motorische Einheit **28**
Mullis, Kary 26
Muskeldystrophie Typ Duchenne 197
Muskeln, Mensch **28**
Mutterkuchen -, siehe Plazenta
Myelinscheide 151
Myofibrillen 29
Myoglobin 74, 118, 209
Myometrium 188
Myosin 29, 32
Myotone Dystrophie 197
Nachgeburtsperiode 195
Nachniere 112
Nägel 130
Nägeli, Carl Wilhelm von 4
Nahpunkt 142
Nahrung -, Fette 93
Nahrung -, Eiweiße 91
Nahrung -, Kohlenhydrate 91, 218
Nahrungsmittel -, Verbrauch 230
Nahrungsmittel -, Vitamingehalt 227
Nahrungsmittel -, Kaloriengehalt 225, 228
Nahrungsmittel, Zusammensetzung 225
Nasenschleimhaut 134

Nebenhoden 183
Nebenhodengang 183
Nebenniere 166, 167
Nebenniere -, Anatomie 166
Nebenniereninsuffizienz 167
Nebennierenmark 166
Nebennierenrinde 166
Nebenschilddrüse 165
Nephron **113**
Nephropathie, diabetische 170
Nerv -, Wassergehalt 207
Nervenfasern 151
Nervenfasern -, Leitungsgeschwindigkeit 151
Nervenfasern -, Durchmesser 151
Nervenklassifikation 151
Nervensystem -, zentral 153
Nervensystem -, peripher 151
Nervenzelle 155
Nervenzelle -, Dendriten 152
Nervenzelle -, Gesamtzahl 7, 153
Nervenzelle -, Transportmechanismen 152
Nervenzelle -, Axone 151, 152, 153
Nervus vestibulocochlearis, siehe Hörnerv
Netzhaut 139
Neurofibromatose 197
Neurofilamente 13
Niere 70, 71, 112, 114, 115, 118
Niere -, Durchblutung 70, 71, 112, **115**
Niere -, Energiehaushalt 115
Niere -, Entwicklung und Aufbau 112
Niere -, Filtration **114**, 118
Niere -, Resorption 114, 118
Niere -, Sauerstoffverbrauch 72, 115
Niere -, Spurenelemente 208
Niere -, Tubulussystem 113
Niere -, Wassergehalt 207
Niere -, Zusammensetzung 208
Nierenbecken 116
Nierenkanälchen 113
Nierenkelche 116
Nierenkörperchen **113, 114**
Nilsson, Lennart 326
Nirenberg, Marshall Warren 5, 25
Noradrenalin 166
Normalgewicht 216, 218
Nucleus, siehe Zellkern
Nufer, Jacob 317
Nukleäres Laminin 13

Nukleosomen **16**
Nukleotide **21**
Oberhaut 123, **124**
Ohr, äußeres 144
Ohrmuschel 144
Ohrspeicheldrüse 97
Oligodendrozyten 154
Opiate 265
Opportunistische Infektion 280
Ora serrata 139
Oraler Glukosetoleranztest 169
Organe -, Durchblutung 70, 71, 74
Organe -, Grundumsatz 88
Organe -, Sauerstoffverbrauch 71, 82
Organe -, Wassergehalt 207
Orgasmus 183
Orrorin tugenensis 308, 312
Oryza sativa 24
Ösophagus, siehe Speiseröhre
Ösophagussphinkter 98
Osteoblast, siehe Knochenzelle
Osteoklast, siehe Knochenzelle
Osteon 35
Osteozyt, siehe Knochenzelle
Otto, Johann Conrad 320
Ovales Fenster 144, 145
Ovar, siehe Eierstock
Ovulation, siehe Eisprung
Oxidationswasser 120
Oxytocin 173
Pankreas, siehe Bauchspeicheldrüse
Pankreassaft – exokrine Sekretion 103
Pankreassaft -, endokrine Sekretion 104
Pankreassaft -, Zusammensetzung 104
Papanicolaou, George N. 323
Papillengänge 116
Paranthropus aethiopicus 308, 312, 313
Paranthropus boisei 309, 312, 313
Paranthropus robustus 309, 312, 313
Parathormon 165
Paré, Ambroise 317
Partialdrücke, Atemgase 83, 85
Partialdrücke, Blut 83, 84
Pasteur, Louis 321
Paukenhöhle 144
Paukentreppe 145
Pauling, Linus Carl 325
Paulos, Ägina 316
Pawlow, Iwan 322
Pecquet, Jean 318

Penis 184
Pepsin 92, 100
Peroxisomen **11**, 101
Pfeilerzellen 145
Pfortader 101
Pfropfkern 155
Phenylketonurie 197
Phonation, siehe Stimmbildung
Photopisches Sehen 139
Picorna-Viren 6
Pili, siehe Haare
Pilzpapille 133
Pincus, Gregory 326
Plasmalemm, siehe Zellmembran
Placenta 76, **189**, 194
Plazenta -, Zottenbäume 189
Plazenta -, Durchblutung 189
Plazenta -, Entwicklung 189
Plexus choroideus 159
Pockenviren 6
Podozytenfortsätze 113
Polyneuropathie, diabetische 170
Priestley, Joseph 319
Primärer Hyperaldosteronismus 167
Primärfollikel 187
Primärharn 114
Primärzotten 189
Primordialfollikel 187
Prolactin 173
Prolaktostatin 171
Proliferationsphase 190
Prolin 40
Prostata, siehe Vorsteherdrüse
Protein, siehe Eiweiße
Prothrombin 50
Prout, William 320
Proximaler Tubulus 113
Pseudogene 22
Puls, siehe Herzfrequenz
Pulsdauer 75
Pulswellengeschwindigkeit 75
Pupille 138
Purkinje, Johannes Evangelista 320
Purkinjezellen 152, **155**
Pyramidallappen 163
Pyramidenzellen 6, **154**
Pyruvat 65
Ranvier-Schnürring 152
Rauchen -, Raucheranteil 257
Rauchen -, Verbrauch 257, 259, 260

Raucher, Ausstiegsquote 258
Raumschwelle, simultan 125
Rauschgift 262f
Reabsorptionsdruck 73
Rectum, siehe Mastdarm
Redi, Francesco 318
Refraktärperiode, Herz 63
Refraktärperiode, Nerv 152
Regenbogenhaut 138
Regio olfaktoria, siehe Riechschleimhaut
Reinke Kristalle 181
Rektum, siehe Mastdarm
Religionen 341
REM-Schlaf 160
Reservevolumen, Lunge 80
Residualvolumen 80
Respiratorischer Quotient 82
Retikuläre Fasern 40
Retina, siehe Netzhaut
Retinoblastom 197
Retinopathie, diabetische 170
Rezeptives Feld 139
Rhesussystem, siehe Blutgruppen
Rhodopsin 140
Ribosomen 6, **10**, 101
Richtungshören 146
Riechschleimhaut 134
Riechsinneszellen 134
Riechsystem 134
Rindenfelder 154
Rohrzucker 91, 118
Röntgen, Wilhelm Conrad 321
Rote Blutkörperchen 6, 7, 8, 46, **47**, 53, 117
Rückenmark 153
Rückenmark -, Wassergehalt 207
Ruffini-Körperchen 125
Rundes Fenster 145
Ruska, Ernst 5, 324
Sabelanthropus tschadensis 308, 312
Sabin, Albert B. 326
Saccharomyces cerevisiae 22
Saccharose, siehe Rohrzucker
Sakkaden 142
Sakralnerven 151
Salk, Jonas E. 325
Samenblase **184**, 185
Samenflüssigkeit 184, **185**, 186
Samenkanälchen 181
Samenleiter 183

Samenwege 183
Samenzellen 6, 7, **182**, 185, 186, 191
Samenzellen -, Aufbau 182
Samenzellen -, Bildung 182
Sammelrohr 112, **116**
Sanger, Frederick 179
SAR 11 24
Sarkomer 29
Sättigungsstufen, wahrnehmbar 140
Sauerbruch, Ferdinand 322
Sauerstoff 74, 83, 110, 160, 207
Sauerstoff ,-Partialdruck 53, 83, 84, 85, 245
Sauerstoff ,- Transport im Blut 52
Sauerstoffsättigung 76, 245
Sauerstoffverbrauch 71, 82, 87
Saures Gliafaserprotein 13
Scala tympani, siehe Paukentreppe
Scala vestibuli, siehe Vorhoftreppe
Schädellage 195
Schalldruck 146, 148
Schallintensität 148
Schallpegel 148
Schallpegelkatalog 147
Schaudinn, Fritz 322
Scheide 194
Scheidung, siehe Ehelösung
Schilddrüse -, Follikel 163
Schilddrüse -, Hormone 163
Schilddrüse, Anatomie 8, **163**
Schilddrüsenunterfunktion 163
Schiller 156
Schimpanse, Genom **22**
Schlafdauer 161
Schlafstadien 160
Schlagvolumen, Herz 61, 74
Schleiden, Matthias Jakob 4
Schluckvorgang 98
Schnecke 145
Schussverletzung 87
Schwachsinn 202
Schwangerschaft **195**, 339
Schwangerschaft -, Gewichtszunahme 194
Schwangerschaftsabbrüche 339, 352
Schwangerschaftsdiabetes 169
Schwann, Theodor 4, 320
Schweiß -, Zusammensetzung 127
Schweißdrüsen -, Anzahl 126, 127
Schweißdrüsen -, Verteilung 127
Schweißsekretion 126

Schwellkörper 184, 194
Sehfeld 142
Sehsinneszellen **139**, 158
Sehwinkel 142
Sekretionsphase 190
Sekundärzotten 189
Sekunkärfollikel 187
Semmelweis, Ignaz Philipp 320
Senning, Ake 326
Sertolizellen 181
Serumproteine 54
Serveto, Miguel 317
Sharp, Philip A. 26
Sicard, Jean Athanase 323
Siebkoeffizienz 118
Sinusknoten 66
Skelett, Zusammensetzung 208
Skelettmuskel -, Anatomie **29**
Skelettmuskel -, Wärmeproduktion 132
Skelettmuskulatur -, Dauerkontraktion 33
Skelettmuskulatur -, Durchblutung 31, 70, 71
Skelettmuskulatur -, Energiequellen 30
Skelettmuskulatur -, Grundumsatz 88
Skelettmuskulatur -, Spurenelemente 208
Skelettmuskulatur -, Zusammensetzung 208
Skelettmuskulatur, Sauerstoffverbrauch 72, 82
Sklera, siehe Lederhaut
Skotopisches Sehen 139
Somatoliberin 171
Somatostatin 168, 171
Somatotropes Hormon 173
Spallanzani, Lazaro 319
Spalthand 197
Speichel -, Zusammensetzung 97
Speicheldrüsen 97
Speichelproduktion 94, **97**
Speichelsekretion 97
Speiseröhre 98
Sperma -, siehe Samenflüssigkeit
Spermatogonien 182
Spermien, siehe Samenzellen
Spermienwanderung 182, **191**
Spermiogenese 182
Spinale Muskelatrophie 197
Spinalnerven 153
Spongiosa, siehe Bälkchenknochen
Sport -, Leistung 89, 245

Sport -, Training 246
Sportarten, Beurteilung 241f
Spritzkanälchen 183
Spurenelemente 208
Stäbchen 139
Stachelzellschicht 124
Stanley, Wendell Meredith 324
Stapes, siehe Steigbügel
Stärke 91
Starling, Ernst Henry 178
Starr, Albert 326
Starzl, Thomas Earl 326
Steigbügel 144
Steptoe, P. C. 327
Sterbefälle, äußere Einwirkung 299
Sterbefälle, nach Todesursache 296
Sterbefälle, Selbstschädigung 300
Sterbefälle, Todesursachen 295
Sterbefälle, Unfall 301
Sterbeuhr 336
Stereozilien 12
Sternzellen 154
Stickstoff, Darmgas 110
Stickstoff, Partialdruck 83, 84
Stimme 147
Stoffaustausch 73
Strasburger, Eduard 5
Strömungsgeschwindigkeit 68
Struma, siehe Kropf
Stuhl 100, 107
Stuhl -, Passagezeiten 108
Stuhl -, Zusammensetzung 108
Stuhl, Bakterienanzahl 105, 107, 108
Subkutis, siehe Unterhaut
Sulcus 154
Sutton, Walter S. 322
SV40-Virus 19
Synapsen 152, 153, **155**
Synaptische Latenz 156
T4-Phage 19
Tabaksteuer 260
Takamine, Jokichi 178
Talgdrüsen 128
Tastsinn 125, 158
Tauchen -, Lungenvolumen 84, 85
Tauchen -, Atembedingungen 84
Tauchen -, Drücke 85
Tay Sachs 197
Telencephalon, siehe Großhirn
Temperatur -, Empfindung 126

Tuberkulose, Häufigkeit und Inzidenz 291, 292
Tuberkulose, Resistenzen 292
Tuberöse Hirnsklerose 197
Tubuli seminiferi contorti, siehe Samenkanälchen
Tunica albuginea, siehe Hodenkapsel
Tyroideastimulierendes Hormon 173
Übergewicht 216, 218
Überleitungsstück 113
Übertemperatur 131
Untergewicht 216, 218
Unterhaut 123
Unterkieferspeicheldrüse 97
Untertemperatur 131
Unterzungenspeicheldrüse 97
Ureter, siehe Harnleiter
Urgeschlechtszelle 187
Urniere 112
Uterus, siehe Gebärmutter
Vagina, siehe Scheide
Vater-Pacini-Lamellenkörperchen 125
Venen 68, 70
Venter, Craig 26
Ventilation 80, 82
Verbrennung 87, 123
Verdauung -, Eiweiße **92**, 94
Verdauung -, Fette **93**, 94
Verdauung -, Kohlenhydrate **91**, 94, 218
Verdauung -, Resorptionskapazität 94
Verdauung, Flüssigkeitsbilanz 94
Verhornungsschicht 124
Verkehrsunfall 87, 261, 255, 261, **302**
Vesica urinaria, siehe Harnblase
Vesicula seminalis, siehe Samenblase
Vierlingsgeburten 196
Vierordt, Karl 320
Vigneaud, Vincent du 178
Vimentin 13
Virchow, Rudolf 4
Vitalkapazität 80, 81
Vitamine -, in Nahrungsmitteln 224
Vitamine -, Aufnahme 94
Vitamine -, täglicher Bedarf 223
Vokal 147
von Hippel-Lindau 197
Vorhof 60. 62
Vorhoftreppe 145
Vorniere 112
Vorsteherdrüse **184**, 185

Vries, Wiliam De 327
Wallpapille 133
Warburg, Otto Heinrich 323
Wärmeabgabe 132
Wärmedurchgangswiderstand 132
Wärmehaushalt 131
Wärmeproduktion, Beitrag der Organe 132
Warmpunkte 126
Wasseraustausch, kapillar 73
Wasserbedarf 120
Wasserbilanz 120
Wassergehalt, Organe und Gewebe 207
Wasting-Syndrom 280
Watson, James 25
Watson, James Dewey 5, 325
Wegunterschied, Hören 146
Weiße Blutkörperchen 7, 8, 46, **49**, 117
Wertigkeit, biologische 92
William, Beaumont 320
William, Harvey 56
Wilmut, Ian 5, 328
Winkelgeschwindigkeit 142
Wirkungsgrad, Herz 62
Wirsung, Johann Georg 318
Wollhaare 128
Wurmfortsatz 107
Young, Thomas 319
Zahnbein, Wassergehalt 207
Zähne -, Zusammensetzung 96, 208
Zähne -, Extremwerte 96
Zahnhöcker 96
Zahnkern 155
Zahnschmelz, Wassergehalt 207
Zahnwurzeln 96
Zapfen 140
Zeittafeln -, Bluttransfusion 56
Zeittafeln -, Fortschritte der Hormonforschung 177
Zeittafeln -, Fortschritte Genetik und Gentechnik 25
Zeittafeln -, Fortschritte Medizin und Biologie 316f
Zeittafeln -, Fortschritte Zelle 4
Zelle -, DNA-Gehalt 18
Zelle -, Lebensdauer 8
Zelle, chemische Zusammensetzung 17
Zellkern **15**
Zellmasse 206
Zellmembran 6, **9**
Zellumsatz 7

Zellzahlen **7**, 123
Zellzyklus **20**
Zentraler Venendruck (ZVD) 74
Zentralkanal 35
Zerumen, 144
Zervikalnerven 151
Ziliarkörper 138
Zirbeldrüse 174
Zona fascicolata 166

Zona glomerulosa 166
Zona reticularis 166
Zungenpapillen 133
Zwillingsgeburten 196
Zwölffingerdarm 92, 93, 94, **105**
Zygote 191
Zystische fibrose 197
Zytoskelett, siehe Cytoskelett